westermann

Seydlitz ERDKUNDE

RHEINLAND-PFALZ
GYMNASIUM

Grundfach
Sekundarstufe II

Autorinnen und Autoren

Jonas Koch
Frank Morgeneyer
Marianne Schmidt
Laura Thurn

unter Mitwirkung
der Verlagsredaktion

Ernst von Seydlitz-Kurzbach (geboren in Tschöplau/ Kreis Freystadt) lebte von 1784 bis 1849. Mit der Herausgabe des Lehrbuches „Leitfaden der Geographie“ im Jahre 1824 begründete er das traditionsreiche Unterrichtswerk **Seydlitz**.

Cover:
Oben: Blick auf den Tafelberg aus Richtung Bloubergstrand, Kapstadt, Republik Südafrika.
Mitte: Ein junges Mädchen im Stadtzentrum von Daressalaam, Tansania.

Druck A[1] / Jahr 2023
Alle Drucke der Serie A sind im Unterricht parallel verwendbar.

Redaktion: Jan-Berent Schmidt
Layout: Yvonne Behnke, Berlin
Druck und Bindung: Westermann Druck GmbH, Georg-Westermann-Allee 66, 38104 Braunschweig

ISBN 978-3-14-**149983**-4

Globaler Wandel – der geographische Blick 4

Klima – ein System im Wandel 28

Wirtschaftsräume in einer fragmentierten Welt 70

Globaler Wandel – der geographische Blick

Salar de Atacama – ein riesiges Lithiumsolebecken in Chile

1

Der Blick auf den Planeten Erde wie auf seine geographischen Räume offenbart vielfältige naturräumliche und gesellschaftliche Phänomene und Strukturen. Diese stehen wie Elemente komplexer Systeme durch Prozesse in engen Wechselwirkungen zueinander. Durch seine Eingriffe beeinflusst und verändert der Mensch das System Erde.
Um das geographisch Wesentliche zu erkennen, helfen Basiskonzepte als geographische Perspektive, die Muster und Prinzipien geographischer Sachverhalte zu identifizieren und zu analysieren. Auf dieser Grundlage können Entwicklungen beurteilt werden, zukunftsfähige Lösungen geplant werden und Räume neu gestaltet werden. Wie unterstützen Basiskonzepte als Analyseinstrumente den geographischen Blick, wie die Zusammenhänge am Beispiel der Lithiumgewinnung?

Die Erde – ein komplexes System

Unsere Erde ist ein einzigartiger Planet, eine faszinierende Welt voll Millionen Formen des Lebens. Deren Voraussetzungen hängen vom Zustand und der Dynamik des Geosystems ab, dessen Teilsysteme und wiederum deren Elemente, die Geofaktoren, in vielfältigen Wechselbeziehungen zueinander stehen. Auch wir Menschen nehmen als Geofaktor entscheidend Einfluss auf den Lebensraum Erde. Wie kann das komplexe Zusammenspiel im Geosystem Erde unterschiedliche Lebensräume und Lebensbedingungen ermöglichen?

1 Beschreiben Sie das Foto „Earthrise" und erklären Sie dessen Besonderheit (M1).

2 **a)** Arbeiten Sie wesentliche Voraussetzungen für das Leben auf der Erde heraus (M2, M3).
b) Erläutern Sie anhand von Beispielen Lebensbedingungen in unterschiedlichen Lebensräumen auf der Erde (M2).

3 **a)** Charakterisieren Sie die Geosphären im System Erde (M4, M5).
b) Erläutern Sie das Zusammenwirken der Geosphären (M4).

4 Überprüfen Sie, inwiefern der Begriff Anthroposphäre in das System Erde passt.

5 Gestalten Sie eine bildhafte Darstellung des komplexen Systems Erde.

Als das Raumschiff Apollo 8 am 24. Dezember 1968 den Mond umkreiste, sahen die drei amerikanischen Astronauten als erste Menschen die Erde wie eine blaue Kugel in der Weite des Weltraums am Horizont aufsteigen. Das Foto, das Astronaut William Anders vom Erdaufgang machte, veränderte die Sicht vieler Millionen Menschen auf unseren Planeten.
Das Nachrichtenmagazin Time zählte Anders Foto „Earthrise" zu einem der einflussreichsten des 20. Jahrhunderts, weil es ein Gefühl für die Empfindlichkeit der Erde wecke. Es habe damit das Entstehen des Umweltbewusstseins vieler Menschen wesentlich gefördert.

M1 „Earthrise" – erstes Foto der Erde aus dem Weltall

Die Erde ist ein dynamischer Planet. Seit ihrer Entstehung verändert sie sich ständig. Sie wird durch Energieflüsse aus dem Erdinneren und von der Sonne angetrieben und steht als offenes System im ständigen Stoffaustausch mit ihrer Umgebung. Der Lebensraum Erde ist das Ergebnis des Zusammenspiels seiner Teilsysteme und Geofaktoren, die aufgrund ihrer Vernetzung zusammenwirken und sich dabei gegenseitig beeinflussen. Vielfältige abiotische Faktoren (z.B. die Temperatur) und biotische Faktoren (z.B. das Nahrungsangebot) sorgen für unterschiedliche Lebensbedingungen und bringen eine große Vielfalt an Biotopen hervor. Die Erde ist der einzige bekannte Planet mit Wasser in flüssiger Form und ausreichender Menge, einer Atmosphäre, die aufgrund erträglicher Temperaturen Leben ermöglicht und für alle höheren Lebewesen atmosphärischen Sauerstoff bereithält.
Der Mensch ist die gestaltende Kraft im System Erde. Durch sein Handeln ist der Mensch zum prägendsten Geofaktor geworden. Seine Eingriffe in die Naturlandschaften und Ökosysteme beeinflussen die natürlichen Stoffkreisläufe und lassen immer neue künstlich geschaffene Kulturlandschaften auf Zeit entstehen. Aufgrund der komplexen Verknüpfungen der Geofaktoren im System Erde haben Eingriffe in das System nicht nur Veränderungen in einem bestimmten Teilsystem zur Folge, sondern es gibt immer Wechselwirkungen mit anderen Teilen des Systems. Beispielsweise verstärken sich Umweltveränderungen wie der Klimawandel, der Verlust biologischer Vielfalt und der Wassermangel gegenseitig zum Teil erheblich, sodass die Gesamtwirkung globaler Umweltveränderungen größer ist als die Summe der Einzelwirkungen.
Das Wissen und Verständnis über das System Erde sowie nachhaltiges Handeln sind wesentliche Voraussetzungen für den Erhalt unseres einzigartigen Lebensraumes.

M2 Basisinformation

- Die Sonne sendet elektromagnetische Strahlung aus, die die Erde erleuchtet und erwärmt. Die Erde ist dabei vor zu energiereicher Strahlung (UV-Strahlung) durch ihre Ozonschicht geschützt.
- Der Abstand der Erde zur Sonne ist gerade so groß, dass Wasser in festem, flüssigem und gasförmigem Zustand vorkommt, dass lebenswichtige Moleküle wie die Nukleinsäuren (Erbsubstanz) und die Proteine stabil bleiben und eine Vielzahl chemischer Reaktionen weder zu schnell noch zu langsam ablaufen.
- Die Erde hat genügend Masse, um durch ihre Schwerkraft flüssige Bestandteile und die sauerstoffreiche Atmosphäre an sich zu binden.
- Trotz seiner ständigen Auskühlung ist der Erdkörper groß genug, um aus dem heißen Erdkern noch ständig Energie nach außen abzugeben und damit z.B. plattentektonische Prozesse zu ermöglichen.
- Der Mond der Erde wirkt stabilisierend auf die Lage der Erdachse. Er verhindert so, dass sich durch ein Schlingern der Achse Jahreszeiten und Temperaturen zu rasch verändern.

M3 Grundlagen für Leben auf der Erde

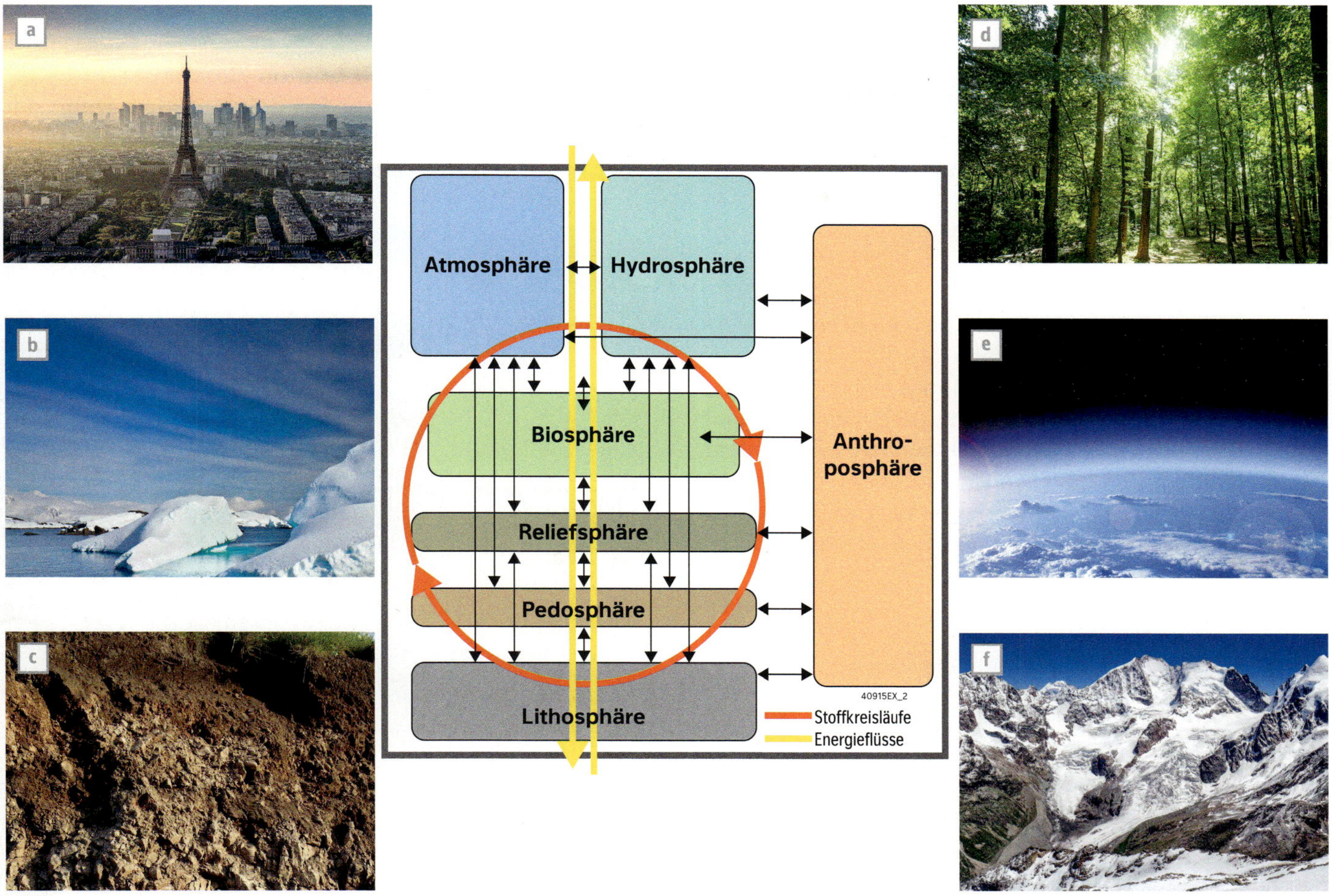

M 4 **Geosphären im System Erde**

In den modernen Geowissenschaften wird mit der **Geosphäre** der gesamte feste Erdkörper mit der ihn umgebenden Gashülle bezeichnet. Dieses System Erde wird in verschiedene Sphären (altgriechisch „sphaira“, deutsch für Kugel) untergliedert:

- Atmosphäre: Die gasförmige Hülle der Erde (altgriechisch „atmós“, deutsch Dampf) besteht vor allem aus Stickstoff (78,08 Vol.-%), Sauerstoff (20,95 Vol.-%) und Argon (0,93 Vol.-%) sowie einigen klimawirksamen Spurengasen (v.a. CO_2, CH_4, N_2O). Aufgrund der Temperatur- und Luftdruckverhältnisse wird die Atmosphäre vertikal in weitere Teilsphären gegliedert, wobei der 8–18 km mächtigen Troposphäre als Wetterschicht besondere Bedeutung zukommt.
- Biosphäre: Alle von Organismen (griechisch „bíos“, deutsch Leben) bewohnbaren Räume der Erde im Boden, in Höhlen und Gewässern auf dem Festland, im Wasser der Ozeane sowie im bodennahen Luftraum. Aufgrund der enormen Biodiversität von Flora und Fauna durch die Artenvielfalt, die genetische Vielfalt und die Vielfalt der Ökosysteme reicht der Lebensraum von etwa 60 km oberhalb bis 5 km unterhalb der Erdoberfläche.
- Hydrosphäre: Die Wasserhülle der Erde (altgriechisch „hýdor“, deutsch Wasser) bedeckt etwa 71 Prozent der Erdoberfläche und ist damit zweieinhalbmal so groß wie das Festland. Dazu gehören die Ozeane, das Süßwasser des Festlandes, wie Seen, Flüsse, Boden- und Grundwasser. Auch die Kryosphäre (altgriechisch „krýos“, deutsch Eiskälte, Frost, Eis) mit Eis, Schnee und Permafrost zählt dazu
- Lithosphäre: Die Gesteinshülle (griechisch „líthos“, deutsch Stein) bezeichnet die äußere, etwa 100–200 km mächtige steinerne Schale der Erde. Diese setzt sich aus der ozeanischen und kontinentalen Erdkruste und einem Teil des oberen Erdmantels zusammen. Die Lithosphäre besteht insgesamt aus sieben großen und einigen kleinen Lithosphärenplatten, die sich auf der unterlagernden, zähplastischen Asthenosphäre bewegen. Gegenüber leichten Deformationen verhält sich die Lithosphäre elastisch, bei starken Erdbeben jedoch kommt es zu bruchhaften Verformungen.
- Reliefsphäre: Als äußerer Grenzsaum der Lithosphäre umfasst diese Sphäre die Gesamtheit aller festen Oberflächenformen der Erde. Sie ist das Ergebnis exogener und endogener Prozesse, die durch Verwitterung, Transport und Ablagerung von außen sowie durch vulkanische oder seismische Aktivitäten aus dem Erdinnern die Oberflächengestalt der Erde erschaffen.
- Pedosphäre: Die Bodendecke (griechisch „pédon“, deutsch Erdboden) beschreibt als dünne Haut der Erdoberfläche den Grenzbereich, in dem sich die Lithosphäre, Hydrosphäre, Atmosphäre und Biosphäre mit wechselnden Anteilen durchdringen. Die Pedosphäre gilt demnach als Bestandteil aller natürlichen Stoffkreisläufe.
- Anthroposphäre: Der vom Menschen (griechisch „anthropos“) geschaffene und dauerhaft geprägte Lebensraum, der durch raumzeitliche Einflüsse und Eingriffe des Menschen permanent verändert wird. Neben der land- und forstwirtschaftlich genutzten Kulturlandschaft haben sich Städte als Wohnorte, Industrie- und Dienstleitungszentren entwickelt.

M 5 **Geosphären im System Erde**

Das System Erde unter Druck

Noch nie hat ein Lebewesen das Gesicht des Planeten Erde in so kurzer Zeit so grundlegend verändert. Der Mensch ist durch sein Einwirken auf das Erdsystem heute zu einer entscheidenden Größe geworden. Denn der Einfluss des Menschen auf der Erde hat sich seit Mitte des 20. Jahrhunderts enorm ausgeweitet und beschleunigt. Inwiefern kann daher vom Anthropozän, einer neuen Epoche in der Erdgeschichte, gesprochen werden?

1. Beschreiben Sie die Bedeutung des „Svalbard Global Seed Vault“ und erklären Sie, inwiefern das Projekt als Sinnbild für globale Herausforderungen der Menschheit gelten kann (M3, M4).
2. Stellen Sie mithilfe einer Umfrage in Ihrer Lerngruppe dar, welche die drei größten Herausforderungen für die Menschheit im 21. Jahrhundert sein könnten.
3. Erstellen Sie ein Wirkungsgefüge, das mögliche Zusammenhänge zwischen Erdsystemtrends und sozioökonomischen Trends zeigt (M2, M7). 126
4. Erläutern Sie die auf das System Erde einwirkenden Druckkräfte (M5).
5. Erläutern Sie mit Bezug auf die Trends im Erdsystem das Konzept des Anthropozäns (M6).

M 1 Weltsaatguttresor auf Svalbard (Spitzbergen)

Die Menschheit ist heute wohlhabender als je zuvor. Sie produziert mehr Nahrungsmittel als benötigt werden und verbraucht mehr Ressourcen und Energie als je zuvor. Die Lebenserwartung der Menschen ist deutlich gestiegen. Gleichzeitig sind die Eingriffe des Menschen in das Ökosystem der Erde so umfassend, dass sich die Umwelt im globalen Maß teils unumkehrbar verändert hat. Darüber hinaus nehmen die Entwicklungsunterschiede mit ihren Folgen wie Hunger, Armut, Migration und Flucht weltweit zu. Beginnend mit der Industrialisierung Ende des 18. Jahrhunderts und der beschleunigten Globalisierung seit Mitte des 20. Jahrhunderts schreiten diese Veränderungen immer schneller voran. Mittlerweile wird sogar von einem neuen Erdzeitalter, dem **Anthropozän**, gesprochen. Der Druck auf das System Erde und dessen Widerstands- und Regenerationsfähigkeit steigt.

Für eine zukunftsfähige, gerechte und ökologische Entwicklung ist ein besseres Verständnis über die Einflüsse der Druckkräfte auf das komplexe System der Erde notwendig. Aus diesem können Entscheidungen getroffen und Handlungen initiiert werden, die ein langfristiges Überleben der Menschheit sichern.

M 2 Basisinformation

Im Jahr 2008 wurde nahe der Stadt Longyearbyen auf der Inselgruppe Spitzbergen tief unter der Erde in einem alten norwegischen Kohlestollen der Saatgutbunker „Svalbard Global Seed Vault“ (Weltsaatguttresor) eingeweiht. Fast alle Staaten der Erde haben hier Sicherungskopien von insgesamt über einer Million verschiedenen Samen der Nutzpflanzen, die die Menschheit in ihrer Geschichte gezüchtet hat, eingelagert. Kompressoren kühlen die polare Außenluft auf konstant minus 18 Grad Celsius, sodass die Samen sehr lange Zeit sicher gelagert werden können. Sollte eine regionale Genbank für Saatgut durch Krieg, eine Naturkatastrophe oder den Klimawandel vernichtet werden, steht der Saatguttresor bereit. Vor allem im Zusammenhang mit einer steigenden Weltbevölkerungszahl und der zunehmenden Ressourcenknappheit werden die Kulturpflanzen eine wichtige Rolle spielen. Mithilfe der eingelagerten Samen können neue Pflanzen gezüchtet werden. Eine erste Bewährungsprobe hat der Tresor schon bestanden: Die im syrischen Bürgerkrieg zerstörte Sammlung hitzeresistenter Getreidesorten konnte aus Saatkörnern aus Spitzbergen wieder aufgebaut werden.

M 4 Die moderne Arche Noah

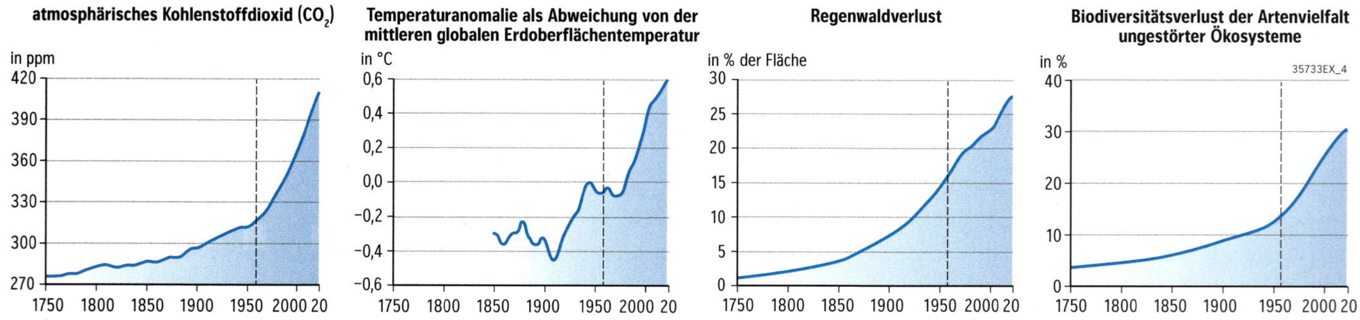

M 3 Ausgewählte Indikatoren zum System Erde seit 1750

Die erste Druckkraft
ergibt sich aus dem Wachstum der Weltbevölkerung. Durch dieses Wachstum und den wachsenden Wohlstand steigt der Verbrauch von Ressourcen wie Süßwasser, Böden, mineralischen Rohstoffen und fossilen Energieträgern. Viele dieser Ressourcen sind bisher den reichsten 20 Prozent der Weltbevölkerung zugute gekommen. Aber die restlichen 80 Prozent haben ebenfalls ein Recht auf einen wachsenden Lebensstandard.

menschliches Wachstum 1

Die dritte Druckkraft
ergibt sich aus der zunehmenden Schädigung der Meeres- und Süßwasserökosysteme sowie der terrestrischen Ökosysteme durch den Menschen. So sind z. B. viele Fischbestände bedroht, tropische Regenwälder gehen verloren und die Artenvielfalt geht zurück. Bereits heute sind etwa 60 Prozent der Ökosystemleistungen geschwächt.

3 Ökosysteme

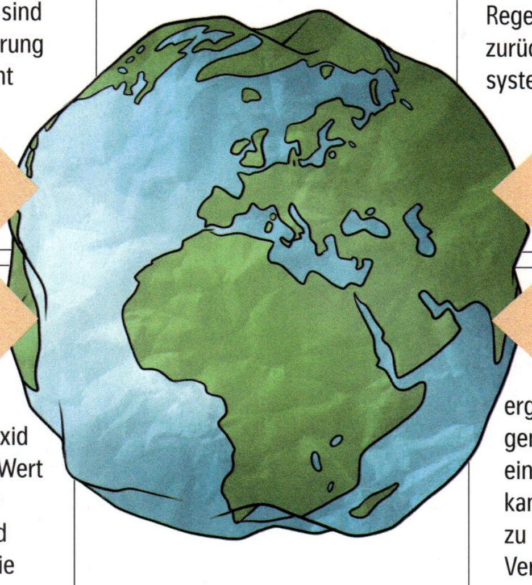

Klima 2

Die zweite Druckkraft
auf unsere Zukunftsperspektive stellt der Klimawandel dar. Die Konzentration von Kohlenstoffdioxid (CO_2) in der Atmosphäre hat im Jahr 2020 einen Wert von 410 ppm erreicht. Eine Verdopplung des vorindustriellen Niveaus (von 280 auf 560 ppm) wird zwischen den Jahren 2050 und 2070 erwartet. Die Temperatur würde dadurch um etwa 3 °C steigen. Die meisten Wissenschaftler empfehlen aber einen Wert unter 350 ppm, um größere Risiken des Klimawandels zu vermeiden.

4 Überraschung

Die vierte Druckkraft
ergibt sich aus schnellen, unerwarteten Veränderungen in natürlichen Ökosystemen, die bisher nur von einem langsamen Wandel gekennzeichnet waren. So kann z. B. der Raubbau an tropischen Regenwäldern zu plötzlichen, tiefgreifenden und unwiderruflichen Veränderungen des gesamten Ökosystems führen, indem der Wasserkreislauf gestört wird und Wüsten sich dadurch ausbreiten. 99 Prozent der Veränderungen in Ökosystemen sind offenbar das Ergebnis von einem Prozent der Ereignisse, die das System beeinträchtigen.

Quelle: Johan Rockström und Matthias Klum: Big World, Small Planet. Wie wir die Zukunft unseres Planeten gestalten. Berlin 2016, verändert

40944EX_2

M 5 Druckkräfte auf das System Erde

Das Holozän ist die jüngste Epoche innerhalb der geologischen Zeitskala. Ihr Beginn wird nach Ende der letzten Kaltzeit vor ca. 12 000 Jahren datiert. Nahm der Mensch in dieser Epoche eine eher passive Rolle ein, ist sein Einfluss seit einigen Jahrzehnten global gestiegen. Mehr als 50 Prozent der Festlandsfläche sind bis heute durch direkte menschliche Einwirkung verändert worden. Hinterlassenschaften von Millionen und Milliarden Tonnen Beton, Plastik, Radioaktivität oder Chemikalien sind weltweit in Sedimenten nachweisbar. Der Kohlenstoffdioxidgehalt der Atmosphäre ist durch Emissionen angestiegen. Diese und weitere Auswirkungen sind so massiv, dass sie noch in 100 000 bis 300 000 Jahren spürbar sein werden. Eine internationale Arbeitsgruppe empfahl daher im Jahr 2016, das vom niederländischen Nobelpreisträger Paul Crutzen entwickelte Anthropozän als neue Epoche in die geologische Zeitskala aufzunehmen. Das „vom Menschen bestimmte Zeitalter" setzt sich aus den altgriechischen Wörtern für Mensch („ánthropos") und Zeitalter („kainós") zusammen. Auch wenn es noch keine endgültige Anerkennung dieses Konzepts gibt, weist Crutzen darauf hin, dass „am wichtigsten ist, dass wir verstehen, welche ungeheure Verantwortung wir haben."

Die Erde entstand vor ca. 4,5 Mrd. Jahren.

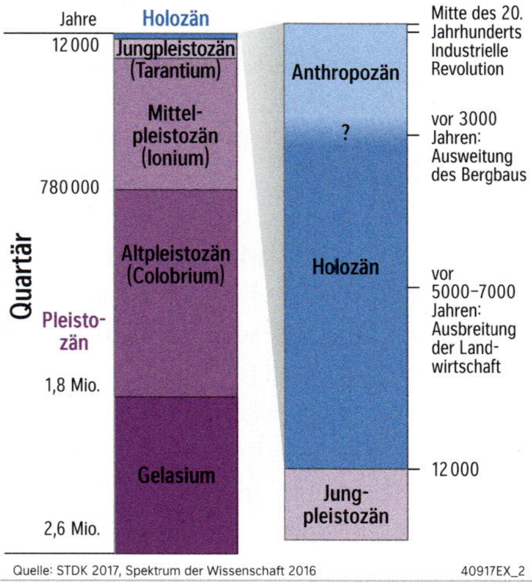

Quelle: STDK 2017, Spektrum der Wissenschaft 2016

40917EX_2

M 6 Zur Entstehung des Begriffs Anthropozän

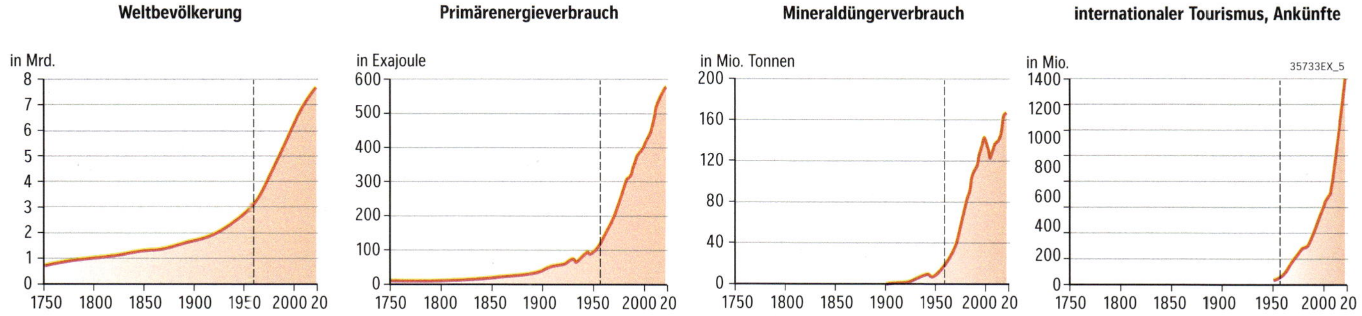

M 7 Sozioökonomische Trends seit 1750

Basiskonzepte am Beispiel: Lithium aus Chile – weißes Gold für eine grüne Zukunft?

Der Abbau von Lithium für die Batterien von Elektroautos ist der Hoffnungsträger für die Industrieländer in den Zeiten der Energiewende und ist somit ein wichtiger Beitrag zum Klimaschutz. Diese Rohstoffgewinnung im Hochland der Anden gerät jedoch zunehmend in die Kritik. Weshalb ist der Lithiumabbau umstritten? Welche Folgen hat der Eingriff des Menschen in diesen Abbauregionen?

1 Beschreiben Sie die Lithiumgewinnung in Chile und entwickeln Sie Fragen an die Bilder (S. 4/5, M1).

2 **a)** Begründen Sie die Anwendung geographischer Basiskonzepte (M2).
b) Charakterisieren Sie die Zugänge hinsichtlich ihrer wesentlichen Merkmale (M2, M5, M7).

3 Beschreiben und erklären Sie die Entstehung der Lithiumvorkommen in den Anden (M3-M6).

4 **a)** Stellen Sie die Mensch-Umwelt-Beziehungen beim Lithiumabbau in einem Wirkungsgefüge dar (M6). 126
b) Erörtern Sie den Einfluss des Menschen.

5 Arbeiten Sie die Art der Strukturen sowie die Funktion und den Prozess bei der Lithiumgewinnung heraus (M8).

M1 Lithiumgewinnung am Salar de Atacama

Um den geographischen Blick auf Räume zu schärfen, unterstützen zentrale Fragen bei einer geographischen Analyse:
- Um welches Problem bzw. Phänomen geht es? Wo ist es verortet?
- Warum ist die dargestellte Situation gerade hier entstanden? Was sind die Ursachen des Problems bzw. Phänomens?
- Wie hat sich die Situation entwickelt und welche Auswirkungen hat sie auf den Raum bzw. die Menschen?
- Welche zukunftsorientieren Handlungsoptionen gibt es bzw. sind wünschenswert bzw. notwendig und umsetzbar?

Die umfassende Untersuchung und Beantwortung dieser Fragen gelingt, wenn **geographische Basiskonzepte** als Analyseinstrumente Anwendung finden. Dabei wird ein geographischer Sachverhalt aus unterschiedlichen Perspektiven betrachtet.

■ Perspektive „Mensch-Umwelt-System"

Dieses zentrale Basiskonzept geht davon aus, dass die Erde als komplexes System betrachtet wird. Demzufolge werden die Einflussfaktoren durch menschliche Eingriffe in ihren Wechselwirkungen auf die natürlichen Geofaktoren wie Relief, Klima, Gestein, Boden, Wasserhaushalt, Vegetation bzw. Rohstoffe untersucht. Nur nachhaltiges Handeln kann die Lebensgrundlagen erhalten.

■ Perspektive „Struktur-Funktion-Prozess"

Die Analyse jedes Systems verlangt die Untersuchung seiner Elemente (z.B. der Geofaktoren) unter folgenden Aspekten:
- Struktur als die Ausprägung und räumliche Anordnung der wesentlichen Elemente als räumliche Muster (z.B. Punkte, Linien bzw. Flächen) in ihren Gemeinsamkeiten und Unterschieden.
- Funktion als die erklärenden Beziehungen der Geofaktoren und Strukturen zueinander und deren gegenseitige Beeinflussung.
- Prozess als die Veränderungen und Entwicklungen einzelner Faktoren und somit des betrachteten Systems (z. B. die Dynamik).

M2 Basisinformation

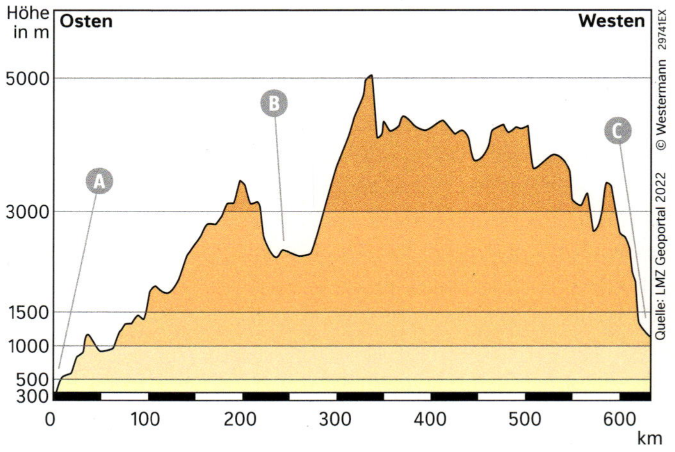

M3 West-Ost-Profil vom Pazifik über die Anden

Station A: Antofagasta, Chile (14 m ü.M.)

	J	F	M	A	M	J	J	A	S	O	N	D	Jahr
T (in °C)	19,7	20,2	19,2	17,5	16,1	15,0	14,4	14,7	15,1	15,8	16,8	18,2	**16,9**
N (in mm)	5	5	9	17	20	20	18	15	11	11	10	7	**148**

Station B: San Pedro de Atacama, Chile (2435 m ü.M.)

	J	F	M	A	M	J	J	A	S	O	N	D	Jahr
T (in °C)	18,1	17,4	17,2	14,9	11,4	9,6	9,2	11,0	13,4	15,8	17,5	18,5	**14,5**
N (in mm)	23	29	14	3	3	2	2	2	1	0	0	4	**83**

Station C: Salta, Argentinien (1183 m ü.M.)

	J	F	M	A	M	J	J	A	S	O	N	D	Jahr
T (in °C)	20,3	19,6	18,2	15,8	12,6	11,0	10,5	12,5	14,8	17,4	18,7	19,8	**15,9**
N (in mm)	349	333	358	227	145	68	51	59	86	185	243	331	**2435**

Quelle: climate-data.org 2022

M4 Klimatabellen

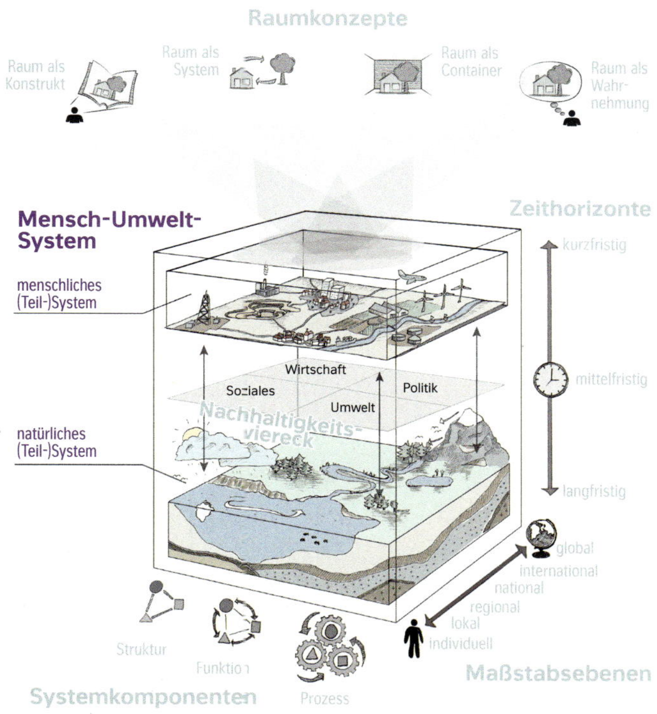

Quelle: Janis Fögele 2021 29743EX_2

M 5 Perspektive: Mensch-Umwelt-System

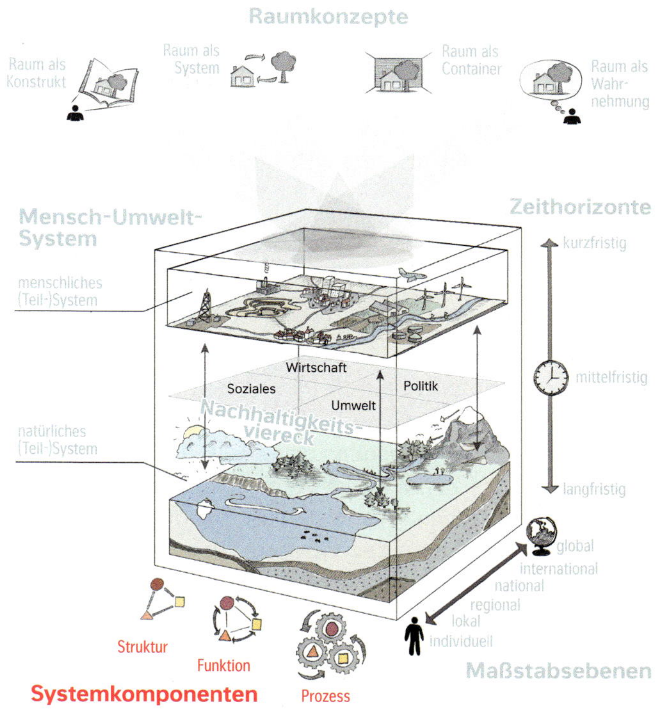

Quelle: Janis Fögele 2021 29743EX_5

M 7 Perspektive: Struktur-Funktion-Prozess

Aufgrund seiner Vorzüge, wie der hohen Energiedichte, der langen Zyklenlebensdauer, der geringen Selbstentladerate sowie dem breiten Temperatureinsatzbereich, stellt Lithium vor allem für die wiederaufladbaren Batterien einen wesentlichen Bestandteil dar.

Das Leichtmetall wird in den Hochanden in der Grenzregion von Chile, Bolivien und Argentinien aus Salzwüsten, den Salaren, gewonnen. Die Region wird deshalb auch als Lithiumdreieck bezeichnet. Die Vorkommen haben ihren Ursprung in geothermalen Tiefengewässern bzw. heißen Quellen der vulkanisch aktiven Hochgebirgsregion.

Unter extremen Wüstenbedingungen entstanden in abflusslosen Becken Salzseen, die im Laufe von Millionen Jahren eingedampft wurden. Bei der Rohstoffgewinnung wird mittels Pumpen aus dem Untergrund eine Sole mit einem Salzgehalt von 300 g/l gefördert. Einheimische klagen, dass Quellen versalzen oder versiegen. Das Wasser für die Bewässerung von Feldern wird knapp.

Die ohnehin spärliche Vegetation vertrocknet, sodass auch die Weidewirtschaft gefährdet ist. Experten vermuten, dass die Entnahme von Salzwasser zum Nachströmen von Süßwasser führt und damit eine Grundwasserspiegelabsenkung der Umgebung zur Folge hat. Zudem benötigen die chemische Aufbereitung des Lithiums und die Reinigung der Anlagen täglich große Mengen Wasser.

Mangelnde Sicherheitsmaßnahmen verunreinigen Luft und Wasser durch giftigen, feinen Staub. Ungeklärtes Abwasser kontaminiert den Boden. Überall ziehen sich neue Transportwege für die Lkw durch die Landschaft.

Viele Einheimische sind alarmiert: In diesem fragilen Naturraum Rohstoffe abzubauen kann nicht ohne Folgen für die Natur bleiben. Damit steht auch ihre jahrtausendealte Kultur auf dem Spiel.

M 6 Lithiumabbau und seine Folgen

Naturräumliche und anthropogene Faktoren bestimmen die Strukturen im Zusammenhang mit der Lithiumgewinnung:

Auf dem Altiplano, der abflusslosen Hochebene zwischen den Hochgebirgsketten der West-Anden und der Ost-Anden, befinden sich die meisten Salare der Welt. Lokal sind dort Lithium-Minen entstanden, wo an Bohrlöchern die mineralreiche Sole an die Oberfläche gepumpt wird und in über 100 ha große, 0,5 – 1 m tiefe, nacheinander geschaltete Verdunstungsbecken geleitet wird. In den Aufbereitungsanlagen werden die wichtigsten Zwischenprodukte Lithiumkarbonat und Lithiumhydroxid produziert.

Über die Transportwege gelangen sie zu den Häfen und von dort zu den globalen Absatzmärkten wie China, die USA, Südkorea, Japan und nach Europa. Beim Lithium-Handel spielen Kommunikationswege und Kapitalflüsse eine wichtige Rolle.

Die Funktion der Lithium-Minen ist, über hintereinandergeschaltete Verdunstungsbecken durch monatelange Sonneneinstrahlung den Lithiumgehalt der Sole zu einem 6-prozentigen Konzentrat anzureichern und daraus in einer chemischen Anlage durch mehrere Trennverfahren reines Lithiumsalz herzustellen. Dies schafft mehrere Hundert Arbeitsplätze und sorgt für Kapitaltransfer.

Der Prozess der Lithiumgewinnung wird insbesondere durch technische Innovationen wie die Produktion der Akku-Ionen-Batterien für Smartphones, Tablets, Notebooks und Elektrofahrzeuge gesteuert. Für eine Elektroautobatterie benötigt man 15 000 Flaschen Sole bzw. etwa 10 kg Lithiumsalz.

Infolge der Diskussion um die Reduzierung von Treibhausgasen steht die auf Lithium basierende Elektromobilität erst am Anfang, sodass der Boom um das „weiße Gold“ auf dem globalen Markt zunehmend politische, ökologische und wirtschaftliche Konsequenzen haben wird.

M 8 Systemkomponenten der Lithiumgewinnung

Basiskonzepte am Beispiel: Lithium – ein lokal und global unverzichtbarer Rohstoff?

Das Leichtmetall Lithium hat in den letzten Jahren auf dem Weltmarkt immer mehr an Bedeutung gewonnen. Sein Bedarf wird sich in Zukunft noch rasant steigern. Dies hat unterschiedliche Auswirkungen auf die Herkunftsländer und seine Abbaugebiete. Welche Bedeutung hat Lithium auf den unterschiedlichen Maßstabsebenen und aus welchen Perspektiven können Räume prinzipiell betrachtet werden?

1 Erläutern Sie die Verwendung von Lithium (M1).
2 Charakterisieren Sie die in M2, M5 und M7 dargestellten Zugänge hinsichtlich ihrer wesentlichen Merkmale (M2).
3 **a)** Arbeiten Sie für die Lithiumproduktion die unterschiedlichen Maßstabsebenen heraus (M3 – M6).
b) Beurteilen Sie die Relevanz der unterschiedlichen Maßstabsebenen für die Lithiumproduktion.
4 **a)** Stellen Sie die Raumperspektiven am Beispiel der Lithiumgewinnung dar (M8).
b) Arbeiten Sie Beispiele sich überlagernder Raumperspektiven bei der Lithiumgewinnung heraus.
5 Überprüfen Sie die Aussage: „Die Lithiumgewinnung ist ein weltweiter Hoffnungsträger" (M6, M8).

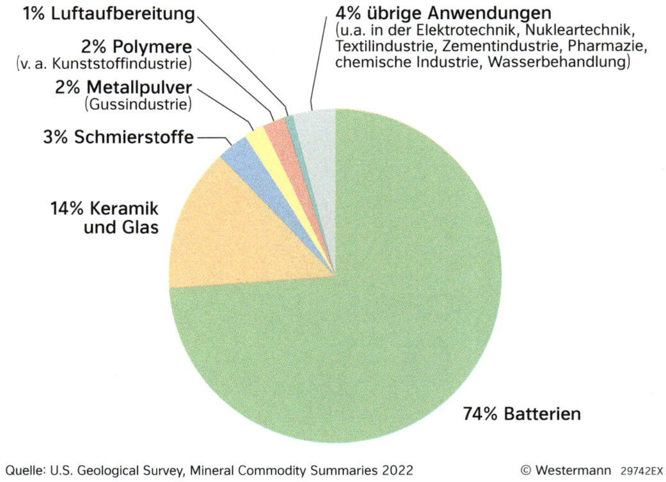

M 1 Lithiumverwendung

Weitere Basiskonzepte konkretisieren die Analyse.

■ Perspektive „Maßstabsebenen"

Alle natur- und humangeographischen Phänomene auf der Erde haben einen Raumbezug. Wenn Raumstrukturen und -prozessen ein konkreter Ort zugeordnet werden kann, ist die geographische Dimension lokal, beispielsweise die Lithiumgewinnung in einem Salar in Chile. Häufig sind jedoch unterschiedliche lokale Strukturen und Prozesse in verschiedenen Regionen der Erde durch komplexe Wirkungszusammenhänge miteinander verknüpft. Um zu verstehen, welchen Zusammenhang es zwischen dem Lithiumabbau in Chile und der Elektromobilität in Deutschland gibt, müssen Maßstabsebenen wie die regionale, nationale, internationale bzw. globale räumliche Ebene untersucht werden.

■ Perspektive „Raumkonzepte"

Räume können aus vier Perspektiven analysiert werden. Diese überlagern sich teilweise:

- Raum als Container: Räume werden als abgrenzbare Behälter verstanden. Alle darin wesentlichen natürlichen Elemente (z.B. Salar, Rohstoffe) und der handelnde Mensch können erfasst und untersucht werden.
- Beziehungsraum: Räume stehen miteinander in (Lage-) Beziehungen, d.h. aufgrund der Bedeutung unterschiedlicher Standorte bestehen Wechselwirkungen zwischen verschiedenen Räumen.
- Wahrgenommener Raum: Menschen (z.B. Einheimische, Unternehmer, Politiker, Umweltschutzaktivisten) nehmen Räume unterschiedlich wahr und bewerten Raumeindrücke subjektiv.
- Raum als konstruierter Raum: Räume werden gemacht, d.h. Menschen berichten wiederholt aufgrund ihrer Interessen aus bestimmter Perspektive über einen Raum und entwickeln dabei zunehmend ein Raumkonstrukt (z.B. Einheimische vermitteln das Bild einer geschundenen Landschaft).

M 2 Basisinformation

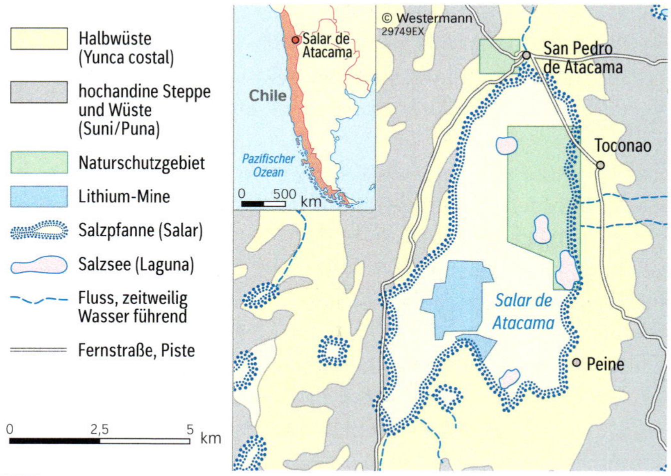

M 3 Salar de Atacama

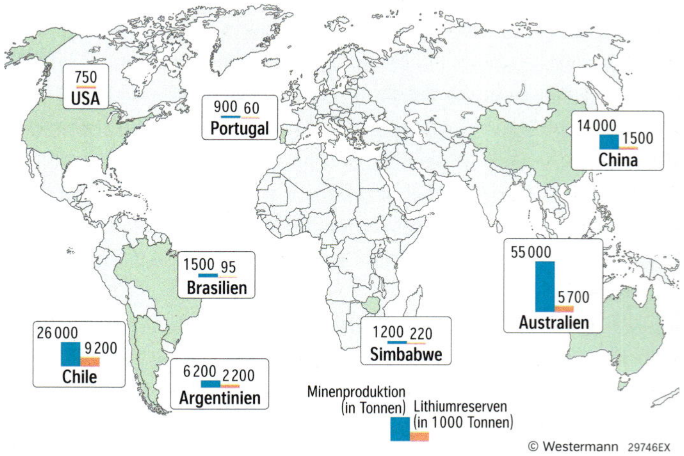

M 4 Lithium – Minenproduktion und Reserven

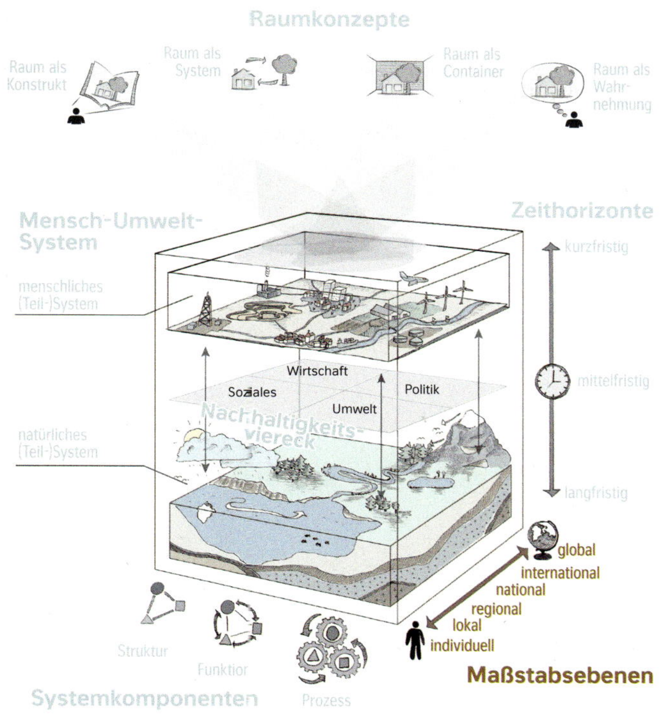

Quelle: Janis Fögele 2021 29743EX_6

M 5 Perspektive: Maßstabsebenen

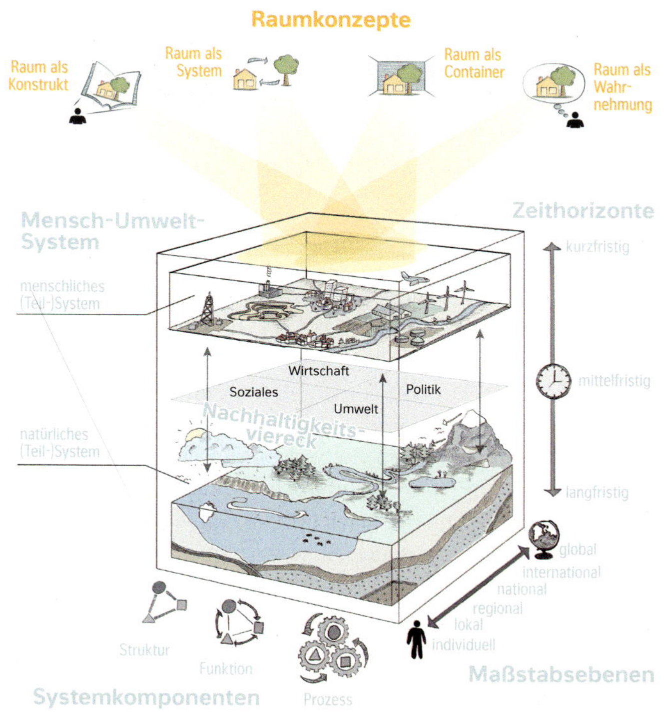

Quelle: Janis Fögele 2021 29743EX_1

M 7 Perspektive: Raumkonzepte

Eine Lithium-Lagerstätte, wie ein Salar auf der andinen Hochebene oder eine Gigafactory zur Produktion von E-Auto-Batterien wie in Kaiserslautern sind jeweils der lokalen Maßstabsebene zuzuordnen.

Dabei hat sowohl die Gewinnung eines Rohstoffs als auch der Bau von Produktionsanlagen Folgen für das lokale Ökosystem sowie für das Leben und Wirtschaften der ortsansässigen Bevölkerung. Die wirtschaftliche Nutzbarmachung eines Raumes hat oft regionale Effekte. So verbessert der Aufbau einer Verkehrsinfrastruktur einerseits die Verkehrssituation vor Ort, andererseits auch die Verkehrsanbindung einer ganzen Region, beispielsweise in der Region zwischen Chile, Bolivien und Argentinien. Dort wird mit aktuell etwa 50 Millionen Tonnen Lithium im Untergrund der Großteil der globalen Vorkommen vermutet. Dabei reicht die Größe der andinen Salare von einigen Hundert Quadratmetern bis hin zum mehr als zehntausend Quadratkilometer großen Salar de Uyuni in Bolivien.
Eine lokale Lithiumproduktion stellt für viele weiterverarbeitende Industrieunternehmen die Existenzgrundlage dar und ist aufgrund der Handelsbeziehungen mit der nationalen, internationalen und globalen Maßstabsebene verknüpft. Weltweit gilt Lithium als Treibstoff der Moderne, weil das vielseitig verwendbare Leichtmetall die Produktion leistungsfähiger Batterien ermöglicht, dadurch die Digitalisierung und die Einführung von Elektroautos begünstigt und somit die Einhaltung nationaler und internationaler Klimaschutzziele vorantreibt.
Immer mehr Staaten versuchen trotz niedrigem Lithiumgehalt ihre regionalen, natürlichen Ressourcen zu nutzen. In Deutschland kommen Thermalwässer im Oberrheingraben und Grubenwässer aus alten Kohlezechen an Ruhr und Saar infrage.

M 6 Lithiumproduktion und räumliche Ebenen

Der Raum um einen andinen Salar kann im Zusammenhang mit der Lithiumgewinnung aus geographischer Sicht aus vier Perspektiven betrachtet werden.

- Der Raum als Container: Die unmittelbare Umgebung eines natürlichen Lithiumvorkommens an einem Salar mit seinen Wechselwirkungen zwischen den biotischen und abiotischen Umweltfaktoren (z.B. Flamingos, Relief, Klima) und den dort lebenden und wirtschaftenden Menschen entspricht der Situation des Mensch-Umwelt-Systems (vgl. S. 11 M5, M6).
- Der Raum als Beziehungsraum: Die Lithiumgewinnung und -aufbereitung am Salar de Atacama steht über eine Eisenbahnlinie mit dem chilenischen Überseehafen Antofagasta in Verbindung. Von dort wird das Lithiumsalz zu den Absatzmärkten transportiert, z.B. zur Batterieproduktion nach China, Südkorea, Taiwan, Europa und Deutschland. Batterien gelangen direkt zu den Unternehmen der Automobilindustrie, wie zu VW nach Wolfsburg. Die Standorte entlang der Lieferkette sind voneinander abhängig und damit auch deren sozioökonomische Entwicklung.
- Der Raum als wahrgenommener Raum: Die Lithiumgewinnung wird von vielen Einheimischen und Umweltschützern als Bedrohung wahrgenommen. Für Unternehmer und Regierungsbeamte gilt sie eher als wirtschaftliche Schlüsselindustrie der Zukunft und somit als Goldgrube. Entsprechend dieser Wahrnehmungen entstehen unterschiedliche Vorstellungen von einem Raum.
- Der Raum als konstruierter Raum: Unternehmer, die einen abbauwürdigen Salar als Goldgrube gegenüber Investoren und Regierungsvertretern darstellen, werden Vorteile bei der Geldbeschaffung und Erleichterungen bei Genehmigungsverfahren haben, da der Raum als Zukunftsraum gesehen wird.

M 8 Perspektiven auf einen Raum der Lithiumgewinnung

Basiskonzepte am Beispiel: Lithiumboom – Beitrag zur nachhaltigen Entwicklung?

Als zentrales Element der Lithium-Ionen-Akkus ist Lithium für die Elektromobilität und die mobilen elektronischen Geräte unverzichtbar. Um zukünftig diesen Rohstoffbedarf decken zu können, wird weltweit nach zukunftsfähigen Lösungen der Rohstoffgewinnung geforscht. Wie hat und wird sich der Bedarf an Lithium entwickeln? Inwiefern unterstützt Lithium eine nachhaltige Entwicklung?

1 Analysieren Sie den globalen Rohstoffbedarf zur Batterieproduktion (M1).
2 Charakterisieren Sie die in M2, M3, M5 und M7 dargestellten Zugänge hinsichtlich ihrer wesentlichen Merkmale.
3 Arbeiten Sie unterschiedliche Zeithorizonte bei der Entwicklung der Lithiumnachfrage heraus (M5, M6).
4 **a)** Stellen Sie die politischen, ökologischen, ökonomischen und sozialen Auswirkungen der Lithiumgewinnung in einem Wirkungsgefüge dar (M3, M8). 126
b) Beurteilen Sie, ob die Gewinnung von Lithium nachhaltig ist (M3, M4, M8).
5 Erörtern Sie, inwiefern Lithium einen Beitrag zur nachhaltigen Entwicklung leistet (S. 16–21).

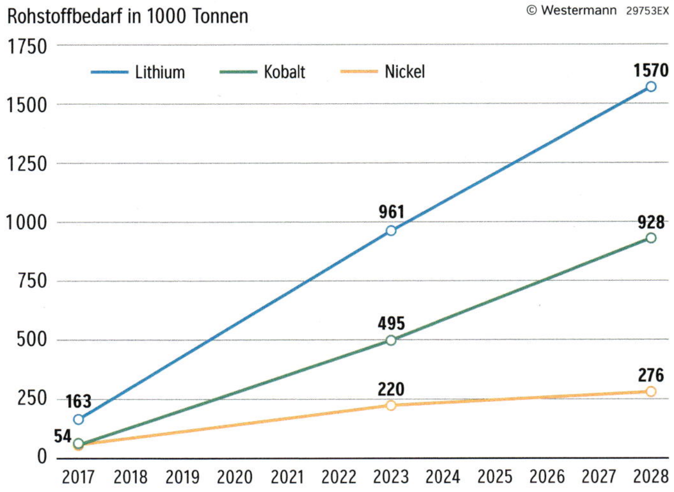

M1 Globaler Rohstoffbedarf zur Batterieproduktion

Die Analyse geographischer Sachverhalte erfordert auch die Untersuchung zeitlicher Perspektiven, denn das gesamte System Erde und seine Teilsysteme unterliegen permanenten Veränderungen.

- Perspektive „Zeithorizonte"

Im System Erde laufen Prozesse sehr unterschiedlich schnell ab. Naturräumliche Veränderungen, wie Gebirgsbildungen, laufen langsam ab, sodass ein langfristiger Zeitraum von bis zu vielen Millionen Jahren betrachtet werden muss; Vulkanausbrüche hingegen ereignen sich oft spontan und sind meist nur von kurzfristiger Dauer. Eingriffe des Menschen in ein Ökosystem, wie die Lithiumgewinnung an einem Salar, haben unterschiedliche kurz-, mittel- bzw. langfristige Folgen.

- Perspektive „Nachhaltigkeitsviereck"

Seit der Weltkonferenz der Vereinten Nationen für Umwelt und Entwicklung in Rio de Janeiro 1992 gilt das Prinzip der Nachhaltigkeit als Leitlinie für eine weltweite zukunftsfähige, d.h. nachhaltige Entwicklung (Sustainable Development). Aufgrund dessen sollen die Entwicklungs- und Umweltbedürfnisse heutiger und zukünftiger Generationen auf gerechte Weise erfüllt werden.
Das Modell des Nachhaltigkeitsvierecks verdeutlicht, dass die vier Zieldimensionen im Zusammenhang, also vernetzt und systemisch, zu betrachten sind. Verantwortungsvolles Handeln kann demnach nur erfolgen, wenn bei allen Entscheidungen die soziale, wirtschaftliche, ökologische und politische Zieldimension aufeinander abgestimmt werden. Dabei ist die jeweilige kulturelle Auffassung einer Gesellschaft zu berücksichtigen. Zielkonflikte können eine nachhaltige Entwicklung gefährden. Das Beispiel der Lithiumgewinnung zeigt, dass bei Interessen- und Nutzungskonflikten, wie am Salar de Atacama, eine nachhaltige Entwicklung vor großen Herausforderungen steht. Dennoch gibt es andernorts bereits Ansätze einer nachhaltigen Lithiumproduktion.

M2 Basisinformation

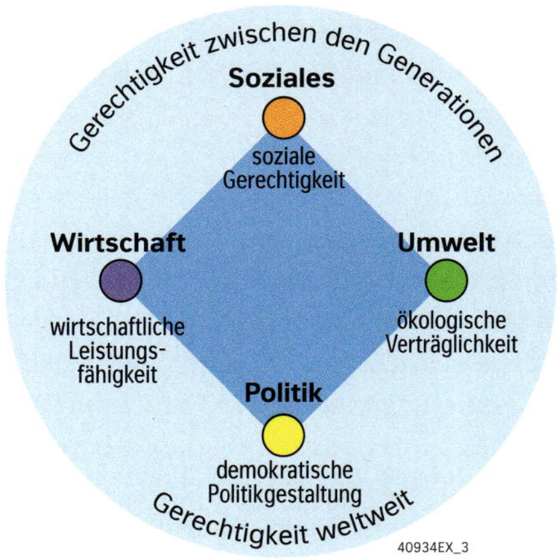

M3 Nachhaltigkeitsviereck

M4 Forderungen der Bevölkerung

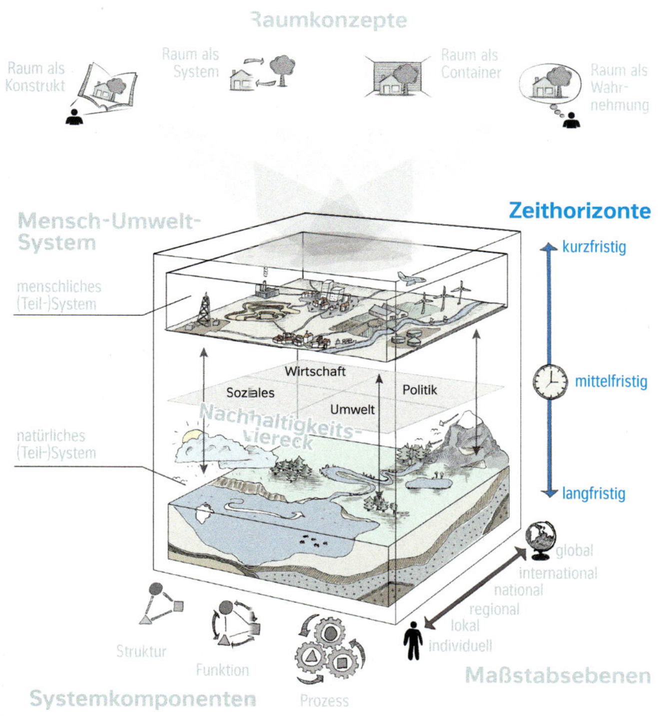

Quelle: Janis Fögele 2021

29743EX_3

M 5 Perspektive: Zeithorizonte

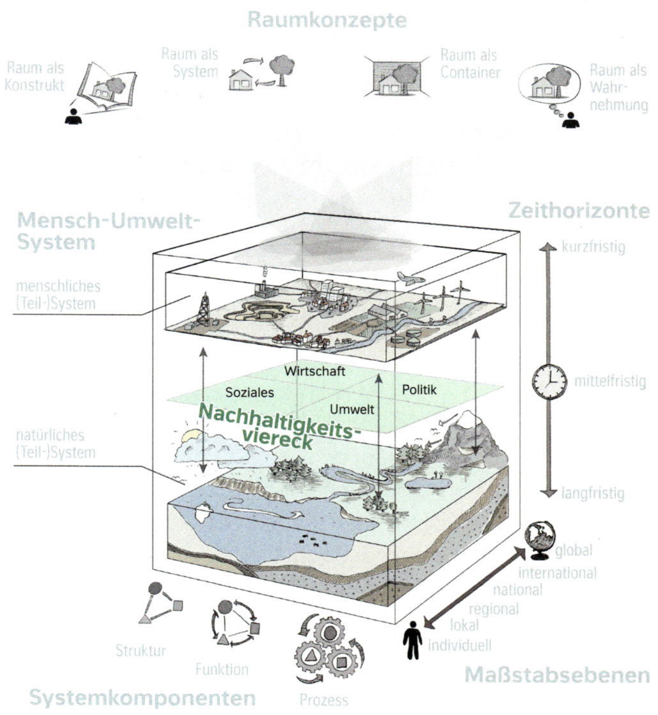

Quelle: Janis Fögele 2021

29743EX_4

M 7 Perspektive: Nachhaltigkeitsviereck

Lithium wurde erstmals im Jahr 1817 in Mineralien in Schweden analysiert. Bis Mitte des 20. Jahrhunderts wurde das Leichtmetall lediglich als Schiermittel, in Metalllegierungen und in der Glas- und Keramikindustrie zur besseren Verarbeitung bzw. als Härtemittel eingesetzt.

Zwischen 1953 und 1963 begannen die USA mit einer breit angelegten Förderung, weil Tritium, das sich aus Lithium gewinnen lässt, für den Bau von Wasserstoffbomben benötigt wurde. Die Vorräte gelangten erst nach dem Ende des Kalten Krieges ab 1993 auf den Markt und fanden zunächst in der Kunststoff-, der Bauindustrie sowie bei der organischen Synthese von Pharmazeutika und Agrochemikalien Verwendung.

Seit 2007 sorgt die Batterieproduktion für die anhaltend starke Nachfrage nach Lithium. Weltweit wird Lithium vor allem sowohl aus den lithiumhaltigen Solen der Salare gewonnen als auch aus Festgesteinen. So verfügt Australien derzeit im Tagebau über die global größte Produktionskapazität.

Der globale Lithiumbedarf ist gigantisch, weil im Interesse des Klimaschutzes Lithium-Ionen-Akkus der Wachstumstreiber der Elektromobilität sind. Somit wird es in den kommenden Jahren ein regelrechtes Wettrennen um Lithium geben.

In absehbarer Zukunft soll ein Großteil der in Batterien eingesetzten Rohstoffe recycelt werden, was den Bedarf an neuem Lithium zunehmend senken soll. Da Lithium in Batterien jedoch fein verteilt bzw. an Komponenten gebunden vorkommt, ist dessen Recycling erschwert.

Zudem sind die Reinheitsanforderungen zur Wiederverwendung von Lithium in Lithium-Ionen-Akkus sehr hoch. Gebrauchte Batterien werden frühestens ab 2030 in größerem Umfang zur Wiederaufbereitung zur Verfügung stehen.

M 6 Entwicklung des Lithiumnachfrage

Auf dem Weg zur Klimaneutralität verpflichten sich die Autohersteller zunehmend zur nachhaltigen Automobilproduktion. Zulieferer sind vertraglich angewiesen, hohe Umwelt- und Sozialstandards einzuhalten. Das gilt auch für die Lieferanten von Lithium.

Bei der Lithiumgewinnung aus Solen in den Salaren ist der Flächenverbrauch riesig; beim Abbau im Tagebau in Australien beträgt er für eine Tonne Lithium zwischen 4 und 13 m^2 (bei Aluminium 1 m^2/t). Wiederholt wurden Landrechte der Einheimischen missachtet.

Bei der Lithiumaufbereitung ist der Wasserverbrauch in jedem Fall enorm. Beim Eindampfen der lithiumhaltigen Sole bis zum notwendigen Lithiumgehalt von 6 % verdunsten 97 % des Wassers und gehen somit dem Untergrund verloren.

Im Sinne der Nachhaltigkeit werden neue Aufbereitungsverfahren erprobt, die eine Re-Injektion des Wassers in den Untergrund ermöglichen sollen. An der Energieeinsparung und der CO_2-Reduktion bei der Weiterverarbeitung des Lithiums wird ebenfalls gearbeitet. Da das Recycling noch keine lohnenswerte Art der Lithiumproduktion darstellt, versuchen immer mehr Industrieländer, regionale Rohstoffquellen zu erschließen, um ihren gewaltigen Lithium-Hunger zu stillen.

Trotz guter Governance wie in Chile haben viele Atacameños wenig Vertrauen in die Lithium abbauenden Unternehmen und die Kontrollbehörden. Sie machen sich Sorgen um ihre traditionelle Lebensweise und geben vor allem der Rohstoffgewinnung die Schuld für sinkende Grundwasserspiegel und damit verbundene, trockenfallende Brunnen und Seen in der Region. Eine Produktion über das Lithiumcarbonat hinaus bis zur Batterie würde zwar weitere Arbeitsplätze schaffen und Steuern einbringen, jedoch große Investitionen vor Ort erfordern.

M 8 Nachhaltige Lithiumgewinnung?

Das Prinzip der Nachhaltigkeit

Das Glastonbury Festival im Südwesten Englands gehört seit Jahrzehnten mit weit mehr als 100 000 Teilnehmern zu den größten Open-Air-Musik- und Kunstfestivals in Europa. Im Jahr 2016 überragte eine mit dem Slogan „No Planet B“ gestaltete Rakete das Festivalgelände. Das gleichnamige von der EU geförderte Projekt will die Bürger motivieren, sich mit der Thematik einer nachhaltigen Entwicklung auseinanderzusetzen. Warum hat die nachhaltige Entwicklung eine derart wichtige Bedeutung?

1 Erklären Sie Zusammenhänge zwischen der Aktion „No Planet B“ und dem Prinzip der Nachhaltigkeit (M1 – M3).

2 Erläutern Sie die Leitidee einer nachhaltigen Entwicklung anhand der Modelle der Nachhaltigkeit (M4).

3 **a)** Stellen Sie ausgehend von M4 und M5 mögliche Konflikte zwischen den Zieldimensionen der Nachhaltigkeit in einem Schaubild dar.
b) Im Dorf gibt es einen Schweinemastbetrieb. Es gibt die Forderung, den Betrieb sofort zu schließen. Beurteilen Sie die Forderung unter dem Aspekt der Nachhaltigkeit und entwickeln Sie Alternativen (M4).

4 Entwickeln Sie, ausgehend von M5, Ideen und Maßnahmen, wie an Ihrer Schule das Prinzip der Nachhaltigkeit umgesetzt werden könnte.

M 1 Protestkundgebung

Seit den 1970er-Jahren beschäftigen sich Wissenschaftler und Politiker zunehmend mit der Frage nach der Zukunft unseres Planeten und des menschlichen Zusammenlebens auf der Erde. Heutige Veränderungen in der Gesellschaft und der Umwelt, wie z. B. der Klimawandel und das weltweite Artensterben, globale Disparitäten, die Missachtung der Menschenrechte oder Kriege sind aktuelle ökologische, soziale, politische und ökonomische Herausforderungen der Menschheit.
Die UN-Konferenz für Umwelt und Entwicklung in Rio de Janeiro 1992 markiert einen entscheidenden Wendepunkt in der Bewusstseinsbildung und Willensbekundung der Menschheit: Erstmals verpflichtete sich die große Mehrheit der Staaten auf eine langfristig angelegte Politik der **Nachhaltigkeit**. Das aus der Forstwirtschaft entlehnte Prinzip bedeutet dort, dass aus einem Wald dauerhaft nicht mehr Holz entnommen werden darf als nachwächst, um den Bestand nicht zu gefährden. Seit 1992 gilt dieses Prinzip als Leitlinie für eine zukunftsfähige, d.h. nachhaltige Entwicklung (Sustainable Development), die die Menschheit durch das 21. Jahrhundert führen soll.
Dieses Prinzip wurde in den vergangenen Jahren immer wieder in neuen Modellen dargestellt und erweitert. Mit ihnen lassen sich Handlungen identifizieren, die zu einer nicht-nachhaltigen Entwicklung führen. Es können aber auch tragfähige Strategien abgeleitet werden. So sind bei Zukunftsentscheidungen die Dimensionen so aufeinander abzustimmen und in Einklang zu bringen, dass die **planetaren Belastungsgrenzen** nicht überschritten werden und die nachfolgende Generation die gleichen Entwicklungschancen wie die vorangegangene Generation besitzt.

M 2 Basisinformation

- People: Wir sind entschlossen, Armut und Hunger in allen ihren Formen und Dimensionen ein Ende zu setzen und sicherzustellen, dass alle Menschen ihr Potenzial in Würde und Gleichheit und in einer gesunden Umwelt voll entfalten können.
- Planet: Wir sind entschlossen, den Planeten vor Schädigung zu schützen, unter anderem durch nachhaltigen Konsum und nachhaltige Produktion, die nachhaltige Bewirtschaftung seiner natürlichen Ressourcen und umgehende Maßnahmen gegen den Klimawandel voranzutreiben, damit die Erde die Bedürfnisse der heutigen und der kommenden Generationen decken kann.
- Prosperity: Wir sind entschlossen, dafür zu sorgen, dass alle Menschen ein von Wohlstand geprägtes und erfülltes Leben genießen können und dass sich der wirtschaftliche, soziale und technische Fortschritt in Harmonie mit der Natur vollzieht.
- Peace: Wir sind entschlossen, friedliche, gerechte und inklusive Gesellschaften zu fördern, die frei von Furcht und Gewalt sind. Ohne Frieden kann es keine nachhaltige Entwicklung geben und ohne nachhaltige Entwicklung keinen Frieden.
- Partnership: Wir sind entschlossen, die für die Umsetzung dieser Agenda benötigten Mittel durch eine mit neuem Leben erfüllte globale Partnerschaft für nachhaltige Entwicklung zu mobilisieren, die auf einem Geist verstärkter globaler Solidarität gründet, insbesondere auf die Bedürfnisse der Ärmsten und Schwächsten ausgerichtet ist und an der sich alle Länder, alle Interessenträger und alle Menschen beteiligen.

Quelle: United Nations: Resolution der Generalversammlung – Transformation unserer Welt: Die Agenda 2030 für nachhaltige Entwicklung. United Nations, New York, 25.09.2015, S. 2

M 3 Die fünf Kernbotschaften der Ziele für eine nachhaltige Entwicklung

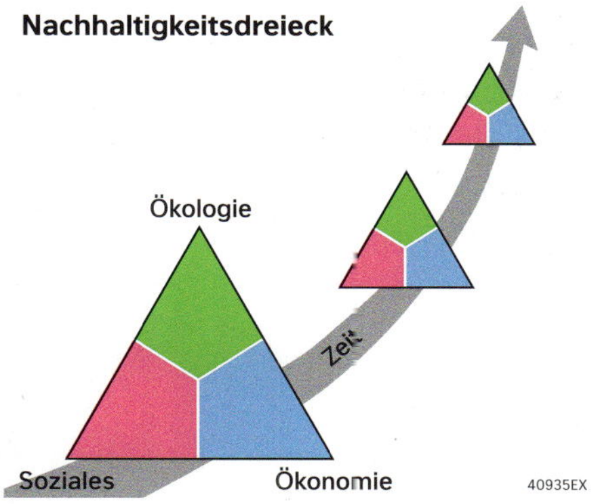

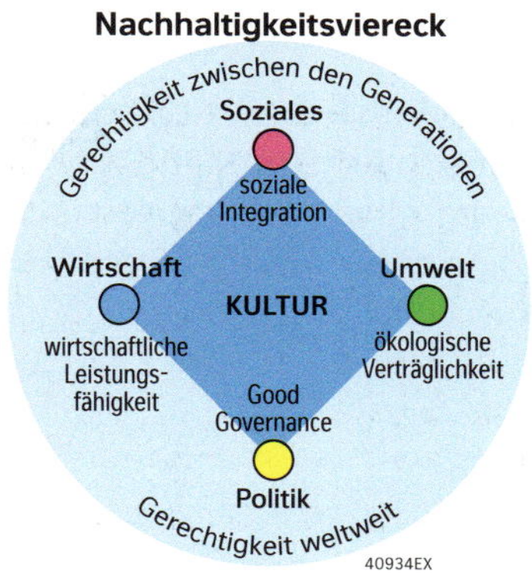

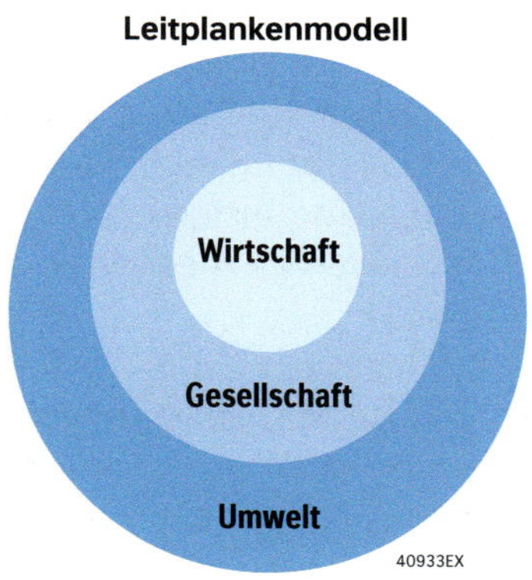

Die Weltkonferenz der Vereinten Nationen in Rio de Janeiro 1992 war der Ausgangspunkt für die internationale Anerkennung des Leitbildes nachhaltiger Entwicklung und der Notwendigkeit, soziale, wirtschaftliche und ökologische Zieldimensionen aufeinander abzustimmen. Die Verknüpfung der drei Dimensionen wird im Nachhaltigkeitsdreieck dargestellt.

Das Dreieck legt nahe, dass diese drei Dimensionen im Zusammenhang, also vernetzt und systemisch, zu betrachten sind – das eine geht nicht ohne das andere. Das bedeutet, dass diese drei Dimensionen bei allen Entscheidungen möglichst in Einklang gebracht werden sollen.

Darüber hinaus verdeutlicht die Dimension der Zeit, dass jede Generation so handeln soll, dass die nachfolgende Generation die gleichen Entwicklungschancen hat wie die vorangegangene Generation.

Im Einklang mit den Beschlüssen des von den Vereinten Nationen gesteuerten Folgeprozesses wurde in Deutschland, insbesondere vom Bundesministerium für wirtschaftliche Zusammenarbeit und Entwicklung (BMZ) und vom Verband Entwicklungspolitik und Humanitäre Hilfe (VENRO) die politische Perspektive Good Governance (gute Regierungsführung bzw. demokratische Politikgestaltung) als weitere wichtige Zieldimension hervorgehoben. Das Viereck wird zudem durch die Dimension der Kultur ergänzt. Das bedeutet, dass auf der Basis der jeweiligen kulturellen Auffassungen einer Gesellschaft eine nachhaltige Entwicklung nur zu erreichen ist, wenn bei Entscheidungen und Handlungen alle Dimensionen möglichst in Einklang gebracht werden.

Die bildhafte Verwendung eines Drei- oder Vierecks suggeriert eine Gleichwertigkeit der Dimensionen. Es setzt sich jedoch zunehmend die Erkenntnis durch, dass nachhaltige wirtschaftliche Entwicklung und Wohlstand nur innerhalb planetarer Belastungsgrenzen zu erreichen sind. Das bedeutet, dass wirtschaftliches Wachstum und Wohlstand sich nur im Rahmen von sozialer Gerechtigkeit und ökologischer Tragfähigkeit dauerhaft verwirklichen lassen.

Eine wichtige Entscheidung wurde 2012 bei der Weltkonferenz der Vereinten Nationen zur nachhaltigen Entwicklung getroffen. In der Abschlusserklärung mit dem Titel „The Future We Want“ (Die Zukunft, die wir wollen) bekennt sich die Staatengemeinschaft erstmals zum Konzept der „Green Economy“. Ziel dieses Wirtschaftsmodells ist, das wirtschaftliche Wachstum ökologisch und sozialverträglich zu gestalten.

M 4 **Dimensionen der Nachhaltigkeit im Modell**

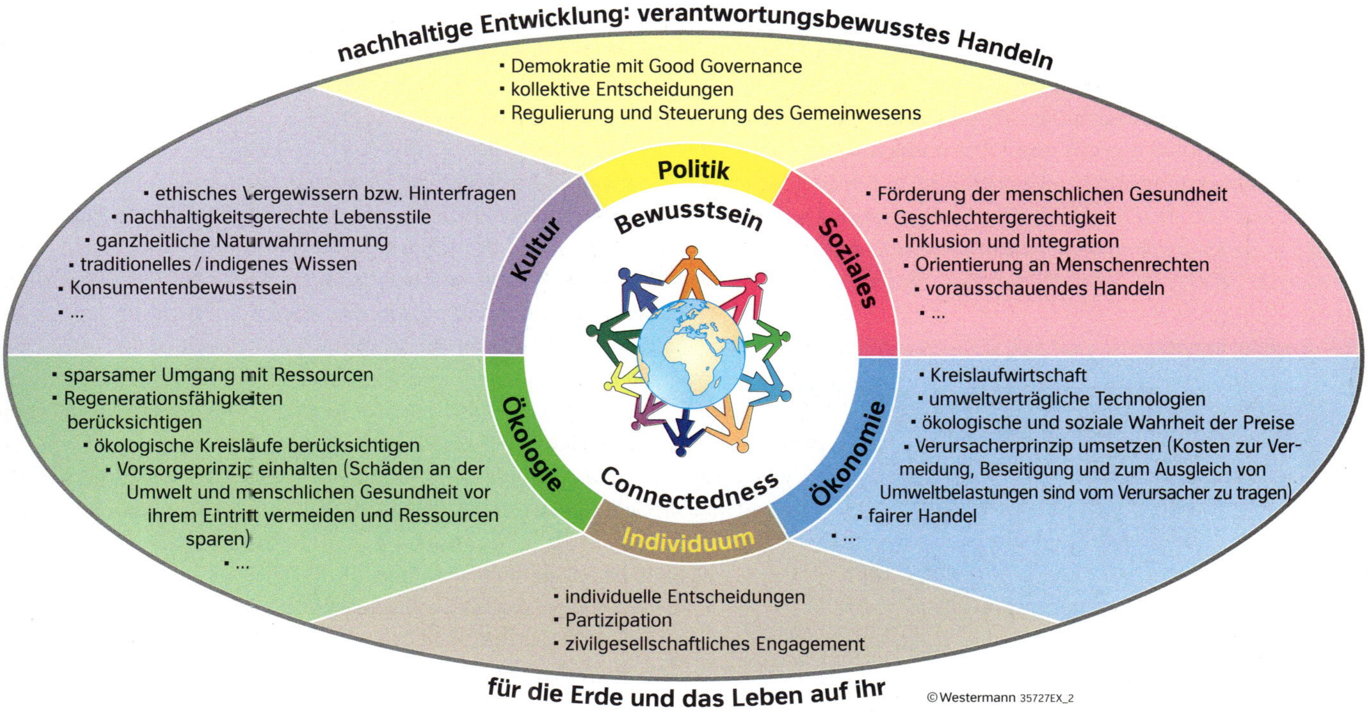

M 5 **Dimensionen der Nachhaltigkeit konkret**

Belastungen messen

Der Mensch übt aufgrund seiner Lebensweise massiven Druck auf das System Erde aus. Er schädigt dadurch die Regenerationsfähigkeit in vielen Bereichen und in hohem Maße. Die Grenzen der Belastbarkeit unseres Planeten zu erkennen und entsprechend zu handeln ist eine zentrale Menschheitsaufgabe. Welche Möglichkeiten gibt es, Belastungen zu messen und entsprechende Handlungsalternativen aufzuzeigen?

1 Beschreiben Sie die Entwicklung des Erdüberlastungstags sowie den Erdüberlastungstag nach ausgewählten Staaten (M1).

2 Erläutern Sie das Konzept des ökologischen Fußabdrucks (M5).

3 Ermitteln Sie mit einem Fußabdruckrechner Ihren persönlichen Fußabdruck und arbeiten Sie Ihre Einsparpotenziale heraus (Internet).

4 „Ärmere Staaten müssen ihre wirtschaftliche Lage verbessern, reichere Staaten ihren Fußabdruck verringern." Beurteilen Sie diese Aussage (M8).

5 Erläutern Sie das Modell der planetaren Belastungsgrenzen (M4, M6).

6 Bewerten Sie, inwieweit man mit dem Modell des ökologischen Fußabdrucks die Überschreitung planetarer Belastungsgrenzen verhindern kann.

27704EX_1 © Westermann

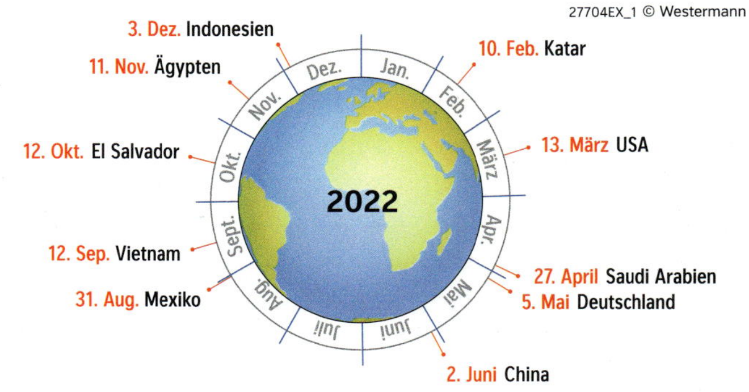

Am 28. Juli 2022 wurde für das Jahr 2022 der Erdüberlastungstag erreicht. An diesem Tag hat die Menschheit alle regenerativen Ressourcen der Erde aufgebraucht für das Jahr. Jeden weiteren Tag sind die Folgen für das Ökosystem größer als deren Regenerationskraft. Die Menschheit verbraucht derzeit rund 60 Prozent mehr als das, was unser Planet erneuern kann.

Earth Overshoot Day 1970 bis 2020:

1970	29. Dezember	2010	7. August
1980	4. November	2020	22. August
1990	11. Oktober	2021	29. Juli
2000	9. September	2022	28. Juli

Quelle: Earth Overshoot Day 2022

M1 The Earth Overshoot Day

Mit ihrer heutigen Lebensweise schädigt die Menschheit die Regenerationsfähigkeit der natürlichen Umwelt in vielen Bereichen. Die Grenzen der Belastbarkeit sind häufig schon erreicht, oft sogar überschritten. Klimawandel, Verlust an biologischer Vielfalt, Landschaftszerstörung und Gewässerverschmutzung greifen in immer größerem Maße um sich. Sie gefährden die Befriedigung der Grundbedürfnisse des Menschen und beeinflussen die Entwicklungschancen nachfolgender Generationen negativ. Der **globale Wandel** zeigt sich in unterschiedlichen Dimensionen, räumlichen und zeitlichen Maßstabsebenen und wird von verschiedenen Triebkräften gesteuert. Aber die Menschheit ist den Problemen nicht hilflos ausgeliefert. Einem aktions- und ideenlosen „Weiter so" können die Prinzipien der **Mitigation** (= Milderung negativer Einflüsse) und **Adaption** (= Anpassung an gegebene Bedingungen) entgegengesetzt werden. Darüber hinaus kann jeder Einzelne im Sinne von „global denken und lokal handeln" einen Beitrag zum Erhalt unserer natürlichen Umwelt leisten. Konzepte wie der ökologische Fußabdruck oder der Earth Overshoot Day helfen, das eigene Belastungspotenzial zu ermitteln und daraus Schlussfolgerungen für den Ressourcen- und Naturverbrauch zu ziehen.

M2 Basisinformation

M3 The Earth Overshoot Day

2009 veröffentlichte das Stockholm Resilience Center das Modell der ökologischen Belastungsgrenzen, das 2015 aktualisiert wurde. Es fasst zusammen, wie stark die Auswirkungen des Menschen auf die Umwelt sind. Wird einer der vordefinierten Grenzwerte überschritten, besteht das Risiko, dass die biophysischen Systeme der Erde plötzlich und irreversibel Schaden nehmen.

Klimawandel: Die Treibhausgasemissionen beschleunigen die Erderwärmung mit Folgen für das Klima und den Meeresspiegel.

Versauerung der Meere: Der Eintrag von sauren Verbindungen verringert die Pufferkapazität für CO_2 und hat Auswirkungen auf das marine Nahrungsnetz und den Anteil von Treibhausgasen in der Atmosphäre.

Abbau der Ozonschicht: Ozon abbauende Stoffe zerstören die Ozonschicht in der Stratosphäre, welche die gefährliche UV-Strahlung der Sonne zurückhält.

Stickstoff- und Phosphorkreislauf: In Form von Düngemitteln gelangen die Elemente in die Gewässer, was zur Massenvermehrung von Algen und letztlich Sauerstoffverlust führt, sodass Organismen absterben.

Süßwasserverbrauch: In vielen Regionen der Erde ist das vorhandene Wasser übernutzt oder stark verschmutzt mit Folgen für das Ökosystem sowie die menschliche Gesundheit.

Landnutzungsänderungen: Die Ausweitung der Agrarflächen und Siedlungsräume führt zum Verlust der biologischen Vielfalt und verändert den Wasserhaushalt.

genetische Vielfalt: Land- und Forstwirtschaft sowie Fischerei zerstören Lebensräume und führen zu einem Artensterben. Durch gentechnische Veränderungen greift der Mensch in das Erbgut von Pflanzen und Tieren ein.

Aerosole: Der Ausstoß von sehr kleinen, nicht sichtbaren Partikeln durch Verkehr und Industrie hat Folgen für die menschliche Gesundheit und das Klima.

M4 Planetare Belastungsgrenzen

Link
WES-149983-018

Eine Möglichkeit, die Umweltbelastung von Staaten oder Regionen zu berechnen und anschaulich darzustellen, ist das Konzept des ökologischen Fußabdrucks, das Mathis Wackernagel und sein Kollege William Rees Mitte der 1990er-Jahre entwickelten. Ausgangspunkt des Modells ist die Biokapazität, das heißt die Fähigkeit von Flächen, für den Menschen biologisch nutzbringendes Material zu produzieren und von den Menschen produzierten Abfall aufzunehmen. Diese Flächen sind:

- Waldflächen, z.B. für Bauholz, Brennholz,
- Acker-, Weide- und Wiesenflächen für die Produktion von Nahrungsmitteln, von Grundstoffen für die Verarbeitung sowie von Biomasseenergie,
- bebautes Land für Siedlungen und Infrastruktur und
- die nötigen Vegetationsflächen, die das vom Menschen freigesetzte Kohlenstoffdioxid wieder aufnehmen,
- Wasserflächen für die Fischerei.

Die Biokapazität wird in Global-Hektar (gha) angegeben, dem Durchschnittswert aus der biologischen Produktivität der verschiedenen Flächenkategorien pro Hektar in einem Jahr.

Seit 1960 wuchs die Gesamtfläche der bioproduktiven Land- und Wasserflächen unter anderem durch den technologischen Fortschritt von 9,6 Mrd. gha auf heute etwa 12 Milliarden Global-Hektar.
Allerdings sank aufgrund der wachsenden Weltbevölkerungszahl die pro Mensch zur Verfügung stehende Biokapazität im gleichen Zeitraum von 3,1 gha auf nur noch 1,6 gha.
Der ökologische Fußabdruck („ecological footprint“ bzw. „footprint“) berechnet sich aus den Flächen, die für die Produktion von Nahrungsmitteln und anderer Wirtschaftsgüter sowie für die Gewinnung von Energie und zur Entsorgung von Abfall erforderlich sind und wird ebenfalls in Global-Hektar angegeben. Der Globale Fußabdruck eines Staates kann als Folge des globalen Handels aus Landflächen an verschiedenen Orten des Planeten zusammengesetzt sein.
Abschließend wird der ökologische Fußabdruck mit der zur Verfügung stehenden Biokapazität verglichen. Der globale Fußabdruck betrug im Jahr 2020 etwa 2,7 gha pro Mensch. Der ökologische Fußabdruck der Menschheit ist also viel größer, als es die nachhaltige Tragfähigkeit der Erde zulässt. Wir leben über unsere Verhältnisse.

M 5 Modell des ökologischen Fußabdrucks

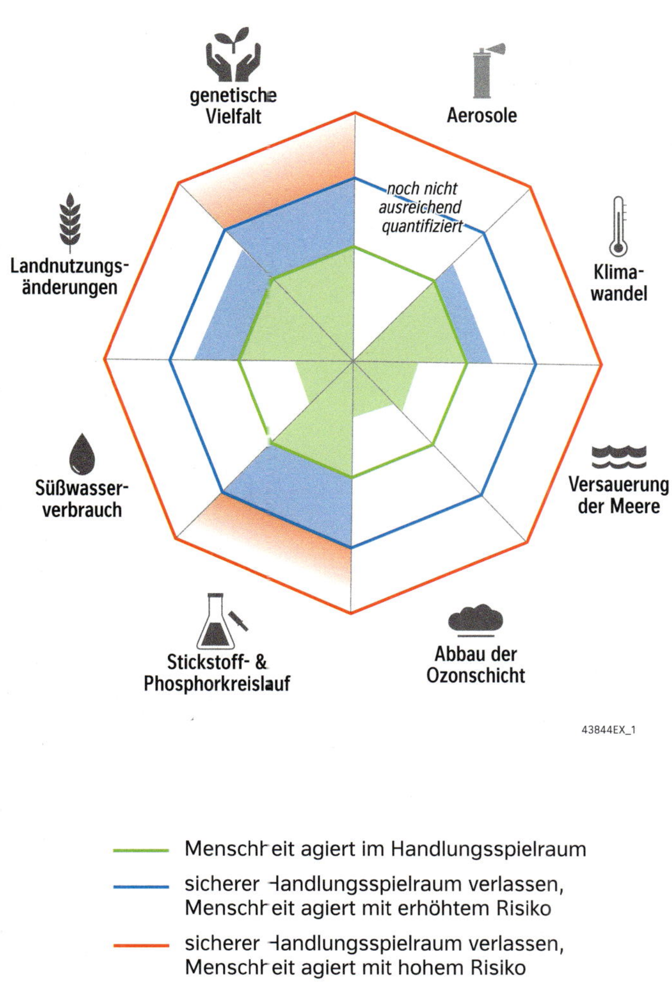

M 6 Modell der planetaren Belastungsgrenzen

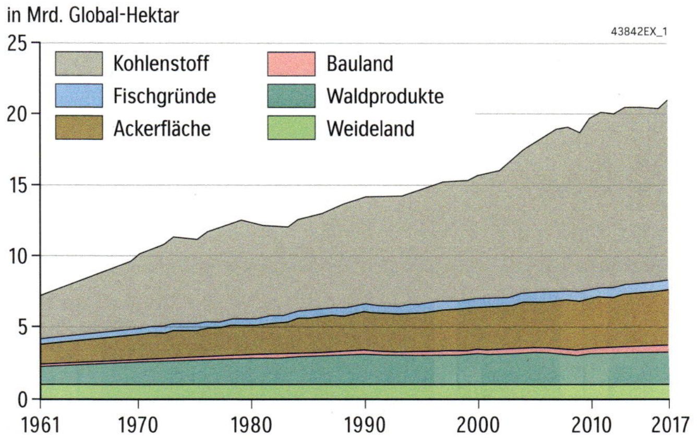

Quelle: Global Footprint Network, 2021

M 7 Entwicklung des globalen ökologischen Fußabdrucks nach Landnutzung

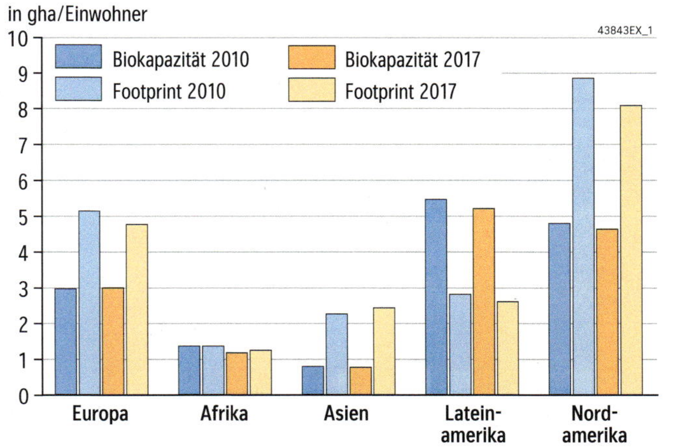

Quelle: https//data.footprintnetwork.org

M 8 Biokapazität und Fußabdruck nach Kontinenten

17 Ziele für eine nachhaltige Entwicklung

„Wissen Sie, wobei es sich bei den SDG handelt?“. Umfragen zeigen, dass zwei von drei Deutschen diesen Begriff schon einmal gehört haben. Aber nur ein Fünftel der Befragten ist mit den Inhalten wirklich vertraut. Weltweit gibt es immer wieder Aktionen, die von der UN beschlossene Agenda 2030 bekannt zu machen, sodass jeder und jede Einzelne auch aktiv an ihrer Umsetzung mitwirken kann. Welche Ziele für eine nachhaltige Entwicklung strebt die Menschheit an?

1 Bewerten Sie die Kampagne „Tu Du's“ der deutschen Bundesregierung (M1 – M4).

2 Bis 2030 soll die Zahl der Menschen, die in Armut leben, mindestens halbiert werden (SDG 1). Analysieren Sie unter diesem Aspekt die Entwicklung ausgewählter asiatischer und afrikanischer Staaten (M3).

3 Führen Sie eine Umfrage in Ihrer Lerngruppe durch, welche drei SDG am wichtigsten sind.

4 **a)** Analysieren Sie den SDG-Stand Deutschlands (M7, M8, Internet).
b) Erläutern Sie für ausgewählte SDG-Indikatoren, wie deren Entwicklung in Deutschland voranschreitet (Internet).

5 Vergleichen Sie den Stand der SDG von der D. R. Kongo und Deutschland (M5, M6).

M1 „Tu Du's“ – Informationskampagne der Bundesregierung

Im Jahr 2015 verabschiedete die Weltgemeinschaft die **Agenda 2030**. Sie ist ein Fahrplan für eine nachhaltige Entwicklung der Menschheit und schafft die Grundlage für den weltweiten wirtschaftlichen Fortschritt im Einklang mit sozialer Gerechtigkeit und im Rahmen der ökologischen Grenzen. Die Agenda 2030 gilt für alle Staaten der Welt, also für die Länder des globalen Südens ebenso wie für die des wohlhabenderen globalen Nordens. Den Kern dieser Agenda bilden 17 gleichrangige Ziele für eine nachhaltige Entwicklung, die **Sustainable Development Goals (SDG)**. Als handlungsleitende Prinzipien sind den 17 SDG problemlösungs- und zukunftsorientierte Kernbotschaften vorangestellt, die unter fünf Aspekten zusammengefasst werden: Mensch, Planet, Wohlstand, Frieden und Partnerschaft. Um Fortschritte in diesem Bestreben zu messen und um Auskunft über den Erfolg oder Misserfolg der Entwicklung geben zu können, hat eine internationale Arbeitsgruppe unter Beteiligung des deutschen Statistischen Bundesamtes einen Katalog von 244 messbaren Indikatoren entwickelt, die jährlich im SDG-Index (SDGI) aufgeschlüsselt werden.

M2 Basisinformation

	kenne die SDG gut	habe schon etwas von SDG gehört	habe noch nie etwas von SDG gehört
Global	**26**	**48**	**26**
Indien	55	34	11
Türkei	53	39	8
China	52	38	10
Saudi Arabien	51	32	17
Peru	37	50	13
...			
USA	20	30	50
Deutschland	17	62	21
Frankreich	11	45	44
Japan	8	41	51

20 000 Befragungen von Personen zwischen 16 und 74 Jahren in 28 Ländern
Quelle: World Economic Forum 2019

M4 Umfrage zur Bekanntheit der SDG (2019)

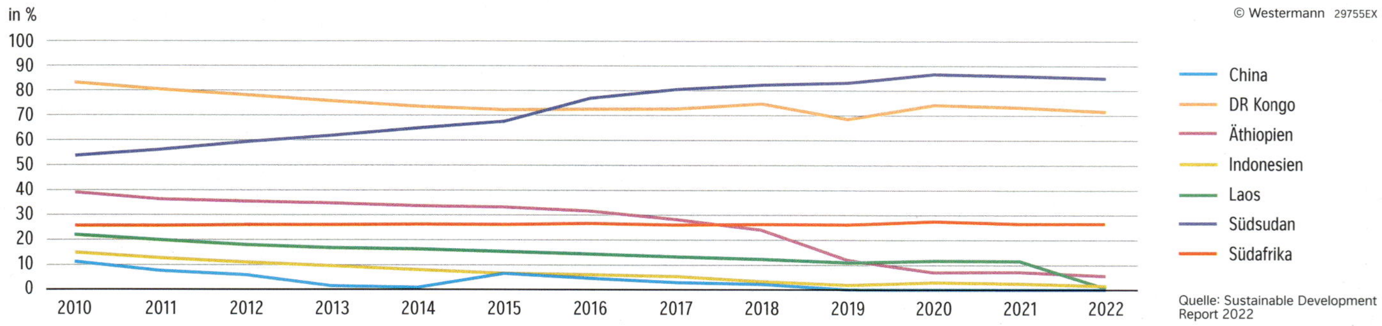

M3 Anteil der ärmsten Bevölkerung, die mit weniger als 1,90 US-$ / Tag auskommen müssen (ausgewählte Staaten Asiens/Afrikas)

Link
WES-149983-020

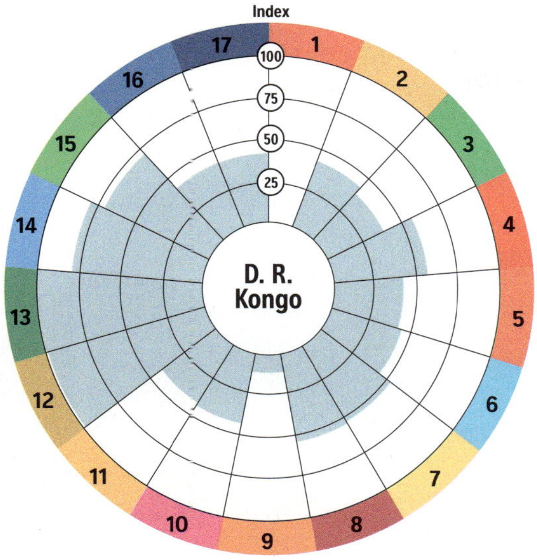

29258EX_10

M 5 **SDG D. R. Kongo 2021 (Bevölkerung: 86 Millionen)**

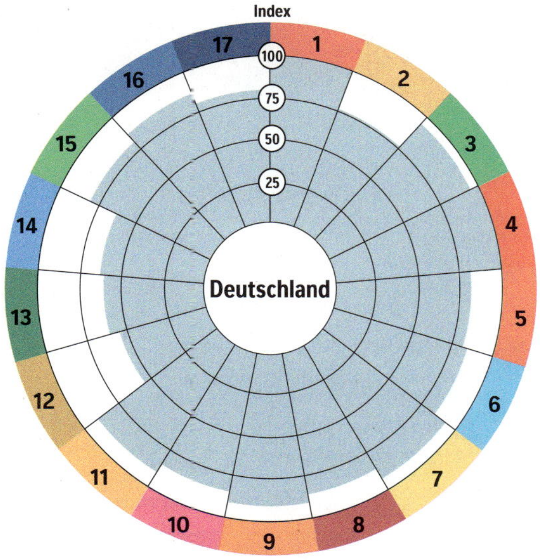

29258EX_11

M 6 **SDG Deutschland 2021 (Bevölkerung: 83 Millionen)**

	Rang von 163 UN-Staaten	SDGI-Wert (Stand 2010)
Finnland	1	86,51 (85,18)
Dänemark	2	85,63 (83,54)
Schweden	3	85,19 (84,77)
Norwegen	4	82,35 (80,72)
Österreich	5	82,32 (79,63)
Deutschland	6	82,18 (79,04)
...		
Liberia	158	49,89 (46,96)
Sudan	159	49,63 (47,14)
Somalia	160	45,57 (42,46)
Tschad	161	41,29 (39,8)
Zentralafrikanische Republik	162	39,28 (39,96)
Süd-Sudan	163	39,05 (39,25)

Quelle: Sustainable Development Report 2022

M 7 **Umsetzung der SDG 2021**

1 KEINE ARMUT – Armut in allen Formen und überall beenden.

2 KEIN HUNGER – Hunger beenden, Ernährungssicherheit und eine bessere Ernährung erreichen, nachhaltige Landwirtschaft fördern.

3 GESUNDHEIT UND WOHLERGEHEN – Gesundes Leben für alle Menschen jeden Alters gewährleisten und ihr Wohlergehen fördern.

4 HOCHWERTIGE BILDUNG – Inklusive, gleichberechtigte und hochwertige Bildung und Möglichkeiten lebenslangen Lernens fördern.

5 GESCHLECHTERGLEICHHEIT – Geschlechtergleichstellung erreichen, Frauen und Mädchen zur Selbstbestimmung befähigen.

6 SAUBERES WASSER UND SANITÄREINRICHTUNGEN – Verfügbarkeit und nachhaltige Bewirtschaftung von Wasser und Sanitärversorgung gewährleisten.

7 BEZAHLBARE UND SAUBERE ENERGIE – Zugang zu bezahlbarer, verlässlicher, nachhaltiger und moderner Energie sichern.

8 MENSCHENWÜRDIGE ARBEIT UND WIRTSCHAFTSWACHSTUM – Dauerhaftes, inklusives und nachhaltiges Wirtschaftswachstum, produktive Vollbeschäftigung und menschenwürdige Arbeit fördern.

9 INDUSTRIE, INNOVATION UND INFRASTRUKTUR – Eine widerstandsfähige Infrastruktur aufbauen, inklusive und nachhaltige Industrialisierung fördern, Innovationen unterstützen.

10 WENIGER UNGLEICHHEITEN – Ungleichheit in und zwischen Ländern verringern.

11 NACHHALTIGE STÄDTE UND GEMEINDEN – Städte und Siedlungen inklusiv, sicher, widerstandsfähig und nachhaltig gestalten.

12 NACHHALTIGE/R KONSUM UND PRODUKTION – Nachhaltige Konsum- und Produktionsmuster sicherstellen.

13 MASSNAHMEN ZUM KLIMASCHUTZ – Maßnahmen zur Bekämpfung des Klimawandels und seiner Auswirkungen ergreifen.

14 LEBEN UNTER WASSER – Ozeane, Meere und Meeresressourcen erhalten.

15 LEBEN AN LAND – Landökosysteme schützen, wiederherstellen und ihre nachhaltige Nutzung fördern, Wälder nachhaltig bewirtschaften, Wüstenbildung bekämpfen, Bodendegradation beenden, Verlust der biologischen Vielfalt ein Ende setzen.

16 FRIEDEN, GERECHTIGKEIT UND STARKE INSTITUTIONEN – Friedliche Gesellschaften fördern, allen Menschen Zugang zur Justiz ermöglichen, leistungsfähige, rechenschaftspflichtige Institutionen auf allen Ebenen aufbauen.

17 PARTNERSCHAFTEN ZUR ERREICHUNG DER ZIELE – Die globale Partnerschaft für nachhaltige Entwicklung mit neuem Leben füllen.

ZIELE FÜR NACHHALTIGE ENTWICKLUNG

M 8 **Die Sustainable Development Goals (SDG)**

SDG 14 – Meere schützen und nachhaltig nutzen

14 LEBEN UNTER WASSER

Ein Eimer, eine Badewanne oder ein Lkw voll Plastikmüll gelangen weltweit pro Minute in das Weltmeer. Zwischen 5 bis 13 Millionen Tonnen Plastik belasten jährlich unsere Meere und damit eine Lasterladung pro Minute. Neben Müll bedrohen weitere Belastungen das Ökosystem der Ozeane und das Leben der Küstenbewohner. Welche sind das und wie können die SDG eine zukunftsfähige Perspektive unterstützen?

1 Stellen Sie Ursachen und Folgen der Verschmutzung des Weltmeeres dar (M1 – M4).
2 Beschreiben Sie den Zustand des Ökosystems Weltmeer (M6, M7).
3 **a)** Stellen Sie die Bedeutung des Weltmeeres dar (M9).
b) Arbeiten Sie Gefahren heraus, die sich aus der Überanspruchung des Meeres ergeben und stellen Sie Zusammenhänge zu den SDG her.
4 Bewerten Sie die Strategien zum Erreichen der SDG (M3, M5).
5 Analysieren Sie die Entwicklung und Perspektiven des Fischerdorfs Bargny aus Sicht der SDG und dem Aspekt der Nachhaltigkeit (M8, M11).

M 1 Plastikmüll am Strand

Chemikalien, Nährstoffe, Plastik, giftige Schwermetalle, Arzneimittel, Kosmetikprodukte, Krankheitserreger und viele weitere Abfälle gelangen über die Flüsse und die Atmosphäre in das Weltmeer - mehr als 400 Millionen Tonnen Schadstoffe pro Jahr. 80 Prozent stammen dabei aus Quellen an Land, der Rest sind Einträge durch die Fischerei, die Schifffahrt, Bohrplattformen oder Aquakulturen. Dabei hat sich die Völkergemeinschaft im Rahmen der Londoner Konventionen verpflichtet, die Entsorgung von Abfällen ins Meer einzustellen. Der Weltbiodiversitätsrat IPBES listet die Verschmutzung mittlerweile als viertstärksten Motor des Artensterbens in den Meeren.

M 2 Basisinformation

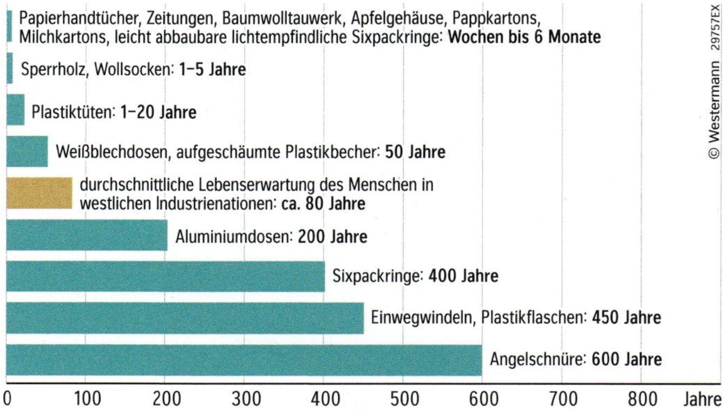

M 4 Plastikmüll am Strand

- Mindestens 30 Prozent der Meeresfläche bis 2030 unter gerechten und effektiven Schutz stellen;
- Fischbestände wiederherstellen und nachhaltig nutzen. Die Weltbank schätzt, dass durch Überfischung jährlich 83 Milliarden US-Dollar an möglichen Einnahmen verloren gehen;
- Fischereimanagement, -kontrolle und -überwachung stärken und so illegale, unregulierte und undokumentierte Fischerei bekämpfen;
- eine bessere Zusammenarbeit der Meeresforschung und nachhaltiger Meerespolitik fördern. Die Vereinten Nationen haben 2021 – 2030 deshalb zur Dekade der Ozeanforschung für nachhaltige Entwicklung ernannt;
- mehr, nachhaltige und innovative Finanzierung für das Leben unter Wasser bereitstellen. Pro Jahr werden mehr als 150 Milliarden US-Dollar für Investitionen in die Verbesserung von Rahmenbedingungen, in Maßnahmen zur nachhaltigen Bewirtschaftung und den Schutz der Meere sowie in Kapazitätsentwicklung benötigt.

M 3 SDG14 – Was soll erreicht werden?

- Die Meeresverschmutzung und Vermüllung durch Plastik soll deutlich verringert werden.
- Gesunde und biodiversitätsreiche Meeres- und Küstenökosysteme sollen nachhaltig verwaltet und geschützt werden.
- Die Versauerung der Ozeane soll reduziert werden.
- Fischbestände sollen nachhaltig bewirtschaftet und Überfischung, illegale, unregulierte und ungemeldete Fischerei und zerstörerische Fischereipraktiken beendet werden.
- Mindestens 10 Prozent der Meere sollen als Meeresschutzgebiete ausgewiesen und besser verwaltet werden.
- Subventionen, die zu Überkapazitäten, Überfischung und illegaler, unregulierter und ungemeldeter Fischerei beitragen, sollen abgeschafft werden.
- Insbesondere kleine Inselstaaten sollen vermehrt wirtschaftliche Vorteile aus der nachhaltigen Nutzung von Meeren und Küsten ziehen können.
- Wissenschaftliche Kenntnisse sollen vertieft, Forschungskapazitäten ausgebaut und Technologietransfer sichergestellt werden.

M 5 SDG 14 – Was ist zu tun?

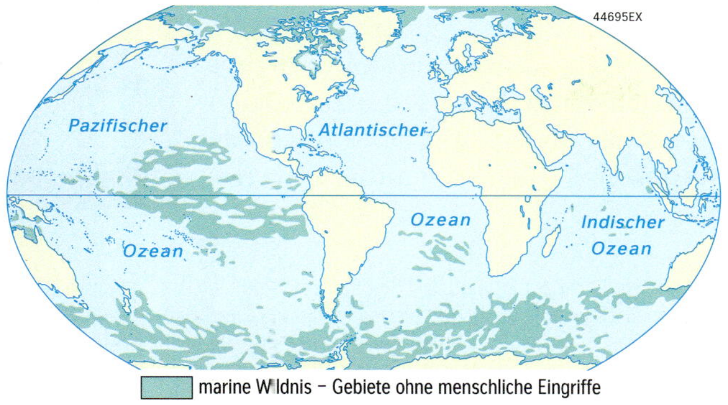

M 6 **Das noch intakte marine Ökosystem**

362 Millionen km² des Planeten sind mit Wasser bedeckt, das sind 71 % der Erdoberfläche. Unvorstellbare 1,3 Milliarden km³ Wasser befinden sich in den durchschnittlich 3700 m tiefen Ozeanen. Im Jahr 2021 standen damit jedem Erdenbürger ein Sechstel Kubikkilometer Meerwasser zur Verfügung. Der Anteil wird bei weiter wachsender Weltbevölkerung auf ein Siebtel sinken. Die biologisch intakten, vom Menschen noch nahezu unbeeinflussten Meereslebensräumen gehen kontinuierlich zurück. Heute sind es gerade noch etwa 13% der globalen Meeresfläche.

M 7 **Weltmeer in Zahlen**

M 9 **Marine Ökosystemleistungen**

Khady Ndiaye sitzt auf einem kleinen Hocker vor fünf alten Plastikwannen, in denen kleine Fische liegen. Die 67-Jährige nimmt sie aus, schabt die Schuppen ab, die durch das Räuchern schwarz geworden sind und legt die Fische in Salz ein. Seit 30 Jahren lebt sie von der Fischverarbeitung. Doch die Zeiten sind schlecht: „Mir geht es wie den anderen Frauen. Unsere Arbeit wird immer schwerer. Der Fisch, den wir verarbeiten können, fehlt uns." Tatsächlich sind auf dem Gelände am Strand – es erinnert an eine Markthalle – an diesem Vormittag nur wenige Frauen zu sehen. Der Fischfang steckt in der Krise.
Dabei ist Bargny, Heimatort von Khady Ndiaye, immer ein Fischerdorf gewesen. Es liegt 35 Kilometer von Senegals Hauptstadt Dakar entfernt. Die Strände zogen einst auch Tages- und Wochenendgäste an. „Bargny war eine Stadt, in der man sehr gut leben konnte", erinnert sich Cheikh Fadel Wade, Koordinator des Netzwerks für Umwelt- und Naturschutz. Nicht nur das, auch die Landwirtschaft war eine gute Einnahmequelle. [...] Doch damit ist Schluss. Aufgrund des Klimawandels steigt wie überall auf der Welt der Meeresspiegel, die Wassertemperaturen erhöhen sich – viele Fischarten können sich daran nur schlecht anpassen –, und die Böden versalzen, erklärt Cheikh Fadel Wade, der durch Bargny führt. [...]
Einen guten Kilometer vom Stadtzentrum entfernt zeigt Ndeye Yacine Dieng die Folgen der Küstenerosion. Sie sitzt vor einem kleinen Haus, dessen gelbe Farbe längst abgeblättert ist. Ein paar Zimmer fehlen bereits. Das Toben der Wellen ist ständig zu hören. Die Präsidentin der „Vereinigung für die Aufwertung der Küsten" („Association pour la valorisation des côtes") sagt: „Vor 50 Jahren war das Meer noch 500 Meter von den Gebäuden weg. Heute klopft es an unsere Tür, bringt uns materielle Einbußen und beeinträchtigt die lokale Wirtschaft."

Quelle: Katrin Gänsler: Senegal: Die Verlierer der Industrialisierung. www.dw.com, Deutsche Welle, Bonn, 07.04.2022

M 8 **Bargny – ein Fischerdorf in Senegal in der Krise**

M 10 **Fischereihafen im Senegal**

Im Jahr 2014 kündigte der senegalesische Präsident Macky Sall ausländischen Fangflotten die Lizenz, in den fischreichen Küstengewässern zu agieren. Die riesigen Schiffe waren mitverantwortlich für den drastischen Rückgang der Fischbestände, die vor allem die einheimische Küstenfischerei traf. Jetzt steht das Land vor der Aufgabe, dieses Verbot dauerhaft durchzusetzen und ein modernes Fischereimanagement aufzubauen.
In der Nähe von Bargny erwarb 2017 ein schwedisches Unternehmen Land und errichtete ein Kohlekraftwerk für die Stromerzeugung. Allerdings waren auf den Flächen ursprünglich neue Wohngebiete für die von der Erosion betroffene Bevölkerung vorgesehen.
In unmittelbarer Nachbarschaft ist gegenwärtig ein neuer Überseehafen im Bau. Das von der Regierung vorangetriebene Großprojekt kostet rund 450 Millionen Dollar. Über 2500 neue Arbeitsplätze sollen dadurch entstehen und die Ansiedlung eines neuen Stahlwerkes fördern. Die Bewohner Bargnys sind allerdings unzufrieden, denn bei allen Planungen und Entscheidungen haben sie kein Mitspracherecht.

M 11 **Perspektiven für Bargny**

SDG 4 – Hochwertige Bildung für alle Menschen

Bildung ist die Voraussetzung, um Hunger, Armut und Ungleichheit zu überwinden und eine wichtige Entwicklungschance für jede Einzelne und jeden Einzelnen und die Gesellschaft. Auch wenn der Zugang zu Bildung in den letzten Jahren immer besser geworden ist, gibt es noch viel zu tun. Welche Entwicklungsprojekte unterstützen diese Aufgabe?

1 Vergleichen Sie die Erklärung der Menschenrechte (M1) und die Fakten in Abbildung M3 (M2).
2 Vergleichen Sie die Entwicklung der Schulausbildung (M5, M7).
3 Erklären Sie mögliche Ursachen eines niedrigen Bildungsniveaus und dessen Folgen (M6).
4 Stellen Sie Folgen der COVID-19-Pandemie dar und entwickeln Sie Lösungsansätze für mögliche neue Einschränkungen (M8).
5 Arbeiten Sie heraus, welche weiteren SDG durch hochwertige Bildung unterstützt werden.
6 Überprüfen Sie Aussage: „Mit Essenspenden macht ihr den Hungrigen satt, mit Bildung wird der Hunger beendet". Formulieren Sie einen Kommentar.

Jeder hat das Recht auf Bildung. Die Bildung ist unentgeltlich, zum Mindesten der Grundschulunterricht und die grundlegende Bildung. Der Grundschulunterricht ist obligatorisch. Fach- und Berufsschulunterricht müssen allgemein verfügbar gemacht werden, und der Hochschulunterricht muss allen gleichermaßen entsprechend ihren Fähigkeiten offenstehen.

Artikel 26 (1) der Allgemeinen Erklärung der Menschenrechte

617 Millionen
Kinder und Jugendliche verfügen nicht über Mindestkenntnisse im Lesen und Rechnen

750 Millionen
Erwachsene sind noch immer Analphabeten, zwei Drittel davon sind Frauen

41100EX

M1 Fakten zur globalen Bildung

„Die Investition in die Bildung und die Stärkung des Bildungssektors sind die Schlüssel zur Entwicklung eines Landes und seiner Menschen."
(Quelle: Walter Hirche, Vorstandsmitglied der Deutschen UNESCO-Kommission und Vorsitzender des Fachausschusses Bildung, UNESCO, www.unesco.de, 2016)

Global gesehen haben bis 2020 über 264 Millionen Kinder und Jugendliche zwischen 6 und 17 Jahren keinen Zugang zu Bildung. In allen Gebieten der Erde gibt es erhebliche Unterschiede bei den Bildungsmöglichkeiten und -ergebnissen. Bildung ist aber eine Voraussetzung für die erfolgreiche Teilhabe an einer komplexen Wirtschaft, für eine nachhaltige Entwicklung und für ein friedliches Zusammenleben. Entwicklungszusammenarbeit bedeutet in diesem Sinne, den Menschen den Zugang zu Bildung zu ermöglichen und die Bildungssituation weltweit zu verbessern. Die Fortschritte, die schon erreicht wurden, sind erkennbar. Das Entwicklungsziel (SDG) 4 der Agenda 2030 lautet: „Für alle Menschen inklusive, chancengerechte und hochwertige Bildung sowie Möglichkeiten zum lebenslangen Lernen sicherstellen." Um dies zu erreichen, müssen Maßnahmen umgesetzt und weitere ergriffen werden.

M2 Basisinformation

Was soll erreicht werden?

- Alle Mädchen und Jungen sowie Erwachsene sollen lebenslangen Zugang zu Bildung erhalten.
- deutliche Erhöhung der fachlichen und beruflichen Qualifikationen von Mädchen und Jungen
- gleichberechtigter Zugang zu Bildung auch für Menschen mit Behinderung und indigene Völker
- Qualifikation der Lehrkräfte
- sichere, gewaltfreie, inklusive, effektive Lernumgebung für alle.

Wie soll das Ziel erreicht werden?

- Bau und Ausbau von Bildungseinrichtungen
- internationale Zusammenarbeit der Lehrkräfte
- Vermittlung von Kenntnissen (u. a. zu den Menschenrechten, der Kultur des Friedens und der Gewaltlosigkeit, zur Wertschätzung kultureller Vielfalt) und Qualifikationen zur Förderung nachhaltiger Entwicklung.

M4 SDG 4 – Was ist zu tun?

83 %	7 %	4 von 10	130 Mio.	9 %	69 Mio.
aller Kinder und Jugendlichen weltweit gehen zur Schule	Steigerung der Abschlussnoten an Sekundarschulen weltweit seit 2010	Kindern erreichen Mindestkompetenzen im Lernen und Rechnen	Mädchen weltweit gehen nicht zur Schule	Studierendenquote in Afrika südlich der Sahara (Studierendenquote weltweit: 38 %)	zusätzliche Lehrkräfte werden benötigt

M3 Globale Bildung: Erfolge und Herausforderungen – Stand 2022

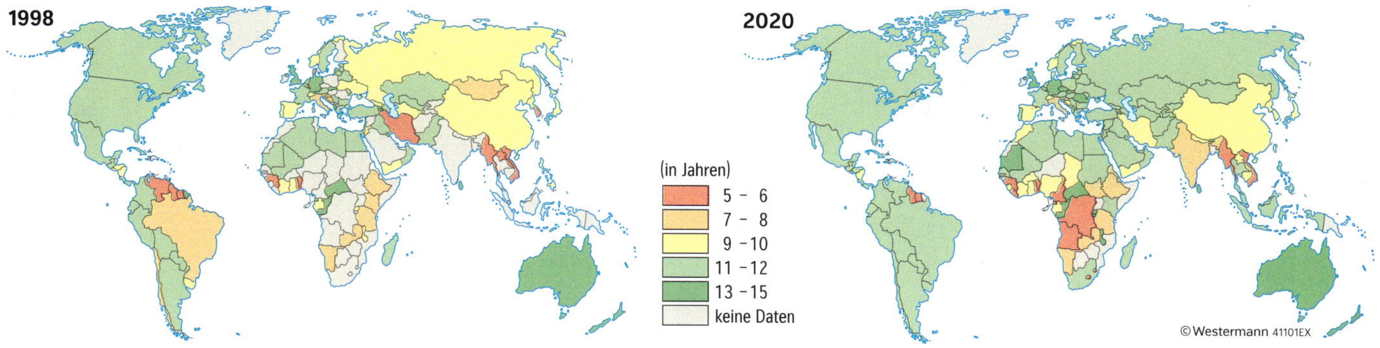

M 5 **Rechtlich garantierte kostenlose Schulbildung an Grundschulen und weiterführenden Schulen**

Kinder und Jugendliche stellen fast die Hälfte der 16 Millionen Einwohner von Guatemala. Aber nur wenige davon haben eine Chance auf Schulbildung, die über die Grundschule hinausgeht. Stand 2019 beendeten mehr als 30 Prozent der Schülerinnen und Schüler ihre Schulbildung mit der sechs Jahre dauernden Grundschule. Nur drei Viertel davon erlangten einen Abschluss. Davon wiederum nehmen 40 Prozent den weiterführenden Bildungsweg wahr. Besonders betroffen sind Kinder und Jugendliche, die auf dem Land leben und als Ureinwohner dem Volk der Maya angehören. Denn hier gibt es nur wenige und mangelhaft ausgestattete weiterführende Schulen (Sekundarschulen) mit schlecht ausgebildeten Lehrenden und veralteten Lehrplänen. Schuld daran ist u. a. die Bildungspolitik.
Eine gute Sekundarbildung ist aber wichtig, damit junge Menschen eine Perspektive haben und nicht gezwungen sind, gefährliche Jobs anzunehmen. Es gibt zudem über eine Million junge Menschen zwischen 19 und 29 Jahren, die nicht studieren oder arbeiten. Diese Jugend wandert aufgrund der Perspektivlosigkeit oft ab und auch das Gewaltpotenzial und die Kriminalität steigen an. Die Deutsche Gesellschaft für Internationale Zusammenarbeit (GIZ) führt das Programm „EDUVIDA“ in Guatemala durch, das drei Schwerpunkte hat: Die Schulverwaltung muss modernisiert werden, neue Lehrpläne werden entwickelt und die Lehrerausbildung wird verbessert. 15 Versuchsschulen testen die neuen Lehrmethoden und Bildungsinhalte. Da aber viele Kinder zu Hause auf dem Feld oder im Haushalt mithelfen müssen, um das Familieneinkommen zu verbessern, sollen die neuen Versuchsschulen einen Schwerpunkt auf den Erwerb praktischer Fähigkeiten legen, die helfen, das Einkommen ihrer Familien zu verbessern. Die Kinder werden angeleitet, kleine, einkommensschaffende und ernährungssichernde Kleinprojekte zu entwickeln, beispielsweise eine Hühnerhaltung. Alle Schulen müssen auch über eine notwendige Grundausstattung verfügen: regendichte Dächer, funktionierende Toiletten, Rollstuhlrampen und eine Küche, die kostenlose Mahlzeiten anbietet. Innerhalb von drei Jahren wurden in Guatemala ca. 8,5 Millionen Bücher an 27 000 Schulen verteilt. Sie sollen das Lesen unterstützen. Einige der Bücher sind zweisprachig, damit auch indigene Kinder erreicht werden, die die Landessprache Spanisch schlecht beherrschen. Zur Fortbildung der Lehrer wird seit 2016 eine E-Learning-Plattform errichtet, die für 120 000 Lehrkräfte zur Verfügung steht, um auf diese Weise auch alle ländlichen Gebiete zu erreichen. Wenngleich nur wenige einen Computer besitzen, gibt es in Guatemala auf dem Land genügend Internetcafes. In der Pilotphase wurden bisher 15 Prozent der Lehrkräfte erreicht – aber danach sollen alle 120 000 Lehrkräfte daran teilnehmen.

M 6 **Schulsituation und Entwicklungszusammenarbeit**

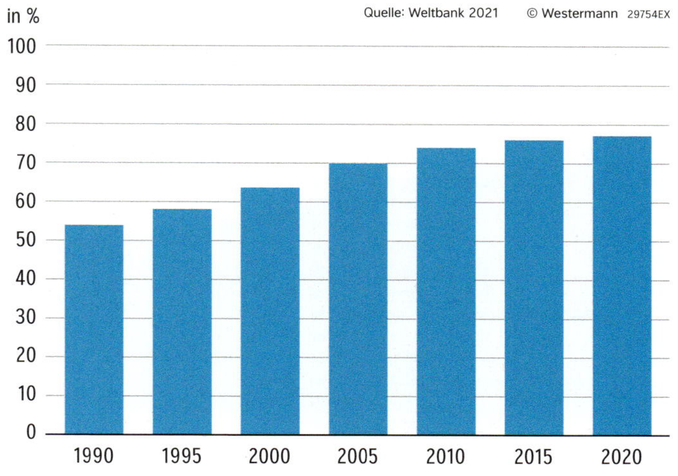

M 7 **Anteil der Jugendlichen mit Abschluss der Sekundarstufe 1 weltweit**

Um die Verbreitung von COVID-19 einzudämmen, haben die meisten Länder ihre Bildungseinrichtungen vorübergehend geschlossen. Ende März 2020 besuchten schätzungsweise mehr als 89 Prozent der weltweiten Schüler*innen und Studierenden aufgrund von COVID-19 keine Schule oder Universität mehr, darunter fast 743 Millionen Mädchen. Wegen der Pandemie bleiben die Schulen in 42 Prozent der Länder ganz oder teilweise geschlossen, dies führt dazu, dass zusätzlich zu den 128 Mio. Mädchen, die 2018 nicht die Schule besuchten, weitere 11 Mio. Mädchen ihre Schulbildung nicht fortsetzen werden.
Junge Frauen und Mädchen, die in Armut, mit Behinderungen oder in ländlichen, abgelegenen Gegenden leben, werden mit größerer Wahrscheinlichkeit zuerst von der Schule genommen, um die verstärkte Care-Arbeit zu Hause auszugleichen. Es hat sich zudem gezeigt, dass sowohl wirtschaftliche Nöte als auch Schulschließungen erhöhte Raten von Gewalt gegen Kinder, Zwangsheiraten und Teenagerschwangerschaften zur Folge haben können.
In Ländern mit niedrigem und mittlerem Einkommen können viele Mädchen aus armen Haushalten nicht am digitalen Fernunterricht teilnehmen, da sowohl ihren Familien als auch ihren Schulen die erforderlichen Mittel, Fähigkeiten und Technologien fehlen. Es zeigt sich auch, dass Mädchen grundsätzlich deutlich später als Jungen Zugang zu digitaler Technologie erhalten und dass deren Nutzung von ihren Eltern eingeschränkt wird.

(Quelle: UN Women: SDG 4 – Qualität in der Bildung. www.unwomen.de UN Women Deutschland, Bonn, Zugriff 21.06.2022)

M 8 **Auswirkung der COVID-19-Pandemie auf das SDG 4**

Das Wichtigste in Kürze

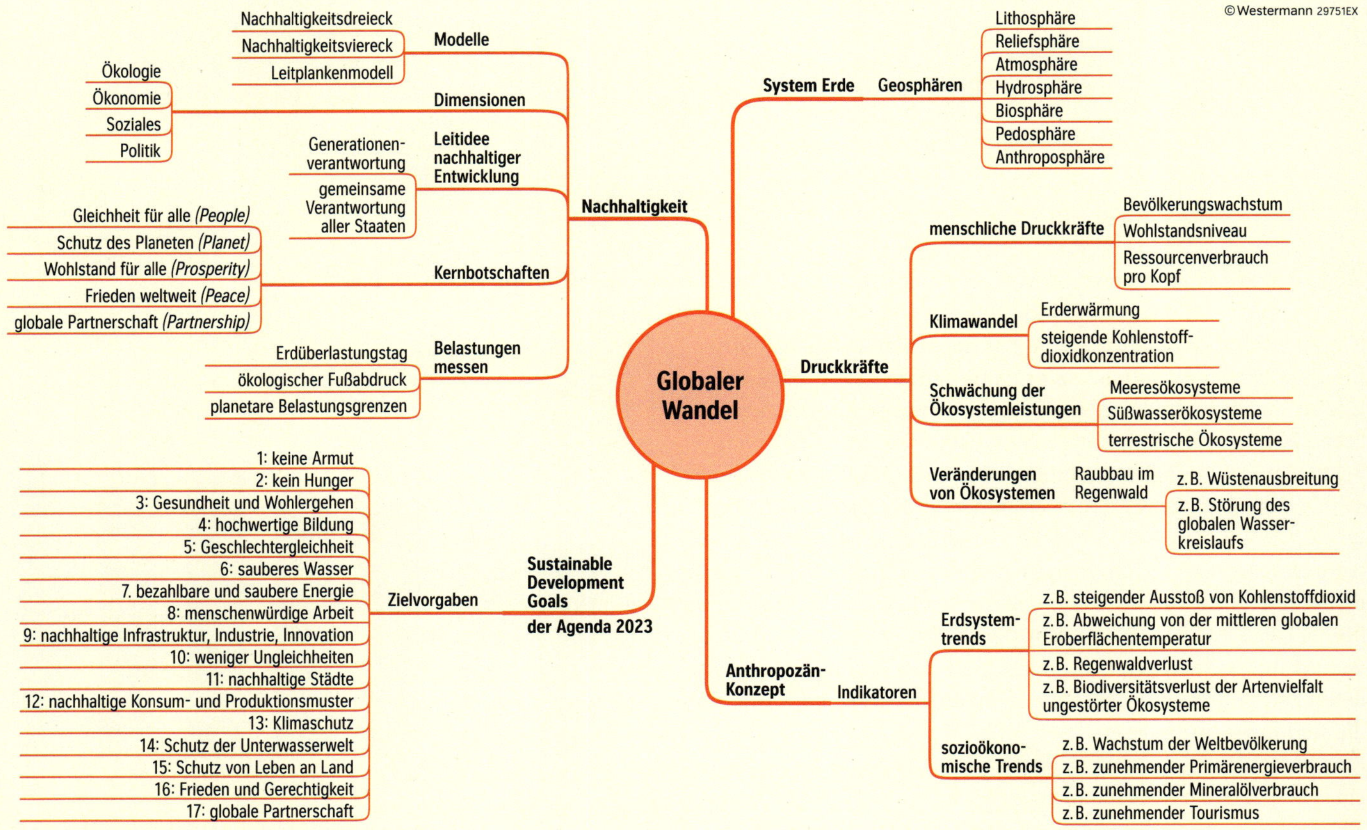

M 1 **Mindmap Globaler Wandel**

Grundbegriffe Globaler Wandel

Geosphären, globaler Wandel, Nachhaltigkeit, Sustainable Development Goals (SDG), Agenda 2030, planetare Belastungsgrenzen

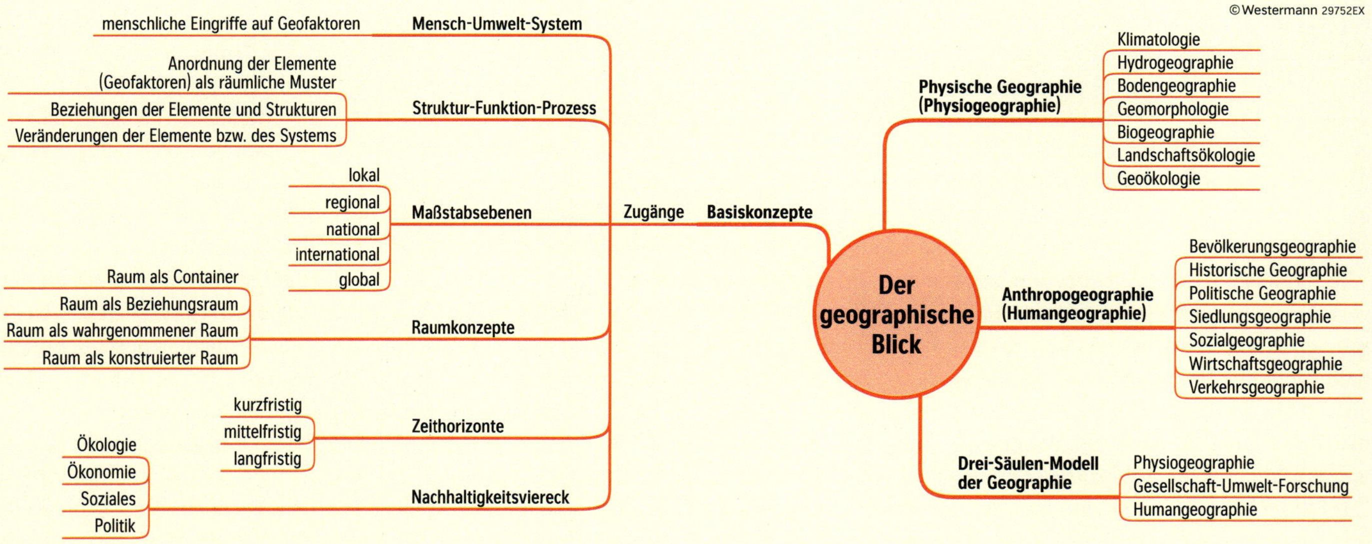

M 2 **Mindmap Der geographische Blick**

Grundbegriffe Der Geographische Blick

Physische Geographie, Anthropogeographie, Drei-Säulen-Modell der Geographie, Basiskonzepte

Training Kursarbeit: Globaler Wandel – globale Herausforderungen für das System Erde?

Der Mensch verändert durch Eingriffe in das Erdsystem seine Umwelt und gefährdet damit seine Lebensgrundlagen. Dies stellt die Menschheit im 21. Jahrhundert vor existenzielle Problemlagen, die als globale Herausforderungen im Sinne einer nachhaltigen Gestaltung der Zukunft gemeistert werden müssen.

1 Analysieren Sie die Karikatur M1 und entwickeln Sie einen passenden Untertitel.

2 **a)** Erläutern Sie anhand M2, wie die Geosphären miteinander vernetzt sind.
b) Stellen Sie anhand M2 dar, wie Eingriffe des Menschen zum globalen Wandel beitragen.

3 Erklären Sie, wie eine global nachhaltige Entwicklung erreicht werden kann (M4, M5).

4 **a)** Charakterisieren Sie die globalen Risiken (M3) und vergleichen Sie diese mit den Zieldimensionen einer nachhaltigen Entwicklung.
b) Überprüfen Sie: „Lösungsstrategien zur Überwindung der globalen Herausforderungen müssen komplex sein.“

M 1 Karikatur

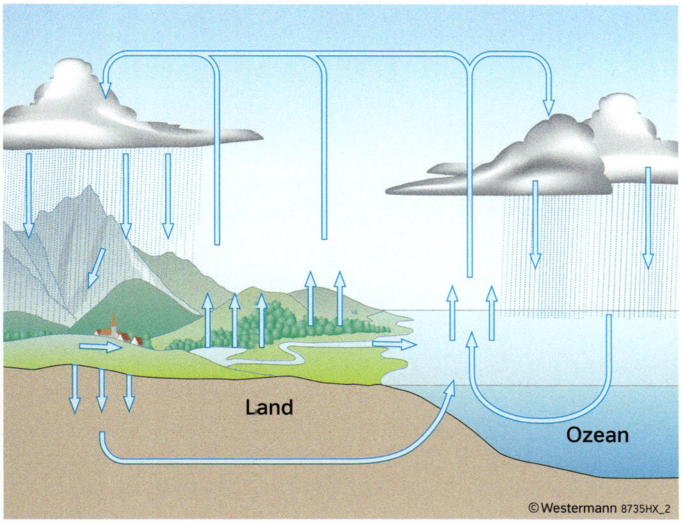

M 2 Globaler Wasserkreislauf

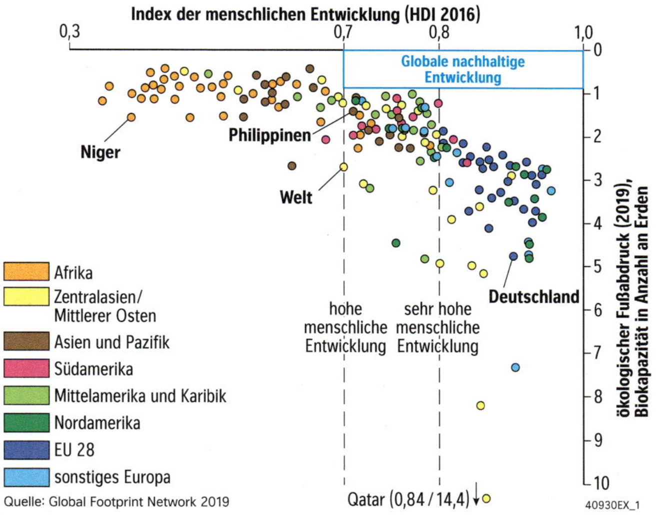

M 4 Human Development Index und ökologischer Fußabdruck

Rang	Risiken	Eintrittswahrscheinlichkeit in % in 0–2 Jahren	2–5 Jahren	5–10 Jahren
1	Scheitern beim Klimaschutz	27,5	35,7	42,1
2	Wetterextreme	31,1	34,6	32,4
3	Verlust von Biodiversität	–	13,5	27,0
4	soziale Instabilität	27,5	23,0	19,1
5	Existenzkrise	30,4	20,1	–
6	Infektionskrankheiten	26,4	–	–
7	vom Menschen verursachte Umweltkatastrophen	–	16,4	21,7
8	Krise der natürlichen Ressourcen	–	–	23,0
9	Schuldenkrisen	19,3	19,0	–
10	geoökonomische Konfrontation	–	14,8	14,1

Quelle Global Risk Report 2022

M 3 Globale Risiken und Herausforderungen 2022

Land	SDGI-Wert	Rang von 163
Finnland	86,51	1
Dänemark	85,63	2
Deutschland	82,18	6
USA	74,55	41
Russland	74,07	45
China	72,38	56
Kuwait	64,53	101
Südsudan	39,05	163

SDG-Index: Länderleistung der Umsetzung der SDG in %

M 5 SDG-Index 2022

Klima – ein System im Wandel

Klimawandel – Aussichten (Fotomontage)

2

Das Klima ist das Ergebnis des komplexen Zusammenspiels aller Komponenten eines globalen Klimasystems. Rasche oder langsame Änderungen einer oder weniger Steuergrößen können aufgrund ihrer Wechselwirkungen Klimaänderungen hervorrufen und das Raummuster der globalen Klimate verändern.

In der Klimageschichte sorgten wiederholt natürliche Ursachen für Klimaschwankungen mit gravierenden Auswirkungen auf die ökologischen Bedingungen des Planeten und damit die Lebenswelt des jeweiligen Zeitalters. Seit der instrumentellen Messung von Klimadaten zeigt sich zunehmend der anthropogene Einfluss auf das Klima. Wie zeigt sich der anthropogene Klimawandel, welche Folgen ergeben sich daraus und wie wird die Menschheit diese gewaltigen Herausforderungen bewältigen können?

Klimaelemente und Klimafaktoren – Akteure im Klimageschehen

Wetter und Klima betreffen uns täglich. Im Alltag gibt die Wetterprognose Hinweise darauf, welche Kleidung angemessen erscheint und inwiefern geplante Tätigkeiten beeinflusst werden. Für die Urlaubsplanung ist dagegen das Klima der Urlaubsregion entscheidend, um zu prüfen, inwiefern die beabsichtigten Outdoor-Aktivitäten bei den zu erwartenden Temperaturen, Sonnenscheinstunden und Niederschlägen machbar sein werden. Wie werden Wetter und Klima charakterisiert und wodurch werden sie beeinflusst?

1 Beschreiben Sie das Bild (M1) und erläutern Sie, ob es sich um Wetter- oder Klimaphänomene handelt.

2 **a)** Erklären Sie den Unterschied zwischen Wetter und Klima (M2).
b) Stellen Sie den Zusammenhang der Klimaelemente und Klimafaktoren dar (M2, M6, M8).

3 **a)** Charakterisieren Sie das Klima der Stationen (M3).
b) Vergleichen Sie das Klima der Stationen entlang 50 °N und begründen Sie die Unterschiede (M5, M6).

4 Erläutern Sie die Bedeutung der Klimaüberwachung (M4).

5 **a)** Überprüfen Sie folgende Aussage: „Atmosphärische Prozesse sind Teil des Klimasystems"(M4, M7).
b) Erläutern Sie beispielhaft den Einfluss natürlicher und anthropogener Veränderungen in ihren Auswirkungen auf das Klimasystem (M7).

M 1 Wetter- oder Klimaphänomene?

Aussagen wie „In Mainz ist es 25 Grad bei leicht bewölktem Himmel" oder „Es hat gestern gestürmt" beziehen sich auf das Wetter. Dieses kurzfristige Wettergeschehen spielt sich nahezu ausschließlich in der untersten, nur wenige Kilometer mächtigen Schicht der **Atmosphäre** ab, der Troposphäre. Dort verändern sich die mess- und beobachtbaren Wetterelemente, wie u.a. Temperatur, ständig und mit ihnen die meteorologischen Prozesse. Als **Wetter** wird der Zustand der Atmosphäre über einem Ort zu einem bestimmten Zeitpunkt bezeichnet.
Aussagen wie „In Sizilien sind die Sommer heiß und trocken" oder „In Schottland regnet es häufig" beziehen sich auf das Klima. Unter **Klima** wird der statistisch erfasste Ablauf des Wetters an einem Ort oder in einem mehr oder weniger großen Gebiet über einen längeren Zeitraum verstanden. Im Allgemeinen wird ein Zeitraum von 30 Jahren zugrunde gelegt, die sogenannte Normalperiode. Gebiete mit ähnlichen klimatischen Gegebenheiten lassen sich zu Klimazonen zusammenfassen. Als **Klimaelemente** werden die mess- und beobachtbaren Elemente des Wetters bezeichnet, die als gemittelte Werte zur Beschreibung des Klimas herangezogen werden (z.B. Mittelwerte, Extreme, Häufigkeiten). **Klimafaktoren** sind Größen, die die Klimaelemente und damit das Klima eines Ortes beeinflussen. Diese Faktoren können groß- oder kleinräumig steuernd wirken.
Das Klima eines Ortes ändert sich nur langsam und nur über längere Zeiträume. Wenn über Jahrzehnte statistisch deutliche Abweichungen zu den normalen Verhältnissen auftreten, sind dies Klimaschwankungen bzw. Klimaänderungen. Die Ursachen können z.B. durch eine Veränderung der Dynamik der Atmosphäre oder ihrer chemischen Zusammensetzung zustande kommen.

M 2 Basisinformation

	Longyearbyen 78°13'N/15°38'O	Berlin 52°31'N/13°24'O	Neapel 40°50'N/14°15'O	Franceville 1°37'S/13°35'O
Lufttemperatur in °C	-6,9	10,1	16,5	24,9
T-max – T-min in K	20,6	19,3	16,2	0,9
Niederschlag in mm	535	669	1080	1695
Tage mit Niederschlag ≥ 1 mm	93	97	76	185
relative Feuchte in %	82	74	75	82
Sonnenscheindauer in Stunden/Jahr	1150	2479	3392	2240

Quelle: climate-data.org

M 3 Klimaelemente ausgewählter Klimastationen

Der Zustand des Klimas wird von einem komplexen **Klimasystem** bestimmt. Die Atmosphäre ist durch zahlreiche physikalische und chemische Wechselwirkungen mit allen Sphären des Systems Erde verbunden und wird demnach durch eine Vielzahl an Parametern charakterisiert. Der Klimaüberwachung dient ein weltweites Klimamessnetz, das an ausgewählten Klimastationen zu einheitlichen Ortszeiten mithilfe elektronischer Messgeräte Monatswertreihen ermittelt. Diese Klimamessreihen geben ein unverfälschtes Bild der Klimaentwicklung wieder. In regelmäßigen Abständen werden die Mittelwerte, deren Abweichung von langjährigen Werten, lange Zeitreihen von Mittelwerten bzw. die Häufigkeiten von Extremen mit einem Referenzzeitraum verglichen. Diese Ergebnisse bilden eine wesentliche Grundlage für Untersuchungen zu Klimaänderungen.

M 4 Klimaüberwachung – eine globale Aufgabe

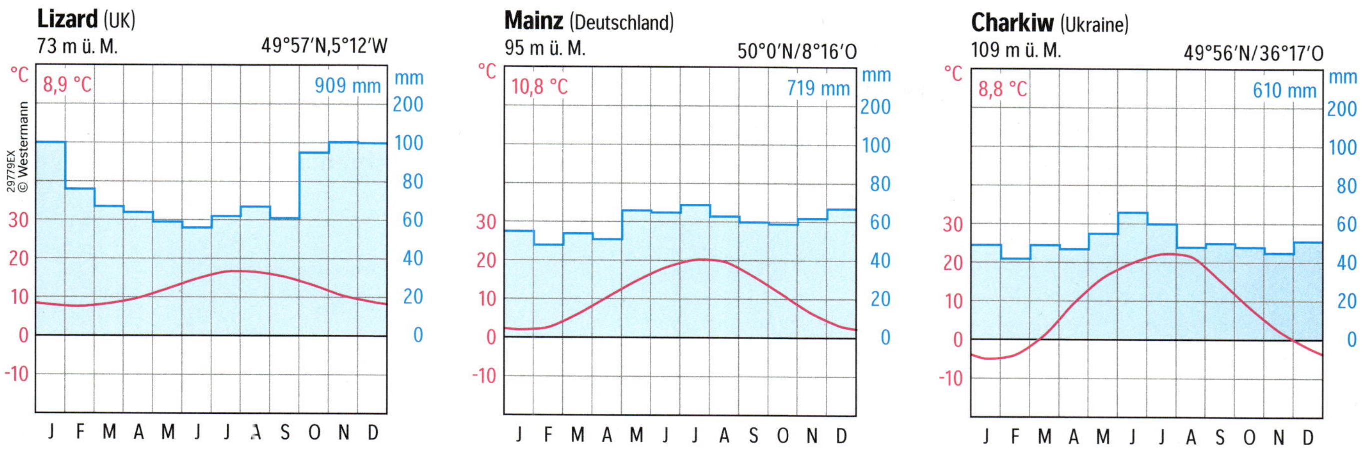

M 5 **Klimastationen entlang 50 Grad nördlicher Breite**

Wetter-/ Klimaelemente	Maßeinheiten	Messgeräte	Klimafaktoren
Temperatur	▪ °C – Grad Celsius ▪ °F – Grad Fahrenheit ▪ K – Kelvin (bei Temperaturunterschieden)	Thermometer	▪ geographische Breite
Niederschlag ▪ Menge	▪ mm – Millimeter ▪ l/m² – Liter pro Quadratmeter ▪ cm – Zentimeter (wenn feste Form)	Regenmesser Schneepegel	▪ Lage zum Meer
▪ Form	Regen, Schnee, Graupel, Hagel	Klassifikation	▪ Höhenlage
Luftdruck	hPa – Hektopascal	Barometer	▪ Exposition – Wind – Sonne
Luftfeuchte	% – Prozent relative Feuchte	Hygrometer	
Bewölkung ▪ Wolkentyp ▪ Bedeckungsgrad	Wolkengattungen Bedeckungsschema	Klassifikation Schätzung	▪ Bodenbedeckung
Wind ▪ Richtung ▪ Geschwindigkeit	Himmelsrichtung m/s – Meter pro Sekunde	Windfahne Anemometer	▪ Bebauung
Strahlung	W/m² – Watt pro Quadratmeter	Radiometer	▪ Abwärme
Sonnenschein-dauer	▪ h/d – Stunden pro Tag („hours per day“) ▪ h/a – Stunden pro Jahr („hours per annum“)	Heliograph	

M 6 **Wetter- und Klimaelemente sowie Klimafaktoren**

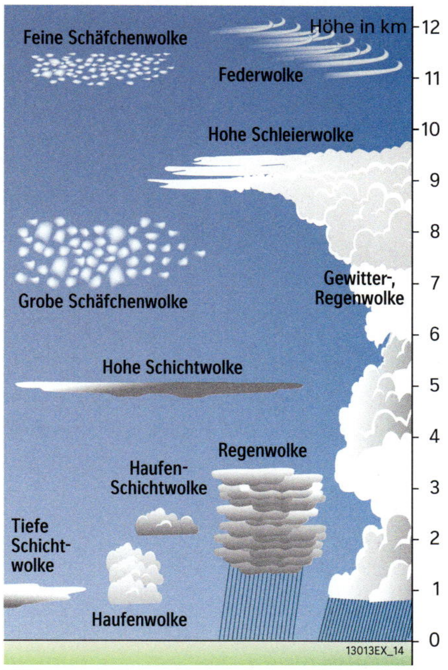

M 8 **Wolkengattungen**

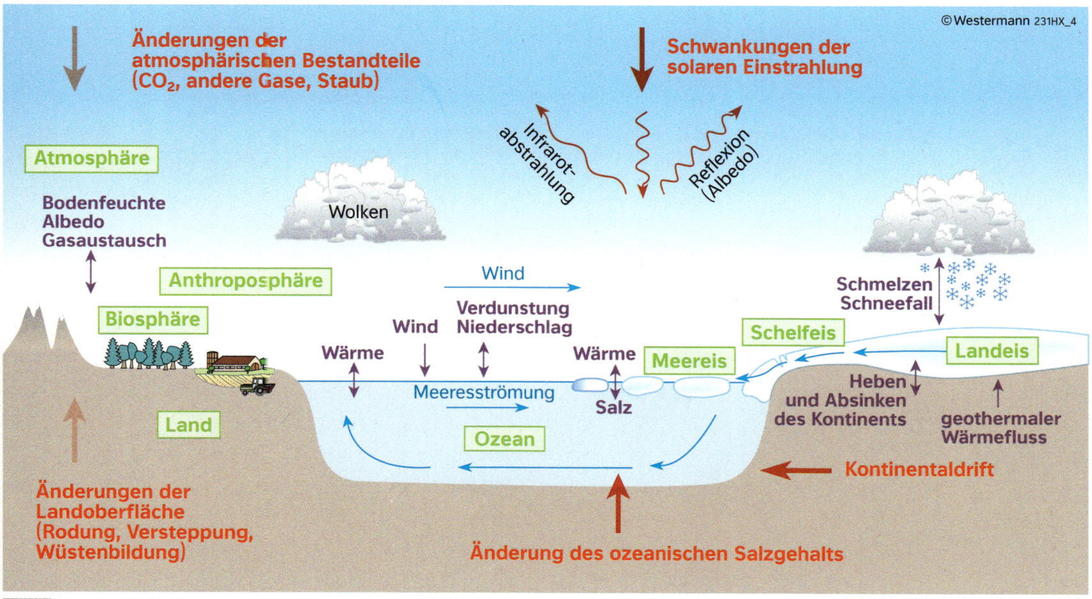

M 7 **Das globale Klimasystem und seine Subsysteme**

Teilsysteme (Subsysteme) des Erdsystems (Geosphäre)

Atmosphäre (Gashülle)
→ Klima

Hydrosphäre (Wasserhülle) und Kryosphäre (Eishülle)
→ Gewässer

Reliefsphäre
→ Erdoberfläche, Relief

Pedosphäre (Bodenhülle)
→ Boden

Lithosphäre (Gesteinshülle)
→ Gestein

Biosphäre
→ Flora und Fauna

Anthroposphäre
→ Mensch

Motor des globalen Klimasystems – die Sonnenenergie

Die Sonne ist die Energiequelle des globalen Klimasystems. Sie treibt die Energietransporte in der Atmosphäre und den Ozeanen an. Die solare Einstrahlung ist auf der Erde ungleich verteilt und zeigt in den verschiedenen geographischen Breiten starke jahreszeitliche Schwankungen. Wovon hängt die Erwärmung der Erdoberfläche ab und welche Auswirkungen hat die solare Einstrahlung auf das Klima unterschiedlicher Orte?

1 a) Beschreiben Sie die Einstrahlungsverhältnisse im Zuge der Erdrevolution (M1).
b) Erklären Sie die Entstehung der strahlungsklimatischen Zonen und arbeiten Sie deren Besonderheiten heraus (M1 – M3).

2 a) Charakterisieren Sie die Zusammensetzung der Erdatmosphäre (M6).
b) Erläutern Sie den Strahlungs- und Wärmehaushalt (M4, M5, M7).

3 Nennen Sie Möglichkeiten, das globale Energieungleichgewicht auszugleichen (M2, M3, M5).

4 Erklären Sie die Entstehung und Bedeutung des natürlichen Treibhauseffektes (M4, M5).

5 Überprüfen Sie die Aussage: „Verschiedene Albedowerte und Maßstabsebenen haben unterschiedliche Auswirkungen auf die Strahlungs- und Wärmebilanz“ (M2, M8).

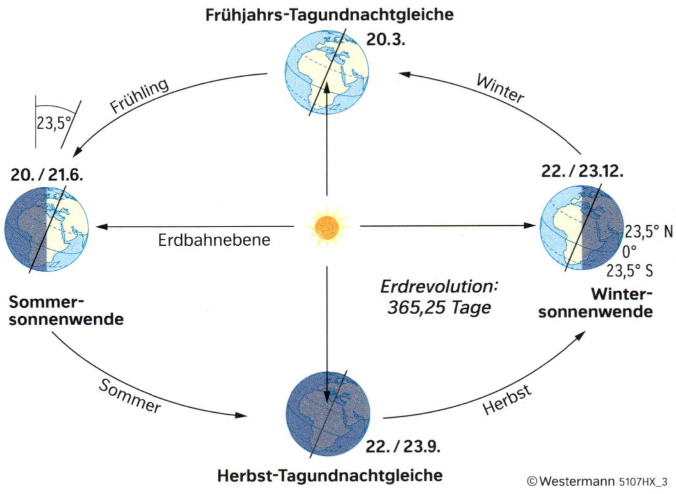

M1 **Erdrevolution – Umlauf der Erde um die Sonne**

Die Gestalt der Erde und die Art der Erdrevolution sind für sehr unterschiedliche klimatische Bedingungen verantwortlich: Die Kugelgestalt bewirkt, dass die solare Energiezufuhr in verschiedenen geographischen Breiten infolge flacherer bzw. steilerer Einfallwinkel auf unterschiedlich große Bereiche der Erdoberfläche fällt und somit deren unterschiedliche Erwärmung zur Folge hat. Die Neigung der Erdachse sorgt für breitenkreisabgrenzbare Beleuchtungszonen und weil die Erdachse beim Jahresverlauf um die Sonne ihre Richtung stets beibehält, ergeben sich die Jahreszeiten. Insgesamt gibt es daher auf jeder Erdhalbkugel jeweils drei mathematisch exakt abgrenzbare strahlungsklimatische Zonen: die tropische Zone, die Mittelbreiten und die polare Zone. In der Realität weichen aufgrund der Klimafaktoren die Grenzen der **Klimazonen** oft stark vom breitenkreisparallelen Verlauf ab.

Die unterschiedlichen Strahlungsbilanzen in den Tropen und den Polarzonen sorgen grundsätzlich für ein globales Wärmeungleichgewicht. Für dessen Ausgleich ist der Wärmetransport über Windsysteme und Meeresströmungen verantwortlich. Die lokale, regionale bzw. globale Strahlungsbilanz wird neben der aus astronomischen Gründen zeitlich und räumlich unterschiedlichen solaren Einstrahlung entscheidend durch die unterschiedlichen Absorptions- bzw. Reflexionseigenschaften der Atmosphäre und der Erdoberfläche geprägt. Das Zusammenspiel der unterschiedlichen Energieflüsse, wie solare Einstrahlung, terrestrische Ausstrahlung sowie stoffgebundene Wärmeströme, ergibt den **Strahlungs- und Wärmehaushalt** der Erde. Er hat fundamentale Bedeutung für die Dynamik der Atmosphäre, das kurz- und mittelfristige Wettergeschehen sowie die langfristige Klimaentwicklung des Planeten.

M2 **Basisinformation**

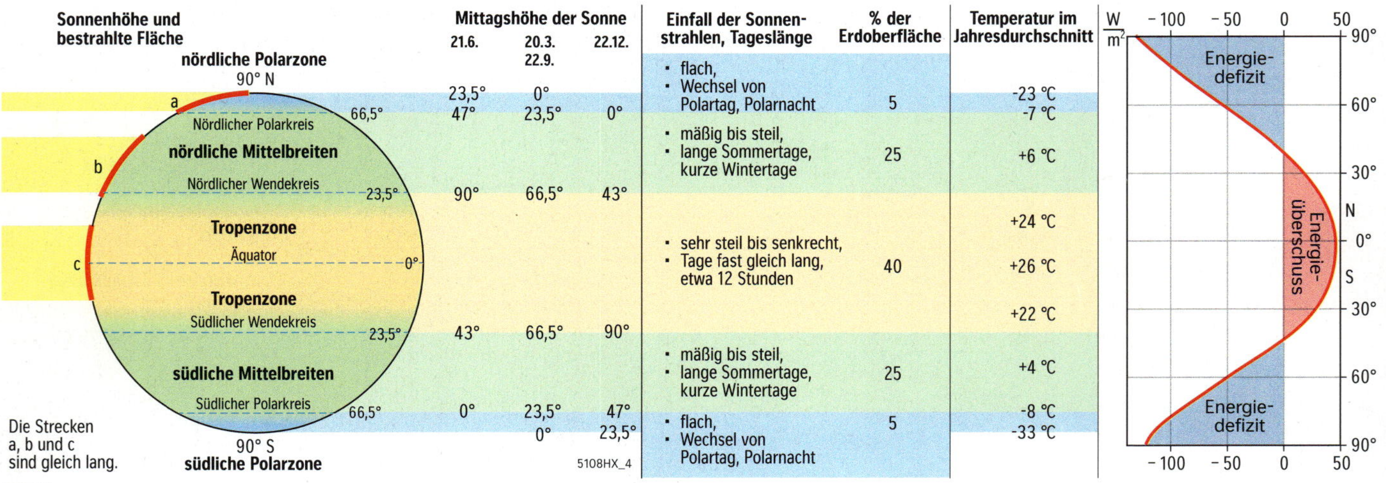

M3 **Strahlungsklimatische Zonen**

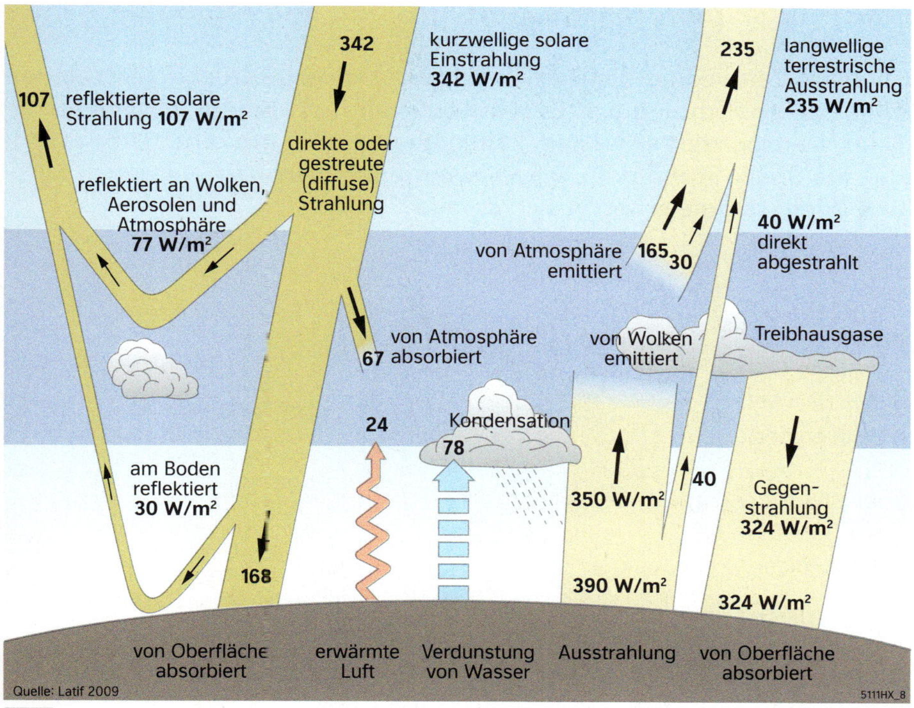

M 4 Globale Jahresmittel der Energiebilanz des Systems Erde – Atmosphäre – Weltraum

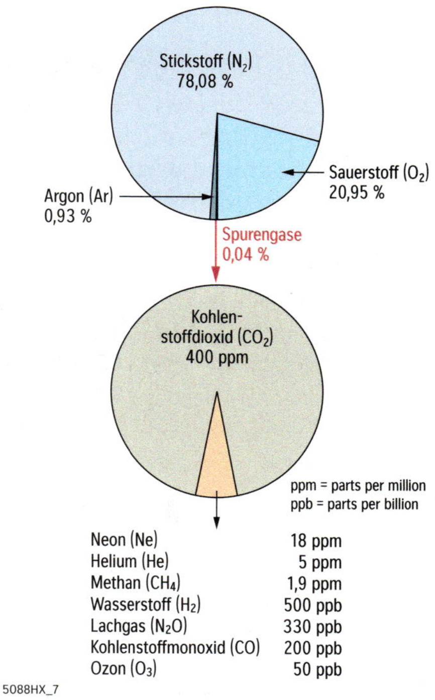

M 6 Zusammensetzung der Atmosphäre

Die Erde empfängt im Durchschnitt eine kurzwellige Solarstrahlung von 342 Watt pro Quadratmeter (W/m²). Etwa 30 Prozent davon (107 W/m²) werden von den Bestandteilen der Atmosphäre und von der Erdoberfläche wieder zurück in den Weltraum reflektiert. Den verbleibenden Anteil (235 W/m²) absorbiert das System Erde – Atmosphäre, was für Erwärmung sorgt.
Durch die Absorption der kurzwelligen Solarstrahlung erwärmt sich die Atmosphäre jedoch nur geringfügig. Durch die von der Erdoberfläche abgegebene langwellige terrestrische Strahlung (390 W/m²) wird sie aber wie von einer Herdplatte ständig von unten her angeheizt – ebenso wie durch die Zufuhr erwärmter Luft (fühlbare Wärme, 24 W/m²) und durch Energie, die bei der Verdunstung in Wasserdampf gespeichert und bei dessen Kondensation wieder freigesetzt wird (latente Wärme, 78 W/m²).
Die langwellige Wärmestrahlung (Infrarotstrahlung) wird in der Atmosphäre zu etwa zwei Dritteln von Wasserdampf und anderen **Treibhausgasen** (Kohlenstoffdioxid und Spurengasen wie Methan, Stickoxiden, Fluorchlorkohlenwasserstoffen, Ozon) sowie von **Aerosolen** (z. B. Feinstaub, Ruß aus Abgasen) absorbiert und als Gegenstrahlung wieder zur Erdoberfläche zurückgestrahlt (324 W/m²). Der Rest gelangt ins All und gleicht damit die Zufuhr kurzwelliger solarer Strahlung aus. Wären die Treibhausgase nicht in der Atmosphäre, läge die errechnete globale Mitteltemperatur heute nicht bei + 15 °C, sondern bei – 18 °C. Ohne diesen **natürlichen Treibhauseffekt** wäre die Erde demnach eine lebensfeindliche Eiswüste.
Der Transport latenter und fühlbarer Wärme erfolgt nicht nur in vertikaler Richtung. Luftmassen können sich auch horizontal bewegen und damit regionale bzw. globale Strahlungsbilanzüberschüsse oder -defizite ausgleichen. Der Wärmehaushalt und die Lufttemperatur eines Ortes ergeben sich also aus dem Zusammenspiel der lokalen Strahlungsbilanz (solares Strahlungsklima) sowie der Zufuhr von fühlbarer und latenter Wärme.

M 5 Strahlungs- und Wärmehaushalt

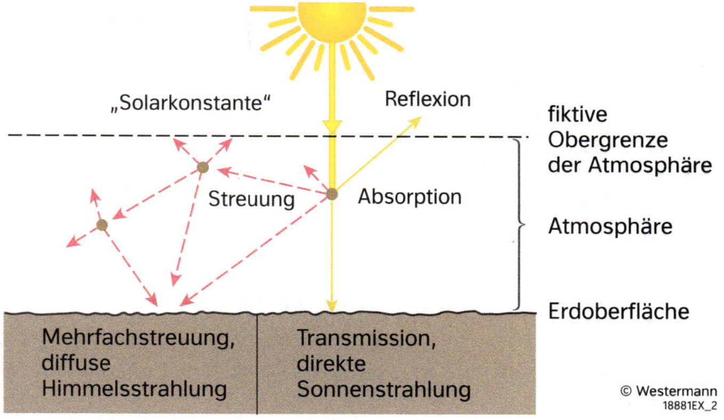

M 7 Prozesse solarer Strahlung

Die **Albedo** beschreibt das Rückstrahlvermögen diffus reflektierender (aber nicht spiegelnder) Oberflächen. Sie wird als Verhältnis von reflektierter zu einfallender kurzwelliger Strahlung angegeben. Ihr Wert wird von physikalischen und chemischen Material- und Oberflächeneigenschaften beeinflusst.
In der Entwicklung des Systems Erde haben sich die Albedo, die Zusammensetzung der Atmosphäre sowie die solare Einstrahlung immer wieder verändert, stets mit weitreichenden Folgen für das Strahlungsgleichgewicht der Erde und die Entwicklung ihrer Ökosysteme und deren Lebewesen.

Neuschnee	80 – 85 %	Grasland	20 – 25 %
dicke Wolke	70 – 80 %	Wald	5 – 10 %
dünne Wolke	25 – 50 %	Sand	20 – 30 %
unbedeckte Erde (trocken)	15 – 25 %	Wasser (hoch stehende Sonne)	50 – 80 %
unbedeckte Erde (feucht)	10 %	Wasser (niedrig stehende Sonne)	3 – 5 %

M 8 Albedo und Albedowerte natürlicher Oberflächen

Lokale und regionale Windsysteme – tagesperiodische Zirkulationen und regionale Winde

An keinem Ort der Erde herrscht über längere Zeit völlige Windstille. Aufgrund von Luftdruckunterschieden verlagern sich die Luftteilchen in Bezug auf deren Richtung und Geschwindigkeit fast ständig und überall. Je nach Windrichtung, aus der der Wind weht, transportiert er warme, kalte, feuchte oder trockene Luftmassen. Je nach Windstärke wird der Wind als leichte Brise, Sturm oder Orkan wahrgenommen. Wie entstehen Luftdruckunterschiede und welche Winde und Windsysteme ergeben sich daraus?

1 Stellen Sie die Entstehung von Wind dar (M1).
2 Begründen Sie die Entstehung von Luftdruckunterschieden (M2).
3 a) Erläutern Sie das Land-See-Windsystem (M2, M3).
b) Erstellen Sie eine Skizze der Nachtsituation des Systems.
4 Erklären Sie die Entstehung des Berg-Tal-Windsystems (M4, M7).
5 a) Stellen Sie die Entstehung von Steigungsniederschlag und Föhn dar (M5, M8).
b) Erklären Sie, von welchen Faktoren der Föhneffekt abhängt (M5, M8).
6 Ordnen Sie die Windsysteme der lokalen bzw. regionalen Maßstabsebene begründet zu.
Z 7 Vergleichen Sie die regionalen Windsysteme im Mittelmeerraum. Erläutern Sie deren Auswirkungen (M6).

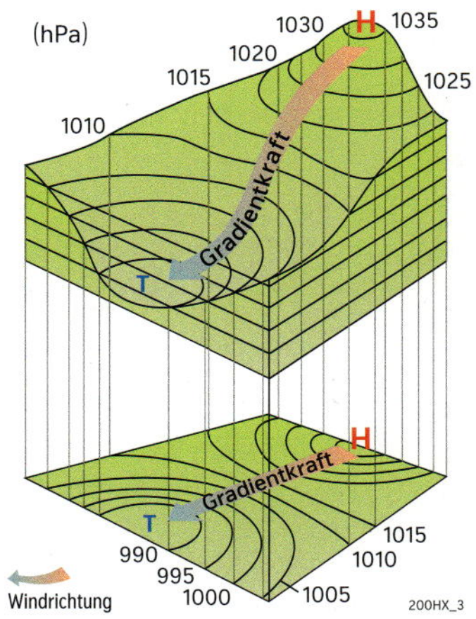

Luft übt allein durch ihr Gewicht auf eine Bezugsfläche einen Druck aus, den Luftdruck.
Im Meeresniveau beträgt der Luftdruck der gesamten darüberstehenden Luftsäule im Durchschnitt 1013 Millibar bzw. 1013 Hektopascal (hPa). Ein Pascal entspricht dem Druck, den eine Kraft von einem Newton auf einen Quadratmeter ausübt.

M1 Luftdruck und Wind

Isobaren sind Linien, die auf Wetterkarten Orte mit gleichem Luftdruck verbinden. Sie umschließen Gebiete mit relativ hohem Luftdruck (Hoch oder Antizyklone) und Gebiete mit tieferem Luftdruck (Tief oder Zyklone) mehr oder weniger kreisförmig. In Vertikalprofilen oder Blockbildern werden dagegen isobare Flächen, Höhenniveaus mit jeweils gleichem Luftdruck, dargestellt (M1).
Winde sind horizontal gerichtete Luftmassenströmungen, die Luftdruckunterschiede ausgleichen. Die Gradientkraft, welche die Luft in Bewegung setzt, ist stets vom höheren zum tieferen Druck gerichtet. Je größer das Druckgefälle, desto stärker ist der daraus resultierende Wind. Die entstehenden Winde werden immer nach der Richtung benannt, aus der sie kommen.
Luftdruckunterschiede und die von ihnen ausgelösten Winde entstehen meist durch die unterschiedliche Erwärmung der Luft. Bei gleicher Sonneneinstrahlung erwärmt sich Land generell rascher und stärker als Wasser und heizt die darüber liegende Luftschicht von unten her an. Die Erwärmung führt zu einer Volumenausdehnung und zu einem Aufsteigen der Luft (Konvektion). Dadurch werden in der Höhe die isobaren Flächen gegenüber dem Meer angehoben (M3). Es entsteht ein Luftdruckgefälle vom Land zum Meer mit einer entsprechend gerichteten Höhenströmung. Durch den Massenabfluss in der Höhe bildet sich über Land am Boden ein Tief. Über der relativ kühl gebliebenen Wasseroberfläche entsteht dagegen durch den Massenzufluss in der Höhe und durch absinkende Luftmassen ein Hoch. Als Folge des bodennahen Druckgefälles vom Meer zum Land weht in Bodennähe der kühle Seewind als Ausgleichsströmung eines in sich geschlossenen kleinräumigen Zirkulationssystems. Das tagesperiodische Land-See-Windsystem resultiert aus rein thermisch bedingten Luftdruckgebieten. Daher kehren sich nachts die Luftdruckverhältnisse und die Windrichtungen um.

M2 Basisinformation

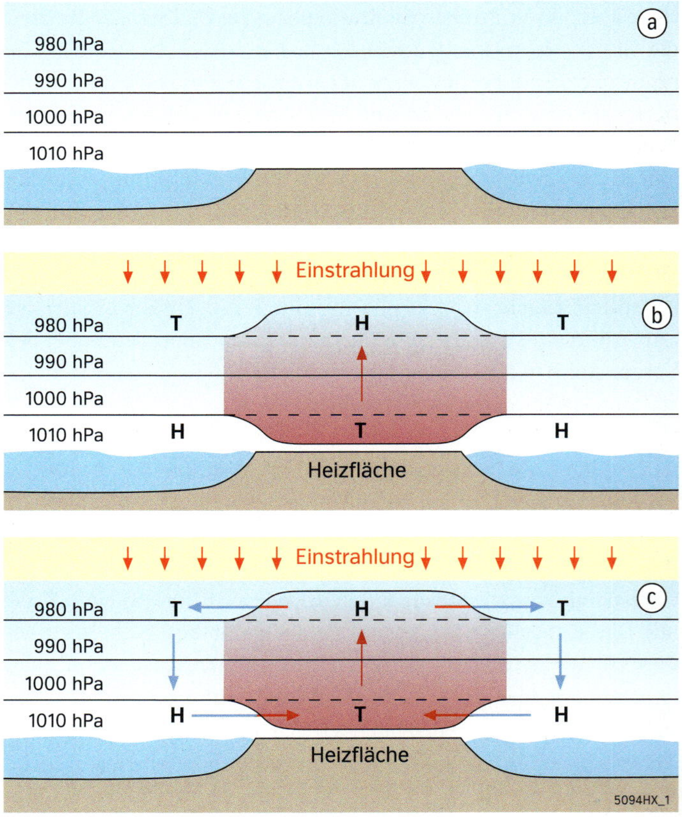

- Wasser besitzt eine höhere Albedo als Land (Gestein).
- Wasser besitzt eine höhere Wärmekapazität als Land. Bei gleicher Wärmezufuhr steigt die Temperatur des Wassers daher weniger stark als die des Landes.
- Sonnenstrahlen dringen tief ins Wasser ein, das erwärmte Wasservolumen wird zudem durchmischt; die einer Landoberfläche zugeführte Sonnenenergie bleibt dagegen auf eine dünne, oberflächennahe Schicht begrenzt. Diese wirkt wie eine Heizplatte.
- Land kühlt sich schneller ab als Wasser.

M3 Land-See-Windsystem (Tagsituation)

Wie das Land-See-Windsystem ist auch das Berg-Tal-Windsystem eine thermische Zirkulation. Dieses tagesperiodische lokale Windsystem entsteht besonders bei ruhigen Hochdruckwetterlagen (Strahlungswetter). Nach Sonnenaufgang bestrahlt die schrägstehende Sonne die Berghänge früher als die Täler. So setzt an einem sonnenexponierten Hang eine starke Erwärmung des Bodens und der bodennahen Luft ein. Die Luft steigt als Hangaufwind auf und am Boden entsteht ein thermisch bedingtes Tief. Dieses saugt im Laufe des Vormittags auch Luft aus dem Vorland an, sodass sich eine talaufwärts gerichtete Ausgleichsströmung einstellt - der Talwind.
Zwei bis drei Stunden nach Sonnenuntergang kehrt sich das System um. Die Berghänge und die bodennahe Luft über ihnen kühlen sich nachts stärker ab als die Luft im Tal. Diese kühlere und somit schwerere Luft fließt als Hangabwind talwärts, sammelt sich dort und bewirkt eine talabwärts gerichtete Luftströmung – den Bergwind.

M 4 **Berg-Tal-Windsystem**

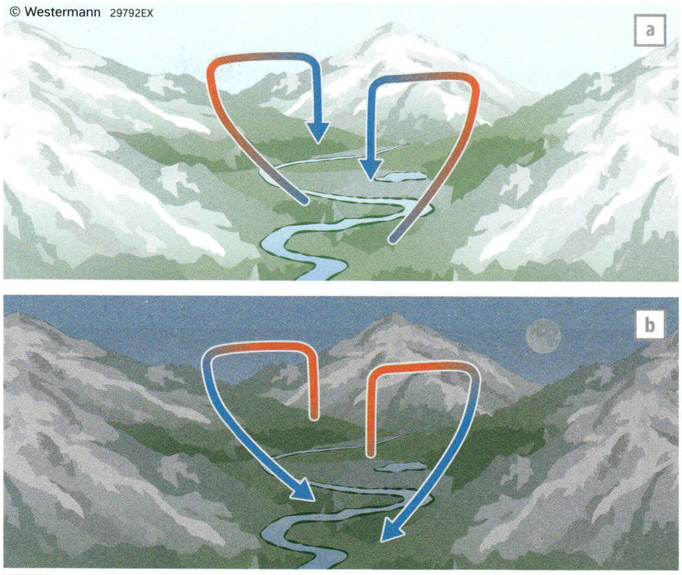

M 7 **Talwind (a) und Bergwind (b)**

Wenn Luftmassen als Folge von Druckunterschieden ein Gebirge überströmen müssen, kommt es auf der Luvseite des Gebirges zu einer aufwärts gerichteten Vertikalbewegung. Beim erzwungenen Aufstieg kühlen sich die Luftmassen bis zum Kondensationsniveau trockenadiabatisch mit 1K/100m ab. Muss die Luft weiter aufsteigen, setzt Wolkenbildung ein, da die relative Luftfeuchte von 100% erreicht ist. Stauniederschläge können entstehen. Die bei der Kondensation als latente Energie gespeicherte Wärme wird freigesetzt, sodass sich die Luft fortan feuchtadiabatisch um nur noch ca. 0,5K/100m abkühlt. Über dem Gebirgskamm bildet sich eine markante Wolkenwand aus, die Föhnmauer. Auf der Leeseite des Gebirges sinkt die Luft ab und erwärmt sich trockenadiabatisch. Typischerweise entstehen schmale fischförmige Wolken, die Föhnfische, die sich zügig auflösen. Der relativ warme, trockene, oft böige Fallwind wird als Föhn bezeichnet. Beispiele für föhnartige Winde sind der Alpenföhn an der Nord- bzw. Südseite, der Vogesenföhn in der Oberrheinischen Tiefebene sowie der Chinook an der Ostseite der Rocky Mountains.

M 5 **Föhn – die klassische Theorie**

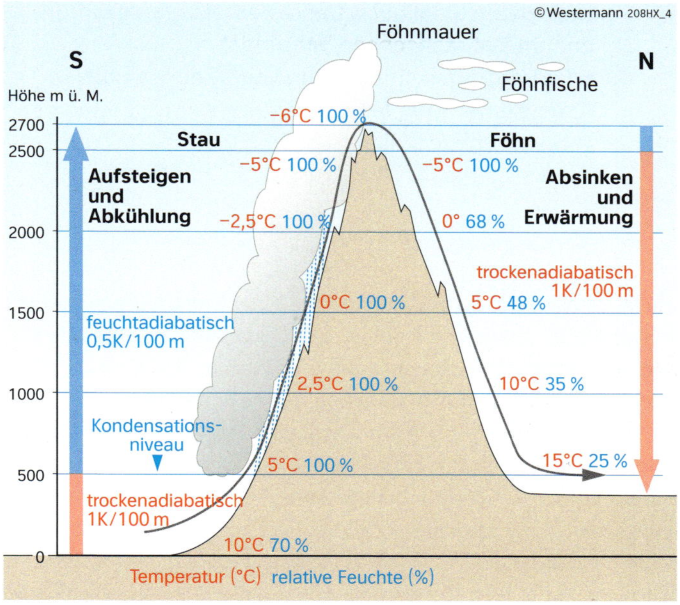

M 8 **Steigungsniederschlag und Föhn**

Regionale Windsysteme erreichen eine Ausdehnung von bis zu einigen Hundert Kilometern. Sie entstehen nur bei bestimmten Wetterlagen und unter besonderen topographischen Bedingungen. So erreicht der föhnartige Mistral infolge des Düseneffekts durch die Verengung des Rhônetals hohe Windgeschwindigkeiten und ist aufgrund seiner Herkunft eher kühl.
Die Bora ist ein recht kalter, böig stürmischer Fallwind, der aus kontinentaler Kaltluft gespeist wird.
Nordafrikanische Winde sind trockene Wüstenwinde, die den Saharastaub bis weit nach Mitteleuropa transportieren können.

M 6 **Regionale Windsysteme im Mittelmeerraum**

Außertropische Zirkulation – globaler Energieaustausch in den Mittelbreiten

Die unterschiedlichen Einstrahlungsverhältnisse in den Tropen bzw. den Polarzonen sorgen für die Ausbildung unterschiedlicher thermischer Druckgebilde. Wie beim Land-Seewind-System wären demnach direkte Ausgleichsströmungen zu erwarten. Der Ballonflug von Bertrand Picard und Brian Jones 1999 widerspricht aufgrund seiner Flugbahn jedoch der Vermutung. Wie ist ein Luftmassen- und Energieaustausch zwischen Tropen und Polarzonen überhaupt möglich?

1 Charakterisieren Sie die globale Druckverteilung und erläutern Sie den Widerspruch zur Ballonfahrt (M1, M3).

2 a) Erstellen Sie eine Skizze, die den Weg je zweier Luftpakete auf der Nord- bzw. Südhalbkugel zeigt, die sich jeweils vom Äquator polwärts und umgekehrt bewegen (M4).
b) Erklären Sie die Entstehung der außertropischen Westwindzone und der Jetstreams (M2–M4).

3 a) Charakterisieren Sie die Ausprägungen des Polarfrontjetstreams auf der Nordhalbkugel (M5, M7, M8).
b) Erklären Sie die Mechanismen des globalen Energieaustauschs (M7, M8).

4 Erläutern Sie die Entstehung von Zyklonen und Antizyklonen (M6, M9). 130

Z 5 Vergleichen Sie dynamische und thermische Luftdrucksysteme (S. 34 M2, M3; S. 36/37 M6, M9).

Global entstehen aufgrund unterschiedlicher Einstrahlungsverhältnisse folgende thermisch bedingten Druckgebilde: In Äquatornähe infolge starker solarer Einstrahlung, Erwärmung und Konvektion Hochdruck in der Höhe, in Bodennähe eine äquatoriale Tiefdruckrinne; in Polnähe durch Absinken kalter Luft in Bodennähe das polare Kältehoch, in der Höhe ein Tiefdruckgebiet.
In der planetarischen Frontalzone zwischen dem 30. und 60. Breitengrad ist das Luftdruckgefälle zwischen den tropischen und polaren Druckgebilden besonders groß. Auf einer nicht rotierenden Erde würden sich in Bodennähe äquatorwärts gerichtete Winde bzw. in der Höhe polwärts gerichtete Winde einstellen.
Infolge der Erdrotation wird jedoch jedes Luftpaket in dieser planetarischen Frontalzone durch den **Corioliseffekt** in Strömungsrichtung abgelenkt – auf der Nordhalbkugel nach rechts und auf der Südhalbkugel nach links. Dadurch entstehen in der Höhe beider Frontalzonen ganzjährig beständig wehende Westwinde, die sogenannten außertropischen Westwindzonen der Mittelbreiten. Da in jeder Frontalzone das Luftdruckgefälle mit der Höhe zunimmt und an ihrem Nord- bzw. Südrand besonders stark ist, kommt es dort nahe der Tropopause zu den größten Windgeschwindigkeiten. Die dadurch in sieben bis zwölf Kilometer Höhe entstehenden **Jetstreams** (Strahlströme) umtosen als Polarfront- und Subtropenjetstream mit Geschwindigkeiten von 100 bis 600 Kilometern pro Stunde bei 500 bis 1000 Kilometern Breite die Erde. Wenn der Temperatur- und Druckgegensatz zwischen Pol und Äquator einen kritischen Wert überschreitet, beginnt der Jetstream zu mäandrieren. Durch Abschüren von Zyklonen und Antizyklonen kommt es zum globalen Luftmassen- und Energieaustausch.

M 2 **Basisinformation**

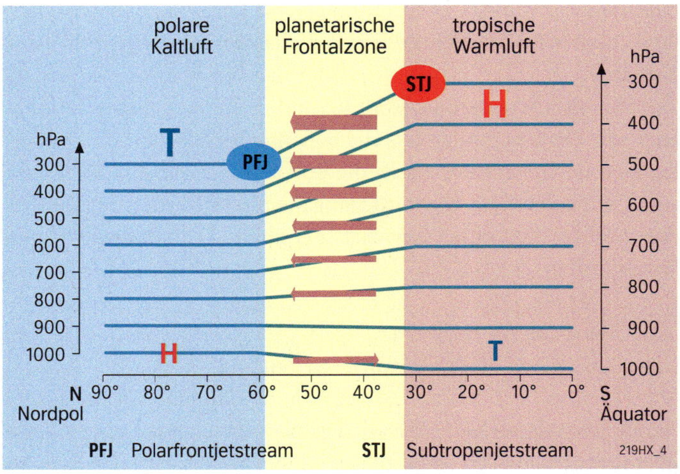

M 1 **Schema der globalen Druckverteilung in der Atmosphäre**

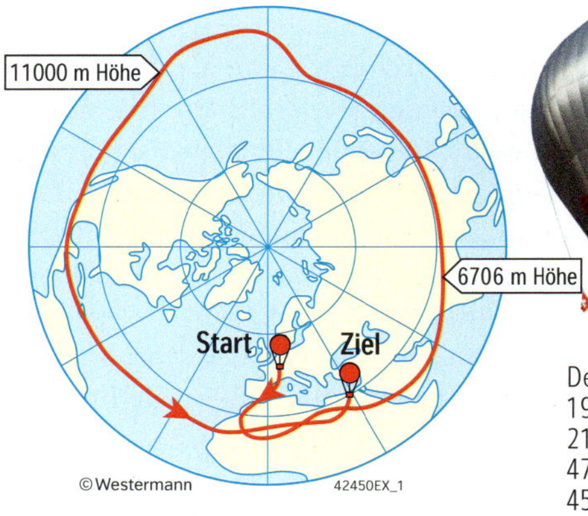

Der Flug dauerte 19 Tage, 21 Stunden, 47 Minuten und 45 755 Kilometer ohne Zwischenlandung.

M 3 **Flugroute des Heißluftballons „Breitling Orbiter 3“**

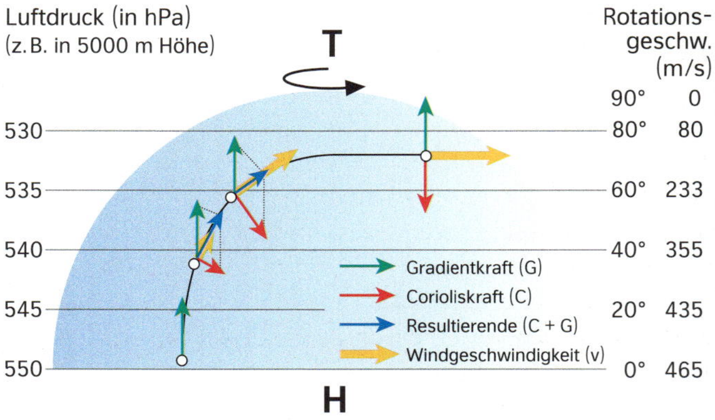

Die Stärke der Corioliskraft und somit die Ablenkung des Windes hängt von der Windgeschwindigkeit und der geographischen Breite ab. Infolge Reibung in Bodennähe sinken die Windgeschwindigkeit und damit auch die Coriolisablenkung.

M 4 **Ablenkung des Windes durch die Corioliskraft**

Auf den ersten Blick blockiert das die Erde umschlingende Band der Westwindströmung mit den darin eingebetteten Jetstreams den Energieaustausch zwischen Tropen und Polargebieten. Diese breitenkreisparallele Zonalzirkulation führt zu einer wachsenden Vergrößerung des Temperatur- und Luftmassengegensatzes und zu entsprechender Erhöhung der Windgeschwindigkeiten. Dabei geht der Jetstream in eine Wellenzirkulation über. Diese wird durch Nord-Süd-verlaufende Hochgebirge und die unterschiedliche Land-Meer-Verteilung verstärkt. Wenn die Temperaturdifferenz zwischen den tropisch-subtropischen und polaren Luftmassen im 500 hPa-Niveau auf mehr als 5K pro 1000 km horizontale Entfernung angewachsen ist, beginnt der Jetstream zu mäandrieren. Zunehmend gleicht der Strömungsverlauf des Jetstreams einer Meridionalzirkulation. In den dabei entstehenden drei bis fünf Mäandern (Rossby-Wellen) bilden sich Kaltlufttröge und Warmluftrücken aus, die tropische Warmluft polwärts und polare Kaltluft äquatorwärts transportieren. Dabei findet ein erster Energieaustausch statt. Dadurch wird die Dynamik der Strömung geringer und die Mäander werden von der Strömung abgeschnitten (Cut-off-Prozess). Durch die isolierten Hoch- und Tiefdruckzellen kommt es schließlich zur Verwirbelung von tropischer Warmluft und polarer Kaltluft und damit zum Abbau des globalen Wärmeungleichgewichts und zum globalen Energieaustausch zwischen niederen und hohen Breiten.

M 5 Mechanismen des globalen Energieaustauschs

Die Hoch- und Tiefdruckzellen, die an den Jetstream gekoppelt sind, entstehen dynamisch. Im Gegensatz zu den thermischen Druckgebilden weist ein dynamisches Tiefdruckgebiet (Zyklone) am Boden und in der Höhe tiefen Druck auf, während ein dynamisches Hochdruckgebiet (Antizyklone) jeweils hohen Druck besitzt. Auf der Nordhalbkugel drehen sich in einem dynamischen Tief die Luftmassen gegen den Uhrzeigersinn, im dynamischen Hoch im Uhrzeigersinn.
Die Ursachen für die Entstehung der dynamischen Luftdruckzellen sind Konvergenzen und Divergenzen innerhalb des mäandrierenden Jetstreams infolge von Abbrems- und Beschleunigungseffekten. Verengt sich in einem Wellental des Jetstreams die Luftströmung, wird die Luft zusammengedrückt und zum Absinken gezwungen. Dadurch rotiert die Luft aufgrund der Wirbelbewegung im Uhrzeigersinn bis zur Erdoberfläche und strömt in Bodennähe aufgrund der Coriolisablenkung zunehmend seitlich weg (Bodendivergenz). Die in Antizyklonen absinkende Luft erwärmt sich trockenadiabatisch und bewirkt Wolkenauflösung. Dynamische Hochdruckgebiete driften mit der Westströmung ostwärts. Ein Teil schert dabei äquatorwärts aus und bildet den subtropisch-randtropischen Hochdruckgürtel (z.B. das Azorenhoch).
Im Divergenzbereich des Jetstreams wird die Luft beschleunigt, es entsteht ein Luftmassendefizit und Luft strömt vom Boden nach (Bodenkonvergenz) Die aufsteigende Luft rotiert gegen den Uhrzeigersinn, was zur Bildung eines bis in die hohe Troposphäre reichenden dynamischen Tiefdruckgebietes führt. Die in Zyklonen aufsteigende Luft kühlt sich ab, was Wolkenbildung und konvektiven Niederschlag zur Folge hat. Auch dynamische Tiefdruckgebiete driften mit der Westwindströmung ostwärts, scheren dabei teilweise polwärts aus und bilden die subpolare Tiefdruckrinne (z.B. das Islandtief).

M 6 Entstehung dynamischer Hoch- und Tiefdruckgebiete

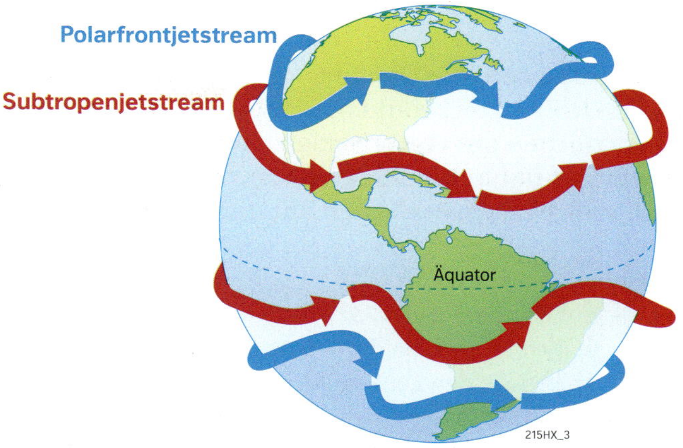

M 7 Die Jetstreams der Erde

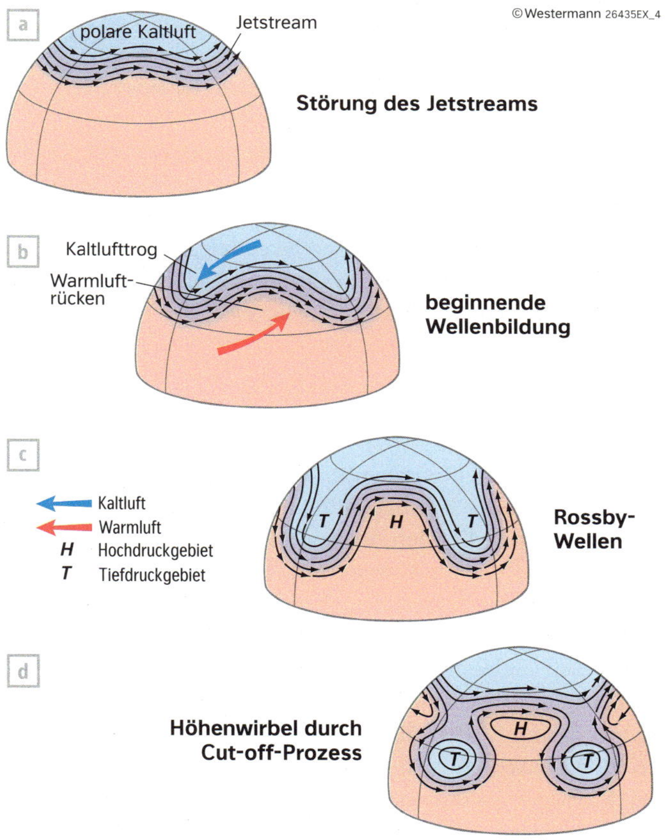

M 8 Phasen des Polarfrontjetstreams auf der Nordhalbkugel

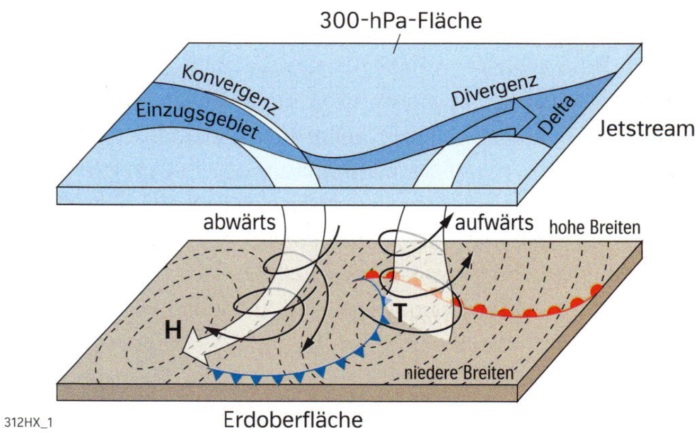

M 9 Pump-Saug-Mechanismus des Jetstreams

Zyklonen und Antizyklonen – Wettergeschehen der Mittelbreiten

Wolken spiegeln die Dynamik der Atmosphäre wider. In den Mittelbreiten gibt es unterschiedliche Wolkenarten in allen Höhenstockwerken. Die Anordnung der Wolken gilt als Momentaufnahme der jeweiligen Wetterlage und ist Vorzeichen der Wetterentwicklung. Die oft rasche Abfolge von bewölkten und wieder wolkenfreien Regionen deutet auf unbeständiges Wetter hin. Es dominieren zwei Wetterlagen, die eng mit dem Jetstream verknüpft sind. Welche Auswirkungen hat der Jetstream auf die Wetterlagen in den Mittelbreiten?

1 **a)** Erläutern Sie die Wolkenverteilung über Europa (M1).
b) Vergleichen Sie die Wetterlage (M3) mit M1.

2 Stellen Sie den Lebenslauf einer Polarfrontzyklone dar (M2 – M5).

3 Erstellen Sie eine Tabelle zum Wettergeschehen mit Temperatur, Bewölkung, Wind und Niederschlag, wie es eine Person P beim Durchzug einer Zyklone erlebt (M5).

4 Gestalten Sie eine Wettervorhersage für Paris, Freiburg, Wien und Budapest (M3).

5 **a)** Analysieren Sie M8 hinsichtlich der Häufigkeit bestimmter Großwetterlagen.
b) Erklären Sie die Auswirkungen des Jetstreams auf die Wetterlagen in Mitteleuropa (M6, M7).
c) Erläutern Sie die Folgen der Zufuhr maritimer bzw. kontinentaler Luftmassen an einen Ort (M6, M7).

Z 6 Charakterisieren Sie die Wetterentwicklung in Mitteleuropa während z. B. einer Woche.

M 1 Satellitenaufnahme eines Tiefdruckgebiets am 07.05.2019

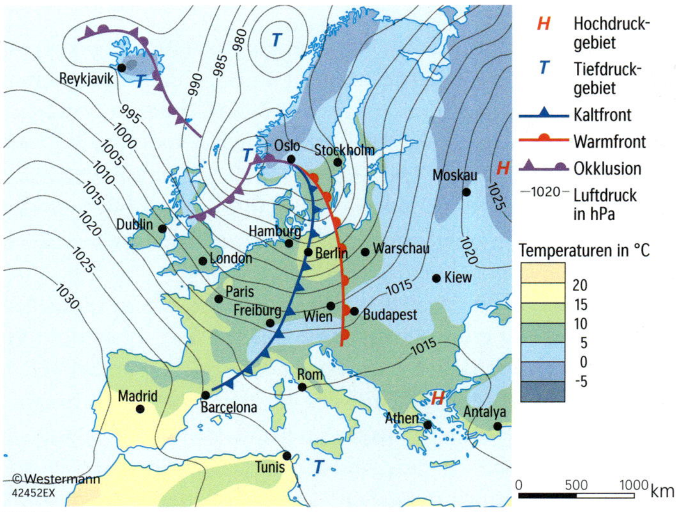

M 3 Wetterkarte – Tief über Mitteleuropa

In dynamisch gebildeten Zyklonen werden subtropische Warmluft und subpolare Kaltluft eingesogen und miteinander verwirbelt. Die Grenzflächen zwischen beiden Luftmassen werden als Fronten bezeichnet. An der Vorderseite der Zyklone entsteht in Bodennähe eine Warmfront, die Warmluft nordwärts transportiert. Dabei gleitet die leichtere Warmluft auf die schwerere Kaltluft auf, sodass die Höhenwarmfront der Bodenwarmfront meist 100 – 250 km vorauseilt. Der Aufgleitvorgang ist mit Abkühlung der Warmluft und einer Abfolge typischer Wolkenbildung verbunden: Zunächst hohe Schleierwolken (Cirren), dann dünne Schichtwolken (Altostratus), schließlich mächtige, tiefer liegende Schichtwolken (Nimbostratus). Bleibt die Kaltluft ortsfest, kann Nieselregen, sogenannter Landregen, tagelang andauern.
Nach Durchzug der Bodenwarmfront verdunsten die Schichtwolken oder bleiben noch als kleine Haufenwolken (Cumulus humilis) erhalten. Meist bringt der Warmluftsektor klares, sonniges Wetter, bis die Kaltfront auf der Rückseite der Zyklone die bodennahe Warmluft zum raschen Aufstieg zwingt. Die schwere Kaltluft bricht in den Warmluftsektor ein und verdrängt die leichtere Warmluft nach oben. Es bilden sich hochreichende Konvektions- oder Haufenwolken (Cumulus bzw. Cumulonimbus). Es entstehen kurze, heftige Schauerregen mit großen Tropfen, Hagel bzw. Graupel sowie Gewitter. Nach dem Durchzug der Kaltfront nimmt die Wolkenbildung im sogenannten Rückseitenwetter rasch ab. Auf dem Weg der Zyklone nach Osten holt die schnellere Kaltfront die Warmfront allmählich ein. Beim Aufeinandertreffen der Fronten (Okklusion) wird der Warmluftsektor ganz vom Boden abgehoben und kühlt in der Höhe aus. Die Zyklone stirbt.

M 2 Basisinformation

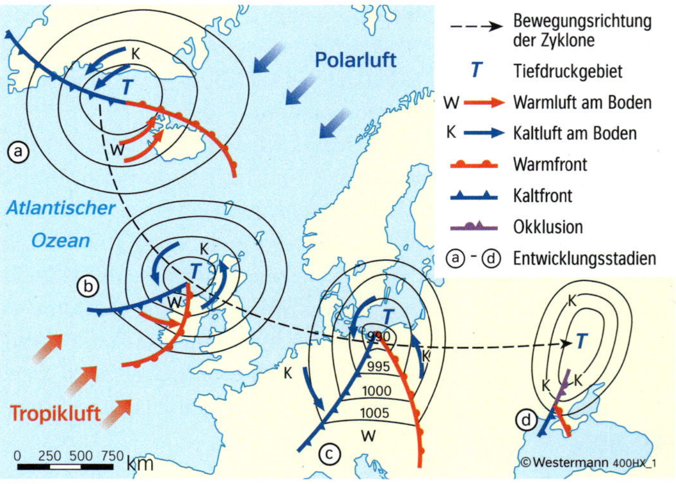

M 4 Bewegung und Entwicklung einer Idealzyklone

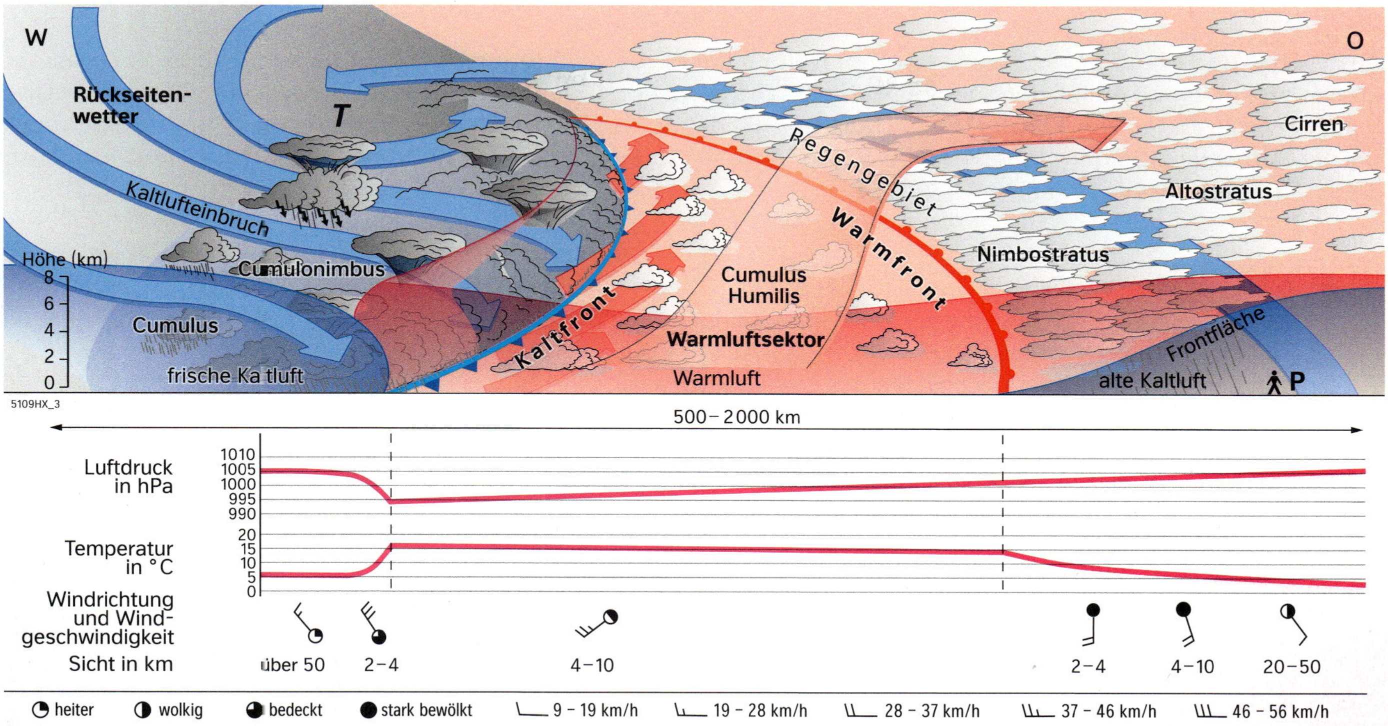

M 5 Wettererscheinungen beim Durchzug einer ideal ausgebildeten Zyklone

Zyklonen und Antizyklonen ziehen in unregelmäßigen Abständen über Mitteleuropa hinweg. Wenn im Polarfrontjetstream Antizyklonen entstehen, führt großräumiges Absinken von Luftmassen zur Ausbildung von Hochdruckgebieten. Dann herrscht trockenes, sonniges Wetter mit starker Einstrahlung am Tag und starker Ausstrahlung in der Nacht. Dynamisch bedingte Hochdruckgebiete sind vertikal hochreichend und bestimmen den Wetterverlauf größerer Gebiete über einen längeren Zeitraum. Derartige Hochdruckwetterlagen über Europa bilden sich auch durch Vorstöße von Polar- oder Subtropikluftmassen, wenn diese bei kräftigen Wellenausschlägen der Westwindströmung längere Zeit relativ stationär bleiben (Cut-off- Prozess).

Je nach Lage der Druckgebilde wird das Wettergeschehen in Mitteleuropa von polaren, tropischen, maritimen oder kontinentalen Luftmassen beeinflusst. In Meernähe zeichnet sich das Klima durch **Maritimität** aus, d.h. wegen der hohen spezifischen Wärmekapazität des Wassers ist die Jahresamplitude der Temperatur eher klein, zudem sind Luftfeuchtigkeit, Niederschlag und Windstärke erhöht. Das Landesinnere weist infolge **Kontinentalität** ein gegensätzliches Klima auf.

M 6 Wettergeschehen in Mitteleuropa

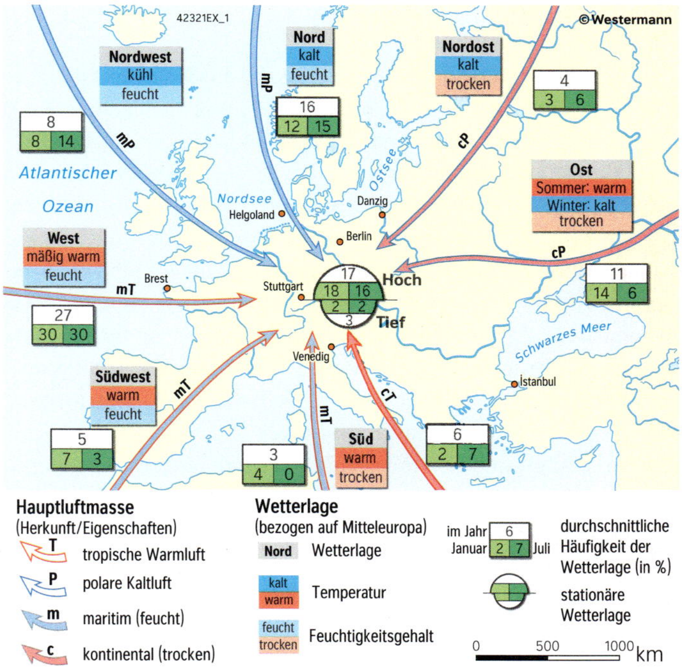

M 8 Großwetterlagen und Hauptluftmassen

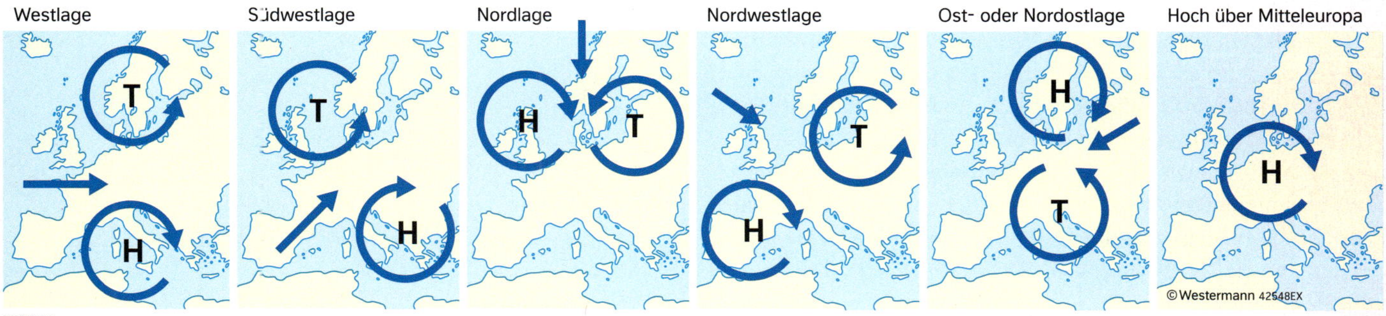

M 7 Druckgebilde und Luftströmungen bei Großwetterlagen

Tropische Zirkulation – die Passatzirkulation

Das Wetter und Klima der Tropen wird primär durch die Passatzirkulation geprägt. Die solare Energiezufuhr ist infolge steiler Einfallwinkel der Sonnenstrahlen ganzjährig hoch, was zu Energieüberschuss und relativ konstant hohen Temperaturen führt. Dabei ist die Jahresschwankung der Temperatur geringer als die Tagesschwankung. Die Niederschläge zeigen dagegen eine große Variabilität. Was sind die Phänomene, Ursachen und Prozesse dieses Zirkulationssystems?

1 Erläutern Sie den Begriff Windflüchter am Beispiel M1.
2 Ordnen Sie die Klimadiagramme der Stationen A und B den Orten Kisangani (D.R. Kongo) und N'Djamena (Tschad) begründet zu (M3).
3 **a)** Erklären Sie die Entstehung der unterschiedlichen Winde innerhalb der Passatzirkulation (M2, M5).
b) Erklären Sie die Entstehung der Cumulonimbus-Wolken, des Zenitalregens und der Passatinversion (M2, M5 – M7).
c) Erläutern Sie die Lagen der ITC in M4.
4 Charakterisieren und begründen Sie die Niederschlagsverhältnisse in den Tropen (M4, M8, M9).
5 Überprüfen Sie die Aussage: „Tropen sind nicht gleich Tropen!" (M2, M5, M6, M8)
Z 6 Vergleichen Sie das Klima der Tropen mit dem der Außertropen in einer Tabelle (S. 40/41, S. 32/33).

M 1 **Windflüchter an der SO-Küste von Big Island (Hawaii)**

Die **Passatzirkulation** wird in Bodennähe durch die Luftdruckgegensätze zwischen den subtropischen Hochdruckgebieten und der thermisch bedingten äquatorialen Tiefdruckrinne (äquatoriale Tiefdruckzone) angetrieben. Aus den subtropischen Hochdruckgürteln kommend, ist die nur ein bis zwei Kilometer mächtige Grundschicht des Nordost- und Südostpassats eine warme, wolken- und niederschlagsarme Strömung, weil die dazu nötige hochreichende Konvektion durch die Passatinversion verhindert wird. Äquatorwärts werden die Luftmassen vom Boden her zunehmend aufgeheizt und nehmen immer mehr Wasserdampf auf. Dabei steigt der Inversionsdeckel an. Wenn die Energie ausreicht, um die Inversionsschicht zu durchbrechen, kommt es zur Konvektion.
Die starke Konvektion in Äquatornähe erzeugt unterhalb der Tropopause einen Luftmassenüberschuss. Von diesem Höhenhoch strömen die Luftmassen polwärts. Durch die Coriolisablenkung entsteht dabei ein Westwind (Antipassat). Bereits in niederen Breiten sinken daraus Luftmassen ab und fließen Richtung Äquator. Aus ihnen entwickelt sich in der Höhe durch die Coriolisablenkung ein Wind aus östlichen Richtungen, der Urpassat.
Weiter polwärts fließende Luftmassen des Antipassats sinken im Bereich der Wendekreise ab und werden Teil des subtropisch-randtropischen Hochdruckgürtels. Die dort in Bodennähe ausströmende Luft gelangt entweder in die Westwindströmung oder fließt zum Äquator zurück. Durch die Coriolisablenkung entstehen dabei die bodennahen, beständigen Nordost- und Südostpassate. Diese schließen die tropische Zirkulationszelle (Hadleyzelle). Sind die Passatströmungen der beiden Halbkugeln stärker ausgebildet, konvergieren ihre Luftmassen in einer etwa 100 – 200 Kilometer breiten Zone. Diese **Innertropische Konvergenzzone (ITC)** entspricht der äquatorialen Tiefdruckrinne.

M 2 **Basisinformation**

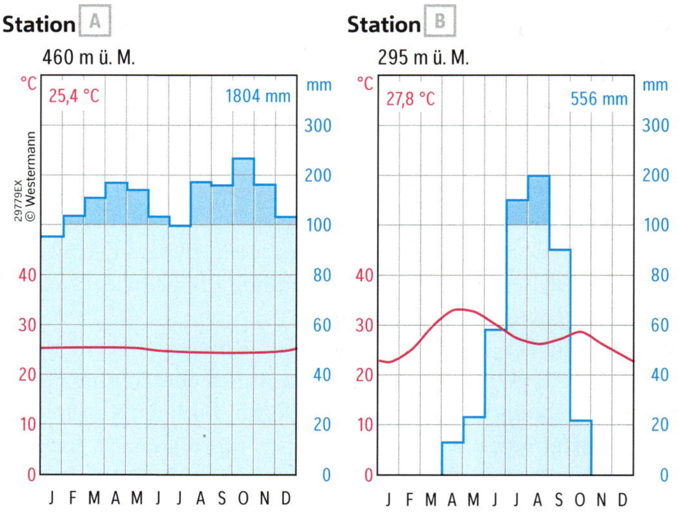

M 3 **Klima tropischer Stationen**

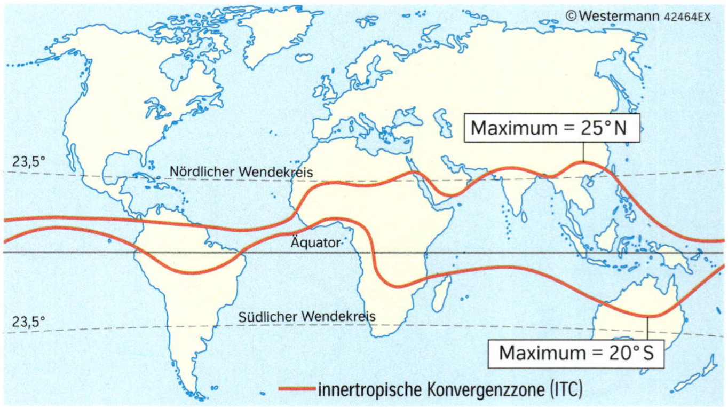

M 4 **Jahreszeitliche Extremlagen der ITC**

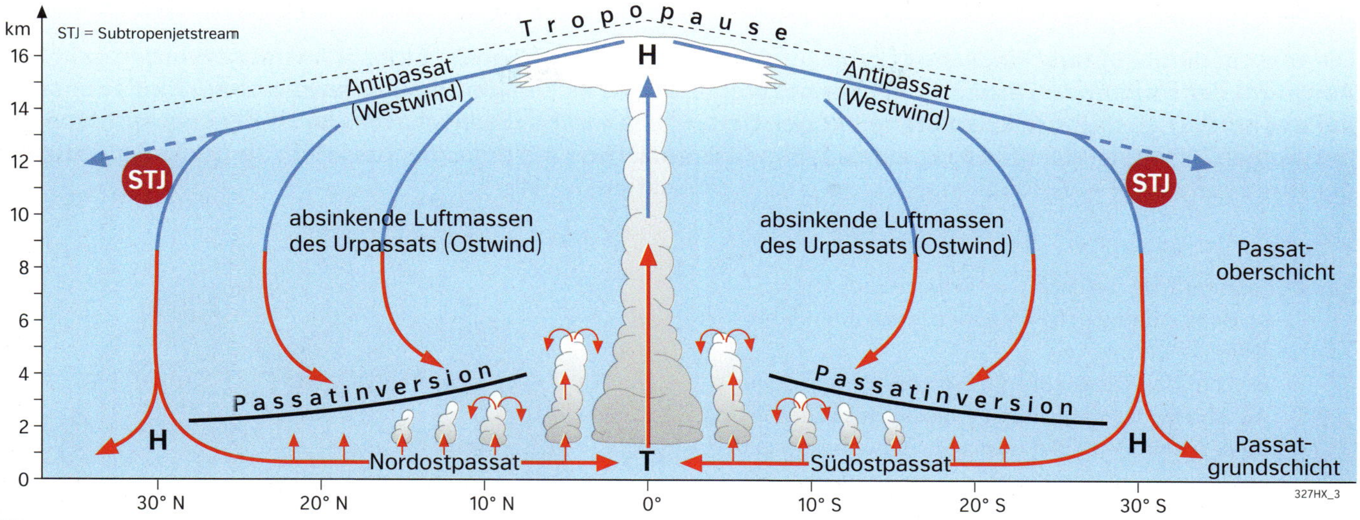

M 5 **Schema der Passatzirkulation (Hadley-Zelle)**

In den Außertropen, wo der Einfallswinkel der Sonnenstrahlen wegen der Schiefe der Ekliptik im Lauf des Jahres stark wechselt und die Temperaturschwankungen innerhalb des Jahres größer sind als während des Tages, herrscht ein thermisch bedingtes Jahreszeitenklima. Im Gegensatz dazu zeigen die Tropen ein Tageszeitenklima mit ganzjährig hohen Sonnenständen, größeren Temperaturschwankungen innerhalb eines Tages als innerhalb eines Jahres und etwa gleich langen Tag- und Nachtphasen mit kurzer Dämmerung.
In Äquatornähe erzeugt die starke Erwärmung jeden Tag eine hochreichende Konvektion feuchtwarmer Tropikluft mit ausgeprägter Wolkenbildung (Cumulonimbus) und intensiven Niederschlägen. Diese setzen meist am frühen Nachmittag ein und erreichen ihre höchste Intensität im Jahresverlauf dann, wenn die Sonne im Zenit steht (Zenitalregen). Da die Wolkentürme Luft aus einem Umkreis von 20 – 30 km ansaugen, verhindern heftige, zum Massenausgleich notwendige Abwinde dort die Niederschlagsbildung. Wegen dieser Art von Konvektion regnet es selbst in den immerfeuchten Tropen nicht jeden Tag überall.
Ein Sonderfall ist die Monsunzirkulation. Der beständig wehende Monsun mit einem halbjährlichen Richtungswechsel von mindestens 120° bildet sich überall dort aus, wo große Landmassen in den Tropen von großen Wasserflächen umgeben sind.

In den Tropen ist der jährliche Wetterablauf neben den ganzjährig nahezu gleichbleibend hohen Temperaturen durch den Wechsel von Regenzeit (Einfluss der ITC) und Trockenzeit (Passateinfluss) geprägt. Diese hygrischen Jahreszeiten entstehen, weil sich mit dem jahreszeitlichen Wechsel des Sonnenstands, d.h. der jahreszeitlichen Verschiebung des thermischen Äquators, alle Luftdruck- und Windgürtel und daher auch die Einzelbereiche der Passatzirkulation meridional verschieben.
In Äquatornähe heben sich die Regenzeiten als besonders niederschlagsreiche Phasen während des zweimaligen Zenitstands der Sonne von den meist täglichen Konvektionsniederschlägen ab. Zu den Wendekreisen hin verschmelzen die zunächst zwei Regenzeiten zu einer, die immer kürzer wird. Gleichzeitig wächst die für diese wechselfeuchten Tropen typische Variabilität der Niederschläge, d.h. die Niederschlagsmenge und -häufigkeit nehmen ebenfalls ab. In Wendekreisnähe gibt es schließlich keine Niederschläge mehr. So nimmt die **Humidität** des Klimas von den inneren immerfeuchten Tropen zu den wechsel- bzw. sommerfeuchten äußeren Tropen zugunsten zunehmender **Aridität** ab, d.h. um den Äquator fällt mehr Niederschlag als durch die Verdunstung aufgebraucht wird und in den Randtropen verdunstet der gefallene Niederschlag vollständig. Diese klimatischen Unterschiede spiegeln sich in der Vegetation wider.

M 6 **Tageszeitenklima in den Tropen**

M 8 **Variabilität der Niederschläge in den Tropen**

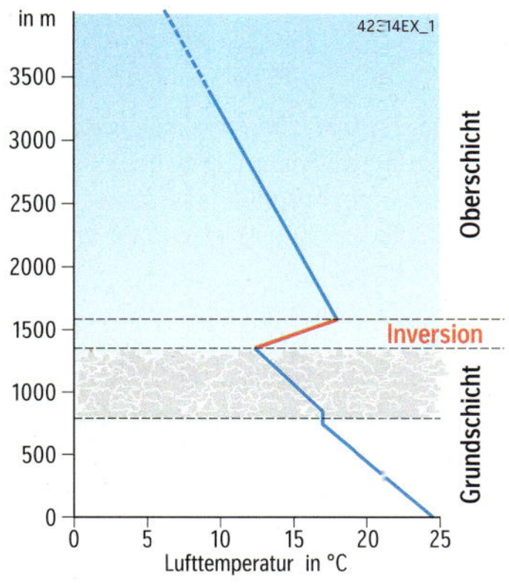

Die Passatinversion ist eine Temperaturumkehr, die durch die absinkende, trockenadiabatisch sich erwärmende Passatoberschicht entsteht. Sie ist eine Folge der sich aus der Kugelgestalt der Erde ergebenden Flächendivergenz. Somit verbreitert sich ein Luftpaket äquatorwärts und schrumpft dabei in seiner Vertikalerstreckung. Wegen dieser Ausdünnung der Passatgrundschicht wird ständig Luft aus der Höhe angesaugt.

M 7 **Die Passatinversion**

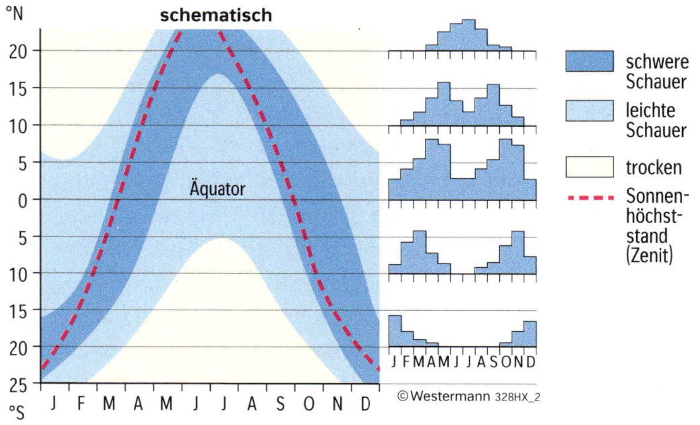

M 9 **Verlagerung von Konvektionszone und Niederschlagsbereichen**

Allgemeine Zirkulation der Atmosphäre – Zirkulationszellen und Zirkulationsmuster

Die solar bedingte unterschiedliche Energiezufuhr setzt in der Atmosphäre globale Austauschvorgänge in Gang. Aufgrund der rotierenden Erde mit Achsenneigung ergeben sich in der Realität jeweils drei Zirkulationszellen auf der nördlichen und südlichen Erdhalbkugel. Deren dynamische Eigenschaften und ihre geographische Lage bestimmen im Wesentlichen die regionale Klimadifferenzierung auf der Erde. Inwiefern sorgt die Zellenstruktur der Atmosphäre für ein global charakteristisches Zirkulationsmuster?

1 Erläutern Sie die Lage der Wolkenmuster (M1).

2 **a)** Begründen Sie die Form des Idealkontinents (M3).
b) Charakterisieren Sie die Besonderheiten der in M2 und M3 dargestellten Klimaklassifikation.

3 **a)** Beschreiben und erklären Sie die Anordnung der Luftdruck- und Windgürtel auf der Erde (M2, M4, M6).
b) Begründen Sie die jahreszeitliche Verlagerung der Druck- und Windgürtel und erläutern Sie die klimazonalen Folgen (M2, M6).

4 Erstellen Sie eine Übersichtsskizze zu den strahlungsklimatischen Zonen auf der Erde (M2, M4).

5 Überprüfen Sie die Aussage: „Die Realität der atmosphärischen Zirkulation ist komplexer als die Grafik M4."

M 1 Die Erde (Computersimulation)

Die **allgemeine Zirkulation der Atmosphäre** beschreibt die mittleren Druck- und Windverhältnisse auf der Erde. Ihre Dynamik wird durch die Lage der Zirkulationszellen und -muster beeinflusst, die von der Land-Meer-Verteilung, dem Relief sowie den Meeresströmungen abhängt. Die unterschiedliche Erwärmung von äquatornahen und polnahen Regionen der Erde treibt die globale atmosphärische Zirkulation an. In der Folge resultieren Luftdruckunterschiede, deren Hoch- und Tiefdruckgebiete zellenartig und zonal angeordnet sind. Die Luftdruckgürtel führen zur Ausbildung annähernd zonal angeordneter Windgürtel. Die jahreszeitliche Verschiebung des Sonnenstandes bewirkt eine Verlagerung der Druck- und Windsysteme, sodass ganzjährig beständige und halbjährlich wechselnde Klimate abgegrenzt werden können. Strahlungsklimatisch werden die zwischen den Wendekreisen liegende Tropenzone, die Mittelbreiten und die von den Polarkreisen polwärts reichenden Polarzonen unterschieden. Die Mittelbreiten werden in die niederen Mittelbreiten bzw. Subtropen (23,5° bis 45° N bzw. S) und in die bis zu den Polarkreisen folgenden hohen Mittelbreiten bzw. gemäßigten Breiten (45° – 66,5° N bzw. S) weiter unterteilt. Die Subtropen an der Westseite der Kontinente liegen im Sommer im Bereich des subtropisch-randtropischen Hochdruckgürtels mit Trockenklima, im Winter im Einflussbereich der außertropischen Westwindzirkulation der Mittelbreiten. Diese Winterregensubtropen (Mittelmeerklima) haben ein typisches Wechselklima. An der Ostseite der Kontinente entstehen durch das Monsunsystem die Sommerregensubtropen. In den hohen Mittelbreiten dominiert an der Westseite der Kontinente ganzjährig maritimes, zyklonales und antizyklonales Westwindklima, im Landesinneren Kontinentalklima mit großen jahreszeitlichen Temperaturunterschieden, zyklonalen Winterregen und sommerlichen Konvektionsniederschlägen. Das außertropische Ostseitenklima weist Kaltlufteinbrüche und zyklonale Sommerniederschläge auf.

M 2 Basisinformation

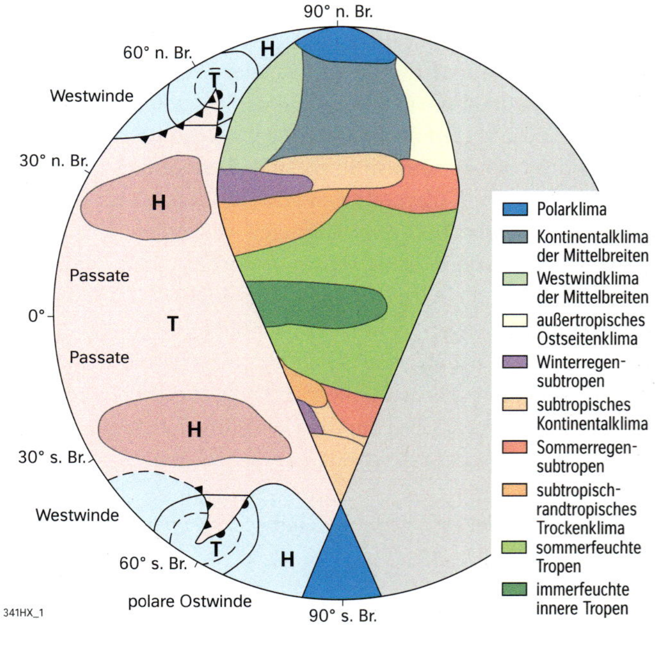

Der Idealkontinent stellt für die einzelnen geographischen Breiten jeweils den Anteil der Landmasse am Gesamtumfang der Erde dar. Dementsprechend werden die Klimagroßregionen in schematischer Lageanordnung als sogenannte Klimarübe veranschaulicht. Dabei wird zwischen Klimaregionen innerhalb bzw. am West- oder Ostrand der Kontinente unterschieden.
Zentrale Grundlage der Gliederung der Erde in Klimagroßregionen ist die Energiebilanz der Erde und die darauf beruhende allgemeine Zirkulation der Atmosphäre aufgrund der mittleren Luftdruck- und Windverhältnisse. Somit steht die Genese, d.h. die Entstehung des Klimas im Mittelpunkt einer derartigen genetischen Klimaklassifikation. Die einzelnen Klimaregionen werden qualitativ aus der Lage im irdischen Klimasystem abgeleitet. Höhenklimate sind dabei nicht ausgewiesen.

M 3 Schema der Klimarübe

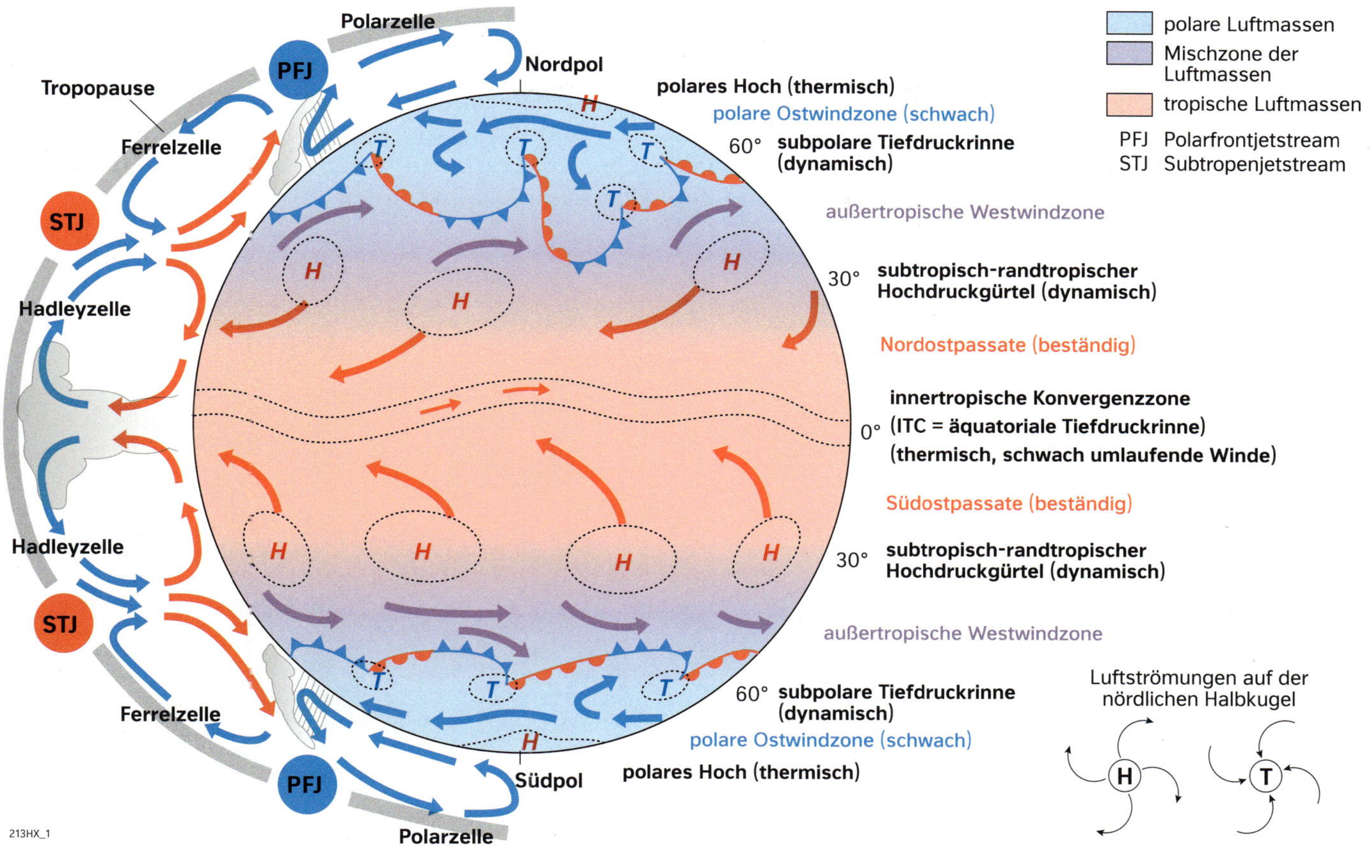

M 4 **Modell der allgemeinen Zirkulation der Atmosphäre**

Wie jedes **Modell** ein vereinfachtes Abbild der Wirklichkeit ist, spiegelt auch das Modell der allgemeinen Zirkulation der Atmosphäre eine grob vereinfachte Modellvorstellung der den Globus umspannenden atmosphärischen Zirkulationssysteme wider. Demnach bilden sich aufgrund der Erdrotation und des Corioliseffekts drei meridionale Zirkulationszellen pro Erdhalbkugel aus:

- Die Hadleyzelle
  Diese Zelle ist auf beiden Seiten des meteorologischen Äquators zwischen der äquatorialen Tiefdruckrinne und dem subtropischen Hochdruckgürtel ausgebildet. Bei dieser thermisch getriebenen Zirkulation steigt warme Äquatorialluft auf, kühlt sich dabei adiabatisch ab und strömt den Höhengradienten folgend polwärts. Im Bereich des Subtropenjets sinkt die Luft ab, wodurch sich der subtropische Hochdruckgürtel ausbildet. Bodennah strömt die Luft aufgrund der Coriolisablenkung als NO- bzw. SO-Passat äquatorwärts, wo die Passate in der äquatorialen Tiefdruckrinne, der innertropischen Konvergenzzone (ITC), konvergieren.
- Die Ferrelzelle
  Bei dieser dynamisch angetriebenen außertropischen Westwind-Zirkulation der Mittelbreiten zwischen der subpolaren Tiefdruckrinne und dem subtropischen Hochdruckgürtel sorgen Zyklonen und Antizyklonen für einen im Tropopausenniveau äquatorwärts sowie im Bodenniveau polwärts gerichteten horizontalen Luftmassenaustausch und Energietransport.
- Die Polarzelle
  In dieser thermisch getriebenen Zelle sinkt die kalte Luft über den Polen ab und strömt aus den polaren Hochdruckgebieten oberflächennah süd- bzw. nordwärts. Infolge der Coriolisablenkung wird die Luft zu polaren Ostwinden umgelenkt.

M 5 **Dreizellenstruktur der globalen Zirkulation**

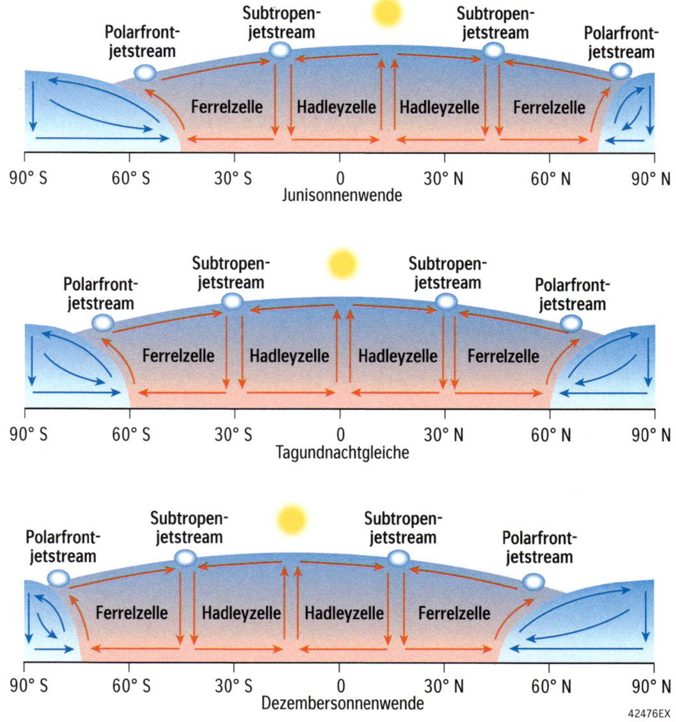

Im Jahresverlauf kommt es mit der Veränderung des Sonnenstands zu einer Verlagerung der Druck- und Windgürtel um fünf bis acht Breitengrade. Je nach Jahreszeit werden manche strahlungsklimatische Zonen von unterschiedlichen Luftdruck- und Windverhältnissen geprägt (alternierende Klimabereiche), bei anderen ändern sich diese dagegen kaum (stetige Klimabereiche).

M 6 **Druck- und Windgürtel im Jahresverlauf**

Klimawandel – Phänomene und Dimensionen

Die Wissenschaftler sind sich einig: Der Klimawandel ist real und er ist gefährlich. Mit dem Begriff Klimawandel, globaler Erwärmung oder Erderwärmung ist gemeint, dass sich die Erdatmosphäre in den bodennahen Luftschichten seit dem vergangenen Jahrhundert rasant erwärmt und Veränderungen im gesamten Klimasystem in einem zuvor beispiellosen Ausmaß zur Folge haben. Die Auswirkungen betreffen Menschen weltweit, auch in Deutschland. Welche Fakten dokumentieren die Dimensionen des Klimawandels?

1. Erläutern Sie die Aussage des Plakats (M1).
2. Analysieren Sie die Veränderungen in M3 bis M5 und stellen Sie die Auswirkungen auf verschiedene Lebensräume dar.
3. **a)** Vergleichen Sie die Gletscherentwicklungen (M6, M9).
   b) Erörtern Sie Chancen und Risiken durch das Abschmelzen der Gletscher.
4. **a)** Arbeiten Sie die Trends der Entwicklungen heraus (M8, M10 – M12).
   b) Erstellen Sie ein Fließschema zu den Auswirkungen des Klimawandels in Deutschland (M2, M7 – M8, M10 – M12).
5. Überprüfen Sie die Aussage: „Der Klimawandel ist die größte Herausforderung für die Menschheit, seine Bewältigung eine moralische Pflicht."

M 1 **Demonstration von Fridays for Future**

Der **Klimawandel** gilt als größte globale Herausforderung für die Menschheit unserer Zeit. Allein das Jahrzehnt von 2011 bis 2021 ist nach Einschätzung des **Weltklimarats IPCC** (Intergovernmental Panel on Climate Change) das wahrscheinlich wärmste Jahrzehnt seit der letzten Zwischeneiszeit vor etwa 125 000 Jahren und im Laufe des 21. Jahrhunderts ist eine globale Erwärmung von 1,5 °C bis 2 °C mehr als wahrscheinlich.
Mit dem Motto „Wir streiken, bis ihr handelt!" hat sich nach dem Vorbild von Greta Thunberg seit 2018 aus eintägigen Schulstreiks die weltweite Klimaschutzbewegung Fridays for Future entwickelt. Die Aktivisten kritisieren die ihrer Meinung nach unzureichenden Maßnahmen im Kampf gegen die **Klimakrise** und werden von zahlreichen Wissenschaftlern unterstützt. Die Auswirkungen der Erderwärmung auf Veränderungen im gesamten Klimasystem, wie auf die Natur, die Gesellschaft und Wirtschaft werden aktuell spürbarer und messbarer: Gletscher schmelzen, der Meeresspiegel steigt, Dürre- und Hitzeperioden nehmen zu, Hochwasser, Stürme, Waldbrände und Überschwemmungen richten Verwüstungen an, manche Ökosysteme haben bereits irreversible Schäden erlitten und knapp die Hälfte der Menschheit ist in ihrer Existenz schon jetzt hochgradig gefährdet. Und viele Veränderungen sind über Jahrhunderte bis Jahrtausende unumkehrbar. In allen Regionen der Welt haben Wetter- und Klimaextreme regional unterschiedliche Folgen: In den höheren nördlichen Breiten sowie den Hochgebirgen führt der Temperaturanstieg zu Eisschmelze und Auftauen des Permafrostbodens, im Mittelmeerraum zu extremer Trockenheit und großflächigen Bränden. Für niederschlagsarme Regionen wird weltweit eine weitere Abnahme der Niederschlagsmenge prognostiziert. Stark betroffen sind besonders verwundbare Bevölkerungsgruppen. So sind bereits knapp 60 Prozent der Weltküstenbevölkerung von Überflutungen betroffen.

M 2 **Basisinformation**

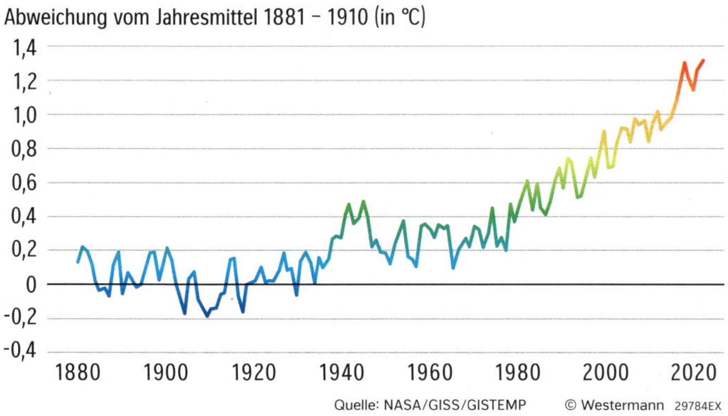

M 3 **Globale Mitteltemperatur (1880 – 2020)**

Jahr	2011	2012	2013	2014	2015	2016	2017	2018	2019	2020	2021
K*	+0,82	+0,88	+0,94	+1,01	+1,16	+1,27	+1,18	+1,11	+1,24	+1,28	+1,11

* Temperaturabweichung in Kelvin im Vergleich zur Jahresmitteltemperatur 1881 – 1910

© Westermann 29785EX

M 4 **Globale Temperaturanomalie (°C i. Vgl. zu 1881 – 1910)**

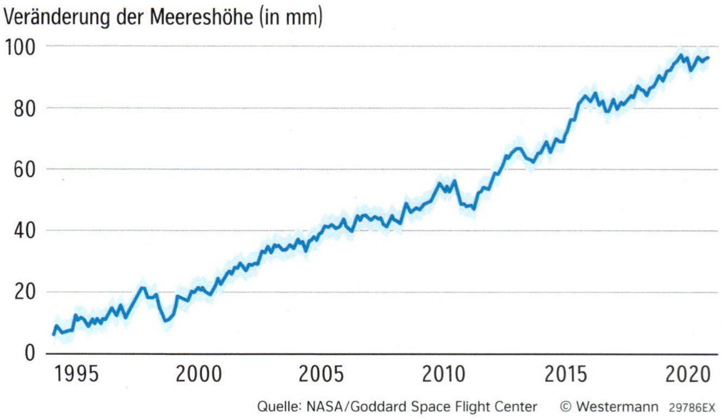

M 5 **Meeresspiegel (1993 – 2020)**

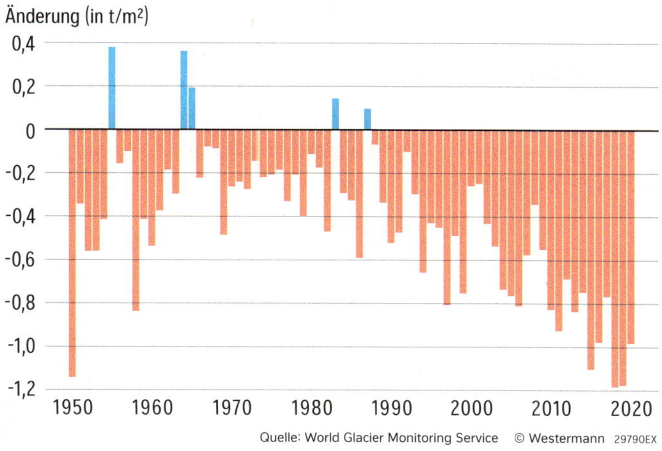

M 6 Jährliche Veränderung der Gletschermasse weltweit

M 9 Steingletscher (Schweiz) a) 2009 und b) 2020

Seit den 1970er-Jahren ist in Deutschland jedes Jahrzehnt wärmer als das vorherige gewesen und das Tempo des Temperaturanstiegs hat dabei hierzulande deutlich zugenommen. In den 1950er-Jahren gab es im bundesweiten Mittel pro Jahr etwa 3,5 „heiße Tage", d.h. Tage mit mindestens 30 °C, jedoch zwischen 1991 – 2020 bereits durchschnittlich 8,9 Tage pro Jahr. Gleichzeitig nahm die mittlere Zahl der Eistage, d.h. Tage unter 0 °C von 28 auf 19 Tage pro Jahr ab. Hitzerekorde von über 40°C sowie die Häufigkeit und Intensität von Hitzewellen nehmen weiter zu. Von der Bodentrockenheit der letzten Jahre waren bereits mehr als 50 Prozent des Ackerlandes in Deutschland betroffen. Ernteausfälle waren die Folge. Der Trockenstress durch geringere Sommerniederschläge beschleunigt in den Wäldern die Entwicklung von Schadinsekten und die zunehmende Gefahr von Waldbränden. Experten schätzen, dass allein nach drei aufeinanderfolgenden Trockenjahren bundesweit knapp 300 000 Hektar Wald und damit die fünffache Fläche des Bodensees neu aufgeforstet werden müssen. Niedrige Wasserstände bei Rhein und Elbe schränken zudem die Binnenschifffahrt ein und verursachen enorme wirtschaftliche Schäden. Andererseits verstärkt die erhöhte Wasserdampfaufnahme der Atmosphäre konvektive Niederschläge und führt zu Starkregenereignissen mit verheerenden Überschwemmungen. Die rund 14 Tage frühere Obstbaumblüte leidet wiederholt unter den Frostschäden der noch kalten Frühjahrsnächte.

Der Klimawandel bedroht auch die heimische Artenvielfalt und ermöglicht invasiven Arten (z.B. Asiatische Tigermücke, Marderhund) durch ihre Ausbreitung die Schädigung unserer Ökosysteme.

M 7 Auswirkungen des Klimawandels in Deutschland

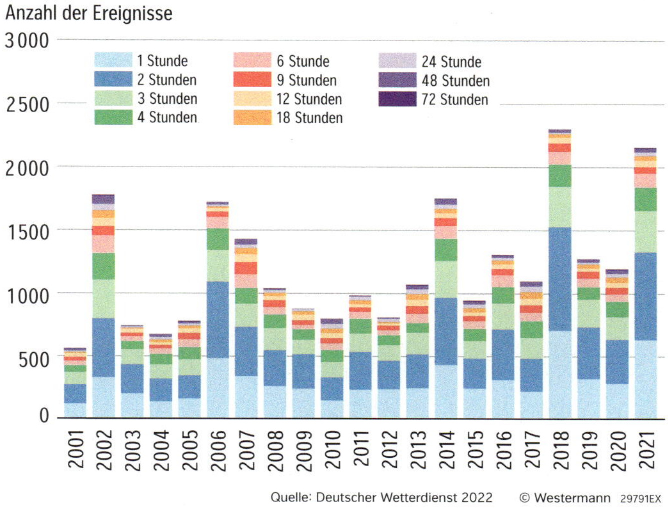

M 10 Starkregenereignisse in Deutschland

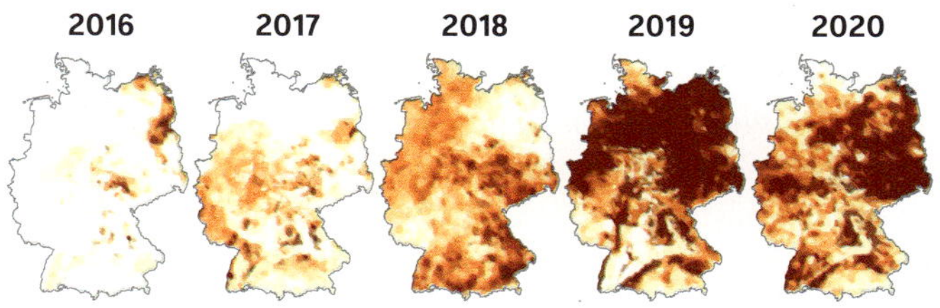

Dürrestärken (Länge der Dürreperiode und absolute Trockenheit) in der Vegetationsperiode April bis Oktober im Boden (bis 1,8 m Tiefe)

Quelle: UFZ-Dürremonitor/Helmholtz-Zentrum für Umweltforschung, 2022 © Westermann 29793EX

M 11 Dürrestärke im Boden in Deutschland

	1961–1990	1991–2020
Winter	120	101
Frühling	96	102
Sommer	90	89
Herbst	59	73

© Westermann 29789EX

Entwicklungsstadien von Pflanzen, von der Blüte über das Früchtetragen bis zum Blattfall.

120 Länge in Tagen

M 8 Phänologische Jahreszeiten in Deutschland

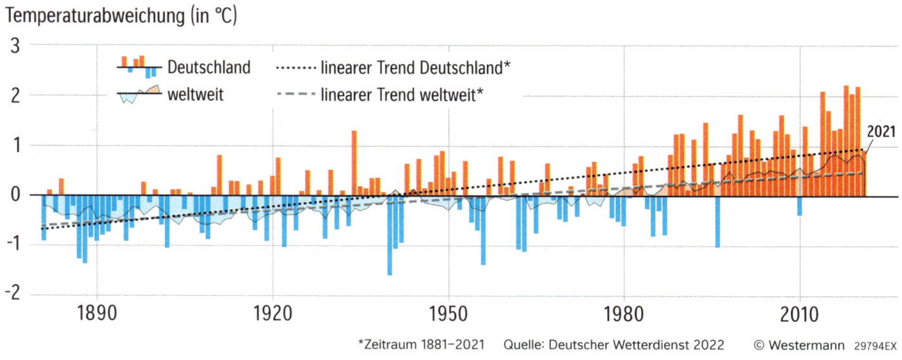

M 12 Temperaturanomalie in Deutschland und global

Ursachen natürlicher Klimaveränderungen – innere und äußere Einflüsse

Das Klimasystem der Erde ist ein komplexes Zusammenspiel verschiedener Elemente, die ständig Energie untereinander austauschen. Aufgrund dieser internen Ursachen schwanken typische Zirkulationsmuster in der Atmosphäre und den Ozeanen, wie beispielsweise die Passatzirkulation in den Tropen bzw. die Nordatlantische Oszillation (NAO). Auch externe Ursachen aufgrund der Konstellation Erde – Sonne beeinflussen Klimaschwankungen. Welche natürlichen Ursachen beeinflussen Klimaschwankungen?

1 Charakterisieren Sie den Temperaturverlauf (M1).

2 Begründen Sie die Schwierigkeiten historischer Klimaforschung (M2, M9).

3 Stellen Sie die Entstehung und Bedeutung des natürlichen Treibhauseffekts dar (M2, M3).

4 **a)** Erläutern Sie die Auswirkung der Strahlungsabsorption durch atmosphärische Gase (M4).
b) Überprüfen Sie: „Atmosphärische Fenster lassen die Wärmestrahlung ungehindert passieren" (M4).

5 Begründen Sie die unterschiedliche Wirkdauer klimarelevanter Prozesse (M7).

6 Erstellen Sie eine Mindmap zu den internen und externen natürlichen Ursachen von Klimaschwankungen (M2 – M8).

Z 7 Erläutern Sie die Aussage: „Die Konstanz des Klimas ist sein Wandel."

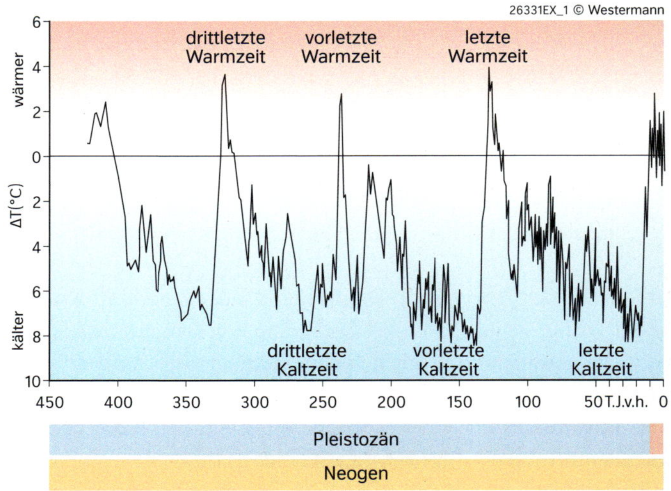

M1 Rekonstruktion des Temperaturverlaufs der Antarktis aus einem Eisbohrkern

Es ist klimageschichtlich unbestritten, dass sich das Klima von jeher gewandelt hat. Änderungen eines oder weniger Parameter im Klimasystem führen zu mehr oder weniger spürbaren Klimaveränderungen. Die Analyse der Klimaentwicklung stützt sich seit etwa 200 Jahren auf instrumentelle Daten, für die Zeiträume davor sind geologische Bohrkerne oder Eisbohrkerne z. B. aus der Antarktis ein wichtiges Analyseinstrument. So gibt die im Eis eingeschlossene Luft indirekt Auskunft über die damalige Atmosphäre.

Natürliche Klimaveränderungen können durch interne und externe Ursachen ausgelöst werden. Interne Ursachen sind im Klimasystem selbst begründet. Schwankungen des ozeanischen Strömungssystems oder der allgemeinen Zirkulation der Atmosphäre oder plattentektonische Prozesse mit neuen Konstellationen von Ozeanen und Kontinenten haben Einfluss auf das Klima. Auch die Ausdehnung der Vegetations- und Eisbedeckung auf der Erdoberfläche wirken sich über die Albedo auf das Klimageschehen aus. Kurzfristig auftretende Vulkanausbrüche oder Meteoriteneinschläge können durch ihren Eintrag an Aerosolen in die Atmosphäre kurz- oder sogar langfristige Klimaänderungen auslösen.

Die Atmosphäre der Erde mit ihrem Gemisch aus Gasen und Aerosolen lässt wie ein Glashaus die kurzwellige einfallende Sonnenstrahlung nahezu ungehindert bis zur Erdoberfläche durchdringen. Die atmosphärischen **Treibhausgase** absorbieren die langwellige terrestrische Strahlung und senden thermische Strahlung sowohl in den Weltraum als auch als Gegenstrahlung auf die Erde zurück. Durch diesen **natürlichen Treibhauseffekt** erwärmen sich die Erdoberfläche und die Luftschichten darüber, sodass die globale Durchschnittstemperatur +15 °C beträgt. Zu den externen Einflussfaktoren zählen Veränderungen der Strahlungsenergie der Sonne, die auf der Erde ankommt.

M2 Basisinformation

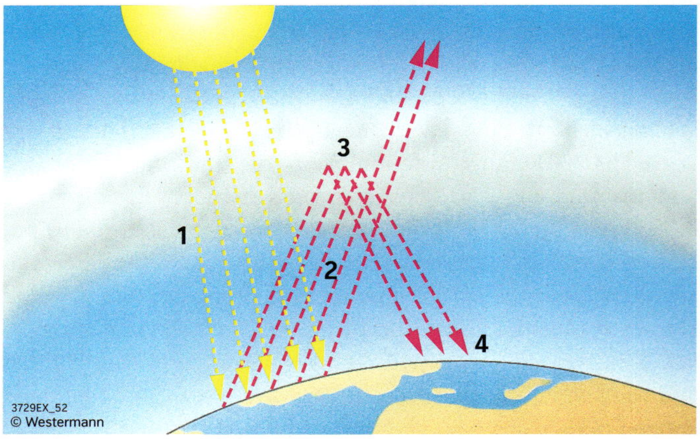

M3 Schema des natürlichen Treibhauseffekts

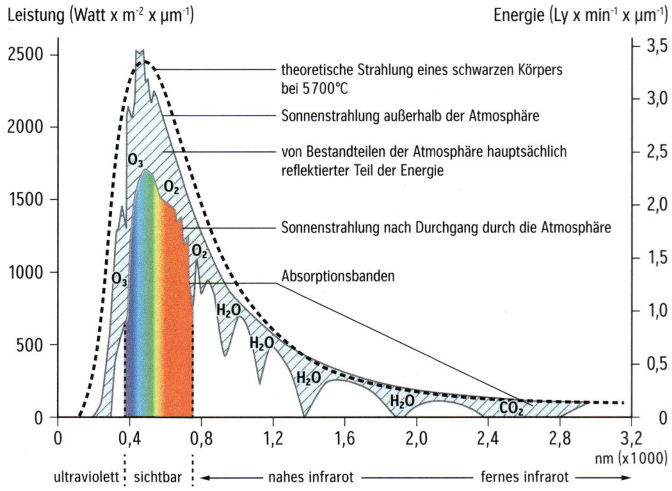

Quelle: Fischer, Heinecke-Herzog, Siemer & Baumann 2005 © Westermann 29797EX

M4 Strahlungsabsorption durch atmosphärische Gase

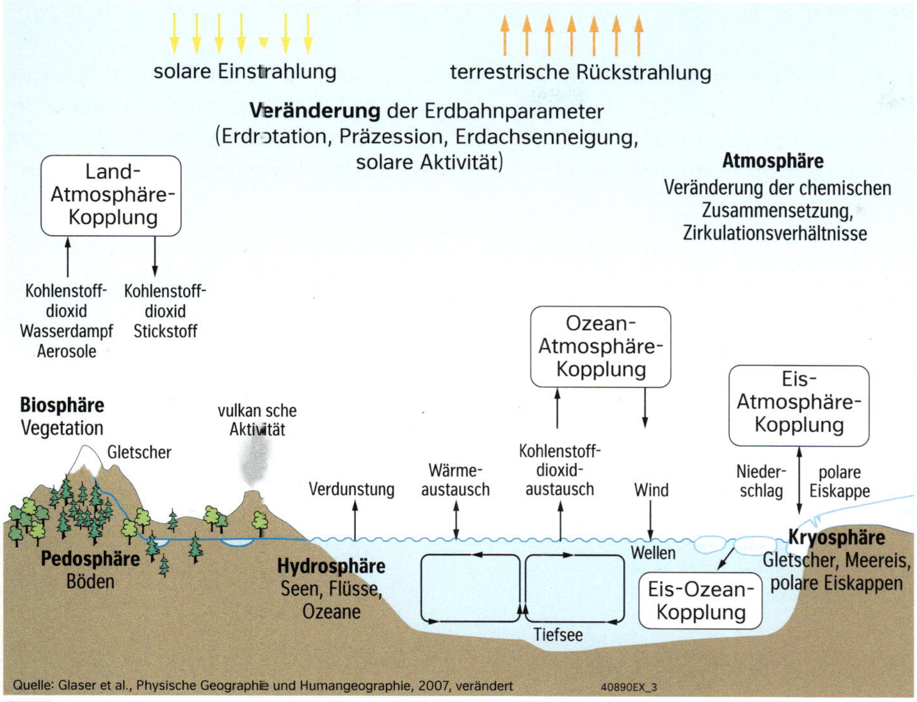

M 5 Ursachen natürlicher Klimaveränderungen

Prozesse	Zeit (Jahre)
Sonnenalterung (Energieabstrahlung)	Mio. – Mrd.
Zusammensetzung der Erdatmosphäre	natürlich: Mio anthrop.: 10 – 100
Plattentektonik	Mio. – Mrd.
Gebirgsbildung, Land-Meer-Verteilung	10 000 – Mio.
Schwankungen der Erdbahnparameter	10 000 – 100 000
Vegetationsänderungen	10 – 1000
Sonnenfleckenzyklus	10 bzw. 22
Wirkung von Vulkanausbrüchen	Monate – Jahre
großräumige Luftdruckverteilung	Tage bis Monate
Wettersysteme (z. B. Tiefdrucksysteme)	Tage bis Wochen

M 7 Prozesse und ihre Wirkdauer auf das Klima

Die Strahlungsbilanz des Systems Erde –Atmosphäre ist normalerweise ausgeglichen, weil an der Oberfläche der Atmosphäre durch die terrestrische Infrarot- und die reflektierte Solarstrahlung genauso viel Energie verloren geht, wie durch die Einstrahlung der Sonne gewonnen wird. Dennoch gab es im Laufe der Erdgeschichte zahlreiche Klimaschwankungen von unterschiedlicher Dauer und Stärke, die eine Folge von Änderungen der Strahlungs- und Wärmebilanz der Erde waren. Eine der externen Ursachen ist veränderte Strahlungsintensität der Sonne aufgrund sogenannter Sonnenflecken in einem Elfjahreszyklus. Sonnenflecken sind dunklere, weil kühlere Stellen auf der Sonnenoberfläche mit einer Temperatur von nur 4000 statt knapp 6000 Grad. Im Elfjahreszeitraum ändert sich sowohl ihre Anzahl als auch ihre Verteilung auf der Sonnenoberfläche. Zudem variiert die solare Zustrahlung aufgrund von Schwankungen der Erdumlaufbahn in über 400 000 Jahren, durch die Veränderungen der Neigung der Erdachse innerhalb von 21 000 Jahren und durch ihr kreiselartiges Taumeln mit einer etwa 41 000 Jahre dauernden Periodizität. Diese planetaren Zyklen, nach ihrem Entdecker auch als Milanković-Zyklen bezeichnet, beeinflussen das Klima unseres Planeten über sehr lange Zeiträume. So gelten Erdbahnparameter und Sonneneinstrahlung als Mitauslöser für den Wechsel von Kalt- und Warmzeiten. In der Folge wird beispielsweise die Schneedecke eines vorigen Winters nicht mehr vollständig abgebaut und durch eine höhere Albedo kommt es zur Selbstverstärkung des Prozesses. Die Klimageschichte zeigt, dass warme Klimaphasen oft mit einem erhöhten und kalte meist mit einem niedrigeren Kohlenstoffdioxidgehalt einhergingen. Veränderungen der Quellen und Senken im zentralen Kohlenstoffkreislauf sorgten bei hohen CO_2-Konzentrationen durch den verstärkten Treibhauseffekt, mit Temperaturen bis 40 °Celsius und einem damit einhergehendem geringen Sauerstoffgehalt für Massensterben an Land und im Meer z. B. im Devon (vor ca. 360 Mio. Jahren), im Perm (vor ca. 250 Mio. Jahren) und in der Triaszeit (vor ca. 200 Mio. Jahren).

M 6 Rekonstruktion historischer Klimaschwankungen

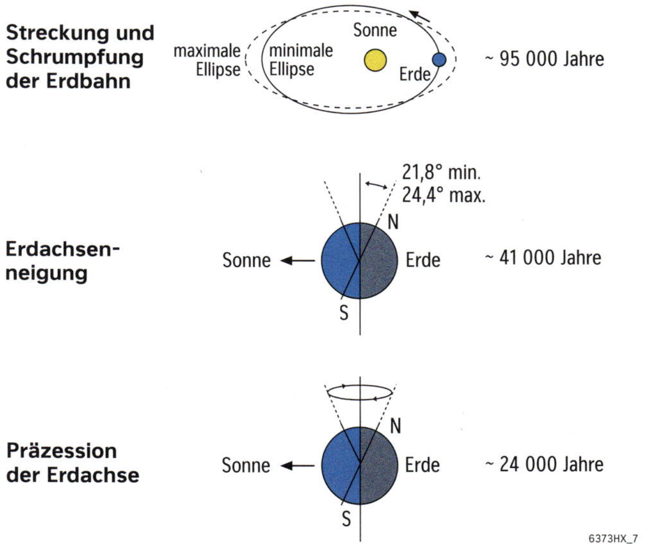

M 8 Die Milanković- Zyklen

M 9 Untersuchung eines Eisbohrkerns

Ursachen anthropogener Klimaveränderungen – der anthropogene Treibhauseffekt

Unter den Klimawissenschaftlern ist es inzwischen unumstritten, dass natürliche Ursachen für den aktuellen, sehr steilen Temperaturanstieg seit Beginn der Industrialisierung ausgeschlossen sind. Der aktuelle Klimawandel ist nur durch die anthropogene Verstärkung des Treibhauseffekts erklärbar. Demnach ist der Mensch selbst zum Klimafaktor geworden. Welche Auswirkungen menschlicher Aktivitäten beeinflussen die globale Erwärmung?

1 a) Beschreiben Sie die Entwicklung (M1)
b) Stellen Sie die Zusammenhänge dar (M1, M3).

2 Vergleichen Sie den natürlichen und anthropogenen Treibhauseffekt (M2, M3).

3 Erläutern Sie den regional unterschiedlichen CO_2-Ausstoß in seiner Entwicklung (M4).

4 a) Beschreiben Sie den Einfluss des Menschen auf den globalen Kohlenstoffkreislauf (M5)
b) Begründen Sie die Veränderungen der CO_2-Mengen im System Erde (M5 – M8).

5 Vergleichen Sie Herkunft und Relevanz verschiedener Treibhausgase (M2, M7).

Z 6 Beurteilen Sie: „Viele der Veränderungen der Treibhausgasemissionen sind über Jahrhunderte bis Jahrtausende unumkehrbar."

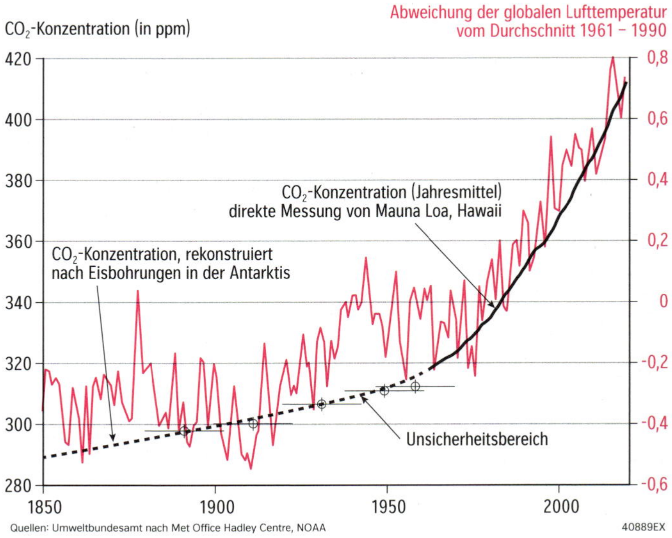

M1 CO_2- Konzentration in der Atmosphäre und globale Erwärmung

Seit Beginn der Industrialisierung am Ende des 18. Jahrhunderts nimmt die Konzentration von Treibhausgasen in der Atmosphäre erheblich zu. Der rapide Anstieg von Kohlenstoffdioxid (CO_2) ist auf **fossile Brennstoffe**, vor allem Kohle, Erdöl und Erdgas, zurückzuführen. Auch negative Eingriffe auf Kohlenstoffdioxid-Senken (CO_2-Senken), wie das Abholzen bzw. Abbrennen großer Waldflächen, die normalerweise Kohlenstoffdioxid aus der Atmosphäre aufnehmen und binden können, verstärken die Emission dieses Treibhausgases in die Atmosphäre. Hauptquelle bei Methan (CH_4) und Lachgas (N_2O) ist die Intensivlandwirtschaft mit Nutztierhaltung bzw. Kunstdüngereinsatz. Auch klimawirksame Gase aus anderen Quellen und synthetische Gase (z. B. FCKW) reichern sich in der Atmosphäre an. Dadurch schließen sich allmählich die atmosphärischen Fenster, sodass die langwellige Wärmerückstrahlung von der Erdoberfläche vermehrt in der Erdatmosphäre absorbiert wird. Dies führt einerseits zu einer stärkeren Abstrahlung in das Weltall und zu einer bereits messbaren Abkühlung der oberen Atmosphäre. Andererseits bewirkt die Absorption eine verstärkte Gegenstrahlung, sodass sich die untere Troposphäre, das Land und die Meere spürbar erwärmen. Dementsprechend ist die Energiebilanz der Erde bereits um 3,1 Watt pro Quadratmeter aus dem Gleichgewicht geraten. Die durch menschliche Aktivitäten verursachte (anthropogene) Veränderung der Zusammensetzung der Atmosphäre bewirkt, zusätzlich zum lebensnotwendigen natürlichen, den sogenannten **anthropogenen Treibhauseffekt**. Als Folge dieser zusätzlichen Energie im Klimasystem erhöhte sich die Temperatur der Erdoberfläche von 2001 bis 2020 um ca. 1 °C im Vergleich zu 1850 bis 1900, sogar um ca. 1,59 °C über Landsystemen und 0,88 °C über Ozeanen (IPCC AR6). Auch wenn die Zusammensetzung der Atmosphäre ab sofort unverändert bliebe, würde sich wegen der langen Verweildauer mancher Treibhausgase die bodennahe Luft global noch um weitere 0,4 bis 0,7 °C erwärmen.

M2 Basisinformation

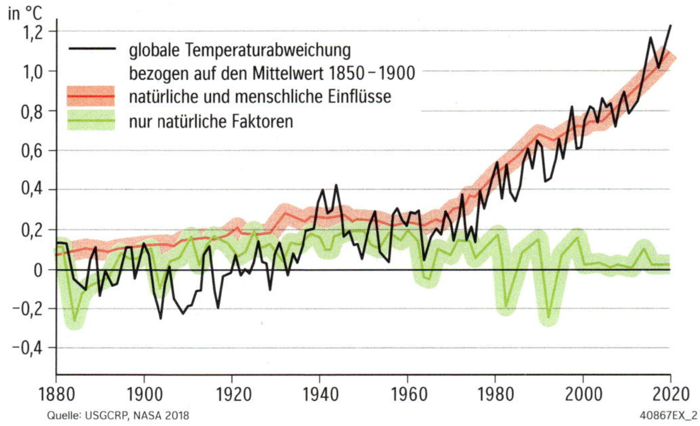

M3 Temperaturentwicklung mit und ohne menschliche Einflüsse

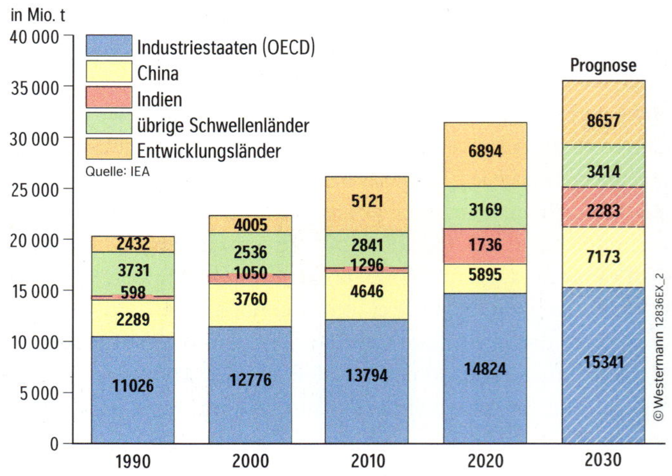

M4 Weltweite CO_2-Emissionen nach Regionen

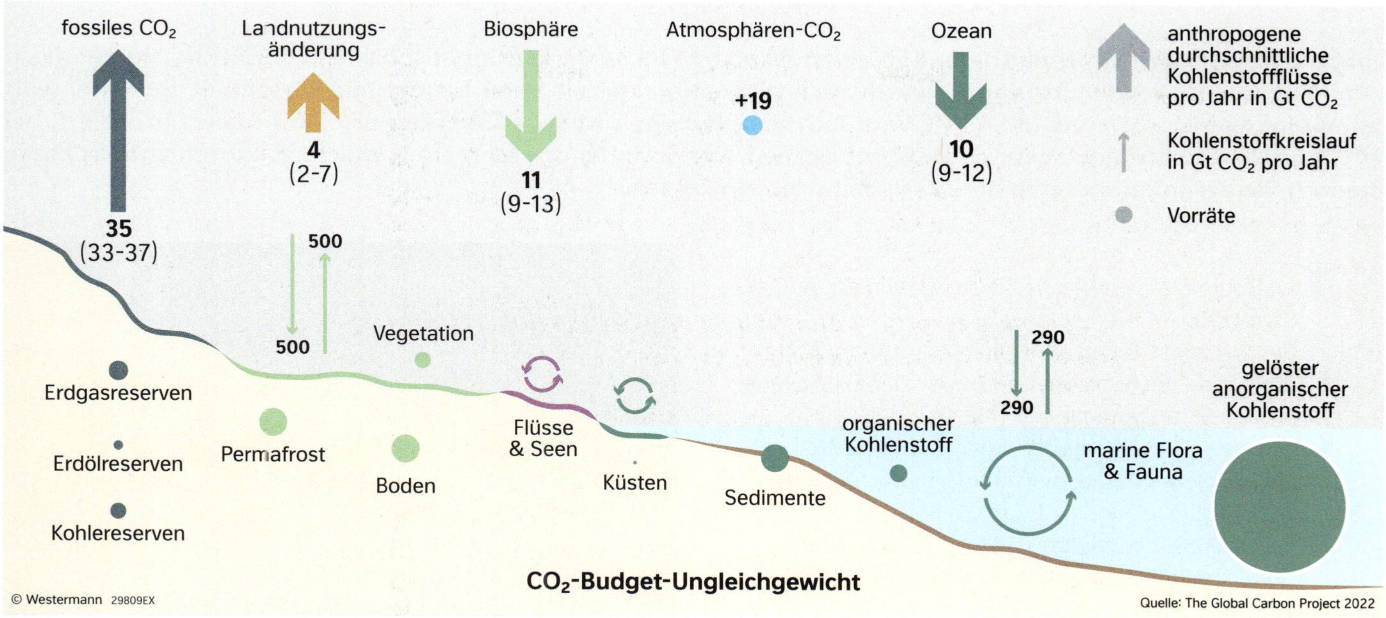

M 5 **Veränderungen der CO_2-Mengen im System Erde**

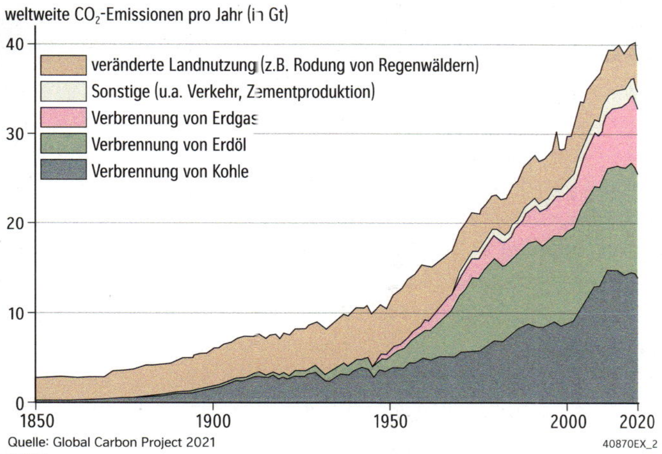

M 6 **Entwicklung der globalen CO_2-Emissionen**

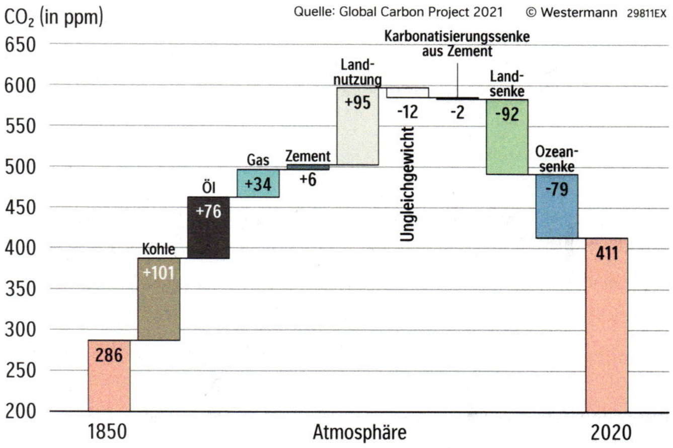

M 8 **Beiträge zum Kohlenstoffbudget seit 1850**

Treibhausgase	Kohlenstoffdioxid (CO_2)	Methan (CH_4)	Distickstoff-monoxid (N_2O)	Ozon (O_3)	Fluorchlorkohlen-wasserstoffe (FCKW)	Wasserdampf
gegenwärtige Konzentration (ppm)	405	1,85	0,33	0,05	0,0005	variabel
Verweildauer in Atmosphäre (Jahre)	5 – 200	12	121	0,10	640	Tage bis Jahre
derzeitige Zunahme (% pro Jahr)	+0,4	+1,1	+0,25	ungewiss	+5	0,3
Klimawirksamkeit (bezogen auf CO_2)	1	28	265	2000	13 960	k. A.
Beitrag zum natürlichen Treibhauseffekt (in %)	20	3	4	7	0,00051	60
Beitrag zum anthropogenen Treibhauseffekt (in %)	50 – 60	15	4	9	10	k. A.
Hauptquellen	fossile Brennstoffe, Waldrodung, Bodenerosion	Reisanbau, Deponien, Rinderhaltung, Verbrennung von Biomasse, Moore	fossile Brennstoffe, Verbrennung von Biomasse, stickstoffhaltiger Dünger	indirekt durch NO_2, CH_4, CO und Kohlenwasserstoffe in Troposphäre	Kältemittel, Verschäumungsmittel, Treibgase	Verdunstung

M 7 **Treibhausgase im Vergleich**

BK

Folgen des Klimawandels – Raumbeispiel Arktis

Nirgendwo auf der Welt verläuft der Klimawandel so dynamisch und dramatisch wie in der Arktis. Im Vergleich zum globalen Jahresdurchschnitt erwärmt sich die Region zurzeit zwei- bis dreimal so schnell. Bei einer weiteren globalen Erwärmung um 1,5 °C wird ein meereisfreier arktischer Sommer pro Jahrhundert projiziert, bei 2 °C globaler Erwärmung sogar mindestens ein eisfreier Sommer pro Jahrzehnt. Welche Faktoren und Prozesse steuern die Veränderungen in der Arktis mit welchen Folgen?

1 Erläutern Sie wesentliche Zielsetzungen der Arktis-Expedition (M1).
2 Beschreiben Sie den arktischen Naturraum (M2).
3 Stellen Sie die Prozesse und Folgen der Eis-Schnee-Albedo-Rückkopplung dar (M2, M3).
4 Arbeiten Sie die Veränderungen der arktischen Meereisdecke für ausgewählte Zeitabschnitte heraus (M4).
5 Erstellen Sie ein Wirkungsgefüge zu den Ursachen und Folgen des Klimawandels in der Arktis (M1 – M7). 126
Z 6 Beurteilen Sie: „Aufgrund des Klimas werden Eisbären bis zur Mitte des Jahrhunderts weitgehend aus ihrem Lebensraum vertrieben sein.“

Die Arktis ist das Polargebiet der nördlichen Halbkugel und wird stark vom Polartag und der Polarnacht beeinflusst. Die Region umfasst das Nordpolarmeer, auch Arktischer Ozean genannt, dessen Inselwelt sowie die angrenzenden Landflächen Nordamerikas (Alaska, Kanada), Europas (Skandinavien) und Asiens (Russland). Im Norden der Landflächen ist der Boden im Untergrund dauerhaft gefroren. Dieser Permafrostboden erreicht Tiefen bis über 1500 m (Sibirien) und wird nach Süden weniger mächtig und lückenhafter. Klimatisch kann die Arktis anhand der 10° Juli-Isotherme eingegrenzt werden, nördlich derer selbst im wärmsten Monat des Jahres im mehrjährigen Durchschnitt die monatliche Mitteltemperatur unter 10 °C liegt. Diese Grenze stimmt relativ gut mit der Baumgrenze überein. Demnach wäre die Arktis etwa 20 Mio. km² groß (mehr als doppelt so groß wie Kanada).
Das Nordpolarmeer ist etwa 15,5 Mio. km² groß und vor allem um den Nordpol herum auf etwa 4 Mio. km² noch ganzjährig mit einer 3,5 m dicken Packeisdecke überzogen. Die Eisfläche verringert sich bis zum Ende der sommerlichen Eisschmelze im September und regeneriert sich zunehmend später und auf kleinerer Fläche. Dabei sinkt das Minimum der Meereisausdehnung um etwa 13 Prozent pro Jahrzehnt.
Schmilzt das Meereis und verringern sich die Eis- und Schneeflächen an Land, wird der strahlungabsorbierende Flächenanteil größer. Dabei sinkt die Albedo, d.h. die Polarregionen reflektieren einen immer kleiner werdenden Teil der einfallenden solaren Strahlung, denn die nun unbedeckten Meeres- und Landflächen sind dunkler. Der Untergrund erwärmt sich zunehmend, der Permafrostboden taut auf und der Temperaturanstieg in der Atmosphäre verstärkt sich. Dieser positive Rückkopplungseffekt ist einer der wichtigsten im Klimasystem und einer der Verursacher dafür, dass sich die Arktis stärker als andere Regionen der Erde erwärmt, mit weitreichenden Folgen.

M2 Basisinformation

Im Rahmen der MOSAiC-Expedition (Multidisciplinary drifting Observatory for the Study of Arctic Climate) von Oktober 2019 bis Oktober 2020 drifteten 600 Wissenschaftler aus 17 Nationen mit dem Forschungseisbrecher Polarstern ein Jahr lang durch die Arktis. Sie erforschten die Veränderungen der Arktis über das Jahr hinweg und den Einfluss der Arktis auf das globale Klima, denn die Region gilt als Frühwarnsystem für den Klimawandel. Die infolge der Erwärmung resultierende große Eisschmelze ist auch in Europa zu spüren. So steigt unter anderem der Meeresspiegel, mit verheerenden Folgen.
Die Forscherteams konzentrierten sich auf Bereiche wie das Ökosystem, die Prozesse in Atmosphäre und Ozean oder die Physik des Meereises und erarbeiteten so das bislang vollständigste Bild der arktischen Klimaprozesse. Die Messungen erfolgten sowohl in Stationen auf einer massiven Eisplatte, aber auch auf dem Forschungsschiff selbst, das im Winter 3400 Kilometer mit dem driftenden Meereis durch das Nordpolarmeer trieb. Die Eisdrift, d.h. die natürliche Bewegung des Meereises, war in den Wintermonaten unerwartet schnell.

M1 Die Reise der Polarstern – größte Arktis-Expedition

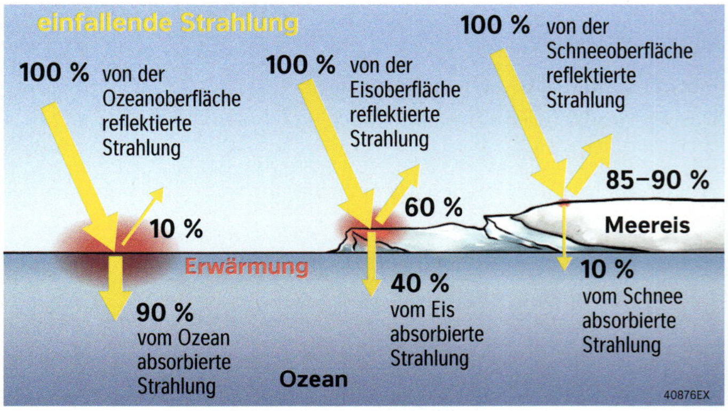

M3 Weltweite CO_2-Emissionen nach Regionen

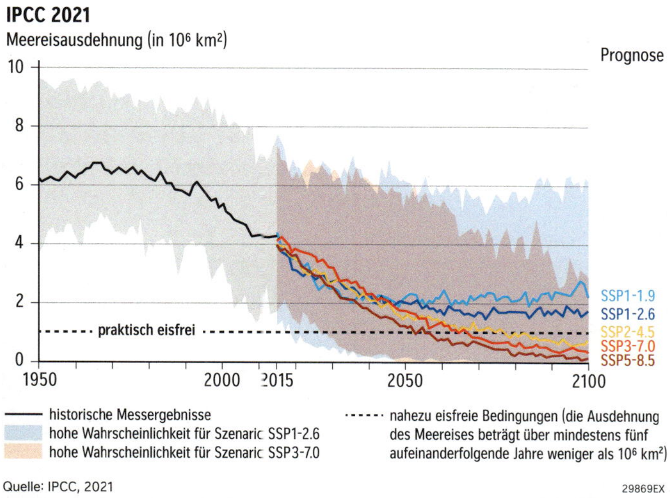

M 4 Projektion für die Ausdehnung des arktischen Meereises

M 6 Methanblasenkrater in Sibirien

Die MOSAiC-Expedition hat zahlreiche neue Erkenntnisse gewonnen und liefert tiefe Einblicke in die Arktis von morgen:

- Das Eis schmilzt schneller als jemals zuvor: Während der Expedition zog sich das Eis im Frühjahr schneller zurück als seit Beginn der Aufzeichnungen. Die Eisausdehnung im Sommer war nur noch halb so groß und auch die Dicke des Eises war um mehr als die Hälfte zurückgegangen im Vergleich zu den Daten von vor fast 130 Jahren, als Polarforscher Fridtjof Nansen das Eis erforschte. Die Winter-Temperaturen waren fast durchgehend zehn Grad höher als Nansen gemessen hatte.
- Die Meereisdecke ist dynamischer als erwartet: Wo sich Eisschollen übereinanderschieben, entstehen bis zu 10 Meter hohe Presseisrücken, an denen sich im Winter Schneewehen auftürmen, die das Eis wachsen lassen. Demzufolge schwankt die räumliche Schnee-Eis-Verteilung recht erheblich. Zudem verwandelt Plättcheneis die Unterseite der Eisdecke. Diese neu entdeckte Eisart besteht aus handtellergroßen, ein Millimeter dicken Eisscheiben, die aus unterkühltem Wasser entstehen und wie Wolken an der Eisunterseite hängen. Sie bieten einen Lebensraum für Kleinstlebewesen.
- Ozeanische Strömungen zwischen den höheren kalten und den tieferen warmen Wasserschichten im zentralen Arktischen Ozean bestehen zunehmend und ganzjährig.
- Noch nie da gewesene Hitze droht: Ein ungewöhnliches Wind-Zirkulationsmuster mit dem arktischen Polarfrontjetstream war stärker als seit Beginn der Aufzeichnungen im Jahr 1950. Der Polarwirbel und die dünne Eisdecke führen zu einer schnellen Drift des Eises. Die Polarstern brauchte für die gesamte Drift nur 300 Tage, während Nansen damals drei Jahre gebraucht hatte. Das Höhenwindband um die Arktis beeinflusst auch das Wetter und Klima in Mitteleuropa und trägt zu großer Erderwärmung zu einem Heißzeit-Zustand auf der Erde bei.
- Die Ozonschicht über der Arktis verschwindet: In knapp 20 Kilometern Höhe wurden innerhalb weniger Wochen im Frühjahr 95 Prozent des Ozons zerstört, sodass die Ozonschicht in ihrer Mächtigkeit phasenweise um mehr als die Hälfte reduziert wurde.
- Kurzfristige Wetterereignisse haben Langzeitfolgen: Stürme im Winter, Wärmeperioden im Frühjahr oder Niederschläge im Herbst wirken sich über Monate auf Schnee und Meereis aus.

M 5 Ergebnisse der MOSAiC-Expedition

Im Zuge der globalen Erwärmung wird die Dynamik in der Arktis in immer größerem Maße globale Luft- und Wasserströmungen sowie die Bedingungen an Land beeinflussen. Allein das komplette Abschmelzen des grönländischen Eispanzers wird den Meeresspiegel um etwa sieben Meter ansteigen lassen. Das schmelzende Meereis der Arktis verändert den Meeresspiegel dagegen nicht, denn es verdrängt das gleiche Volumen wie das noch nicht gefrorene Meerwasser. 130

In eisfrei gewordenen Meeresarealen können erstmals große Wellen entstehen, die im Meer weiteres Eis zerschlagen und an den Küsten zur verstärkten Erosion führen. Manche Siedlungen in Alaska sind davon bereits massiv betroffen.

Wenn sich das Oberflächenwasser im Nordatlantik auf seinem Weg nordwärts infolge der Klimaerwärmung weniger stark abkühlt, die Niederschläge zunehmen und durch Gletscherschmelze Süßwasser in großer Menge in den Nordatlantik strömt, verdünnt sich das salzhaltige Meerwasser und wird erwärmt. Dadurch könnte das Absinken der kalten, schwereren Wassermassen im Nordpolarmeer verringert werden und die thermohaline Zirkulation abgeschwächt oder völlig zum Erliegen gebracht werden. Dies hätte unabsehbare Folgen für den globalen Transport von Energie und könnte für eine Klimaabkühlung in West- und Nordeuropa sorgen. Zudem würden durch Ausbleiben der wichtigen Mineralstoffzufuhr die marinen Nahrungsketten gestört.

An Land taut der aus Gestein, Eis und gefrorenem Erdreich bestehende Permafrostboden zunehmend auf. Dadurch kann das im Boden befindliche organische Material von Bodenorganismen zersetzt werden. In sauerstoffhaltigen Bodenschichten entsteht dabei u. a. Kohlenstoffdioxid, in sauerstofffreien Bereichen wird Methan freigesetzt. Vielerorts blähen Methanblasen den Boden wie Seifenblasen auf. Im arktischen Permafrost lagern etwa 1 600 Gigatonnen Kohlenstoff, doppelt so viel wie die Atmosphäre derzeit enthält. Ein großflächiges Auftauen der Böden würde daher als positive Rückkopplung die globale Erwärmung erheblich beschleunigen. Außerdem entstehen in der Tundra immer häufiger Brände, die den Permafrostboden zusätzlich schwächen. Zudem beeinträchtigt die sich ausweitende Auftauschicht inzwischen auch das Leben der Bevölkerung vor Ort und destabilisiert z. B. Infrastruktur und die Bäume des borealen Nadelwaldes.

M 7 Realität und Vision in der Arktis

Folgen des Klimawandels – Raumbeispiel Deutschland und Rheinland-Pfalz

Auch in Deutschland werden die Folgen der globalen Erwärmung zunehmend spürbar und nachweisbar. Die Jahre mit Klimaextremen häufen sich. Beispielsweise wurde über den Beobachtungszeitraum von 1881 bis 2020 bei der Lufttemperatur, trotz Varianz zwischen den Jahren, eine Zunahme von 0,25 Grad Celsius in jedem Jahrzehnt gemessen und Klimaprojektionen zeigen für die Zukunft einen weiteren Aufwärtstrend an. Welche Faktoren und Prozesse steuern die Veränderungen in Deutschland mit welchen Folgen?

1 a) Begründen Sie, weshalb es im Ahrtal zu einer Katastrophe kam (M1, M3).
b) Stellen Sie dar, inwiefern Rheinland-Pfalz vom Klimawandel stark betroffen ist (M2, M5).
2 Arbeiten Sie die Veränderungen der globalen Oberflächentemperatur heraus (M4).
3 Erklären Sie mögliche Ursachen des Klimawandels in Deutschland (M2, M5, M6).
4 Analysieren Sie die regional unterschiedlichen Klimawandelfolgen in Deutschland (M7).
5 Erstellen Sie ein Wirkungsgefüge zu den Ursachen und Folgen des Klimawandels in Deutschland (M2 – M7). 126
Z 6 Beurteilen Sie: „Wenn sich der Klimawandel in Deutschland verschärft, werden die Handlungsfelder zunehmen."

M 1 Gemeinde Schuld im Ahrtal am 15. Juli 2021

Innerhalb Deutschlands sind die Folgen des Klimawandels regional sowie lokal in Häufigkeit und Intensität unterschiedlich. Rheinland-Pfalz zählt zu den am stärksten vom Klimawandel betroffenen Regionen. Die Jahresdurchschnittstemperatur in den letzten 130 Jahren hat sich dort um rund 1,6 Grad Celsius im Flächenmittel erhöht.
Die fünf wärmsten Jahre traten alle seit 2014 auf. Beim Niederschlag ergibt sich ein Anstieg der mittleren jährlichen Niederschlagsmenge um 5 %, wobei die Sommer- und Winterniederschläge heutzutage nahezu auf einem Niveau liegen. Die Jahre seit 2003 sind fast durchgehend zu trocken und Hitzewellen mit Tagestemperaturen von 33 °C mehren sich.
Der Beginn der Vegetationsperiode mit einer Tagesmitteltemperatur von mindestens 5 °C tritt in Rheinland-Pfalz im langjährigen Mittel 1991 – 2020 etwa zwei Wochen früher auf als im Vergleichszeitraum 1951 – 1980. Aufgrund der landschaftlichen Vielfalt treten immer häufiger unterschiedliche extreme Witterungsereignisse wie Stürme, Hoch- und Niedrigwasser sowie Trocken- und Hitzeperioden auf. Auswirkungen des Klimawandels zeigen sich bereits in der Land- und Forstwirtschaft, der Biodiversität, der Wirtschaft, im Verkehr und der Gesundheit und erfordern entsprechende Anpassungsmaßnahmen. Der Katastrophenschutz zum Schutz der Bevölkerung kommt immer häufiger zum Einsatz.
Der Zusammenhang zwischen dem Klimawandel und den Wetter- und Klimaextremen in Deutschland besteht vor allem in der veränderten Zirkulation der Atmosphäre der letzten Jahrzehnte. In den Augen einiger Experten droht infolge der Erwärmung der Arktis der Puls unseres Wettergeschehens zu versagen, d.h. es kommt wiederholt zur Abschwächung des Polarfrontjetstreams, sodass Druckgebilde oft über Wochen stationär verharren und lang anhaltend für extreme Wetterlagen sorgen.

M 2 Basisinformation

Beim Jahrhundert-Hochwasser im Juli 2021 starben an der Ahr in Rheinland-Pfalz mindestens 133 Menschen, 3 Menschen werden noch vermisst. Am Morgen des 14. Juli 2021 warnte der Deutsche Wetterdienst vor „extremem Unwetter" mit Dauerregen, Starkregen und Überflutungen in weiten Teilen von Nordrhein-Westfalen und Rheinland-Pfalz. Gegen Mittag wurde im Ahrtal bereits die Warnstufe „rot – hohe Hochwassergefährdung" ausgerufen und die Bevölkerung über die Katwarn-App vor „schnell ansteigenden Wasserständen" gewarnt. Am Nachmittag prognostizierte das Landesumweltamt, dass am Pegel Altenahr mit 5,19 Metern ein bedrohlicher Höchststand erreicht werden könnte. Normalerweise liegt dieser Pegel deutlich unter einem Meter. Am späten Nachmittag wurde schon die höchste Warnstufe „violett" ausgerufen, d.h. an der Ahr und ihren Zuflüssen wurde vor sehr großer Hochwassergefahr innerhalb der folgenden 24 Stunden gewarnt. Daraufhin wurde ein Krisenstab aus dem Brand- und Katastrophenschutz-Inspekteur des Kreises sowie der technischen Einsatzleitung (Feuerwehr, Technisches Hilfswerk, DRK, Polizei und Verwaltungskräfte der Kreisverwaltung) gebildet. Gegen 20.45 Uhr zeigte der Pegel in Altenahr einen Wasserstand von 5,75 Metern an. Danach lieferte die Messstation keine Daten mehr, da die Pegellatte zusammen mit dem Häuschen, an dem sie angebracht war, von den Wassermassen weggeschwemmt worden war. Am späten Abend wurde der Katastrophenalarm ausgerufen und die Bewohnerinnen und Bewohner der Städte Bad Neuenahr-Ahrweiler, Sinzig und Bad Bodendorf, die 50 m rechts und 50 m links von der Ahr wohnten, aufgefordert, ihre Wohnungen zu verlassen. Wie Satellitenbilder später zeigen, reichte diese Evakuierung nicht aus, da sogar Häuser im Umkreis von 250 Metern überflutet wurden. In der Nacht wurde der Pegelstand auf 7 bis 9 Meter geschätzt. Überall herrschte Chaos, einige Menschen verbrachten die Nacht auf den Dächern ihrer Häuser.

M 3 Flutkatastrophe im Ahrtal

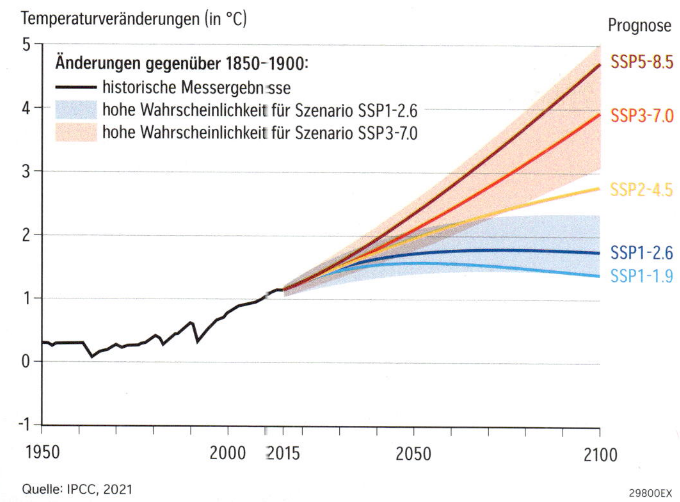

M 4 Projektion für die globale Oberflächentemperatur

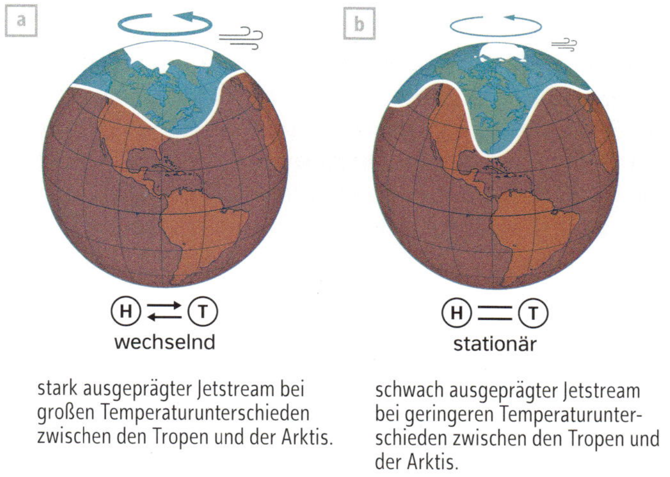

M 6 Auswirkungen des Klimawandels auf die Nordhalbkugel

Der Klimabericht des Erdbeobachtungsprogramm Copernicus bestätigte, dass der Sommer 2021 in Europa so heiß war wie nie. Vor allem die Meere waren ungewöhnlich warm. So lag die Oberflächentemperatur der Ostsee etwa um 5 Grad über dem Durchschnitt. Dies hatte thermodynamische Effekte zur Folge: Die über der Wasseroberfläche erhöhte Lufttemperatur konnte mehr Wasserdampf aufnehmen, sodass große Wassermassen in die Atmosphäre aufgestiegen sind und zu rekordartigen Regenfällen wie in Westdeutschland geführt hatten. Im Ahrtal regnete es am 14. Juli 2021 94,5 Liter pro Quadratmeter im Vergleich zur mittleren Monatsmenge von 69,4 Litern pro Quadratmeter. Studien zeigen, dass derartige Ereignisse in Zukunft zunehmen werden und es durch Starkniederschläge gerade in den Tälern der Mittelgebirge vermehrt zu gefährlichen Sturzfluten kommt. Bereits heute kommen in Deutschland ungewöhnlich starke Niederschläge doppelt so häufig vor wie vor 100 Jahren.

Ein Erklärungsansatz für das Auftreten der Wetter- und Klimaextreme ist vor allem der veränderte Kurs des Jetstreams. Die Erwärmung der Arktis durch den Klimawandel verringert die großräumigen Temperaturunterschiede zwischen Äquator und Polkappe, sodass sich der Polarfrontjetstream wiederholt abschwächt und in Riesenmäandern über die Nordhalbkugel schlängelt. Auf diese Weise können Luftmassen weit nach Süden bzw. Norden vordringen.

Durch den Klimawandel und die Verschiebung der Klimazonen und Vegetationsphasen sind die heimischen Ökosysteme bedroht. Die Ausbreitung neuer, invasiver Arten kann die heimische Flora und Fauna verdrängen und zum Verlust der Biodiversität führen. Der sommerliche Trockenstress in den Wäldern führt vielerorts in Deutschland zu Kronenverlichtungen, Schädlingsbefall und zum Absterben von Bäumen, insbesondere von Fichten. Veränderte Niederschläge und Wetterextreme beeinflussen die Menge und Qualität des verfügbaren Wassers. Niedrigwassersituationen beeinträchtigen vor allem die landwirtschaftlichen Erträge sowie die Schiffbarkeit der Flüsse. Hochwasser können große Schäden verursachen. In Küstenregionen machen sich der steigende Meeresspiegel sowie die Folgen von Sturmfluten bemerkbar. Insbesondere in städtischen Hitzeinseln steigt die gesundheitliche Belastung für die Menschen.

M 5 Ursachen und Folgen des Klimawandels in Deutschland

M 7 Absehbare Klimawandelfolgen in Deutschland

Klimamodelle und Klimaszenarien – der Blick nach vorn

Weltweit wird versucht, mit Klimarechenmodellen eine Antwort darauf zu finden, wie stark sich die Erde in den kommenden Jahrzehnten durch den Klimawandel aufheizen wird und wie sich dadurch unsere Welt verändern wird. Da das Klima der Erde sehr komplex ist, muss dessen Modellierung auf Supercomputern erfolgen. Der Ergebnisvergleich internationaler Rechenmodelle erhöht die Wahrscheinlichkeit möglicher Klimatrends und liefert die Grundlage für die Prognosen des Weltklimarates. Wie werden Klimamodelle erstellt und welche Klimaszenarien können daraus abgeleitet werden?

1 Erläutern Sie die Absicht der Mediendarstellungen (M1).

2 Stellen Sie die Struktur und Arbeitsweise von Klimamodellen dar (M2, M4).

3 a) Beschreiben Sie die globale Projektion der Temperaturänderung (M3).
b) Arbeiten Sie mögliche regionale Konsequenzen heraus.

4 a) Vergleichen Sie die SSP-Szenarien und erörtern Sie diese hinsichtlich ihrer Aussagekraft und ihrer Grenzen (M5, M6).
b) Analysieren Sie den Zusammenhang von globaler Oberflächentemperatur und CO_2-Emissionen für die unterschiedlichen Szenarien (M4).

5 Überprüfen Sie: „Die Arbeit des Weltklimarates ist im Kampf gegen den Klimawandel unverzichtbar“ (M6 – M9).

M1 Zeitschriftentitel und Filmausschnitt (The Day After Tomorrow, 2004)

Das Klimasystem der Erde lässt sich mit physikalischen und mathematischen Gesetzmäßigkeiten darstellen. Ein Klimamodell besteht demnach aus Hunderttausenden von Gleichungen. Klimaforscher kombinieren unterschiedliche Modelle: Ein Netz strukturierter Gitter für großräumige Klimasimulationen teilt die Erde und die Atmosphäre in Gitterboxen auf, d.h. Würfel mit einer Kantenlänge von üblicherweise 100 Kilometern. Für kleinräumige Detailsimulationen, z.B. für Ozeanwirbel von Meeresströmungen, kann mit unstrukturierten Gittern, d.h. mit flexibel anpassbaren Gitterboxen, in bestimmte Gebiete bis auf eine Kantenlänge von wenigen Kilometern hineingezoomt werden. Dabei werden die wesentlichen natürlichen Treiber der Erdtemperatur wie solare Einstrahlung, natürliche Treibhausgas- und Aerosolkonzentrationen und vulkanische Aerosole berechnet. Der internationale Forschungsstand der Klimamodellierungen wird vom **Weltklimarat IPCC** (Intergovernmental Panel on Climate Change) in aktualisierten Sachstands- und Sonderberichten bewertet.

M2 Basisinformation

M4 Klimamodell – Grundlage für den Weltklimarat

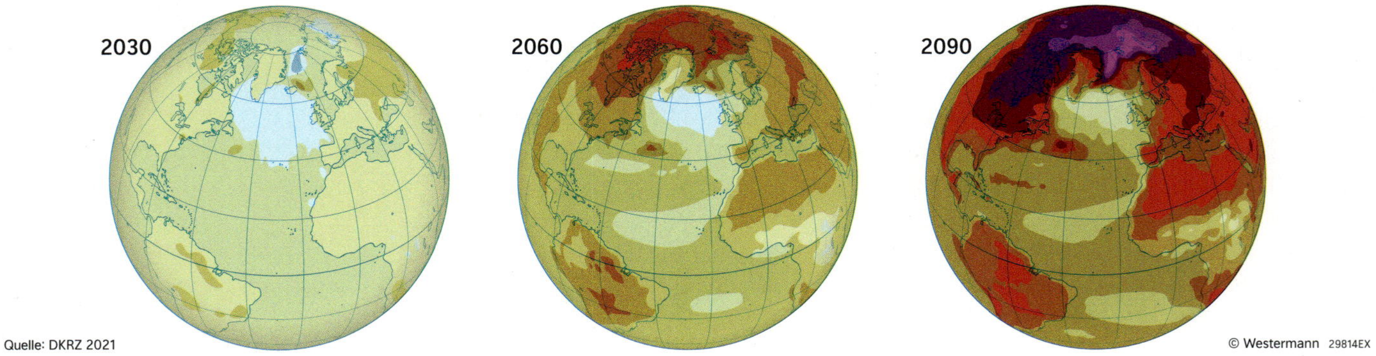

M3 Projektion der Temperaturänderung gegenüber 1995 – 2014 (SSP5-8.5-Szenario)

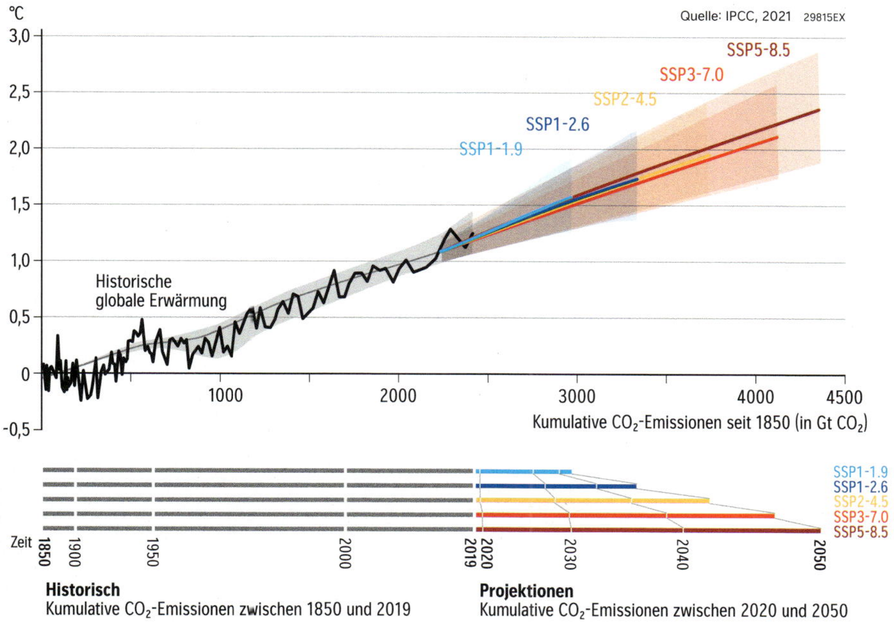

M 5 Globale Oberflächentemperatur und kumulative CO_2-Emissionen

Der graue Bereich mit seiner Mittellinie zeigt eine Berechnung der historischen, vom Menschen verursachten Oberflächenerwärmung. Die farbigen Bereiche zeigen die bewertete sehr wahrscheinliche Bandbreite an Projektionen der globalen Oberflächentemperatur und die dicken farbigen Mittellinien geben den Median als Funktion der kumulativen CO_2-Emissionen von 2020 bis 2050 für die verschiedenen SSP-Szenarien wieder.

Szenarien	Beschreibung
Der fossile Weg SSP5-8.5	Die soziale und ökonomische Entwicklung einer sich schnell entwickelnden Welt auf der Basis aktiver und verstärkter Nutzung von fossilen Rohstoffressourcen geht mit einem energieintensiven Lebensstil und sehr hohen Treibhausgasemissionen weltweit einher. Maßnahmen zur Vermeidung des Klimawandels werden auf ein Minimum reduziert. Die sehr hohen Herausforderungen in der Klimawandelanpassung werden international koordiniert angegangen.
Der konfliktreiche Weg SSP3-7.0	Nationale Interessen und regionale Konflikte führen zu einem hohen Rohstoff- und Energiebedarf, der größtenteils mit einfach verfügbaren, fossilen Energieträgern wie Kohle gedeckt wird und hohe Treibhausgasemissionen zur Folge hat. Dadurch ergeben sich weltweit zunehmend große Herausforderungen in der Klimawandelanpassung, die weitgehend von den Staaten eigenverantwortlich geschultert werden müssen.
Der Mittelweg SSP2-4.5	Klimaschutz und wirtschaftliche Entwicklung, welche wie bisher auch auf dem Einsatz fossiler Rohstoffe beruht, halten sich die Waage. Dadurch entstehen mitte hohe Treibhausgasemissionen und in vulnerablen Regionen ein steigender Anpassungsbedarf.
Der 2-Grad-Weg SSP1-2.6	Eine international koordinierte Entwicklung, dem Pariser Abkommen folgend, ermöglicht durch niedrige Treibhausgasemissionen und aktiven Klimaschutz eine Beschränkung der globalen Erwärmung auf 2 Grad Celsius gegenüber dem vorindustriellen Zeitraum.
Der 1,5-Grad-Weg SSP1-1.9	Eine international koordinierte Entwicklung, dem Pariser Abkommen folgend, ermöglicht durch sehr niedrige Treibhausgasemissionen und ambitionierten Klimaschutz eine Beschränkung der globalen Erwärmung auf 1,5 Grad Celsius gegenüber dem vorindustriellen Zeitraum.

M 6 Szenarien des 6. IPCC-Sachstandsberichts

Der Sechste IPCC-Sachstandsbericht dokumentiert den aktuellen Zustand des Klimas durch die Komponenten des Klimasystems und ihrer bisherigen Veränderungen sowie die Rolle des menschlichen Einflusses dabei, aber auch den Kenntnisstand über mögliche Klimazukünfte. Zudem sind relevante Klimainformationen für Regionen bzw. Sektoren beschrieben sowie Perspektiven der Begrenzung des vom Menschen verursachten Klimawandels.

Die neuen Klimaprojektionen basieren auf Klimaszenarien, d. h. Entwicklungspfaden, die unterschiedliche plausible Annahmen möglicher Entwicklungen von Gesellschaft, Technologie und Ressourcennutzung treffen und auf Basis derer die zukünftigen Emissionen von Treibhausgasen und weiterer klimarelevanter Substanzen abgeschätzt werden. Dabei beschreiben die Shared Socioeconomic Pathways (SSPs) mögliche zukünftige sozioökonomische Entwicklungen.

M 7 Inhalte und Szenarien des 6. IPCC-Sachstandsberichts

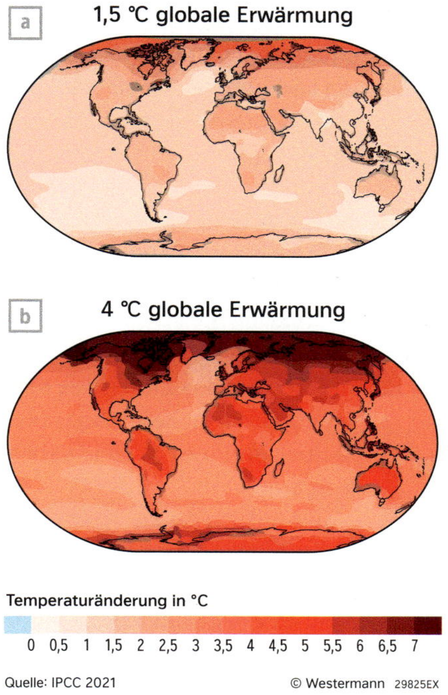

M 8 Prognose mittlerer jährlicher Temperaturänderung

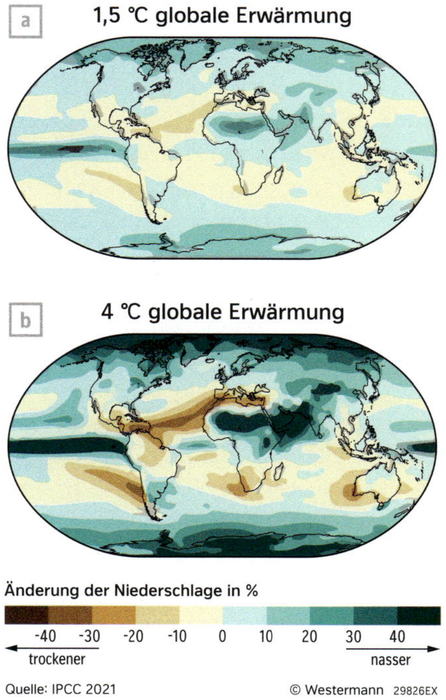

M 9 Prognose mittlerer jährlicher Niederschlagsänderung gegenüber 1850–1900

Kipppunkte im Klimasystem – welche Gefahren drohen?

Die Zunahme der Konzentrationen von Treibhausgasen in der Atmosphäre führt zu einer allmählichen Erwärmung des Klimas. Bei bestimmten Größenordnungen des Temperaturanstiegs, den Kipppunkten, reagiert das Klimasystem mit starken qualitativen Veränderungen im System. Es besteht die Gefahr, dass abrupte, drastische Klimaänderungen die Anpassungsmöglichkeiten der menschlichen Gesellschaft überfordern, insbesondere wenn die bewirkten Änderungen unumkehrbar sind. Welche Auswirkungen wird der Klimawandel noch mit sich bringen?

1 Überprüfen Sie, ob die Stadtansicht von New York im Jahr 2100 (M1) eher Science Fiction oder der Realität entspricht (Internet).

2 Erläutern Sie die mit Kippelementen und Kipppunkten verbundene Problematik (M2).

3 **a)** Analysieren Sie die Veränderung des Meeresspiegels (M3).
b) Erklären Sie die Ursachen und Folgen des Meeresspiegelanstiegs (M4).

4 **a)** Stellen Sie an ausgewählten Kippelementen mögliche Dominoeffekte dar (M5, M6).
b) Erstellen Sie zu ihren Ergebnissen eine Präsentation.

Z 5 Erklären Sie das Zitat eines Klimaforschers: „Das Klimasystem ist kein träges und gutmütiges Faultier, sondern es kann sehr abrupt und heftig reagieren."

M1 New York im Jahr 2100?

Kippelemente sind überregionale Bestandteile des globalen Klimasystems. Sie können externe Störungen nur bis zu einem bestimmten, jedoch kaum bekannten Schwellenwert, dem **Kipppunkt** (englisch tipping point) tolerieren, kippen dann aber abrupt und durch positive Selbstverstärkungen beschleunigt in einen anderen, ebenfalls stabilen, aber unvorhersagbaren und möglicherweise irreversiblen Zustand. Oft liegen selbstverstärkende Prozesse zugrunde, die, wenn sie einmal angestoßen sind, auch ohne weiteren externen Einfluss weiterlaufen. Wie beim Dominoeffekt besteht zudem das Risiko, dass durch Rückkopplungsprozesse weitere Kipppunkte im globalen Klimasystem überschritten werden und so eine Kettenreaktion ausgelöst wird. Eine derartige Kipp-Kaskade könnte das gesamte Erdsystem in eine neue, permanente Heißzeit katapultieren. Dadurch ausgelöste Umweltveränderungen wären kaum noch umkehrbar.
Zentraler Gegenstand der Klimaforschung ist es, die Kippelemente (z.B. Schmelzen des Meereises und Abnahme der Albedo in der Arktis oder die Abschwächung der thermohalinen Zirkulation im Nordatlantik) zu identifizieren, deren Funktionsweise zu verstehen und das Eintreten der Kipppunkte (z.B. Temperaturschwellenwerte) vorherzusagen.
Nach gegenwärtigen Erkenntnissen aus Klimamodellierungen können durch die globale Erwärmung bereits in diesem Jahrhundert, wenn sich die Erde über zwei Grad aufheizt, Kipppunkte erreicht werden. Wenn die globale Erwärmung deutlich darunter gehalten werden kann, könnte mit einem Sicherheit gebenden Puffer die prophezeite Kettenreaktion verhindert werden. Dafür ist politisches Handeln zwingend erforderlich, um einerseits konsequente und anspruchsvolle Maßnahmen zur Minderung der Emissionen von Treibhausgasen durchzuführen und andererseits Maßnahmen zur Anpassung an die unvermeidliche Klimaänderung zu etablieren.

M2 Basisinformation

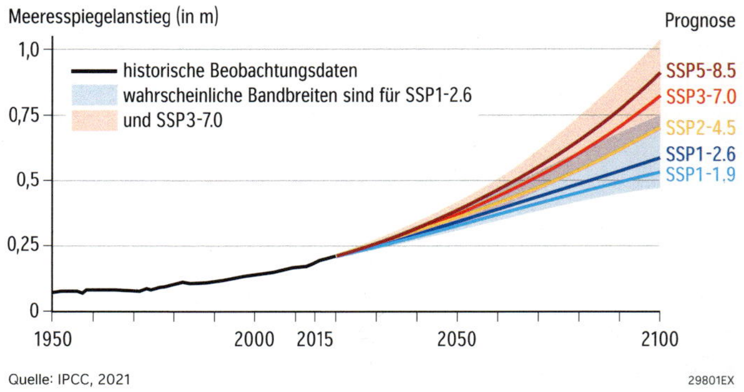

M3 Änderung des mittleren globalen Meeresspiegels gegenüber 1900

Ozeane und Meere sind mit dem Klimasystem untrennbar verbunden. Die Erwärmung der Atmosphäre führt auch zu der des Ozeans. Die Volumenausdehnung des erwärmten Meerwassers und das Abschmelzen des Inlandeises bewirken den Meeresspiegelanstieg. Durch das Schmelzwasser und erhöhte Niederschläge gelangt vermehrt Süßwasser in den Nordatlantik. Demzufolge sinken dort der Salzgehalt sowie die Dichte des Meerwassers und schwächen die thermohaline Zirkulation, die den Golfstrom antreibt. Deshalb hat sich seit Mitte des 20. Jahrhunderts die Oberflächenströmung um etwa 15 Prozent verlangsamt und transportiert somit weniger Wärme in den Nordatlantik. Meere und Ozeane dienen durch Absorption von Kohlenstoffdioxid als CO_2-Senken. Die dadurch bewirkte Senkung des pH-Wertes und Versauerung bedroht viele Meeresökosysteme. Die Kohlenstoffsenken werden mit steigenden CO_2-Emissionen die Anreicherung von CO_2 in der Atmosphäre weniger wirksam verlangsamen.

M4 Folgen der Erderwärmung für die Ozeane und Meere

Link
WES-149983-056

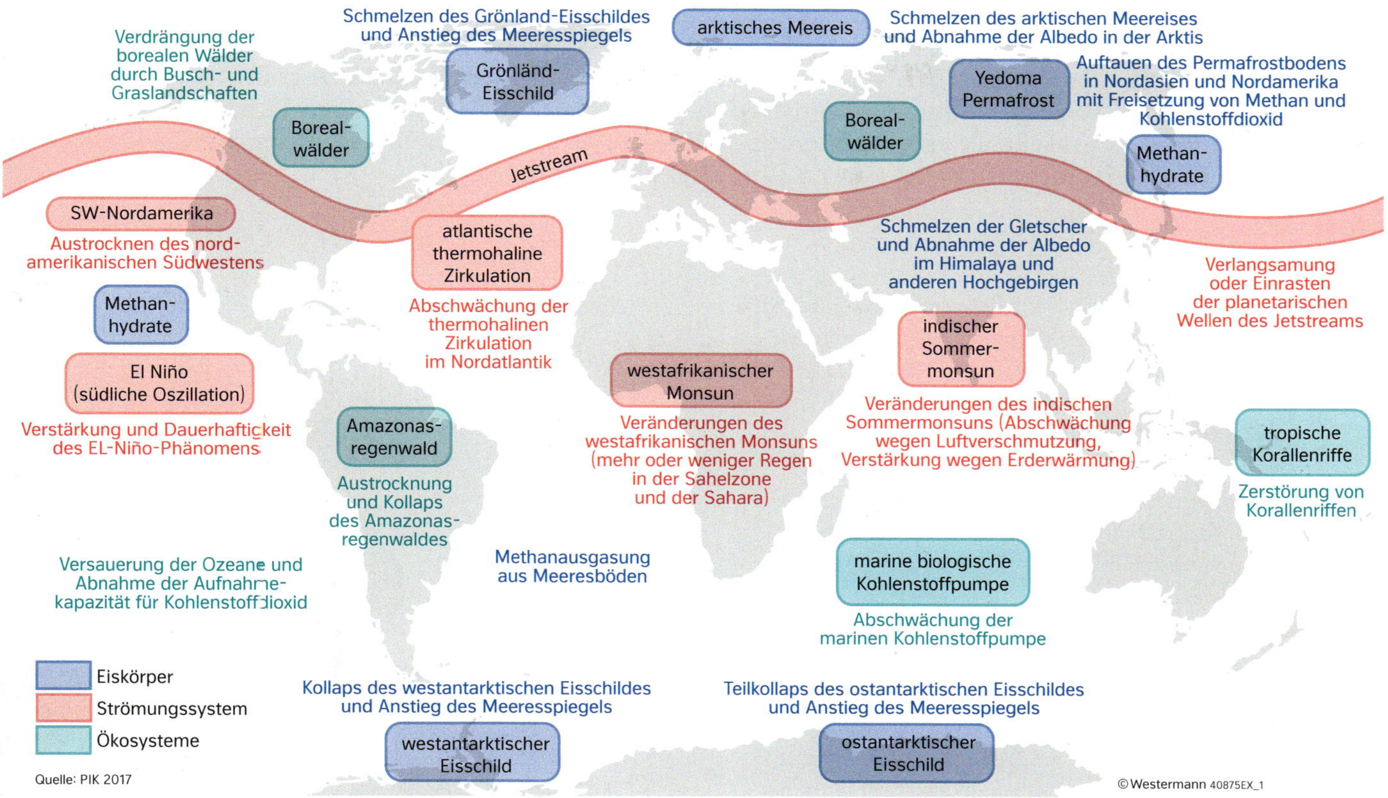

M 5 Kippelemente – Großrisiken im Klimasystem

- Tropen: Global gesehen wird sich die Atmosphäre sehr ungleichmäßig erwärmen. In den Tropen wird die Temperatur der unteren Luftschichten nur gering steigen, denn die zusätzliche Energie wird durch die verstärkte Konvektion weit nach oben in die Atmosphäre transportiert werden. Über den tropischen Meeren wird es deutlich feuchter werden und in den Savannengebieten sowie im Monsungürtel wird es mehr regnen.
  Auch Wirbelstürme werden häufiger auftreten, da immer größere Meeresregionen die für ihre Bildung erforderlichen 27,5 °C Oberflächentemperatur erreichen werden.
- Polargebiete: Die zusätzliche Energie bleibt relativ bodennah. Sie lässt das arktische Meereis und die Schneedecken an Land zunehmend schmelzen sowie den Permafrostboden auftauen. Auch in der Antarktis wird es wärmer werden, aber wegen der geringen Ausgangstemperatur selbst in den Sommermonaten kaum mehr als null Grad. Die Erwärmung wird jedoch zu einem höheren Wasserdampfgehalt der Luft führen. Es wird mehr schneien und die Schnee- und Eismassen werden daher noch lange erhalten bleiben. Vielleicht wachsen sie sogar an. Da das Wasser für diese Niederschläge aus dem Meer stammt, müsste der Meeresspiegel weltweit um etwa 10 – 50 Zentimeter sinken. Dies wird jedoch durch das Tauen der Gletscher in den gemäßigten Breiten und durch die Volumenvergrößerung des sich erwärmenden Meerwassers kompensiert. Die Westantarktis zeigt bereits seit etwa 10 Jahren deutliche und sich beschleunigende Eismassenverluste, für die Ostantarktis ist die Bilanz unsicher.
- Mittelbreiten: Wenn sich das Temperaturgefälle zwischen Äquator- und Polarregionen verringert, schwächelt der davon angetriebene Jetstream. Dann bleiben seine Mäander und die Hoch- und Tiefdruckgebiete über längere Zeit ortsfest. Hitze- bzw. Kälteperioden oder Dauerregen dominieren das Wetter in Deutschland und Europa. Normalerweise gelangen in den Mäandern des Polarfrontjetstreams kalte Luftmassen nach Süden und warme nach Norden, die sich mit den Druckgebilden zügig ostwärts verlagern.
  Insgesamt werden die mittleren Breiten aber trockener. Besonders die mediterranen Gebiete entwickeln sich wüstenhafter, ihre Böden werden zunehmend versalzen und durch Starkregen und Wind erodieren. Auch die traditionellen Brotkörbe der Welt, die kontinentalen Steppen Eurasiens und Nordamerikas, sind von immer extremeren Dürre- und Hitzeperioden bedroht. Neue Ackerflächen werden in den sich erwärmenden nördlicheren Gebieten wegen der schlechteren Bodenqualitäten aber kaum zu erschließen sein.

Mit den Klimazonen werden sich die Vegetationszonen verschieben und einzelne Schädlinge sowie Krankheitserreger werden in für sie bislang zu kalte Areale vordringen.

- Hochgebirge: Da der Kitt der Berge, der Permafrost, zunehmend auftaut, droht eine Destabilisierung der Berghänge und damit eine Zunahme von Berg- und Felsstürzen. Zudem wird es mehr regnen als schneien. Wegen der schwindenden Gletscher und Bergwälder vermindert sich die Wasserspeicherung im Gebirge.
  Im Winter werden daher vermehrt Überschwemmungen auftreten; im Sommer wird es zunehmend Probleme bei der Energiegewinnung, der Flussschifffahrt, bei der Trinkwasserversorgung sowie bei der Bereitstellung von Brauchwasser für Bewässerung und industrielle Produktionsprozesse geben.
- Küsten und Inseln: Der steigende Meeresspiegel und zunehmende Wetterextreme werden die Bewohner ohne effektive Schutzmaßnahmen immer stärker bedrohen.

M 6 Folgen der Erderwärmung an Land

13 MASSNAHMEN ZUM KLIMASCHUTZ

Klimaschutz global – die Zeit drängt

Die Dringlichkeit des Klimaschutzes wächst. Die Weltgemeinschaft hat sich im Pariser Klimaschutz-Übereinkommen 2015 darauf verpflichtet, den Anstieg der durchschnittlichen Erdtemperatur deutlich unter 2 °C über dem vorindustriellen Niveau zu halten und Anstrengungen zu unternehmen, um den Temperaturanstieg auf 1,5 °C über dem vorindustriellen Niveau zu begrenzen. Welchen Beitrag zum Klimaschutz für die Zukunft leisten Weltklimakonferenzen und weshalb ist das 1,5 Grad-Ziel so bedeutsam?

1 Beschreiben Sie die sich entwickelnde Diskrepanz (M1).

2 **a)** Begründen Sie die wesentlichen Ergebnisse der Weltklimakonferenzen seit 2015 (M3).
b) Beurteilen Sie die Weltklimakonferenzen und die Agenda 2030 als Instrumente im Hinblick auf den Klimaschutz (M2).

3 Analysieren Sie die weltweite Umsetzung des 1,5-Grad-Ziels und erläutern Sie die Einstufung ausgewählter Länder aus den verschiedenen Kategorien (M4).

4 Begründen Sie die Notwendigkeit, das 1,5-Grad-Ziel umzusetzen (M5, M7).

5 Beurteilen Sie die Entwicklung der Energieträger hinsichtlich eines hinreichenden Klimaschutzes (M6).

Z 6 Bewerten Sie die Sorge von Experten, dass trotz internationaler Vereinbarungen einzelne Jahre bis 2030 bereits die 1,5-Grad-Schwelle überschreiten könnten.

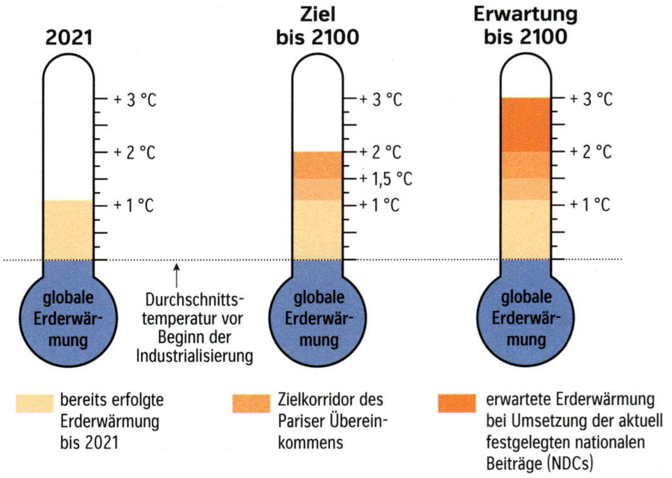

40882EX_1 Quelle: BMU 2021

M 1 Erderwärmung Prognose

Nachhaltiger Klimaschutz ist schon längst als notwendige Überlebensstrategie der Menschheit erkannt worden, denn je stärker die mittlere globale Durchschnittstemperatur von den Werten vor der Industrialisierung abweicht, desto heftiger sind die Ökosysteme einschließlich der Lebensräume des Menschen weltweit von den gravierenden Auswirkungen des Klimawandels betroffen. Auf der UN-Konferenz für Umwelt und Entwicklung in Rio de Janeiro im Jahr 1992 legten sich rund 170 Staaten erstmals auf eine nachhaltige Entwicklung fest. Die dort verabschiedete Klimarahmenkonvention schuf eine völkerrechtlich verbindliche Grundlage für den globalen Klimaschutz. Seither bemüht sich die Weltgemeinschaft in **Weltklimakonferenzen** (COP, Conference of the Parties) konkrete, von allen Beteiligten akzeptierte Klimaschutzziele festzulegen und Handlungsempfehlungen für deren Umsetzung zu geben. Die Unterzeichnerstaaten des Pariser Abkommens haben sich darin verpflichtet, nationale Klimabeiträge, die sog. NDC (Nationally Determined Contributions), vorzulegen und alle fünf Jahre zu überarbeiten bzw. zu verschärfen.
Mit der Agenda 2030 für nachhaltige Entwicklung im Jahr 2015 haben die 193 Mitgliedsstaaten der Vereinten Nationen die 17 nachhaltigen Entwicklungsziele (SDG, Sustainable Development Goals) unterzeichnet, die für alle Länder gleichermaßen gelten. Ziel 13 verlangt: „Umgehend Maßnahmen zur Bekämpfung des Klimawandels und seiner Auswirkungen zu ergreifen". Für nachhaltigen Klimaschutz muss die Politik die gesetzlichen Vorgaben schaffen, die damit die Handlungsspielräume der Wirtschaft und auch die der privaten Haushalte beeinflusst. Die globalen Klimaziele werden jedoch nur erreicht, wenn die Schwellenländer und die Länder des globalen Südens frühzeitig klimafreundliche Entwicklungspfade einschlagen.

M 2 Basisinformation

Genf: 1. Weltklimakonferenz	**1979**	Gründung des WCP (Weltklimaprogramm)
Toronto: Klimakonferenz über Veränderungen der Atmosphäre	**1988**	Gründung des IPCC
Genf: 2. Weltklimakonferenz	**1990**	I. IPCC-Bericht
Rio de Janeiro: „Erdgipfel"	**1992**	Klimarahmenkonvention
Berlin: COP 1	**1995**	„Berliner Mandat"
Genf: COP 2	**1996**	2. IPCC-Bericht
Kyoto: COP 3	**1997**	Kyoto-Protokoll
Buenos Aires: COP 4	**1998**	
Bonn: COP 5	**1999**	
Den Haag / Bonn: COP 6	**2000**	
Marrakech: COP 7	**2001**	3. IPCC-Bericht
Neu-Delhi: COP 8	**2002**	
Mailand: COP 9	**2003**	
Buenos Aires: COP 10	**2004**	
Montreal: COP 11	**2005**	Kyoto-Protokoll in Kraft
Nairobi: COP 12	**2006**	
Bali: COP 13	**2007**	4. IPCC-Bericht
Posen: COP 14	**2008**	
Kopenhagen: COP 15	**2009**	2 °C-Ziel (unverbindlich)
Cancún: COP 16	**2010**	
Durban: COP 17	**2011**	
Doha: COP 18	**2012**	Verlängerung des Kyoto-Protokolls bis 2020
Warschau: COP 19	**2013**	
Lima: COP 20	**2014**	5. IPCC-Bericht
Paris: COP 21	**2015**	Klimaabkommen von Paris (Begrenzung der Erderwärmung auf 2 °C, möglichst 1,5 °C)
Marrakech: COP 22	**2016**	
Bonn: COP 23	**2017**	
Kattowitz: COP 24	**2018**	
Madrid: COP 25	**2019**	
Glasgow: COP 26	**2021**	6. IPCC-Bericht + Einigung auf Abbau der Kohleverbrennung + Nachbessern der Klimaziele bis 2030 + Regelbuch-Überprüfung der Klimaziele nach einheitlichen Standards + jährliche Klimaschutzhilfe der Industriestaaten mit 100 Mrd. US-$ an Länder des globalen Südens bis 2025
Scharm El-Scheich: COP 27	**2022**	

©Westermann 39028EX_4

M 3 Weltklimakonferenzen und ihre wichtigen Ergebnisse

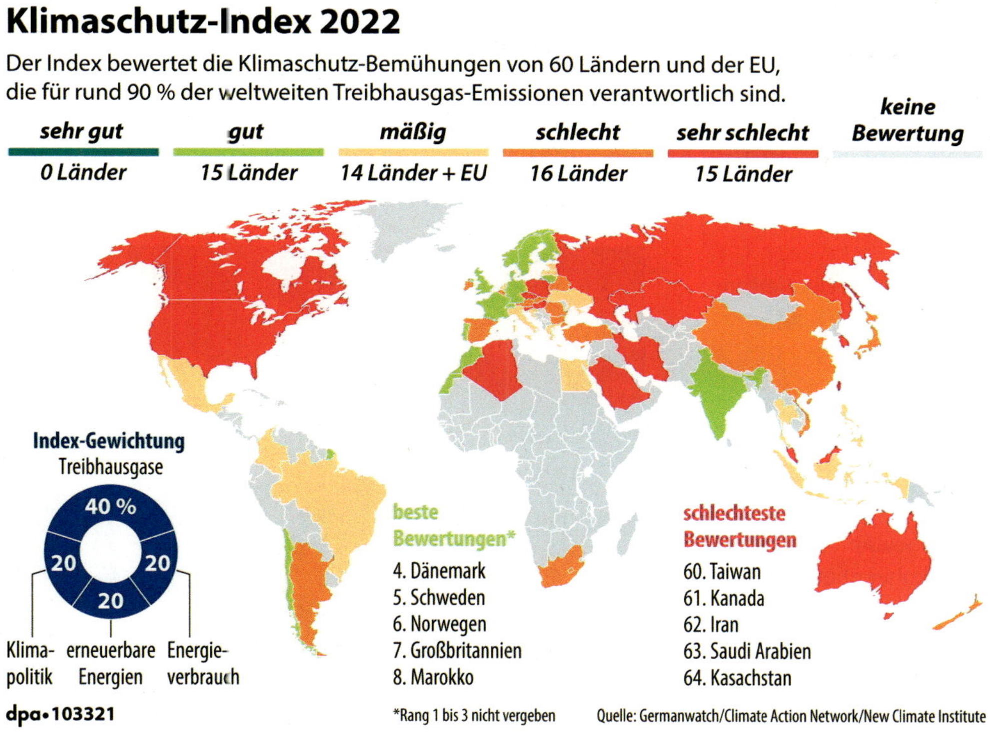

M 4 Klimaschutz-Index 2022

Der Klimaschutz-Index (CCPI, Climate Change Performance Index) bewertet jährlich die Klimaschutzbemühungen von 60 Ländern und der EU. Damit verbessert er die Transparenz in der internationalen Klimapolitik, denn diese Länder sind für 90 Prozent der weltweiten Treibhausgasemissionen verantwortlich. Der CCPI bewertet die einzelnen Länder anhand von 14 Indikatoren aus den vier Kategorien

- Treibhausgase,
- Energieverbrauch,
- erneuerbare Energien und
- Klimapolitik.

Die Ergebnisse der 450 Expertinnen und Experten für Klima- und Energiepolitik ermöglichen einen Vergleich der Klimaschutzleistungen und Fortschritte der einzelnen Länder, um auf nationalem und internationalem Weg die Pariser Klimaziele erreichen zu können. Aktuell befinden sich wenige Länder auf dem Weg hin zur Klimaneutralität.

Klimarisiko	mittlere Erderwärmung bis Ende des Jahrhunderts	
	1,5 °C	2 °C
Temperaturanstieg: jährlicher Anstieg der Maximaltemperaturen in Teilen Europas	3–4 °C	5 °C
Hitze: Wahrscheinlichkeit des Auftretens im Vergleich zum weltweiten Rekordjahr 2016	52%	88%
Auftreten einer Hitzewelle: jährliche Wahrscheinlichkeit mit möglicher Todesfolge	42%	59%
Auftreten extremer Hitzewellen: Anzahl betroffene Menschen weltweit	ca. 700 Millionen (ca. 9%)	> 2 Milliarden (ca. 25%)
Dürremonate pro Jahr: ■ in Mitteleuropa ■ im Mittelmeerraum	 2,6 3,2	 2,8 3,7
Überschwemmungen: Risiko an Flüssen	11%	21%
Meeresspiegelanstieg bis 2100: ■ weltweit ■ Nordsee (Cuxhaven)	 3,0–5,5 mm / J. 26–65 cm	 4,0–8,0 mm / J. 29–82 cm
Sturmflutgefahr: Häufigkeit der Gefahr bei Cuxhaven	alle 100 Jahre	alle 33 Jahre
eisfreies Nordpolarmeer: durchschnittliche Häufigkeit im September	mind. einmal in 100 Jahren	mind. einmal in 10 Jahren
Korallensterben: weltweites Risiko der Korallenbleiche	70–90 %	98–99 %
Biodiversität: Anteil der Arten weltweit, die mehr als die Hälfte ihres Verbreitungsgebiets verlieren ■ Pflanzen ■ Insekten ■ Wirbeltiere	 8% 6% 4%	 16% 18% 8%

M 5 Klimarisiken bei einem halben Grad Unterschied

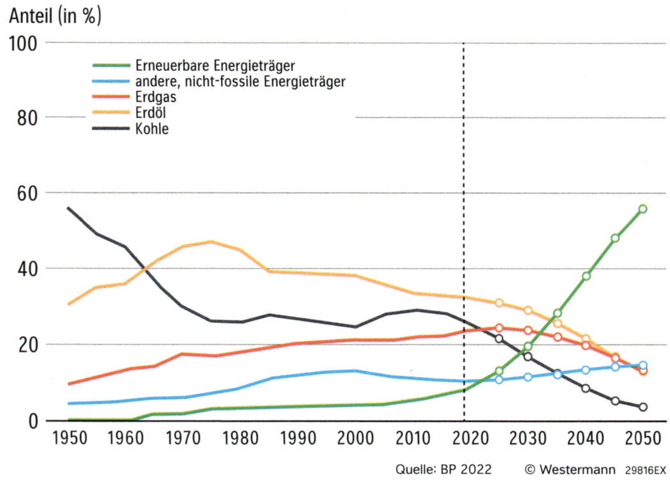

M 6 Anteile der Energieträger am weltweiten Energieverbrauch

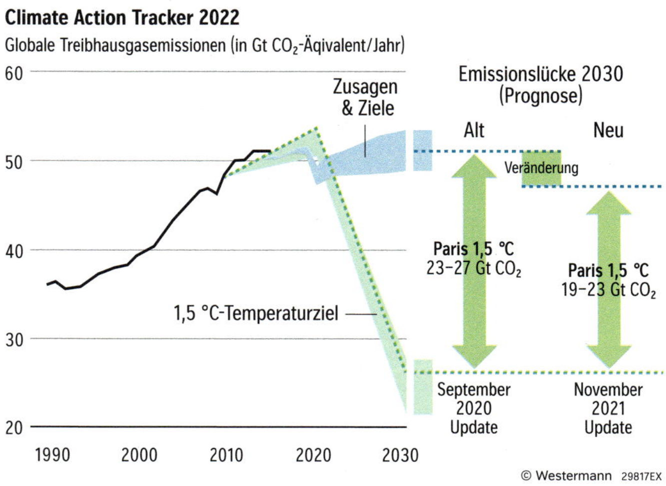

M 7 Emissionslücken im Jahr 2030

Das simulationsorientierte Rollenspiel „World Climate“ gestalten

Mit „World Climate“ können die von den Vereinten Nationen geleiteten Klimaverhandlungen simuliert werden. Die C-Roads Computersimulation, mit der die Klimasystemdynamik simuliert wird, wird sogar auch zur Entscheidungsunterstützung bei den aktuellen weltweiten UN-Verhandlungen eingesetzt. Die Teilnehmenden vertreten die Interessen ihrer Länder oder Lobbygruppen und erkunden in diesem Rollenspiel die wissenschaftliche und geopolitische Basis internationaler Abkommen zum Klimawandel. Wie hilfreich sind simulierte Klimaverhandlungen als Unterstützung, die Klimaziele zu erreichen?

1 Stellen Sie die Vorteile des simulationsorientierten Rollenspiels „Word Climate“ dar (M1, M2).
2 a) Analysieren Sie die Rahmenbedingungen des Rollenspiels.
b) Erstellen Sie aktualisierte Rollenkarten mithilfe der Briefings sowie M4.
3 Führen Sie das Rollenspiel in ihrer Lerngruppe durch (M4, Arbeitsschritte).
4 Bewerten Sie bei Ihrer Positionsbestimmung auch die Vorgaben der Klimarahmenkonvention (M5).
5 Erstellen Sie nach Spielablauf und Nachbesprechung eine Pressemitteilung über Verlauf und Ergebnisse Ihrer Konferenz.

M 1 **Saal der UN-Generalversammlung**

Das 1,5 Grad-Ziel der internationalen Klimapolitik markiert den Punkt, an dem die Klimafolgen für die Menschen und den gesamten Planeten zunehmend schädlich werden. Untersuchungen zufolge sensibilisieren weder permanente Warnungen der Wissenschaftler noch das Präsentieren von Forschungsergebnissen die Menschen in dem gewünschten Maß, sich politisch bzw. aktiv für den Klimaschutz zu engagieren. Im Rollenspiel „World Climate“ treten die Mitspieler als Konferenzteilnehmer einer Weltklimakonferenz auf. Ziel der Konferenz ist es, Maßnahmen und Anpassungsstrategien zu entwickeln, um
1. das Treibhausgasniveau bis 2100 so weit zu reduzieren, dass die Erderwärmung deutlich unterhalb von 2 °C über dem vorindustriellen Niveau bleibt;
2. eine Vereinbarung auszuhandeln, die Kosten für den Schadensminderungs- und Anpassungsfonds zu teilen, der den am meisten gefährdeten Nationen helfen soll.

Die Teilnehmenden verhandeln in der Rolle von Verhandlungsführern der Länder bzw. Ländergruppen. Ihre Verhandlungsergebnisse werden mit dem C-Roads-Simulator direkt auf ihre Wirksamkeit getestet. Dadurch werden unmittelbar die Konsequenzen der Entscheidungen aufgezeigt, was motiviert, sich intensiv mit den Wechselbeziehungen zwischen der Komplexität des Klimasystems und den menschlichen Entscheidungen auseinanderzusetzen. Wie in der Realität können Ergebnisse die Erwartungen verfehlen, sodass Nachbesserungen der Entscheidungen notwendig werden. Eventuell bilden sich strategische Allianzen. Im Idealfall treffen die Teilnehmenden Absprachen und Entscheidungen, die alle Beteiligten mittragen können. Die Teilnehmenden erfahren im Verlauf, dass sie ein wesentlicher Teil eines großen Ganzen sind und jeder Einzelne durch seine Handlungsbereitschaft einen wichtigen Beitrag leisten kann. Untersuchungen zeigen, dass sich der Großteil der Teilnehmenden aufgrund der Spielerfahrungen durch die Vertiefung fachlichen Wissens und durch ein hohes Maß an neu gewonnener Empathie aktiv engagieren, um dem Klimawandel entgegenzuwirken.

M 2 **Basisinformation**

Rahmenbedingungen

Spieler
- Moderatorrolle: UN-Generalsekretär/-in
- Delegationen der Länder bzw. Ländergruppen

Spielvarianten

3-Regionen-Version (6 – 18 Teilnehmer)
- Industrieländer/Länder des globalen Nordens
- Entwicklungsländer/Länder des globalen Südens A und B

6-Regionen-Version (mehr als 18 Teilnehmer)
- USA
- EU
- Andere Industrieländer/Länder des globalen Nordens
- China
- Indien
- Andere Entwicklungsländer/ Länder des globalen Südens
- Optional: US-Staaten und -Städte/Klimaaktivisten/ Fossile Brennstoffe-Lobbyisten (optional)

Zeitaufwand:
- 3 +1 Stunden : Einführung, Rollenspiel und Nachbesprechung oder
- 30 – 90 Minuten: Kurzversion mit begrenztem Rollenspiel mit kurzer Verhandlung und kurzem Feedback.

Material
- Handbuch für den Moderator
- Simulator C-Roads World Climate
- Tischkarten für Delegationen
- Rechner zur Rollenaufteilung
- Rollenkarten für Teilnehmende (Briefings)
- Vorschlagsformular für Delegationen
- Info-Präsentation

Medienausstattung:
- Whiteboard/Tafel, Computer/Beamer

Link
WES-149983-060

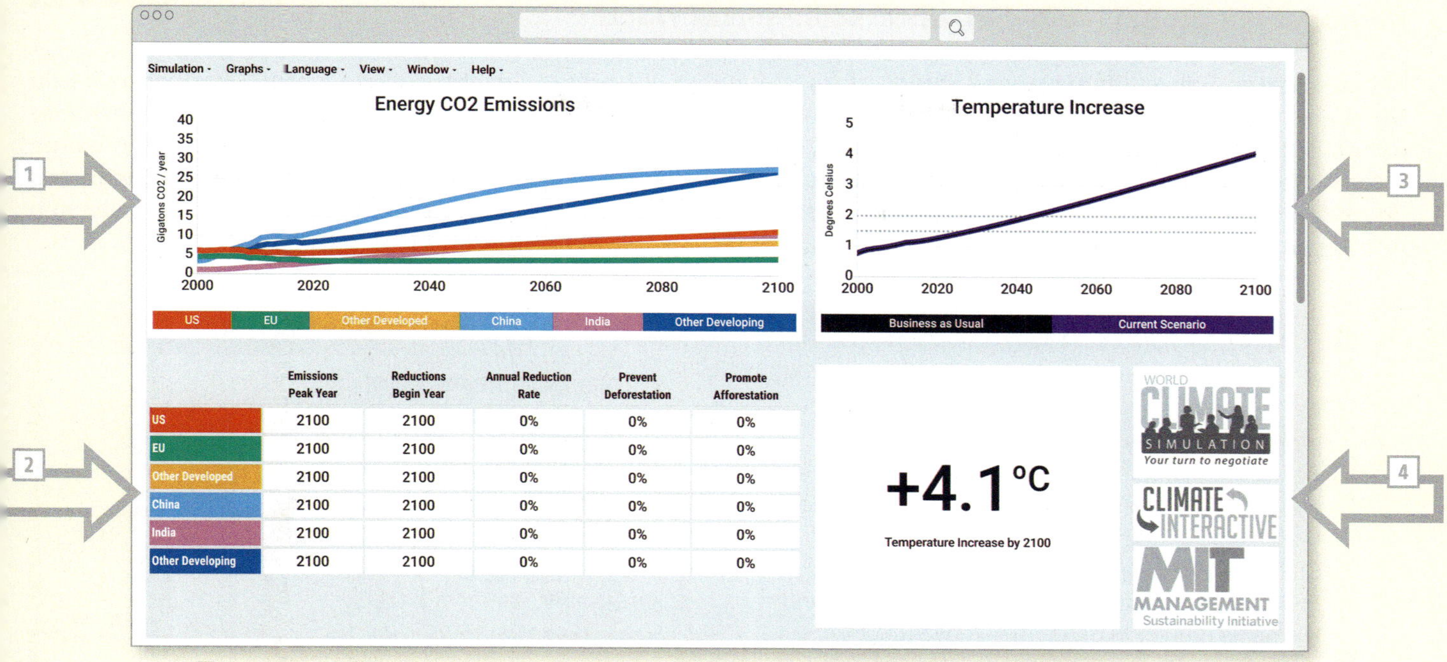

1 Entwicklung Emissionen (der Entscheidung entsprechend)
2 Eingabe Ihrer Entscheidungen
3 Entwicklung der globalen Mitteltemperatur
4 Abweichung globale Mitteltemperatur 2100

M 3 Startbildschirm der Simulation im „Business-as-usual-Szenario"

Land/ Ländergruppe	Bevölkerung (in Mio.)*	BNE pro Kopf (in US-$/KKP)**	ökol. Fußabdruck (in gha pro Kopf)*
EU	444,9	***29 968	5,29
USA	334,8	66 060	8,04
andere Industrieländer z.B. Japan, Deutschland	125,6 83,9	43 760 55 220	4,65 4,70
China	1448,5	17 200	3,71
Indien	1406,6	6 390	1,19
andere Länder des globalen Südens z.B. Bolivien, D.R. Kongo	11,9 5,8	8 250 1 100	3,08 0,01

Quellen: *www.worldpopulationreview.com 2022,
**Deutsche Stiftung Weltbevölkerung 2021
*** Eurostat 2020

M 4 Strukturdaten ausgewählter Länder/ Ländergruppen

Grundsatz 1:

„Die Vertragsparteien sollen auf der Grundlage der Gerechtigkeit und entsprechend ihren gemeinsamen, aber unterschiedlichen Verantwortlichkeiten und ihren jeweiligen Fähigkeiten das Klimasystem zum Wohl heutiger und künftiger Generationen schützen."

Quelle: UN: Rahmenübereinkommen der Vereinten Nationen über Klimaänderungen, Art. 3, Absatz 1, 1992, Stand: 08/2020

Zugrunde liegende Prinzipien:

1. Verursacherprinzip:
   Hohe Verantwortung tragen Staaten, die am meisten Kohlenstoffdioxid (insgesamt und pro Kopf) ausstoßen und ausgestoßen haben.
2. Leistungsprinzip:
   Die Staaten leisten ihren Beitrag entsprechend ihrer Möglichkeiten oder ihres technologischen Know-hows.

M 5 Klimarahmenkonvention und Prinzipien

Arbeitsschritte

1. Vorbereitungs- und Organisationsphase (5 Min.)
- Bereiten Sie die Räumlichkeiten und Materialien vor (Projektion, Sitzordnung, Tisch- und Rollenkarten).

2. Einführungsphase (15 Min.)
- „UN-Generalsekretär/-in" eröffnet die Konferenz:
  - Begrüßung und Kurzcharakteristik der Delegationen
  - Zuweisung der Rollen/Ländergruppen (Gruppengröße gemäß Anteil an Weltbevölkerung)
  - Demonstration der bisherigen sowie projizierten Emissionen und der Temperaturentwicklung.

3. Erste Arbeits- und Präsentationsphase (25 Min.)
- Analysieren Sie mithilfe Ihrer Rollenkarte ihre Position.
- Entscheiden Sie, in welchem Jahr Ihre Gruppe ihr CO_2-Emissionswachstum stoppen will, mit welchen Jahresraten die Emissionen gesenkt werden sollen und wie viel Abholzung vermieden werden bzw. Aufforstung stattfinden soll.
- Präsentieren Sie Ihre Entscheidung im Plenum (2 Min.).
- Schätzen Sie die Temperaturentwicklung bis 2100 ab.

4. Erster Simulationsverlauf (15 Min.)
- Führen Sie mit dem „Business-as-Usual-Szenario" in den C-Roads World Climate- Simulator ein.
- Geben Sie Ihre Daten in das Programm ein.
- Erörtern Sie das erste Gesamtergebnis im Plenum.

5. Weitere Verhandlungsrunden und Simulationen (je 30 Min.)
- Entwickeln Sie in Ihrer Gruppe alternative Vorschläge.
- Entwickeln Sie in Verhandlungen zielführende Maßnahmenvorschläge und überprüfen Sie diese.
- Bewerten Sie die jeweiligen Simulationsergebnisse.
- „UN-Generalsekretär/-in" schließt Verhandlungen ab

6. Nachbereitung (30–45 Min.)
- Reflektieren Sie Verlauf und Ergebnisse der Konferenz.
- Entwickeln Sie individuelle Handlungsoptionen.

Klimaschutz global – ein Ziel, unterschiedliche Wege

Klimaexperten haben längst angekündigt, dass das Ausmaß und die Geschwindigkeit des Klimawandels und der damit verbundenen Risiken stark vom Engagement in die Minderungs- und Anpassungsmaßnahmen in der nahen Zukunft abhängen. Je nach Ausmaß und Dauer der Überschreitung der 1,5-Grad-Marke werden einige Folgen die Freisetzung zusätzlicher Treibhausgase verursachen und manche Auswirkungen des Klimawandels unumkehrbar machen. Wie kann es gelingen, die mit dem Klimawandel einhergehenden Probleme zwischen Anpassung und Eindämmung zu lösen?

1 Erläutern Sie die Entwicklungen in M1.

2 **a)** Stellen Sie das Konzept des Budgetansatzes dar (M2).
b) Erklären Sie, inwiefern der Budgetansatz den globalen Handlungsdruck verdeutlicht (M3).

3 Beurteilen Sie: „Eine globale Energiewende wäre ein wirkungsvoller Schritt in Richtung Klimaneutralität“ (M2, M4).

4 Erläutern Sie die Funktionsweise des Europäischen Emissionshandelssystems sowie dessen Vor- und Nachteile (M5).

5 **a)** Erklären Sie das Konzept der Vulnerabilität (M2).
b) Bewerten Sie den europäischen Weg in Richtung Klimaneutralität (M6, M8).

6 **a)** Charakterisieren Sie das Konzept des Geoengineering (M7).
b) Erörtern Sie mögliche Chancen und Risiken von Geoengineering-Maßnahmen (M7).

In der jüngsten Vergangenheit haben die Klimaschutzanstrengungen weltweit zugenommen, aber es muss weiterhin alles getan werden, um die Klimaerwärmung möglichst auf 1,5 Grad zu begrenzen. Mithilfe des Konzepts der Vulnerabilität (Verwundbarkeit) kann das Klimarisiko bestimmt werden, d.h. ein Maß für die Anfälligkeit einer Region, der Menschen bzw. ihrer Sachgüter durch Klimagefahren, wie Hochwasser, Dürren u.a. potenzielle Schäden. Dabei spielt die Resilienz, d.h. das Maß für die Widerstandsfähigkeit hinsichtlich der Bewältigung eines Ereignisses eine entscheidende Rolle. Der Handlungsspielraum, um den Klimawandel zu begrenzen, kann durch die Strategien der **Mitigation**, durch Reduktion der Treibhausgasemissionen und durch die der **Adaption**, durch Anpassung an den Klimawandel, definiert werden.

Die 26. Weltklimakonferenz 2021 beschloss einstimmig das Ende des fossilen Zeitalters, um durch schrittweises Herunterfahren („phase-down“) der Kohlenutzung und den Abbau von Subventionen für fossile Brennstoffe, auch von Erdöl und Erdgas, die globale Energiewende zu beschleunigen. Aufgrund des nahezu linearen Zusammenhangs zwischen den kumulativen CO_2-Emissionen und dem Temperaturanstieg ist die Dekarbonisierung der entscheidende Weg zur **Klimaneutralität**. Das Konzept des Budgetansatzes, der 2009 auf der Weltklimakonferenz von Kopenhagen vorgestellt wurde, baut darauf auf: Es gibt an, wieviel CO_2 noch netto in die Atmosphäre abgegeben werden darf, um die globale Erwärmung auf ein politisch angezieltes Niveau zu begrenzen. Der IPCC aktualisiert immer wieder das der Welt verbleibende CO_2-Budget. Aus dem globalen CO_2-Budget werden nationale CO_2-Budgets abgeleitet. Die Staaten legen jedoch selbst fest, mit welchen Maßnahmen und Instrumenten sie die Ziele erreichen.

M2 Basisinformation

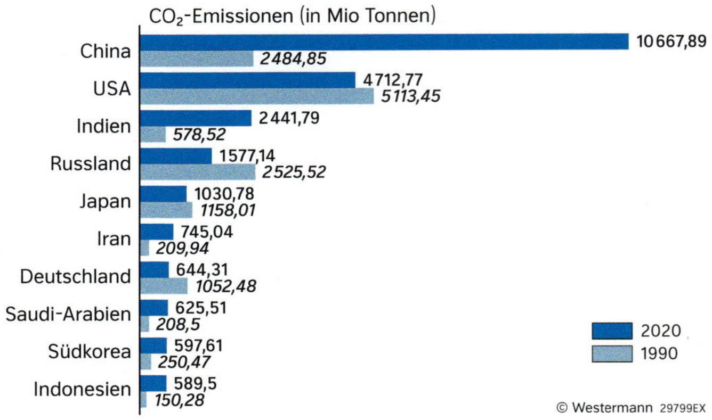

M1 CO_2-Emissionen ausgewählter Länder

Globale Erwärmung zwischen 1850–1900 u. 2010–2019 (in °C)		Historische kumulative CO_2-Emissionen von 1850 bis 2019 (in Gt CO_2)				
1,07 (0,8–1,3; wahrscheinl. Bandbreite)		2390 (± 240; wahrscheinliche Bandbreite)				
Ungefähre globale Erwärmung ggü. 1850–1900 bis zur Temperaturobergrenze (in °C)	Zusätzliche globale Erwärmung ggü. 2010–2019 bis zur Temperaturobergrenze (in °C)	Ermittelte verbleibende CO_2-Budgets ab Anfang 2020 (in Gt CO_2) Wahrscheinlichkeit, dass die globale Erwärmung auf die Temperaturobergrenze begrenzt wird				
		17%	33%	50%	67%	83%
1,5	0,43	900	650	500	400	300
1,7	0,63	1450	1050	850	700	550
2,0	0,93	2300	1700	1350	1150	900

Die Wahrscheinlichkeit basiert auf Variationen bei Minderungen von Nicht-CO_2-Emissionen bzw. Rückkopplungen des Erdsystems.
Quelle: IPPC AR6 2021 S. 32

M3 Ab 2020 verbleibende globale CO_2-Budgets

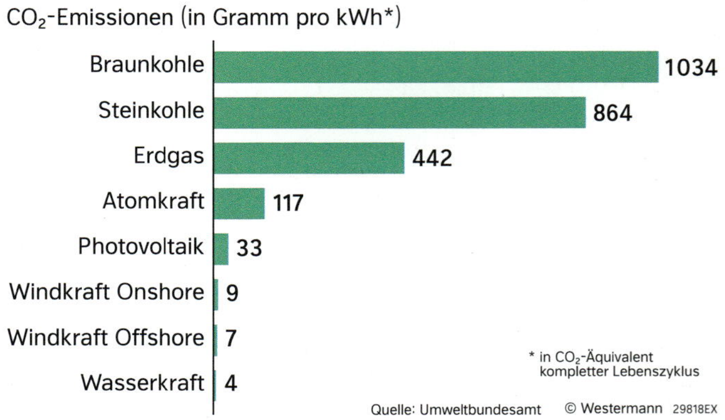

M4 Klimafreundlichkeit der Energieträger

Link WES-149983-062

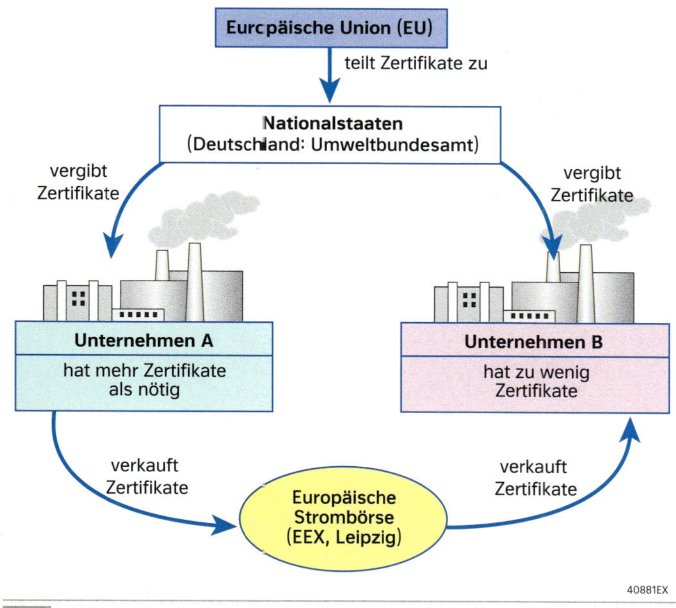

Der Europäische Emissionshandel (EU-ETS) wurde 2005 eingeführt und ist das zentrale europäische Klimaschutzinstrument. Damit sollen die Treibhausgasemissionen der teilnehmenden Energiewirtschaft, der energieintensiven Industrie und seit 2012 des innereuropäischen Luftverkehrs reduziert werden. Nach dem Prinzip des sogenannten „Cap & Trade" wird eine Obergrenze („Cap") festgelegt, wie viele Treibhausgasemissionen von den emissionshandelspflichtigen Anlagen insgesamt ausgestoßen werden dürfen. Die Mitgliedstaaten (EU, Norwegen, Island, Liechtenstein) geben eine entsprechende Menge an Emissionsberechtigungen (Zertifikate) an die Anlagen aus. Dabei erlaubt eine Berechtigung den Ausstoß einer Tonne Kohlenstoffdioxid-Äquivalent. Die Emissionsberechtigungen können auf dem Markt frei gehandelt werden („Trade"). Hierdurch bildet sich ein Preis für den Ausstoß von Treibhausgasen. Dieser Preis setzt Anreize bei den beteiligten Unternehmen, ihre Treibhausgasemissionen zu reduzieren. Bei zu hohen eigenen Emissionen (z. B. bei Produktionssteigerungen) müssen Unternehmen Zertifikate zukaufen, um ihre Emissionen zu kompensieren.

M 5 Das Europäische Emissionshandelssystem

Die EU hat sich das Ziel gesetzt, bis 2050 Klimaneutralität zu erreichen, d.h. ein Gleichgewicht zwischen CO_2-Emissionen und ihrem Abbau in Senken herzustellen. Das Europäische Klimagesetz verpflichtet dazu, die Netto-Treibhausgasemissionen in der EU bis 2030 um mindestens 55 % gegenüber 1990 zu senken. Mit der Strategie des Green Deal soll der Wandel hin zu einer fairen und wohlhabenden Gesellschaft mit einer modernen und wettbewerbsfähigen Wirtschaft unterstützt werden.
Die Maßnahmen hinsichtlich der nachhaltigen Transformation sind vielseitig. Sie reichen vom Klima-, Umwelt- und Biodiversitätsschutz über die Mobilität und Industriepolitik bis hin zu Vorgaben in der Energie-, Agrar- und Verbraucherschutzpolitik. Es wird eine weitere Verknappung der CO_2-Zertifikate im Emissionshandel geben, wobei die von den Unternehmen zu zahlenden CO_2-Preise erheblich steigen. Gleichzeitig werden die Mittel aus dem Modernisierungs- und Innovationsfonds aufgestockt.

M 6 Der europäische Green Deal

Die EU-Anpassungsstrategie arbeitet darauf hin, eine klimaresiliente Gesellschaft aufzubauen.
Dabei verfolgt die Strategie vier Hauptziele:
1. Intelligentere Anpassung: Die Anpassungsmaßnahmen müssen sich auf solide Daten und Risikobewertungsinstrumente stützen, die über die Plattform Climate-ADAPT zur Verfügung stehen.
2. Schnellere Anpassung: Die Entwicklung und Einführung von schnellen, umfassenden Anpassungslösungen soll dazu beitragen, klimabedingte Risiken zu verringern und den Klimaschutz zu verbessern.
3. Systemische Anpassung: Anpassungsmaßnahmen müssen alle Ebenen der Gesellschaft und alle Wirtschaftssektoren umfassen und von allen Politikbereichen, z.B. durch Gesetze, unterstützt werden.
4. Verstärkung der internationalen Maßnahmen für Klimaresilienz, z.B. durch Aufstockung der internationalen Finanzmittel, stärkeres globales Engagement und intensiveren Austausch.

M 8 EU-Strategie für die Adaption

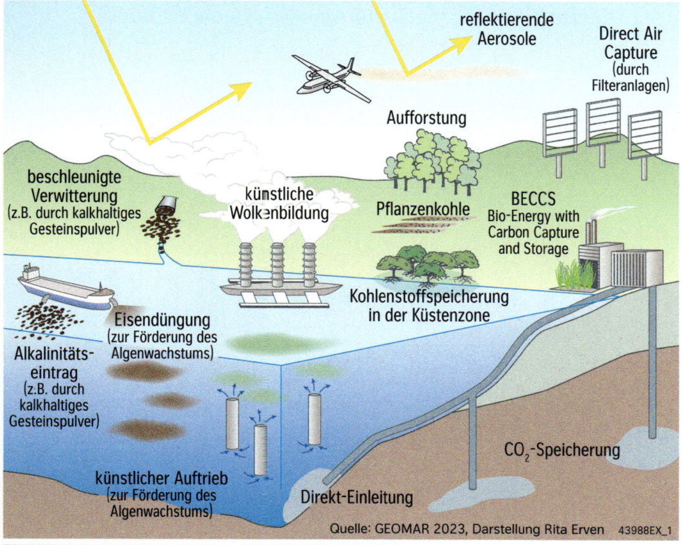

M 7 Mitigation durch Geoengineering

Geoengineering oder Climate engineering umfasst bewusste, zielgerichtete technologische Maßnahmen, die in die Energiebilanz der Erde eingreifen. Die Maßnahmen zielen darauf ab, den Treibhauseffekt abzumildern und dadurch die globale Erwärmung zu reduzieren. Dabei wird grundsätzlich zwischen zwei, theoretisch möglichen, Strategien unterschieden: Solar Radiation Management" (SRM) und Carbon Dioxide Removal (CDR).
Beim Solar Radiation Management sollen beispielsweise durch in der Stratosphäre ausgebrachte Aerosole oder künstlich erzeugte Wolken die Nettoeinstrahlung kurzwelliger Sonnenstrahlen verringert und dadurch die Atmosphäre in Bodennähe abgekühlt werden.
Bei Carbon Dioxide Removal soll CO_2 durch biologische, chemische oder physikalisch-technische Verfahren aus der Atmosphäre entfernt werden. Das kann beispielsweise durch Aufforstung oder durch Filter- und Speichersysteme geschehen, die CO_2 binden und einspeichern, um dem Treibhauseffekt entgegenzuwirken.

BK

13 MASSNAHMEN ZUM KLIMASCHUTZ

Klimaschutz in Deutschland – auf dem Klima-Zielpfad?

Deutschland soll bereits im Jahr 2045 klimaneutral werden. Dazu schreibt das Bundes-Klimaschutzgesetz vor, dass bis zum Jahr 2030 65 Prozent der Treibhausgase gegenüber 1990 eingespart werden müssen. Milliardenschwere Klimaschutzinvestitionen in technische und gesellschaftliche Innovationen sollen die Transformation zielgerichtet ermöglichen. Die Klimaschutzpolitik steht vor großen Herausforderungen und muss verschiedene Instrumente aufeinander abstimmen. Wie kann die Bundesregierung ihre ambitionierten Klimaschutzziele erreichen und dabei nachhaltigen Wohlstand sichern?

1 Erläutern Sie die Entwicklungen der Klimarisiken (M1).
2 a) Stellen Sie die Klimaschutzziele der Bundesregierung dar (M2).
b) Überprüfen Sie die sektoralen Erfolgsaussichten in ihrem Beitrag zum Klimaschutz (M3).
3 a) Arbeiten Sie die Lösungs- und Anpassungsstrategien im Ahrtal heraus (M4).
b) Erörtern Sie die Chancen und Risiken des Hochwasservorsorgekonzepts.
4 Begründen Sie den Waldumbau hinsichtlich der Bedeutung für den Klimaschutz in Deutschland (M6).
5 Erstellen Sie in Gruppen Kurzvorträge zu ausgewählten Anpassungsmaßnahmen (M5).
6 Gestalten Sie eine Podiumsdiskussion mit Vertretern ausgewählter Sektoren zur Umsetzung der Klimaschutzziele. 131

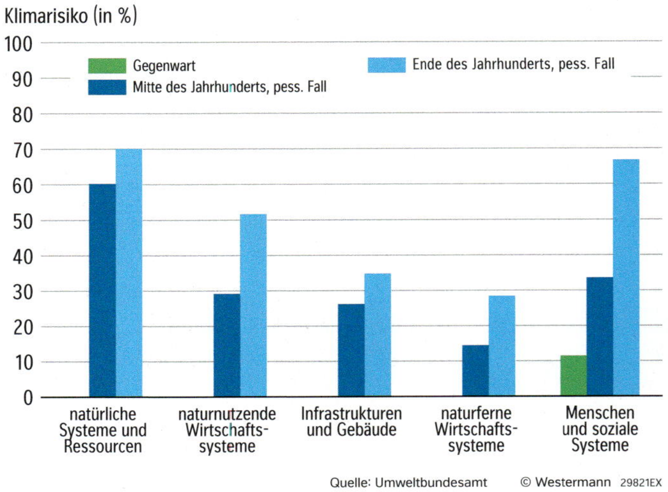

Systembereiche und ihre Handlungsfelder:
- Natürliche Systeme und Ressourcen: Grundwasser, Böden, Ökosysteme
- Naturnutzende Wirtschaftssysteme: Wald- und Forstwirtschaft, Fischerei
- Infrastrukturen und Gebäude : Verkehr, Verkehrsinfrastruktur, Bauwesen, Energiewirtschaft, Industrie und Gewerbe, Wasserwirtschaft, Küsten und Meeresschutz
- Naturferne Wirtschaftssysteme: Industrie und Gewerbe, Tourismuswirtschaft, Bauwesen
- Menschen und soziale Systeme: Menschliche Gesundheit.

Zwischen Systembereichen, Handlungsfeldern und einzelnen Klimawirkungen gibt es relativ enge Verknüpfungen. Schäden wirken sich oft wie bei einem Dominoeffekt aus.

M 1 Klimarisiken für die Systembereiche Deutschlands

Um die ehrgeizigen Klimaschutzziele zu erreichen, hat die Bundesregierung ein Sofortprogramm aufgelegt, das die Finanzierung wichtiger klimapolitischer Vorhaben mit weiteren Milliarden garantieren soll. Dringender Handlungsbedarf besteht insbesondere in Bereichen, deren Klimaschutzziele in der Vergangenheit leicht verfehlt waren.
Vorrangige Ziele sind:
- Die energetische Gebäudesanierung durch Erneuerung von Heizanlagen, steuerliche Förderung und Energieberatung beschleunigen.
- Die Energiewende vorantreiben durch Steigerung der erneuerbaren Energien auf 65%, sozialverträglichen Kohleausstieg und den Ausbau der Stromnetze.
- Klimafreundliche Technologien von der Industrie im Sinne der Energieeffizienz und Dekarbonisierung voranbringen (z.B. grünen Wasserstoff, grünen Stahl), erneuerbare Energien einsetzen, Batteriefabriken in Deutschland und neue Wärmenetze bauen.
- Klimafreundlichen Verkehr fördern durch lückenlose Radwegenetze mit Radparkplätzen an ÖPNV-Knotenpunkten und Lademöglichkeiten für E-Bikes, Verlagerung von Schwerlasttransporten aufs Wasser, Modernisierung des Bahnbetriebs und Schnelllade-Stationen für E-Autos in Stadtquartieren.

Durch dieses Maßnahmenpaket wird die Bundesregierung die soziale Marktwirtschaft angesichts des globalen Wettbewerbs zu einer sozial-ökologischen Marktwirtschaft umbauen. Seit 2021 wurde im Rahmen eines nationalen Emissionshandelssystems (nEHS) eine CO_2-Bepreisung für die Bereiche Wärme und Verkehr eingeführt. Für den Treibhausgas-Ausstoß, den fossile Brennstoffe verursachen, müssen Emissionsrechte in Form von Zertifikaten erworben werden. Die Einnahmen werden in Klimaschutzmaßnahmen reinvestiert oder dienen sozial fair zur Entlastung der Bürgerinnen und Bürger.

M 2 Basisinformation

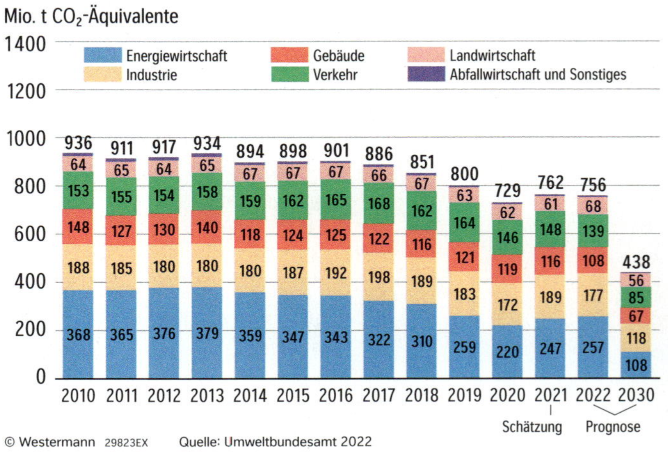

M 3 Treibhausgasemissionen in Deutschland

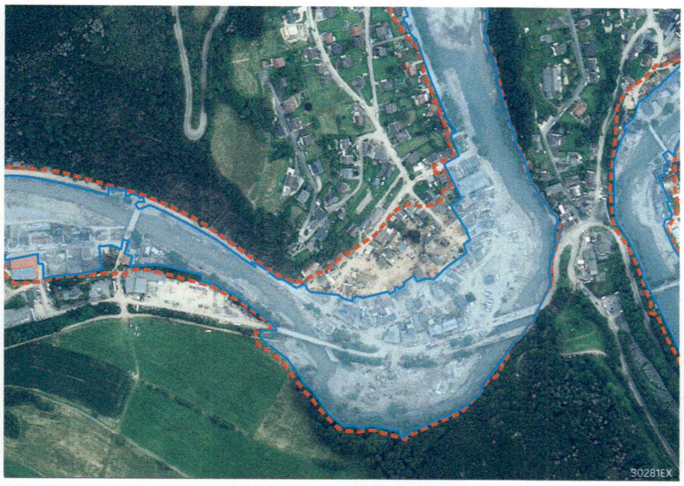

Überschwemmungsgebiet Ahr (SGD Nord) | Ahr-Hochwasser 14./15.07.2021 | 0 50 100 150 m

Quelle: LVermGeoRP 2023

Nach der Flutkatastrophe im Ahrtal im Juli 2021 wurde bei einer Zukunftskonferenz von der Landesregierung, den Landesbehörden und dem Kreis Ahrweiler über den möglichen Wiederaufbau informiert. Fördermittel von 15 Milliarden Euro stehen gemäß den Förderrichtlinien für geschädigte Antragsteller zur Verfügung. Wasserwirtschaftskarten weisen neue, differenzierte Überschwemmungsgebiete der Ahr aus, wobei im besonderen Gefahrenbereich als Hochwasservorsorge keine Häuser wiederaufgebaut werden dürfen. Alle Betroffenen erhalten konkrete Beratung hinsichtlich alternativer Bauplätze bzw. zum Wiederaufbau und zu Maßnahmen des hochwasserangepassten Bauens. Ein neues, überörtliches Hochwasservorsorgekonzept soll zur zukünftigen Risikominimierung beitragen. Hierbei stehen u.a. die Schaffung von Rückhaltefunktionen sowie die Schaffung von Abflussflächen in besiedelten Bereichen im Vordergrund. Ein hundertprozentiger Schutz vor Hochwasser lässt sich jedoch nicht erreichen.

M 4 Lösungs- und Anpassungsstrategien im Ahrtal

Die Wälder in Deutschland reagieren nicht nur sensibel auf den Klimawandel, sondern spielen zugleich eine wichtige Rolle im Klimaschutz. Nach den Ergebnissen der Kohlenstoffinventur 2017 dient der Wald als Senke und entlastet die Atmosphäre jährlich um rund 62 Millionen Tonnen Kohlenstoffdioxid. Die derzeitigen Waldschäden verändern zunehmend die Situation. Jedes Jahr wird die Vitalität der Wälder in Deutschland im Rahmen der Waldzustandserhebung untersucht. Dabei dokumentiert insbesondere der Kronenzustand, dass die Waldbäume unter den Folgen von Dürrejahren (z.B. 2018 bis 2020) leiden und vor allem Fichtenwälder unter dem nachfolgenden Borkenkäferbefall. Auch Früh- oder Spätfrost, Nassschnee, Sturm oder Hagel schädigen die Waldbestände, sodass die Anpassungsstrategie der Bundesregierung auf der Basis einer ökologischen Eignungs- und Risikoeinschätzung zukünftig einen standortgerechten Waldumbau vorsieht (z.B. Mischbestände statt Fichtenmonokulturen).

M 6 Klimarisiken für die Systembereiche Deutschlands

Folgen des Klimawandels		Betroffene Sektoren	Anpassungsmaßnahmen
Erwärmung	Veränderung der Vegetationsphasen Veränderung der Biodiversität Dürre	Ökologie Land-/Forstwirtschaft, Fischerei Wasserversorgung	Anpassung landwirtschaftlicher Nutzung
Meeresspiegelanstieg	Überflutungen, Überschwemmungen erhöhte Sturmflutenfrequenz Küstenerosion Eindringen von Salzwasser	Wasserversorgung Landwirtschaft, Fischerei Gesundheit Tourismus, Infrastruktur	Küsten- und Erosionsschutz Hochwasserschutz gemäß erwarteter Küstenveränderungen
Überschwemmungen an Flüssen	Hochwasserereignisse Überschwemmungen	Wasserversorgung Landwirtschaft Gesundheit Infrastruktur	Renaturierung von Flusslandschaften eingeschränkte Nutzung von Auen technischer Hochwasserschutz Warnsysteme
Hitzewellen	Hitze, Dürre Vegetationsrückgang verminderte Luftqualität Waldbrände	Wasserversorgung Land-/Forstwirtschaft, Fischerei Gesundheit Stromproduktion, Verkehr	effektives Wassermanagement Information der Bevölkerung über angepasstes Verhalten Kühlräume für gefährdete Personen
Starkniederschläge	Überschwemmungen Erosion, Hangrutschungen Schneemassen	Wasserversorgung Landwirtschaft Verkehr, Gesundheit	Frühwarnsysteme Einbezug von Hangrutschrisiken in die infrastrukturelle Planung
Stürme	Waldbruch Gebäude-, Straßenschäden Ernteverlust	Wasserversorgung Land- und Forstwirtschaft Verkehr	Stabiliät der Infrastruktur Warnsysteme
Gletscherschmelze	veränderter Wasserhaushalt erhöhte Lawinengefahr	Wasserversorgung Tourismus, Infrastruktur	Hangbefestigungen, Lawinensicherung Wassermanagement

M 5 Klimawandelfolgen in Deutschland, betroffene Sektoren und Beispiele für Anpassungsmaßnahmen

Klimaschutz individuell – auf dem Weg zur Klimaneutralität

Der Bericht des Weltklimarats IPCC macht deutlich, dass die Treibhausgasemissionen weltweit bis 2030 halbiert werden müssen, um die Erderhitzung auf 1,5 Grad zu begrenzen - eine sehr kurze Zeit für eine so gigantische Aufgabe. Deshalb reichen staatliche Anstrengungen allein nicht aus; es bedarf zusätzlich des Engagements von Unternehmen, Institutionen, Vereinen, Kommunen und von jeder und jedem Einzelnen. Wie kann jede und jeder von uns durch ihr oder sein individuelles Engagement aktiv und effektiv zur Bewältigung der bevorstehenden Herausforderungen beitragen?

1 Analysieren Sie den CO_2-Fußabdruck eines Durchschnittsmenschen in Deutschland und arbeiten Sie Einsparpotenzial heraus (M1, M2).

2 Stellen Sie die Zusammenhänge von M3 und M4 dar.

3 **a)** Überprüfen Sie die Empfehlungen in M5 hinsichtlich ihrer Relevanz im Alltag.
b) Entwickeln Sie weitere Handlungsempfehlungen und begründen Sie diese.

4 Erläutern Sie die Bedeutung der Ernährung und des Stromverbrauchs im Hinblick auf den Klimaschutz (M6, M7).

5 Gestalten Sie ausgehend von M8 Klimaschutzprojekte an ihrer Schule.

6 **a)** Überprüfen Sie ihren Lebensstil in Bezug auf Klimaschutz mithilfe eines CO_2-Rechners.
b) Gestalten Sie eigene Handlungsansätze für einen klimaneutralen Lebensstil.

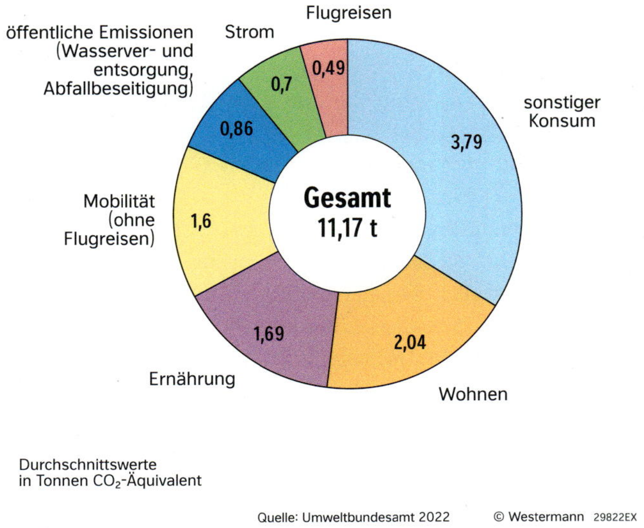

M 1 **Treibhausgasbilanz pro Person in Deutschland 2021**

Klimaschutz von unten, „bottom-up", geschieht freiwillig und aus Überzeugung. Bei vielen Menschen ist die Einsicht bereits gewachsen, einen persönlichen Beitrag zum Klimaschutz leisten zu müssen, um den Wandel hin zu nachhaltigen und emissionsarmen Lebens- und Wirtschaftsweisen zu schaffen. Die Klimastreikbewegung Fridays for Future fordert eine Politik, die die Bewältigung der Klimakrise ernsthaft angeht und zielt auf Verhaltensänderungen bei Verursachern von Emissionen, bei Verbrauchern und Konsumenten ab.
Der CO_2-Fußabdruck pro Person in Deutschland, d.h. der jährlich pro Person gemessene CO_2-Ausstoß, der direkt bzw. indirekt aufgrund der Aktivitäten verursacht wird, muss sich drastisch verkleinern, um der globalen Erwärmung entgegenzuwirken. Laut Experten lässt sich der aktuelle Wert halbieren, wenn an den richtigen Stellschrauben im Alltag gedreht wird, ohne komplett das persönliche Leben auf den Kopf zu stellen. Der CO_2-Ausstoß hängt entscheidend vom Lebensstil und Konsumverhalten ab und steigt in der Regel mit dem Einkommen. Ein Engagement am Arbeitsplatz, z.B. durch Investitionen in erneuerbare Energien bzw. eine ressourcenschonende Produktion ermöglicht Einsparmöglichkeiten, die weit über den persönlich zurechenbaren CO_2-Ausstoß hinausgehen. Auch gesellschaftliches Engagement kann dazu beitragen. Entscheidend ist, dass immer mehr Menschen den Klimaschutz ernst nehmen. Jeder und jede wählt hierzu unterschiedliche Schritte: CO_2-Vermeidung im eigenen Lebensbereich, was durchaus persönliche Vorteile bringen kann (z. B. Kosteneinsparungen durch Energiesparmaßnahmen) bzw. den Anstoß zur CO_2-Vermeidung bei anderen Menschen. Beides ist langfristig gesehen unbedingt notwendig. Im Rahmen der regionalen und kommunalen Agenda 2030 setzen Initiativen und Projekte aktiv Klimaschutz um.

M 2 **Basisinformation**

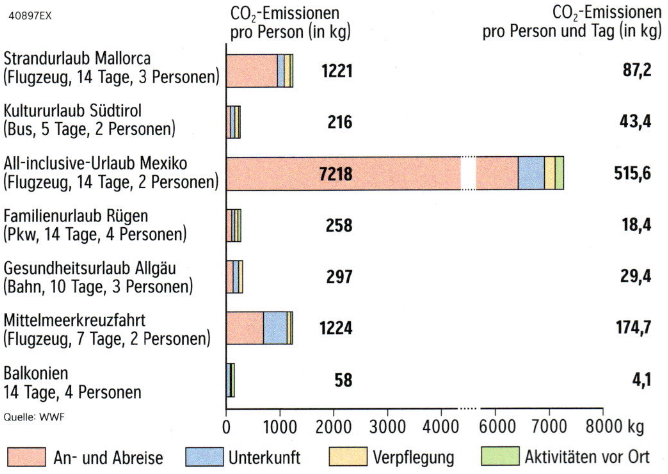

M 3 **Vergleich von CO_2-Emissionen auf Reisen**

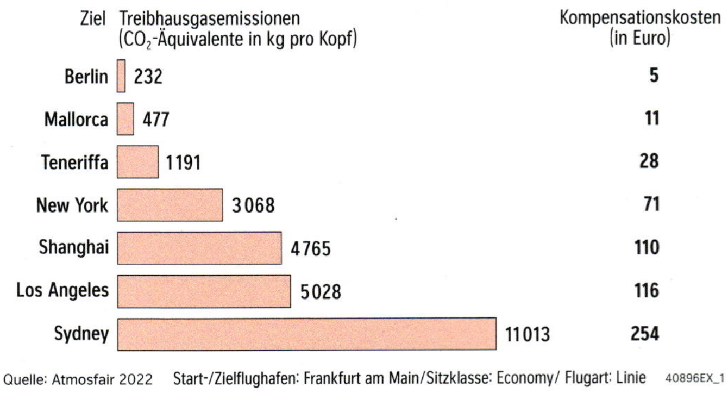

M 4 **Kosten für CO_2-Kompensationen von Flugreisen**

Link
WES-149983-066

Was jeder Einzelne tun kann!

1. Tun Sie häufig einfach gar nichts. Nichtstun ist die ökologisch verträglichste Art des Daseins.
2. Lassen Sie um Gottes willen Ihre Tropenholzmöbel in der Wohnung. Die Bäume sind ja schon gefällt und bei der Müllverbrennung wird CO_2 aus Ihrem Sideboard.
3. Kaufen Sie, wenn überhaupt, ein möglichst kleines, leichtes und sparsames Auto mit Katalysator und lassen Sie auch dieses für Fahrten unter 2 Kilometer stehen.
4. Machen Sie den nächsten Familien- oder Schulausflug zu Fuß oder mit dem Fahrrad.
5. Nutzen Sie öffentliche Verkehrsmittel, bilden Sie Fahrgemeinschaften, fahren Sie Strecken bis zu 500 Kilometer mit der Bahn, anstatt zu fliegen. Vermeiden Sie Fahrten, wenn sich Ihr Anliegen per Telefon oder Mail erledigen lässt.
6. Planen Sie lieber einen langen statt vieler Kurzurlaube.
7. Denken Sie bei Renovierung oder Neubau an effektive Isolierung und modernste Heizung. Überprüfen Sie Ihre Umgebung auf undichte Fenster, unregulierbare Heizkörper, überheizte Räume, tropfende Hähne usw. Vermeiden Sie Nachtspeicherheizungen.
8. Ziehen Sie im Winter in der Wohnung einen Pullover an. Ein um ein Kelvin kühleres Zimmer ist nicht nur gesünder, es senkt auch die Heizkosten um sechs Prozent.
9. Lüften Sie nur bei abgestellter Heizung.
10. Benutzen Sie Energiesparlampen, löschen Sie das Licht in Räumen, in denen sich niemand aufhält, und deaktivieren Sie die Stand-by-Schalter Ihrer Elektrogeräte.
11. Essen Sie weniger Fleisch und kaufen Sie heimische Produkte – wegen der kurzen Verteilerwege am besten auf dem Markt.
12. Wandeln Sie Ihren Ziergarten teilweise in einen Obst- und Gemüsegarten um. Pflanzen Sie Bäume und verzichten Sie im Garten auf Kunstdünger und Pestizide.
13. Bevorzugen Sie Pfandflaschen. Nehmen Sie den Korb zum Einkaufen mit. Produzieren Sie wenig Müll. Bringen Sie Wiederverwertbares zum Recycling und legen Sie, wenn möglich, einen Komposthaufen an.
14. Verzichten Sie auf unsinnige und überflüssige Produkte. Eine gute Übersicht bietet das Werbefernsehen: Denn für die sinnlosesten Güter muss die Industrie in einer Überflussgesellschaft den meisten Wirbel machen.
15. Meiden Sie Chemie im Haushalt – Insektensprays, aggressive Reinigungsmittel, Möbelpolitur usw.
16. Duschen Sie, anstatt zu baden. Das spart pro Duschbad vier Kilowattstunden Energie. Verzichten Sie beim Wäschewaschen auf den Kochwaschgang. Er ist so gut wie nie erforderlich.
17. Kochen Sie möglichst mit Gas. Setzen Sie den Deckel auf den Topf, das spart sechs Prozent Energie. Nutzen Sie bei Lebensmitteln, die lange garen müssen, einen Dampfdrucktopf: Das spart bis zu 43 Prozent Energie.
18. Tauen Sie Ihren Kühlschrank regelmäßig ab. Sie wollen ja nur Ihre Speisen kalt halten und keine Gefrierfachgletscher züchten.

Quelle: Hartmut Graßl & Reiner Klingholz: Wir Klimamacher. Auswege aus dem globalen Treibhaus. Fischer Verlag, Frankfurt am Main, 1990, S. 273 ff., verändert

M 5 Empfehlungen für einen nachhaltigen Lebensstil

Lebensmittel (Systemgrenze: „Supermarktkasse")	kg CO_2-Äquivalent / kg Lebensmittel		
	Regionales Produkt	Bio-Produkt	Weitere Produkteigenschaften
Äpfel	0,3	0,2	0,8 (Neuseeland)
Erdbeeren	0,3		0,4 (Spanien)
Tomaten	0,3	1,1	0,4 (Südeuropa, frisch) 2,9 (Deutschland, Gewächshaus i. Winter)
Butter	9,0	11,0	
Käse	5,7	7,2	
Rindfleisch	11–30	16–30	9,2 (Hackfleisch)
Schweinefleisch	4,6	5,2	4,6 (gefroren)
Fisch	4,0		5,1 (Aquakultur) 2,4 (gefroren)
Brot	0,6	0,6	0,7 (Brötchen)

Quelle: Institut für Energie- und Umweltforschung Heidelberg (Ifeu), 2020

M 6 CO_2-Fußabdrücke von ausgewählten Lebensmitteln

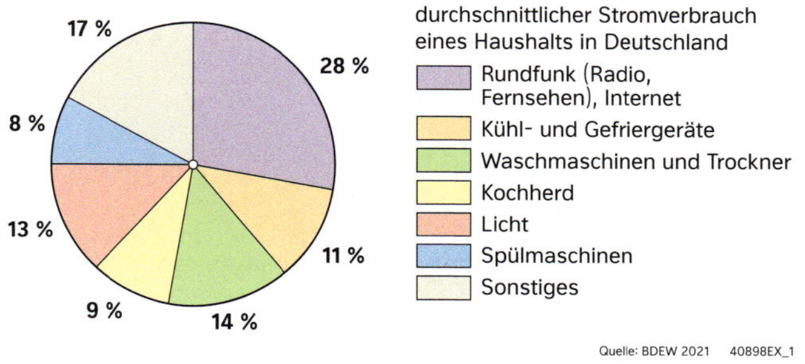

M 7 Stromverbrauch im Privathaushalt

Energiesparmeister-Wettbewerb

Nach dem Motto „Es ist nicht Deine Schuld, dass die Welt ist, wie sie ist. Es wäre nur Deine Schuld, wenn sie so bleibt." engagieren sich jährlich Tausende von Schülerinnen und Schülern mit ihren Klimaschutzprojekten im Rahmen des bundesweiten Wettbewerbs, um ihre Ideen für mehr Klimaschutz und Nachhaltigkeit mit der Allgemeinheit zu teilen.

Im Jahr 2021 wurde das Heinrich-Böll-Gymnasium Ludwigshafen Landessieger von Rheinland-Pfalz mit folgenden Projekten:

1. Energieeinsparungen von 167 Tonnen CO_2 im Jahr, wobei der Energieverbrauch der Schule seit 2008 um 26 % sank durch
   - Coaching von Schülervertretern aller Klassen durch Workshops am Heidelberger Institut für Energie- und Umweltforschung (Ifeu),
   - moderates Heizen und Stoßlüften,
   - Stromsparen, v.a. beim Licht,
   - korrekte Mülltrennung.
   - wöchentliche Kontrolle und Bewertung der Ergebnisse.
2. Erstellen eines nachhaltigen Stadtplans für die Stadt Ludwigshafen am Rhein durch Kartierung von u.a.. Bio-Lebensmitteln, Wochenmärkten, E-Ladestationen, Carsharing, Second-Hand-Geschäften mithilfe eines Geoinformationssystems.

M 8 Global denken – lokal handeln

Das Wichtigste in Kürze

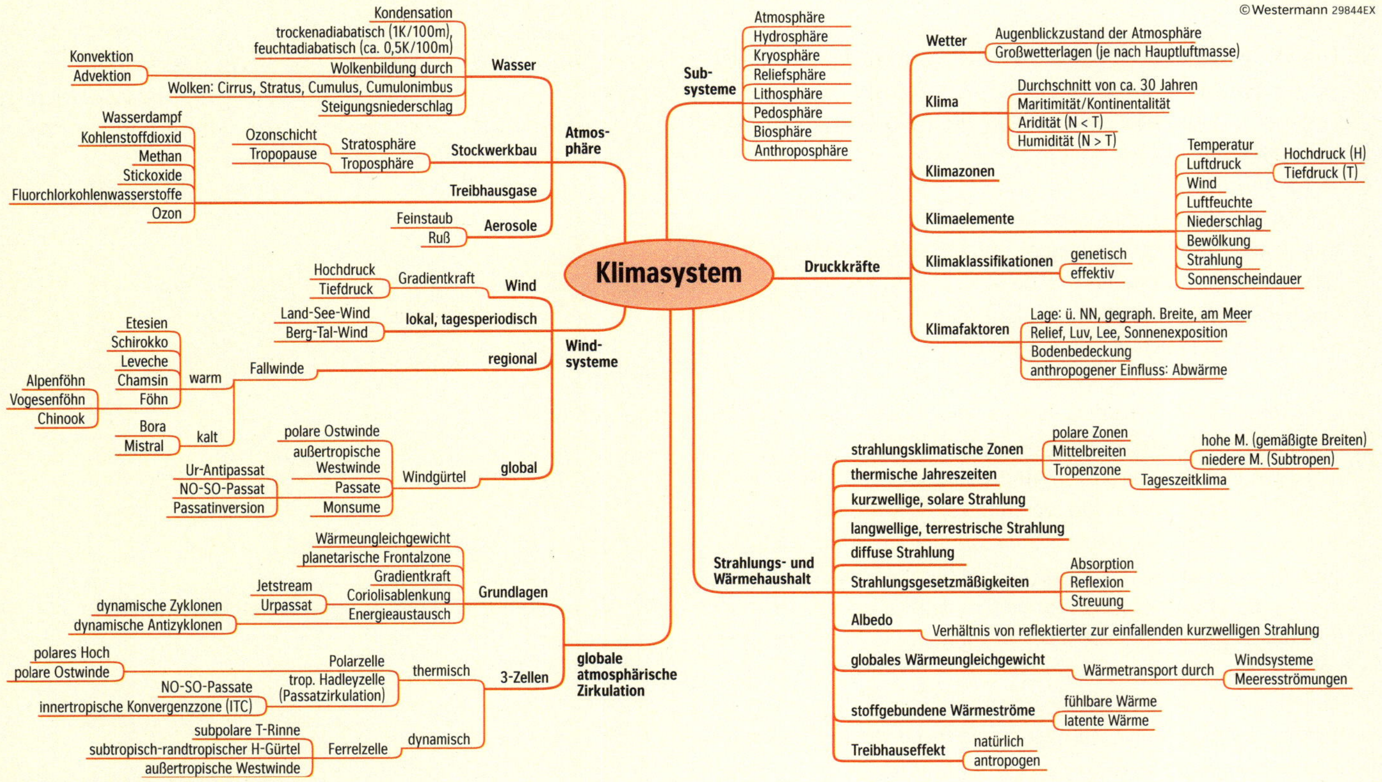

M 1 **Mindmap Klimasystem**

Grundbegriffe Klimasystem

Atmosphäre, Klima, Wetter, Klimafaktoren, Klimaelemente, Strahlungs- und Wärmehaushalt, Albedo, Aerosole, Corioliseffekt, Jetstream, Passatzirkulation, Innertropische Konvergenzzone (ITC), Klimazone, Kontinentalität, Maritimität, Aridität, Humidität

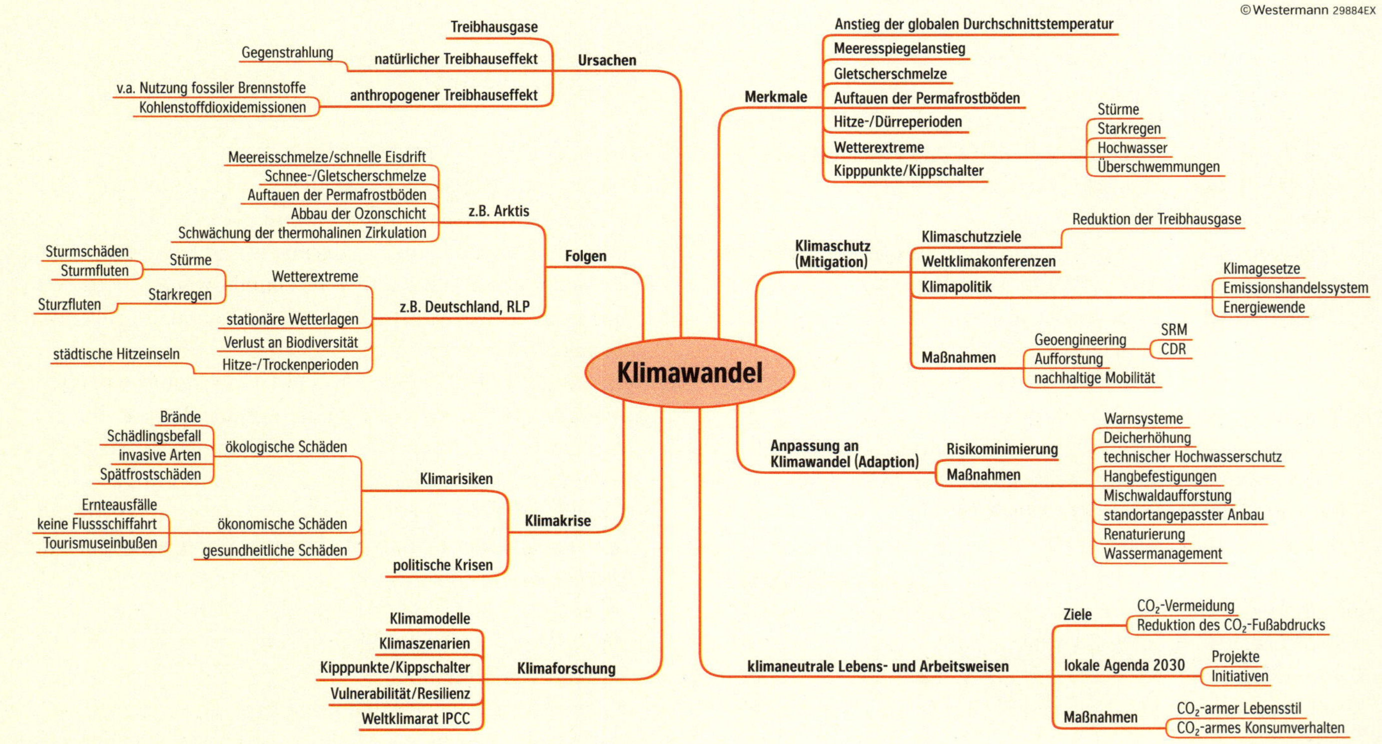

M 2 **Mindmap Klimawandel**

Grundbegriffe Klimawandel

natürlicher und anthropogener Treibhauseffekt, Treibhausgas, Klimawandel/Klimakrise, fossile Brennstoffe, Klimaschutz (Mitigation), Klimaanpassung (Adaption), Kipppunkt, Klimaneutralität, IPCC/Weltklimarat, Weltklimakonferenz

Training Kursarbeit: Klimawandel in Europa – wie wirksam sind die Klimaschutzmaßnahmen?

Auch in Europa werden die Folgen der globalen Erwärmung zunehmend spürbar. Änderungen eines oder weniger Parameter im Klimasystem haben aufgrund ihrer Wechselwirkungen oft großräumige Auswirkungen. Nur durch internationale Kooperation können wirksame Strategien und Maßnahmen zum Schutz des Klimas unternommen werden.

1 **a)** Charakterisieren Sie die in M1 erkennbare Luftströmung.
b) Erklären Sie die Entstehung dieser Luftströmung aus der allgemeinen atmosphärischen Zirkulation.

2 Mit dem raschen Durchgreifen der in M1 erkennbaren Luftströmung bis zum Boden kommt es im Bereich von Gebirgen wiederholt zu einer besonderen Wettererscheinung (M4). Erläutern Sie die Entstehung und den Verlauf dieser Wettererscheinung.

3 Stellen Sie die Veränderungen des Jetstreams mit seinen Auswirkungen auf die gemäßigten Breiten dar (M2).

4 **a)** Analysieren Sie die bisherige und zukünftige Entwicklung der EU-Erzeugungskapazitäten nach Energieträgern (M3).
b) Erläutern Sie die Umsetzung der EU-Klima- und Energieziele bis 2020 (M5).
c) Beurteilen Sie anhand von M3 und M5 die Anstrengungen der EU zum Klimaschutz.

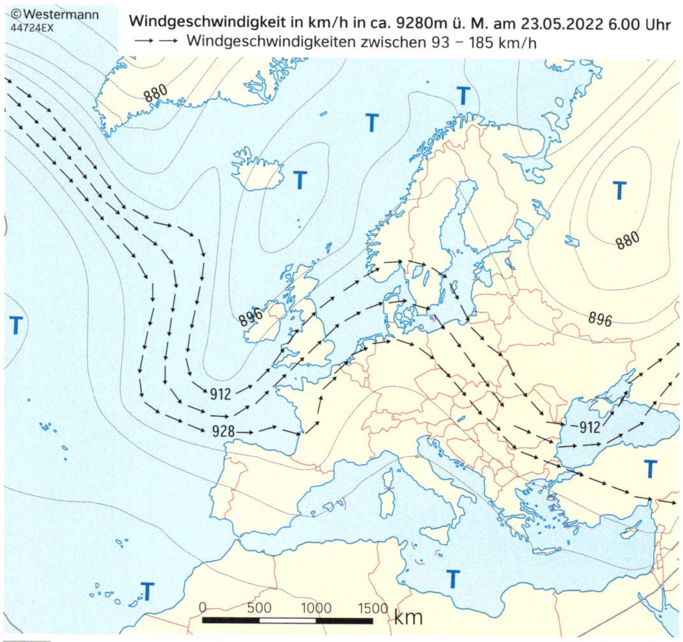

M 1 **Windgeschwindigkeiten über dem Nordatlantik und Europa**

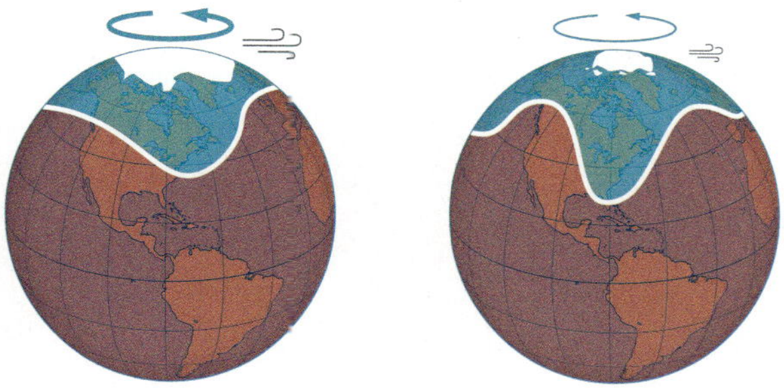

M 2 **Verlauf und Stärke des Polarfrontjetstreams**

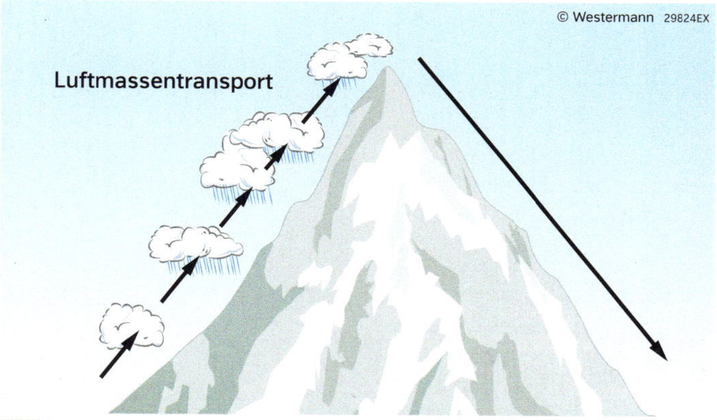

M 4 **Schematisches Querprofil eines Gebirges**

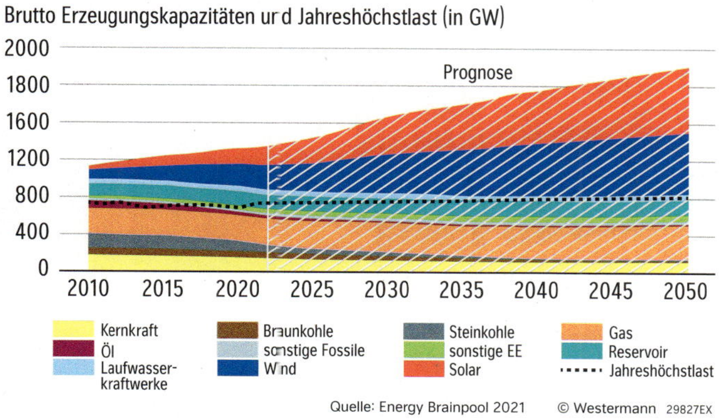

M 3 **Erzeugungskapazitäten in EU-27 nach Energieträgern**

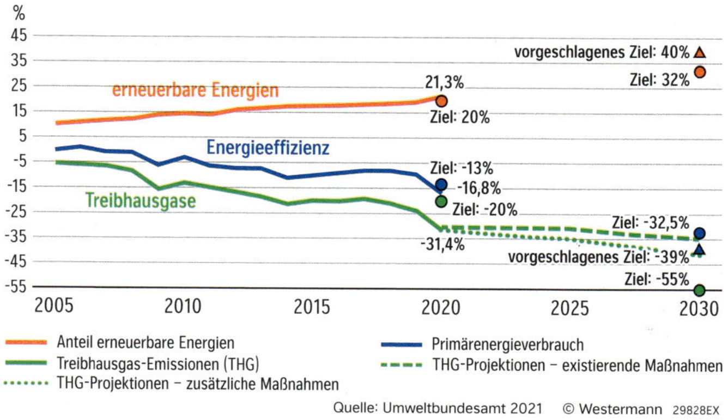

M 5 **Umsetzung der EU-Klima- und Energieziele**

Wirtschaftsräume in einer fragmentierten Welt

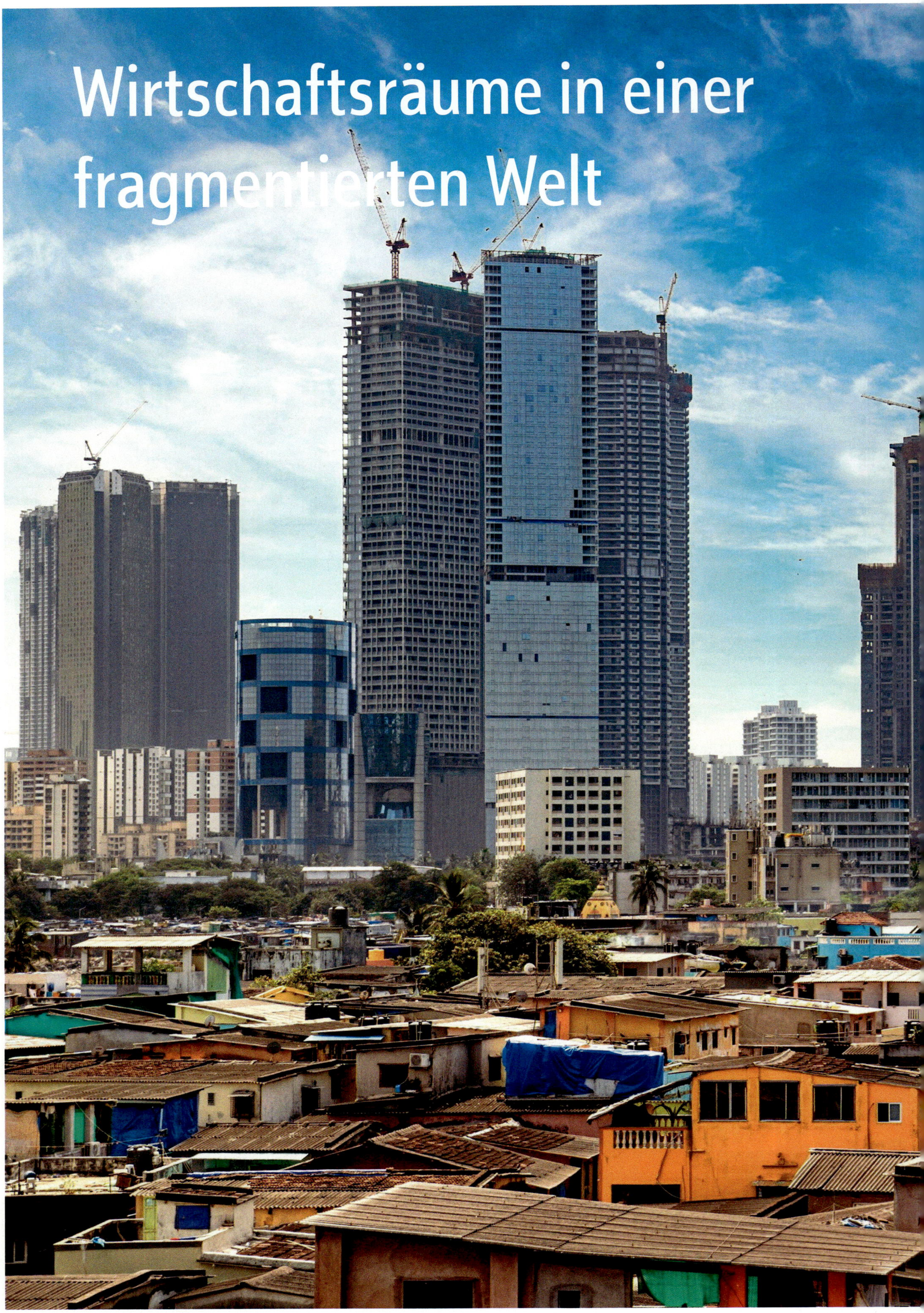

Mumbai – im Vordergrund eine informelle Siedlung, im Hintergrund Bürohochhäuser

3

Durch sein wirtschaftliches Handeln nutzt und prägt der Mensch den Raum. Da Wirtschaftsprozesse dynamisch sind, verändert sich mit ihnen die Nutzung eines Wirtschaftsraumes und es kommt zum Strukturwandel.
Seit einigen Jahrzehnten haben sich durch die Globalisierung das Tempo und die Intensität wirtschaftlichen Wandels enorm beschleunigt. Dieses weltweit wirksame Phänomen trifft auf bestehende globale Disparitäten einer fragmentierten Welt. Durch ungleichzeitige, regional variierende, raumwirksame Produktions- und Handelsstrukturen kommt es zu unterschiedlichen sozialen, ökonomischen und ökologischen Auswirkungen.
Wie kann es angesichts der globalen Herausforderungen gelingen, den wirtschaftlichen Wandel im Interesse der Akteure des globalen Nordens und globalen Südens zukunftsfähig zu gestalten?

Rohstoffe – die Basis der Wirtschaft

Jeder Deutsche verbraucht pro Jahr rund 16,2 Tonnen Rohstoffe; doppelt so viel wie im globalen Durchschnitt. Nur 30 Prozent davon werden im Inland gewonnen. Mehr als drei Viertel davon sind mineralische Rohstoffe und fossile Energieträger. Kann dieser hohe Bedarf auch in Zukunft nachhaltig gesichert werden?

1 **a)** Arbeiten Sie den gesamten Nahrungsmittelbedarf Deutschlands heraus (M1).
b) Arbeiten Sie Ihren persönlichen Rohstoffbedarf heraus (Internet).

2 Beschreiben Sie die Einteilung der Rohstoffe (M5).

3 Arbeiten Sie Definitionen für die Begriffe Lagerstätte, Reserven, Ressourcen, Reichweite, ökologischer Rucksack heraus (M1, M6, M9).

4 Erläutern Sie die mittel- und langfristige Entwicklung des globalen Rohstoffverbrauchs und daraus resultierende Folgen. (M1, M3, M4).

5 Stellen Sie die Bedeutung der Sekundärrohstoffe dar (M5, M8).

6 Erörtern Sie: „Eine zunehmende Rohstoffknappheit stellt kein Problem für die menschliche Gesellschaft dar."

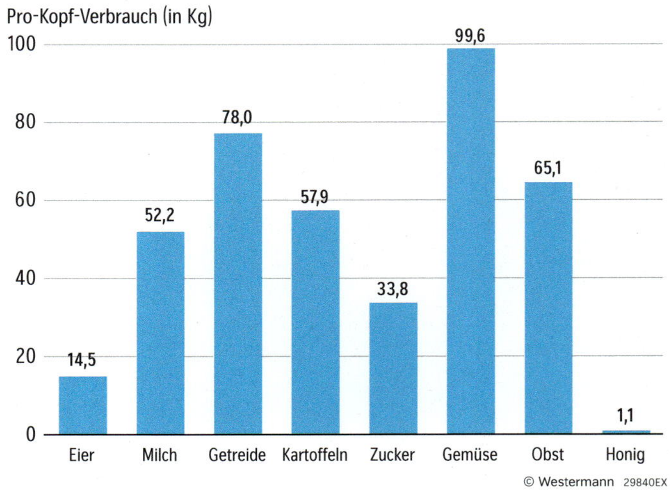

M 1 Pro-Kopf-Verbrauch ausgewählter Lebensmittel in Deutschland (2020)

„Alles kommt vom Berg her" – der alte Bergmannsspruch verdeutlicht, dass die Menschheit auf die Schätze der Natur angewiesen ist. Davon hat die Weltbevölkerung in den letzten Jahrzehnten mehr verbraucht als in der gesamten Menschheitsgeschichte zuvor.

Dazu gehören pflanzliche Biomasse genauso wie die fossilen Energieträger Kohle, Gas und Öl, aber auch Baustoffe, Edelmetalle und Mineralien. Je nach Entwicklungsstand ist der Rohstoffverbrauch jedoch sehr unterschiedlich: Pro Jahr und Einwohner sind es in den USA rund 33 t, in Europa 16 t und in vielen Ländern Afrikas nur 3,5 t.

Nachwachsende **Rohstoffe** wie z.B. Holz, Getreide oder Palmöl regenerieren sich bei nachhaltiger Nutzung in kurzer Zeit und stehen so ständig zur Verfügung. Die Entstehungs- und damit auch Regenerationszeit nicht erneuerbarer Rohstoffe misst sich dagegen über geologische Zeiträume. Sind z.B. Kohle, Erdöl, Metalle, Salze oder Sande erst einmal der Natur entnommen, stehen sie nicht mehr zur Verfügung oder sind bis zu ihrem **Recycling** in den Produkten gebunden.

Die nicht erneuerbaren Primärrohstoffe werden in Lagerstätten gewonnen. Das sind Standorte, an denen die Konzentration von Bodenschätzen so hoch ist, dass sie wirtschaftlich gewinnbringend förderbar sind. Je nach Lagerstätte baut man die Rohstoffe in Bergwerken unter Tage oder im Tagebau unter freiem Himmel mit großen Baggern und Radladern bzw. Pumpen ab.

Bei vielen Lagerstätten sind die Konzentrationen relativ gering. Pro Kilogramm eines gewonnenen und vermarktungsfähig aufbereiteten Rohstoffs müssen daher viele Tonnen Material von Abraum, Energie und Abwasser bewegt werden. Diese schleppt der Bodenschatz gewissermaßen als ökologischen Rucksack mit sich. Für einen Pkw sind es heute rund 70 t.

M 2 Basisinformation

Die Corona-Pandemie hat zwischen 2019 und 2022 zu einem Rückgang in der globalen Wirtschaft und damit auch dem Ressourcenverbrauch geführt. Mittel- und langfristig wird sich das globale Wirtschaftswachstum jedoch fortsetzen. In vielen Ländern Asiens, Mittel- und Südamerikas, aber auch Afrikas steigen die Bevölkerungszahlen bei aufstrebendem Wohlstand. Damit geht ein wachsender Konsum mit höherem Ressourceneinsatz einher. Außerdem benötigt der Ausbau der Infrastruktur große Mengen z.B. an Stahl, Kupfer, Zement. Die neuen Industrien wie Elektromobilität, Energiewende aber auch die digitale Kommunikationsstruktur mit Rechenzentren, Verkabelungen und Endgeräten führen zu einer stärkeren, differenzierten Rohstoffnachfrage. Die weiter steigenden Preise bei den Primärrohstoffen können nur durch Erschließung neuer Lagerstätten sowie zusätzliche Anstrengungen beim Einsatz von Sekundärrohstoffen und durch den Ausbau des Recyclings verhindert werden.

M 3 Globaler Rohstoffverbrauch

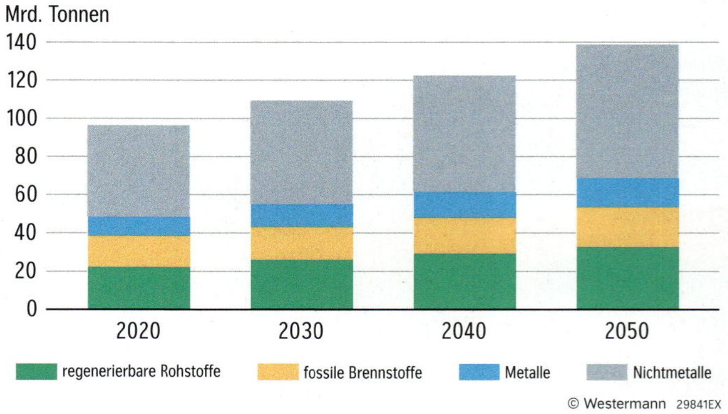

M 4 Langfristiger globaler Rohstoffverbrauch

Link
WES-149983-072

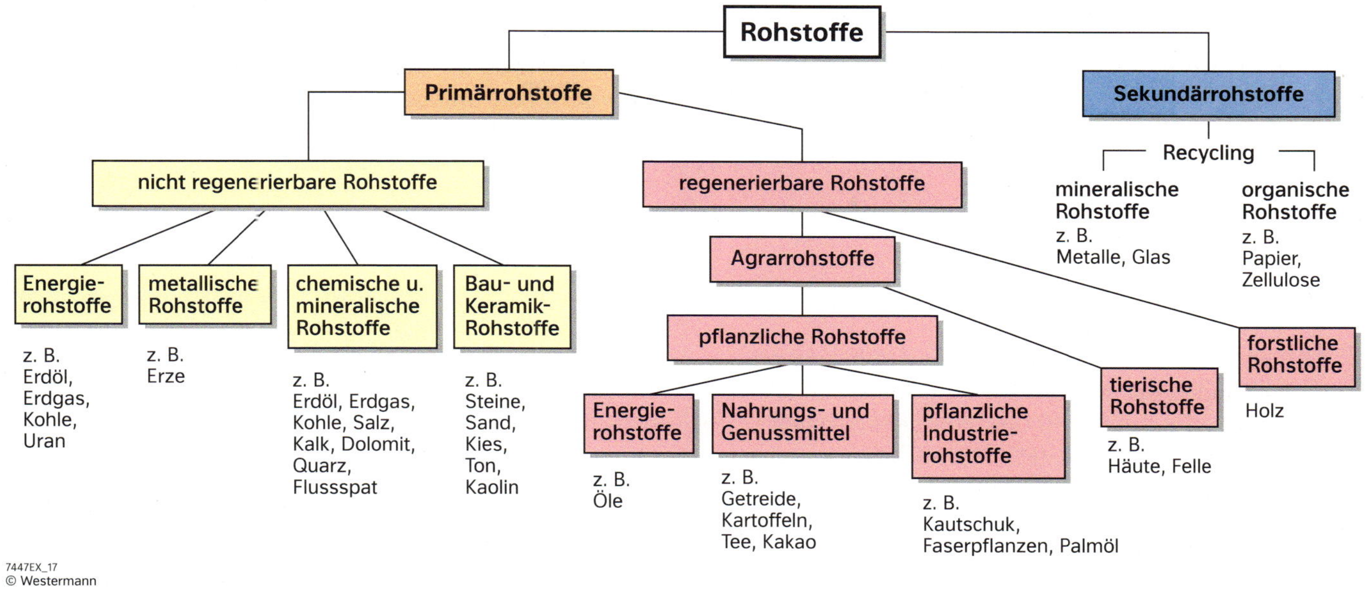

M 5 Klassifizierung von Rohstoffen

Die Abbauwürdigkeit von Lagerstätten nicht regenerierbarer Rohstoffe hängt von verschiedenen Faktoren ab. Die Rohstoffmengen werden dabei in zwei Gruppen eingeteilt. Die Reserven umfassen alle bekannten Vorkommen, die unter derzeitigen wirtschaftlichen und technologischen Bedingungen mit Gewinn abbauwürdig sind. Rohstoffe, deren Abbau sich noch nicht lohnt bzw. die überhaupt noch nicht entdeckt sind, bilden die Ressourcen. Mit steigenden Rohstoffpreisen oder der Entwicklung neuer Technologien können Ressourcen zu Reserven werden. Wie lange ein Rohstoff noch zur Verfügung steht, wird durch seine Lebensdauer bzw. Reichweite beschrieben. Die statische Lebensdauer gibt an, wie viele Jahre eine Reserve bzw. Ressource reicht, wenn sich der aktuelle Jahresverbrauch in der Zukunft nicht ändert. Er berechnet sich also durch den Quotienten aus der Menge der Reserven durch jährlichen Konsum. Die dynamische Reichweite basiert dagegen auf der Annahme eines veränderten, meist steigenden Konsums. Global gesehen ist heute nicht die Begrenztheit der Rohstoffvorkommen das Hauptproblem, sondern die ungleiche Verteilung auf der Erde sowie der sehr unterschiedliche Pro-Kopf-Verbrauch.

M 6 Rohstoffe, Lagerstätten, Reichweiten

Deutschland gehört zu den Recycling-Spitzenreitern in der EU. Aber um den globalen Ressourcenverlust zu reduzieren, gilt es, das vorherrschende lineare Wirtschaftsmodell Produzieren – Nutzen – Wegwerfen zu einem zirkulären umzubauen. Das Konzept der Circular Economy geht über ein bloßes Wiederverwerten von Rohstoffen hinaus.
Es fordert Veränderungen

- im Design: Produkte mit langer Nutzungsdauer, die wiederverwendbar sind oder recycelt werden können;
- in der Herstellung: die Produktion erfolgt material- und energieefffizient;
- im Verkauf: Zugang zu Produkten statt Eigentum durch Verleih oder Teilen;
- in der Nutzung: lange Nutzungsdauer, Reparatur statt Wegwerfen;
- in der Wiederverwertung: gezielte und effektive Erfassung und hochwertiges Recycling;
- in der Rückführung: zurückgewonnene Sekundärrohstoffe minimieren den Einsatz von Primärrohstoffen.

M 8 Kreislaufwirtschaft und Circular Economy

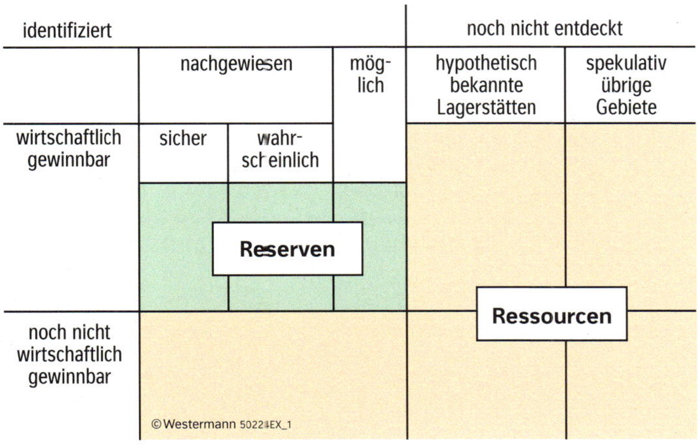

M 7 Reserven und Ressourcen

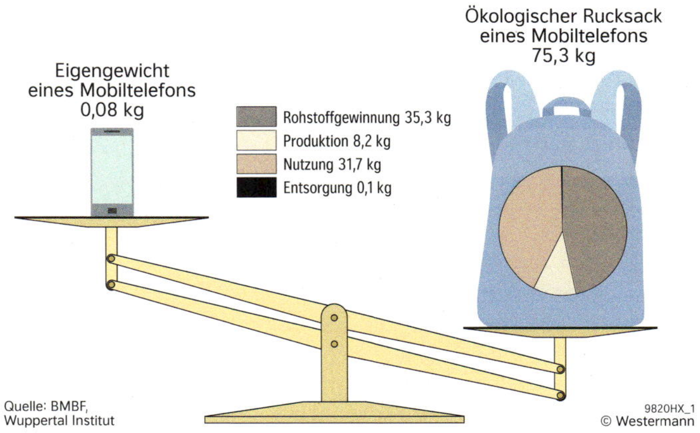

M 9 Ökologischer Rucksack Mobiltelefon

Globalisierung – Wirtschaft ohne Grenzen?

Internationale Wirtschaftsbeziehungen sind nichts Neues. Doch seit dem Ende des Zweiten Weltkriegs wuchsen die einst begrenzten Wirtschaftsräume zunehmend zu einem weltumspannenden System zusammen, in dem scheinbar nahezu alles überall und jederzeit produziert, gehandelt und konsumiert werden kann. Welche Auswirkungen hat der Globalisierungsprozess auf das wirtschaftliche Handeln wirklich?

1 Analysieren Sie die Definition der Globalisierung (M1).
2 Stellen Sie Vorteile, Hindernisse und Probleme des Freihandels dar (M2 – M4).
3 Erklären Sie den Begriff Global Player und damit verbundene Probleme (M5, M8, M9).
4 Stellen Sie mögliche Standortentscheidungen z.B. für ein neues Automobilwerk vor dem Hintergrund der globalisierten Weltwirtschaft dar.
5 Erläutern Sie das Phänomen der Terms of Trade im Vergleich von Neuseeland, China und Pakistan (M6, M7, M10).

Globalisierung ist ein primär wirtschaftliches, Wachstum generierendes, Wohlstand verheißendes weltweit präsentes Phänomen. Es findet Niederschlag in der Entgrenzung der Finanz-, Waren-, Arbeits-, Rohstoff- und Produktionsmärkte sowie der Gültigkeit von Wettbewerb, Privatisierung und Deregulierung. All dies schläg sich in weltweit technologischen Netzwerken, in Transport-, Produktions- und Informationssystemem, in einem supranationalen, politischen Zusammenspiel und in der Ubiquität (lat.: überall vorkommen) von alltäglichen Lebensweisen, Konsumverhalten und kulturellen Bedürfnissen nieder.

Quelle: Fred Scholz: Diercke-Spezial Globalisierung, Westermann, Braunschweig 2010, S. 11

M 1 Mögliche Definition des Begriffs Globalisierung

Die rasche, vor allem ökonomische Vernetzung der Welt wurde durch die enormen technologischen Fortschritte in der Logistik und Kommunikationstechnik sowie politische Entwicklungen wie z. B. das Ende des Kalten Krieges, die Erweiterung der EU, die Öffnung Chinas begünstigt.
Sie ist auch Ergebnis der seit den 1980er- Jahren in vielen Ländern verfolgten liberalen Wirtschaftspolitik mit einer Liberalisierung der Märkte durch Abbau von Zöllen und Sozialstandards, der Privatisierung staatlicher Betriebe (z. B. Verkehr), der Einrichtung von Freihandelszonen, die für ausländische Investoren attraktiv sind (z.B. in China, Indien).
Freihandel und internationale Arbeitsteilung sind so zu den wichtigsten Treibern der **Globalisierung** geworden. Aufgabe der **Welthandelsorganisation WTO** ist es, Handelshemmnisse zu verringern und bei Handelsstreitigkeiten zu schlichten.

M 2 Basisinformation

Der Nationalökonom Adam Smith zeigte mit seiner Theorie der absoluten Kostenvorteile, dass alle am Handel Beteiligten von diesem profitieren, wenn sie sich auf das Gut spezialisieren, das sie am günstigsten produzieren können. Voraussetzung dafür ist der Freihandel, ein nicht durch Zölle oder Ähnliches behinderter Austausch.
Nach der Theorie der komparativen Kostenvorteile von David Ricardo lohnt sich der Außenhandel auch dann, wenn sich jedes Land auf die Herstellung von Gütern spezialisiert, für die es den vergleichsweise geringsten Arbeitsaufwand benötigt und alle anderen Güter im freien Handel erwirbt. In beiden Fällen führt die Spezialisierung und Arbeitsteilung zu einer Leistungssteigerung und Wohlstandsmehrung bei allen Handelspartnern. Dies bedeutet allerdings auch, dass bei freiem Spiel der Marktkräfte bestimmte Branchen oder Standorte in Ländern aufgegeben werden müssen.

M 4 Freihandelstheorien

1043HX_3

	Land A		Land B	
Arbeitskräfte	200		100	
Bedarf	600 Käse, 600 Brote		1000 Käse, 1000 Brote	
Situation 1	**Käse**	**Brote**	**Käse**	**Brote**
Arbeitskräfte	150	50	50	50
Produkte je Arbeitskraft	4	12	20	20
Produkte insgesamt	600	600	1000	1000
Wert pro Stück	9,00 €	4,00 €	9,00 €	4,00 €
Erlöse	5 400,00 €	2 400,00 €	9 000,00 €	4 000,00 €
Situation 2		**Brote**	**Käse**	
Arbeitskräfte		200	100	
Produkte je Arbeitskraft		12	20	
Produkte insgesamt		2400	2000	
Wert pro Stück		3,80 €	8,60 €	
Erlöse		9120,00 €	17 200,00 €	

Gesamtproduktion (in Stück) – Situation 1

Käse	Brote
1600	1600

Erlöse – Situation 1

Land A	Land B	Summe
7 800,00 €	13 000,00 €	20 800,00 €

Gesamtproduktion (in Stück) – Situation 2

Käse	Brote
2000	2400

Erlöse – Situation 2

Land A	Land B	Summe
9120,00 €	17 200,00 €	26 320,00 €

M 3 Theorie der komparativen Kostenvorteile

Globalisierung bezeichnet einerseits den Übergang vom Außenhandel zu einer global organisierten Produktion, andererseits die Etablierung eines **Weltmarktes** durch eine umfassende Echtzeitkommunikation, dessen Anforderungen bzw. Chancen das wirtschaftliche Handeln an jeder Stelle des Globus beeinflussen [...].
Durch den Abbau von Handelshemmnissen und die freie Konvertierbarkeit von Währungen ist ein den Erdball umgreifender Wirtschaftsraum entstanden, in dem transnationale Unternehmen agieren, die die Vor- und Nachteile der verbliebenen Nationalökonomien ins Kalkül ziehen und für ihre Verwertungsstrategie ausnutzen; Einkauf von Komponenten dort, wo die Arbeitskraft und das Material am billigsten sind (**Global Sourcing**); Versteuerung dort, wo die Steuern am niedrigsten sind; Verkauf dort, wo die Preise am höchsten sind – verbunden mit hoher Mobilität und Flexibilität, um sich wandelnden Bedingungen anzupassen.
Transnationale Unternehmen, die Global Player, beherrschen einen gewichtigen Teil der weltweiten industriellen Produktion (z.B. Automobile), aber in der postindustriellen Ökonomie – wie z.B. [...] im Bereich der Finanzdienste – haben sie eine noch größere Bedeutung, weil sich neue Zweige dieser Branchen von vornherein als globale Industrien konstituieren.

Quelle: Hartmut Häußermann: Großstadt. Springer, Heidelberg 2000, S. 79/80

M 5 Globalisierung und Global Player

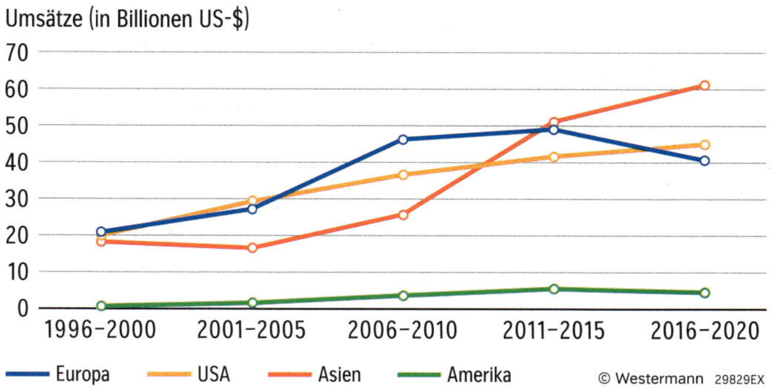

M 8 Wirtschaftliche Einnahmen nach Regionen

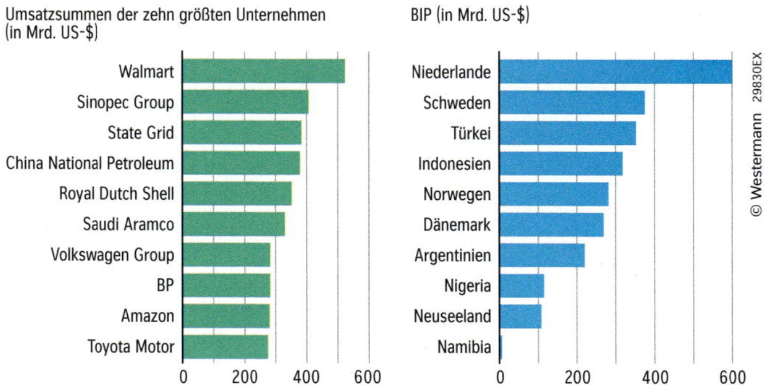

M 9 Globale Player und Staaten im Vergleich (2020)

In den 1940er-Jahren erschienen erstmals Aufsätze über die Nachteile von Ländern, die in erster Linie Rohstoffe exportieren. Sie stellten dar, dass diese Staaten ein schlechteres Handelsverhältnis haben als diejenigen Länder, die verarbeitende Güter ausführen. Die entscheidende Ursache dafür ist, dass die Preise von Fertigwaren in den letzten Jahrzehnten tendenziell stark bzw. stärker steigen, als die eher gleichbleibenden, oft sogar sinkenden Rohstoffpreise.
Dieses Phänomen wird auch als Terms of Trade bezeichnet. Es gibt an, wie viele Importgüter ein Land im Austausch für seine Exporte erhält, z.B. wie viel Baumwolle exportiert werden muss, um sich von den Erlösen neue Maschinen kaufen zu können.

M 6 Terms of Trade

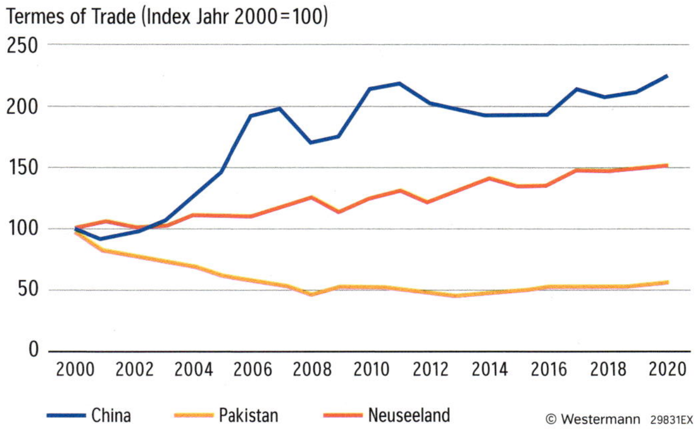

M 10 Terms of Trade im Vergleich

	Neuseeland	China	Pakistan	Deutschland
Exporte (in Mrd. US-$)	39,5	2498,6	23,7	1493,3
Importe (in Mrd. US-$)	42,3	2068,9	50,1	1239,9
Anteile am Export (in %)				
Rohstoffe	34,30	1,70	10,90	2,51
Zwischenprodukte	28,90	16,30	24	18,70
Konsumgüter	26,40	36,10	61,10	34,80
Investitionsgüter	7,30	45,50	3,90	40,13
Anteile am Import (in %)				
Rohstoffe	10,30	27,10	19,60	9,42
Zwischenprodukte	15,40	19,70	24,50	18,71
Konsumgüter	42,80	13,90	31,90	34,60
Investitionsgüter	30,40	38,70	20,80	30,70

Quelle: Weltbank 2022

M 7 Außenhandel im Vergleich

Globalisierung und Welthandel

Die Entwicklung der Transporttechnik bei gleichzeitiger Senkung der Transportkosten in den letzten Jahrzehnten ermöglicht heute den Warenhandel zwischen allen Regionen der Erde. Von welchen weiteren Faktoren hängt der Rohstoffhandel heute noch ab?

1. Beschreiben Sie die Entwicklung der globalen Warenproduktion und des globalen Warenexports (M1).
2. Stellen Sie die Entwicklung der globalen Warenexporte und der Transportkosten nach Produkten dar (M2, M3, M5).
3. Erläutern Sie die Bedeutung der WTO (M4).
4. **a)** Erklären Sie die Situation des Rohstoffhandels aus Sicht Deutschlands (M7).
   b) Analysieren Sie die Rohstoffsituation nach Länderrisiko (M6).
5. Beurteilen Sie vor dem Hintergrund des Lieferkettensorgfaltsgesetzes und dem Beispiel Codelcos die Einfuhr von Kupfer aus Chile (M8, M9).

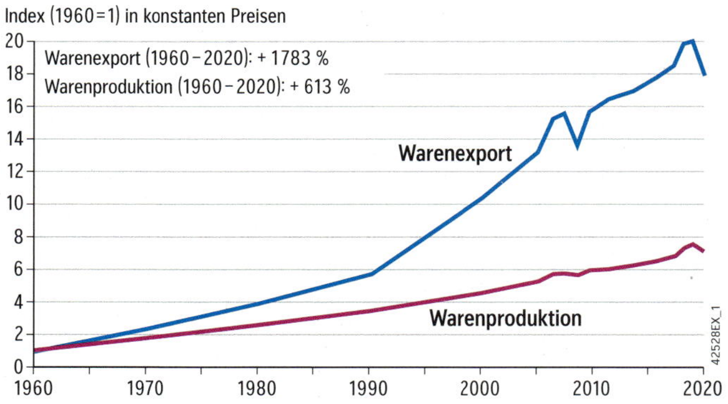

M1 Globale Warenproduktion und Warenexport

Die rasante Entwicklung des Welthandels stellt ein wesentliches Element der Globalisierung dar. Die ökonomische Vernetzung der Welt wurde gefördert durch technologische Fortschritte in den Bereichen Transport, Kommunikation und Logistik. Die deutliche Erhöhung der Transportgeschwindigkeit und sowie der Reichweite der Transportmittel war die technische Voraussetzung für den rasanten Anstieg der globalen Warenexporte.
Die Reduzierung von Zöllen, die Ausweitung der Freihandelszonen sowie die anwachsenden Kapitalmengen waren und sind die weiteren Triebfedern des internationalen Warenaustauschs. Dies ermöglichte die Entstehung **globaler Warenketten** mit weltweiter Arbeitsteilung, Produktionsstandorte und Lieferketten. Die Vernetzung führte und führt einerseits zum globalen Wirtschaftswachstum, verstärkt andererseits gegenseitige Abhängigkeiten. Störungen im Welthandel, wie z. B. während der Corona-Krise, haben weitreichende Folge für Liefer- und Empfängerländer.

M2 Basisinformation

1948 schlossen 44 Staaten das GATT-Abkommen (General Agreement on Tariffs and Trade) ab, um Handelshemmnisse abzubauen, insbesondere durch Abbau von Zöllen und mengenmäßige Importbeschränkungen. Zur letzten GATT-Verhandlung wurde das Welthandelssystem grundlegend reformiert, was in den seit 1995 geltenden Regeln der „Neuen Welthandelsordnung“ mündete. Seitdem ist die „Neue Welthandelsorganisation“ WTO die Nachfolgerin der GATT-Runden. Sie ist eine durch die UN legitimierte Sonderorganisation für den internationalen Handel. Ihre Aufgaben sind:

- Abbau von Handelshemmnissen mit dem Ziel, die Integration wirtschaftlich schwächerer Länder in die Weltwirtschaft zu verbessern;
- Überwachung der WTO-Abkommen
- Streitschlichtung im Falle der Verletzung von Abkommen.

Sie kann dabei keine Kredite vergeben oder politische Auflagen machen, wohl aber bei Vertragsverletzungen Strafen verhängen. Der WTO gehören heute 164 Staaten an, 21 Länder befinden sich im Beitrittsverfahren.

M4 Die Welthandelsorganisation WTO

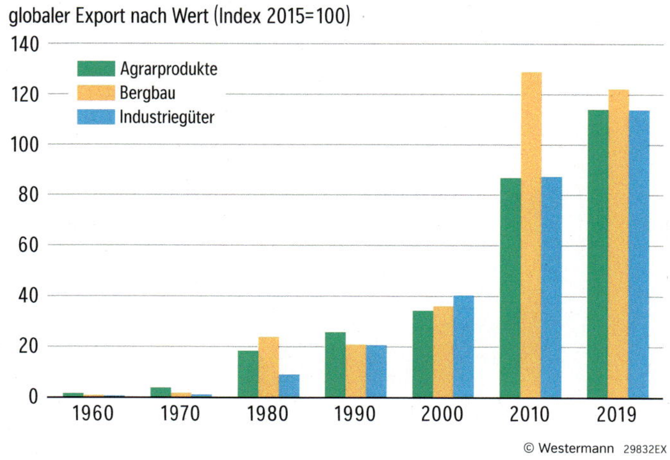

M3 Globale Exportstruktur

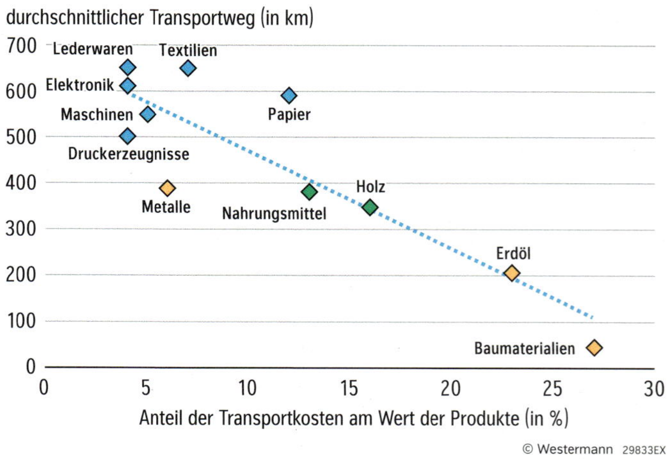

M5 Rohstoffhandel und Transportkosten

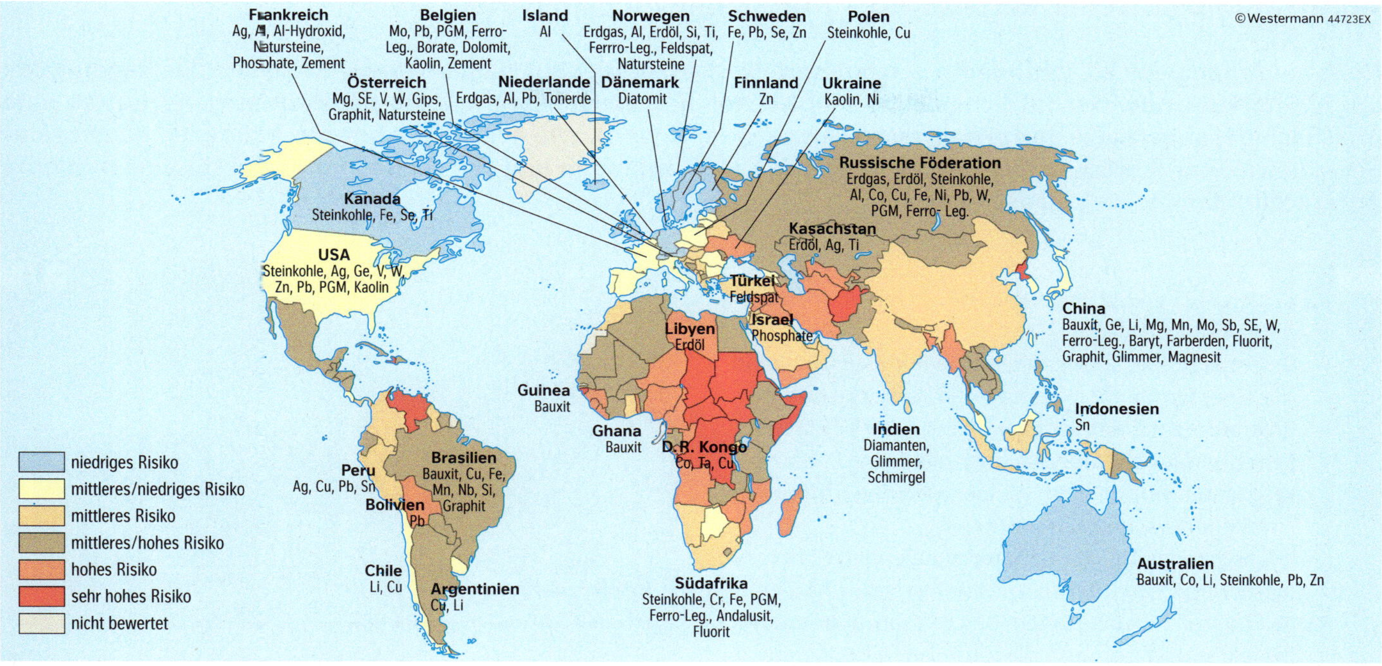

M 6 **Rohstoffe und Länderrisiko 2021**

Für viele Rohstoffe liegen die aktuell nutzbaren Lagerstätten nicht in Europa, weil sie nur in bestimmten geologischen Strukturen in förderwürdiger Form vorkommen, etwa, weil eine ausreichend hohe Konzentration der Rohstoffe in der Lagerstätte erforderlich ist. Bei einigen Rohstoffen führt dies zu einer hohen Konzentration der Förderung auf wenige Länder. Gerade bei Rohstoffen mit einer hohen und spezifischen technologischen Bedeutung – wie z. B. seltene Erden, Lithium oder Kobalt – sind Deutschland und Europa heute fast vollständig auf Importe aus anderen Ländern angewiesen. Allerdings zeichnet sich bei einigen der Rohstoffe, für die in Zukunft weiter deutlich zunehmende Abbaumengen prognostiziert werden, eine Diversifizierung der Abbauländer ab. So werden z. B. für Lithium nennenswerte zukünftig förderwürdige Mengen in Deutschland verortet.
Viele außereuropäische Länder müssen in Bezug auf interne und externe Konflikte, Rechtsstaatlichkeit, Korruption sowie ihre politische und wirtschaftliche Stabilität als Risikoländer eingestuft werden. Die mögliche Eskalation interner und externer Konflikte zu Kriegen und Bürgerkriegen bedrohen die Rohstoffgewinnung und -lieferung. Mangelnde Rechtsstaatlichkeit sowie politische und wirtschaftliche Instabilität sind ein Risiko für die Investitionen in die Rohstoffförderung. Häufig kommt eine mangelhafte und störanfällige Transportinfrastruktur hinzu. Es drohen willkürliche Steuern, Abgaben oder Zölle. Eingriffe in bestehende Verträge sind nicht ausgeschlossen.
Zunehmend spielt die Gefährdung von Menschenrechten, Sozial- und Umweltstandards eine Rolle für die Beschaffung von Rohstoffen oder Vorprodukten in der Industrie. Für Bergbauunternehmen und die weiterverarbeitende Industrie bestehen hier zunehmende Risiken für die Reputation des Unternehmens. […] Das neue Lieferkettensorgfaltspflichtengesetz (LkSG) verpflichtet bestimmte Unternehmen in Zukunft zur Einführung eines auf diese Risiken abzielenden Risikomanagementsystems."

Quelle: vbw (Hg.): Rohstoffsituation der bayerischen Wirtschaft. Vereinigung der BayerischenWirtschaft, München, 2021, S. 12f.

M 7 **Rohstoffhandel aus Sicht Deutschlands und Europas**

Reserven (2020): 870 Millionen Tonnen
Kupferproduktion (2020): 21 Millionen Tonnen
Preisentwicklung: 6050 US-$ in 2018 / 9320 US-$ in 2021
Abbau: fünf Länder produzieren 60% allen Kupfers
Substitutionsmöglichkeiten: kann in bestimmten Verwendungen durch andere Stoffe ersetzt werden
Zukunftsrelevanz: hoch für Zukunftstechnologien, Elektroindustrie, Bau, Maschinenbau, Windkraft

M 8 **Steckbrief: Rohstoff Kupfer**

Bis 2020 sollen fünf Prozent der Produktion von Codelco nachhaltig und sozial verantwortlich werden, bis 2040 sogar 100 Prozent. Was das konkret bedeutet? „Es soll keine Unfälle mehr geben", erklärt Nachhaltigkeitsmanager Perez: „Wir wollen einen positiven Einfluss auf die umliegenden Gemeinden ausüben. Inklusion ist ein weiterer Punkt, nicht nur von Frauen, sondern auch von Personen aus anderen Ländern. Der Respekt von Menschenrechten. Keine Kinderarbeit. Die gibt es zwar in Chile nicht, aber das soll ein internationaler Standard werden. Die CO_2-Bilanz. Codelco soll 100 Prozent seines Energieverbrauchs aus erneuerbaren Energien beziehen."
Nicht nur edle Gesinnung bringt Codelco auf den Nachhaltigkeits-Kurs. Die Kunden bestehen zunehmend darauf, dass ihre Lieferanten ökologisch und sozial eine weiße Weste haben. Anfang des Jahres hat Codelco eine Kooperation zur nachhaltigen und transparenten Kupferbeschaffung mit BMW vereinbart. Unumstritten ist der Staatskonzern mit den guten Absichten und den glänzenden Geschäftsaussichten aber nicht. Manuel Agusin ist der Dekan der wirtschaftswissenschaftlichen Fakultät der Universidad de Chile. Er kritisiert, dass Codelco Kupfer lediglich als Rohstoff exportiert, anstatt sein Potenzial für den Aufbau einer nationalen Industrie zu nutzen.

Quelle: Sophia Boddenberg: Kupfer mit grünem Anstrich. www.deutschlandfunk.de, Deutschlandradio, Köln 15.06.2018

M 9 **Rohstoffhandel aus Sicht Deutschlands und Europas**

Agrarraum tropischer Regenwald – Potenziale im Ökosystem

Noch am Anfang des 20. Jahrhunderts schlossen Wissenschaftler aus dem üppigen Wachstum des Regenwalds auf ein hohes landwirtschaftliches Ertragspotenzial. Sie wussten nicht, dass die Bodeneigenschaften eine großflächige, dauerhafte und ertragreiche Nutzung verhindern. Wie gelang es aber den indigenen Regenwaldbewohnern über Jahrtausende, ihre Nahrungsmittel zu erzeugen und wie ist das Potenzial für eine moderne Agrarproduktion heute einzuschätzen?

1 **a)** Vergleichen Sie einen Regenwald mit Wald in der gemäßigten Zone (M1).
b) Erklären Sie: „Der Laubwald in Mitteleuropa kann mit einer Firma mit mächtiger Kapitaldecke und mäßigem Umsatz, der Regenwald mit einer Firma mit sehr dünner Kapitaldecke, aber riesigem Umsatz verglichen werden. Eine Wirtschaftskrise trifft beide Firmen unterschiedlich" (M2–M4).
c) „Regenwaldbäume haben normalerweise keine Jahresringe." Erläutern Sie diese Aussage (M5).

2 **a)** Erklären Sie das System des Brandrodungswanderfeldbaus als eine an die natürlichen Bedingungen des Regenwaldes angepasste Landnutzungsform (M6–M8).
b) Bewerten Sie: „Shifting Cultivation ist keine nachhaltige Landnutzungsform."

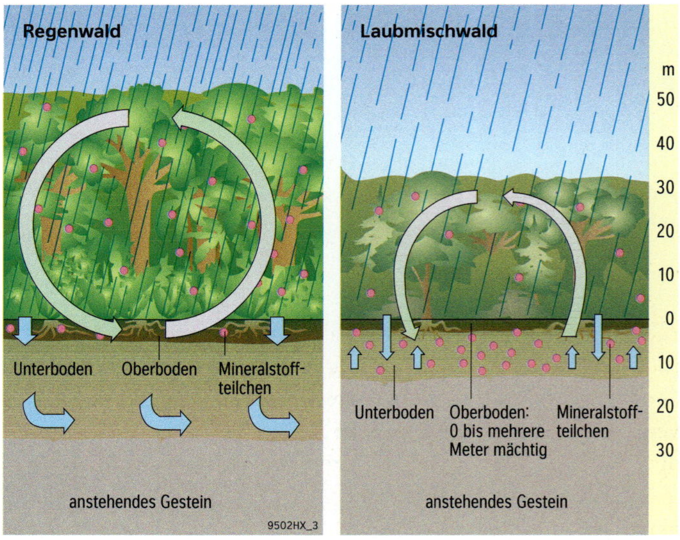

M 1 **Regenwald und Laubmischwald im Vergleich**

Der Amazonasregenwald ist nach dem borealen Nadelwald das zweitgrößte zusammenhängende Waldgebiet der Erde. Das äquatoriale Klima lässt ein ganzjähriges Pflanzenwachstum mit einer riesigen Artenvielfalt zu. Der tropische Regenwald weist einen typischen Stockwerkaufbau auf, in dem sich die Umweltbedingungen rasch und deutlich ändern. Während z. B. die Baumkronen der bis zu 60 Meter hoch aufragenden Baumriesen mit den hohen Tagesschwankungen der Temperatur zurechtkommen müssen, sind die Lebensbedingungen für Pflanzen am Waldboden nahezu konstant. Letztere müssen jedoch mit extrem wenig Sonnenlicht auskommen. Ganzjährig fallen im tropischen Regenwald riesige Mengen toten organischen Materials an. Da es keine Periodizität von Pflanzenwachstum und Pflanzenruhe gibt, erfolgt der Laubabwurf in keinem erkennbaren Rhythmus. Obwohl die Böden sehr mineralstoffarm sind, existiert der Amazonasregenwald seit Jahrtausenden in diesem Gebiet. Durch den kurzgeschlossenen Mineralstoffkreislauf ist fast der gesamte Nährstoffvorrat in den Pflanzen gespeichert.

M 2 **Basisinformation**

Der Latosol (auch Roterde oder Ferralsol) ist der vorherrschende Bodentyp der humiden Tropen. Aufgrund hoher Temperaturen und starker Durchfeuchtung des Bodens wird die reichlich anfallende organische Substanz in weniger als einem Jahr von Termiten, Würmern und vor allem Pilzen zersetzt, sodass der Oberboden nur eine gering mächtige Humusschicht besitzt. Darunter ist der Boden intensiv chemisch verwittert und mehrere Zehnermeter mächtig. Latosole verfügen nur über eine geringe Kationenaustauschkapazität, können daher nur schlecht Pflanzennährstoffe speichern und sind demnach relativ unfruchtbar. Dennoch gehört der auf den Latosolen wachsende Regenwald zu den produktivsten Vegetationsformationen.
Das Geheimnis liegt im Wurzelsystem und dem sogenannten kurzgeschlossenen Mineralstoffkreislauf. Selbst die bis zu 80 m hoch aufragenden Baumriesen besitzen kein tiefgründiges, dafür aber ein sehr dichtes Wurzelwerk. Nur Böden in Schwemmländern oder Vulkangebieten besitzen günstigere Bedingungen.

M 4 **Bodeneigenschaften im tropischen Regenwald**

Intaktes Ökosystem

Quelle: nach Scholz, F. (2004), verändert © Westermann 6383HX_3

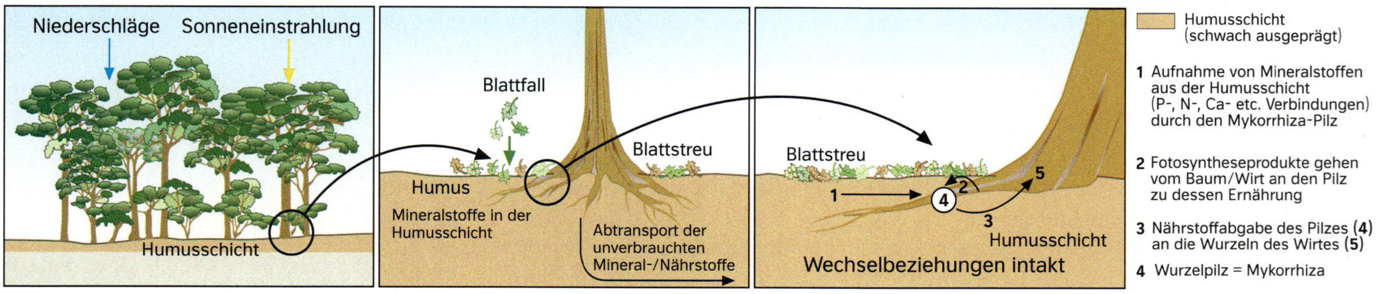

M 3 **Ökosystem und kurzgeschlossener Mineralstoffkreislauf**

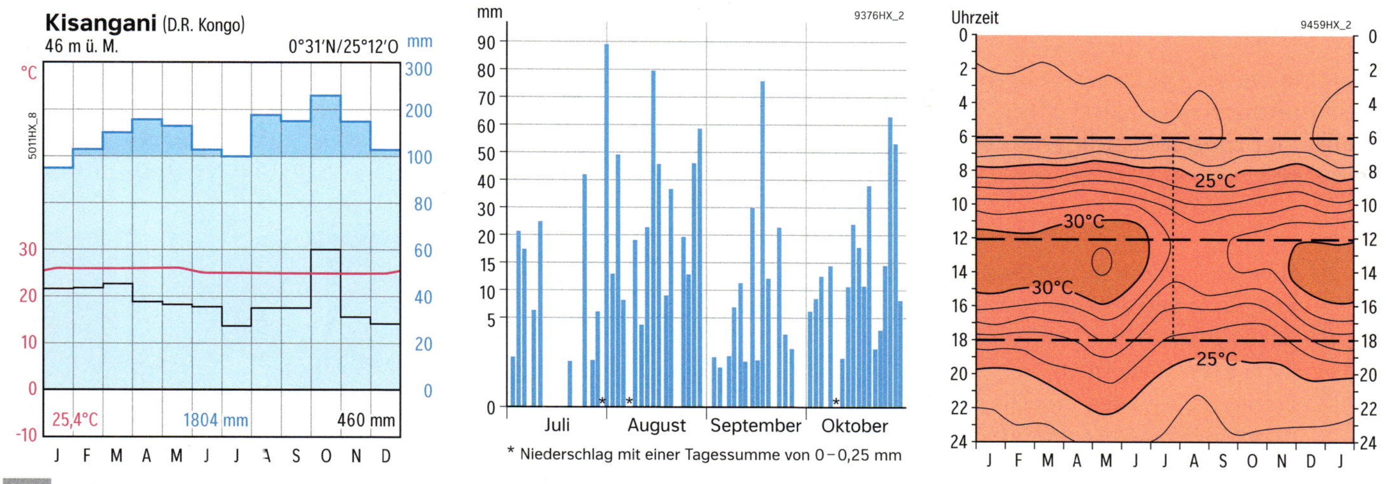

M 5 **Klimatische Merkmale in Kisangani**

Die indigenen Völker der Regenwaldgebiete haben mit dem Brandrodungswanderfeldbau (Shifting Cultivation) eine angepasste Landnutzungsform entwickelt. Um das Dorf werden für die Selbstversorgung notwendige Felder vorbereitet. Mit Haumessern wird das Unterholz beseitigt und bei größeren Bäumen die Versorgung mit Mineralstoffen durch Bearbeitung der Rinde unterbrochen. Nach einiger Zeit wird das etwas abgetrocknete Holz angezündet. Die Baumriesen bleiben stehen. Ihre Baumkronen schützen die Felder vor der hohen Sonneneinstrahlung und der Wucht der Niederschläge. Neben der Bereitstellung von Ackerfläche dient das Abbrennen der Verbesserung der Bodeneigenschaften und der kurzzeitigen Verdrängung von Schädlingen. Die Asche düngt den mineralstoffarmen Boden, erhöht den pH-Wert der sauren Böden und vergrößert damit die Ionenaustauschkapazität.

Da der Mineralstoffgehalt des Bodens und damit die Erträge kontinuierlich abnehmen, müssen immer wieder neue Ackerflächen geschaffen werden. Die kleinen Flächen, die stehengelassenen Bäume und der Einsatz der Hacke, die das Wurzelgeflecht der ehemaligen Vegetation nicht gänzlich zerstört, ermöglichen ein rasches Wiederbewachsen. Nach 10 bis 20 Jahren sind die aufgegebenen Felder vom Regenwald wieder völlig überwuchert.

M 6 **Traditioneller Brandrodungsfeldbau**

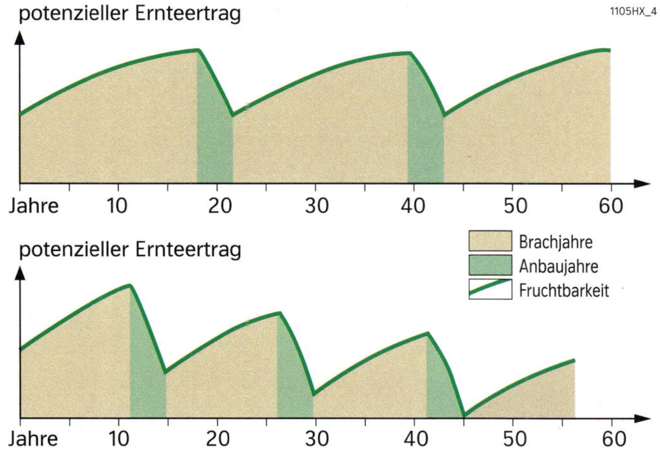

M 7 **Ernteerträge mit und ohne Brache**

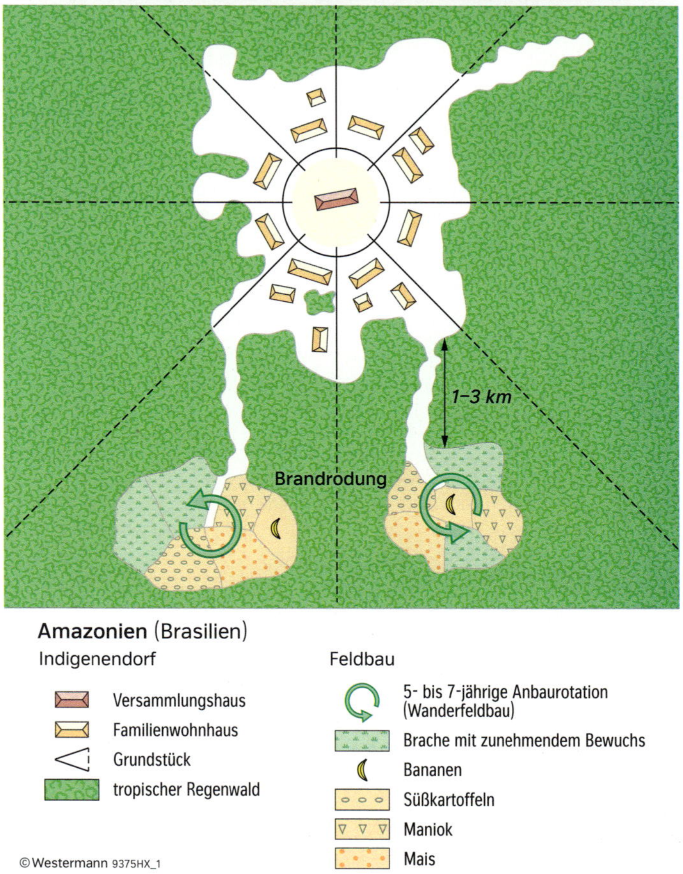

M 8 **Der traditionelle Brandrodungswanderfeldbau**

Agrarraum tropischer Regenwald – Erschließung Amazoniens

Alica Maciel de Souza war 15 Jahre alt, als Bulldozer ihr Dorf im Amazonasregenwald abrissen, um Platz für die neue Bundesstraße zu schaffen. Seitdem kämpft sie als Influencerin unter den Namen ihres Volkes Pataxó für die Rechte der rund 300 indigenen Volksgruppen in Brasilien. Wie stehen die Chancen, die Tradition in die Moderne zu retten?

1. Nennen Sie Gründe, die Alica Pataxó zu ihrem Blog inspirierte und ergänzen Sie eigene Bedenken (M1).
2. Beschreiben Sie die Verbreitung des Amazonastieflandes (M2, M3, Atlas).
3. Erstellen Sie zu den Ursachen der Raumerschließung Amazoniens eine Mindmap/Tabelle (M4, M7).
4. Beschreiben Sie die Regenwaldverluste (M5, M6).
5. Erläutern Sie Folgen einer weiteren Waldvernichtung für Natur und Menschen.
6. Beurteilen Sie die brasilianische Waldpolitik (M8, M9).
7. „Europa war vor dem Mittelalter fast vollständig mit Wald bedeckt, der später nahezu vollständig abgeholzt wurde." Erörtern Sie, ob die Regenwaldzerstörung vor diesem Hintergrund kritisiert werden darf.

M 1 Alica Pataxó – Influencerin

Das **Amazonastiefland** umfasst das Einzugsgebiet des Amazonas-Flusssystems, das über ein Fünftel des Süßwassers der Erde enthält. Neben Feuchtsavannen und Sumpfgebieten ist es vor allem durch den immergrünen tropischen Regenwald geprägt. Das Amazonastiefland gehört zu den artenreichsten Gebieten der Erde. Ein Viertel aller Tier- und Pflanzenarten der Erde leben hier. Wissenschaftler gehen davon aus, dass viele Spezies bis heute nicht entdeckt worden sind. Der Regenwald ist bis heute die Heimat von etwa 800 000 Einwohnern indigener Völker. Aber immer mehr Menschen ziehen in den dünn besiedelten Raum. Im brasilianischen Teil Amazoniens leben heute mehr als 33 Millionen Menschen, die meisten davon in Städten. Der Regenwald beeinflusst das Klima Südamerikas und spielt auch im weltweiten Klimageschehen eine wichtige Rolle. So führt die hohe Verdunstung der dichten Vegetation zur Wolkenbildung, die Niederschläge in angrenzende Regionen führen. Die Vegetation speichert große Mengen Kohlenstoffdioxid und ist so ein wichtiger Speicher dieses Treibhausgases, das für den weltweiten Temperaturanstieg mitverantwortlich ist.

M 2 Basisinformation

	Regenwaldfläche im km²	Anteil an der Landesfläche in %	Anteil am Amazonasregenwald in %
Bolivien	424 000	39	7,5
Brasilien	3.290 000	39	57,9
Ecuador	109 000	42	1,9
Französisch-Guayana	81 000	96	1,5
Guyana	151 000	70	2,7
Kolumbien	440 000	8	7,8
Peru	687 000	12	12,2
Suriname	148 000	90	2,2
Venezuela	352 000	38	6,3

Quelle: Amazonas Portal (Zugriff: 2022)

M 3 Staaten mit Anteil am Amazonastiefland

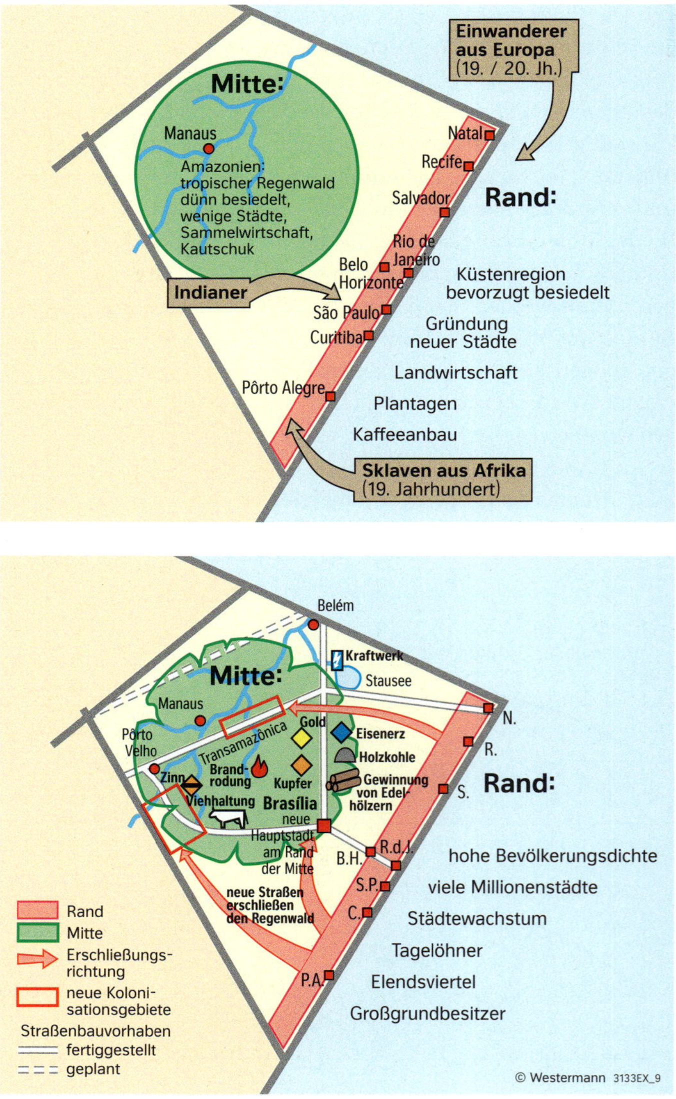

M 4 Amazonien um 1900 und 2020

M 5 **Regenwald heute**

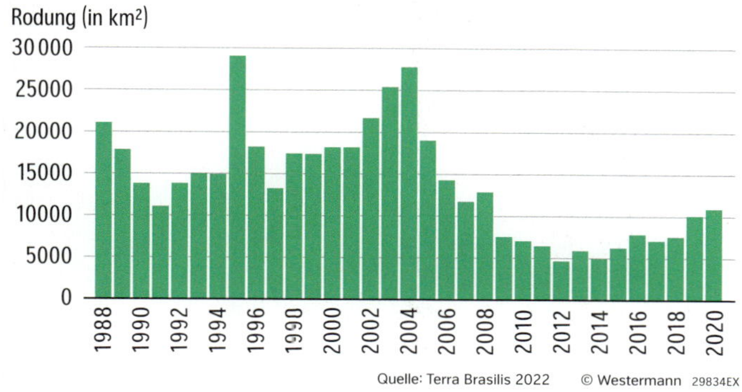

M 6 **Regenwaldrodung in Brasilien**

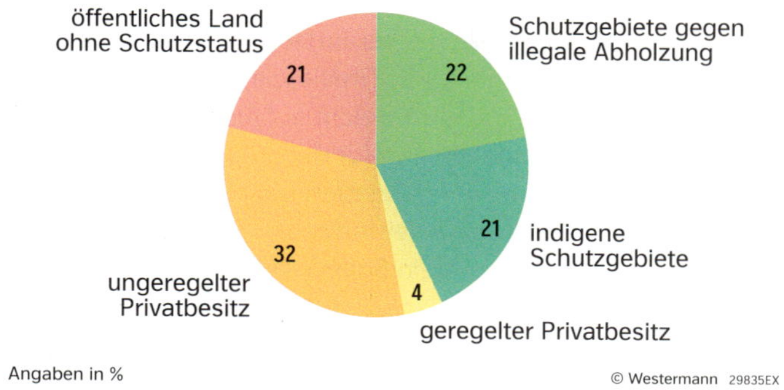

M 8 **Brasilien – Landbesitz und Schutzgebiete**

Voraussetzung für die Erschließung der Reichtümer Amazoniens war der Bau von Verkehrswegen. In den 1970er-Jahren wurde ein Straßennetz angelegt, dessen Hauptachse die Transamazonica ist. Die Anlage dieser 4500 km langen Straße quer durch den Regenwald, über Hunderte Flussarme und durch sumpfiges Gelände war eine große Leistung. Die brasilianische Regierung unterstützte in dieser Zeit die Ansiedlung von landlosen Kleinbauern entlang der neuen Magistrale. Im Zuge dieser als Agrarkolonisation bezeichneten Initiative erzielten die Neusiedler ein 100 ha großes Stück Land. Seitdem sind mehrere Hunderttausend Menschen nach Amazonien umgesiedelt. Aber die Böden sind für eine lang andauernde Nutzung nur an wenigen Stellen geeignet, sodass immer wieder Regenwaldflächen abgeholzt werden, um neues Ackerland zu gewinnen. Neben den meist völlig mittellosen Siedlern bewirtschaften auch Großgrundbesitzer mithilfe staatlicher Subventionen riesige Rinderweiden oder Sojaplantagen. Ein großer Teil der von ihnen erzeugten Lebensmittel wird exportiert. Ein großes Problem sind auch internationale Holzkonzerne, die tropische Hölzer schlagen und mit hohem Profit verkaufen. Halten sie sich nicht an die internationalen Regeln einer naturnahen Forstwirtschaft, hinterlassen sie mit den schweren Maschinen und großflächigen Abholzungen große Schäden. Zusätzlich öffnen sie durch den Bau von Holzabfuhrstraßen den Wald für die großflächige Besiedlung. Auch Großprojekte, wie der Bau von Wasserkraftwerken, sowie der Abbau vorhandener Bodenschätze, wie etwa Gold oder Bauxit, führen zur Zerstörung großer Regenwaldgebiete.

M 7 **Raumerschließung Amazoniens**

Inwieweit können politische Entscheidungen beim Regenwaldschutz helfen?
Das kann man sehr gut für den Zeitraum ab dem Jahr 2005 zeigen. Nicht nur das brasilianische Umweltministerium, sondern die gesamte Regierung machte sich die Bekämpfung der Regenwaldabholzung zu einer wichtigen Aufgabe. So gelang es, die Kontrollen deutlich zu verschärfen, Strafen für illegale Abholzungen wurden deutlich erhöht und deutlich größere Regionen als bislang unter Schutz gestellt. Das hat auch das Umweltbewusstsein der Bevölkerung gestärkt. Ein wichtiger Erfolg war auch die Einführung der 80-Prozent-Regel, nach der Landbesitzer nur 20 Prozent ihrer Fläche abholzen durften.

Der Abwärtstrend der Abholzung hat in den letzten Jahren abgenommen und sich sogar umgekehrt.
Auch hier spielen politische Entscheidungen eine Rolle. 2021 wurde das Waldgesetz verabschiedet. Zwar hat dieses die 80-Prozent-Klausel beibehalten, aber es sind viele Regeln eingeführt worden, die illegale Abholzungen und Landnahmen nachträglich legalisieren. So wurde z. B. eine Amnestie für alle Abholzungen bis zum Jahr 2008 festgelegt. Auch wird spätere illegale Entwaldung einfach vor 2008 datiert werden. In den letzten Jahren wurden die Mittel für das Umweltministerium sowie Kontrollbehörden gekürzt. Hinzu kommt, dass für große Gebiete die Besitzverhältnisse nicht geklärt sind. Schätzungen gehen von mehr als 700 000 km² solcher als „terras não designadas“ bezeichneten Flächen aus.

M 9 **Aus einem Interview zur Waldpolitik Brasiliens**

Agrarraum tropischer Regenwald – Superfood nachhaltig anbaubar?

Jaguare sind zwar etwas kleiner und langsamer als ihre afrikanischen Artverwandten Löwe und Tiger, aber dafür haben sie das kräftigste Gebiss aller Großkatzen. Sie können damit sogar die Panzer von Schildkröten knacken. Es gibt geschätzt 65 000 Tiere, die alle in den Regenwäldern zwischen Mexiko und Argentinien leben, die meisten davon in Brasilien. Ihr Bestand hat in den letzten 20 Jahren um bis zu einem Viertel abgenommen. Großwildjäger jagen sie, aber auch Bauern, die Angst um ihren Viehbestand haben. Aber sollen auch unsere Grillpartys für den Rückgang dieser Tiere verantwortlich sein?

1 **a)** Beschreiben Sie die Entwicklung der Soja-Produktion (M4).
b) Begründen Sie, weshalb der Sojaanbau in Brasilien besonders günstig möglich ist (M2, S. 78/79, Atlas).

2 Überprüfen Sie, ob der Sojaanbau in Amazonien nachhaltig ist (M2 – M7).

3 **a)** Beschreiben Sie die Nutzung in Santiago del Estero (Atlas).
b) Analysieren Sie die Veränderungen durch Sojaanbau mit Google Earth Timelapse (Internet).

4 Beurteilen Sie, ob ein Verzicht auf Fleischprodukte eine nachhaltige Lösung für die negativen Folgen des Sojaanbaus in Amazonien sein kann

5 Arbeiten Sie anhand der Inhaltsstoffliste heraus, in welchen Lebensmitteln Soja verarbeitet ist (Internet).

M 1 Jaguar im Amazonasregenwald

Kuhmilchersatz für den Frühstückskakao oder Kaffee, Tofu oder Fleischersatzprodukte: Seit einigen Jahren ist ein wachsender Trend zu vegetarischer und veganer Ernährung zu beobachten. Seitdem steigt auch die Nachfrage nach Sojabohnen als Grundlage für viele auf pflanzlicher Basis hergestellte Lebensmittel.
Die Sojabohne ist eine einjährige strauchige Pflanze. Sie liebt hohe Temperaturen, viel Feuchtigkeit und Tageslängen von max. 14 Stunden, da sie zu den Kurztagpflanzen gehört. Sie hat von allen Bohnenarten den mit Abstand höchsten Eiweißgehalt.
Dass Soja in den letzten Jahrzehnten zum wichtigsten globalen Agrarrohstoff aufstieg, hat weniger mit neuen Ernährungsgewohnheiten, sondern vor allem mit der Entwicklung der Massentierhaltung für die Fleisch- und Milchproduktion in Europa, Asien und Nordamerika seit den 1950er-Jahren zu tun. Den wachsenden Bedarf deckten zunehmend südamerikanische Staaten, die über günstige Anbaubedingungen verfügen und deutlich billiger als die bis dahin führenden Sojaexporteure produzieren konnten.

M 2 Basisinformation

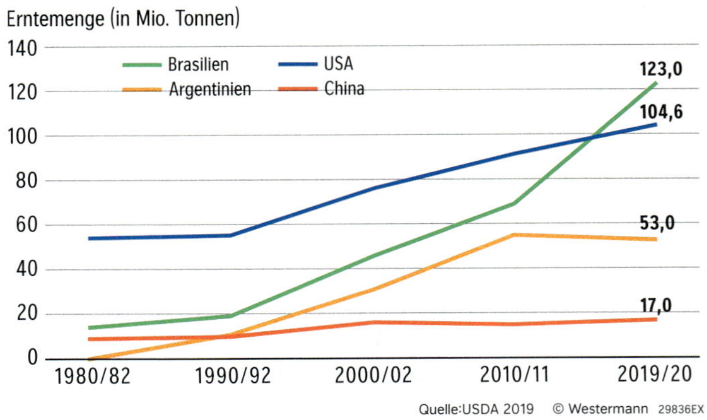

M 4 Global führende Sojaproduzenten

Keimung	Laubentwicklung	Blühbeginn	Samenbildung in den Hülsen	Kornfüllung	Bohnenreife und Ernte
6 Tage	12 Tage	60 Tage	79 Tage	85 Tage	89 Tage

M 3 Sojabohnen – von der Aussaat bis zur Ernte

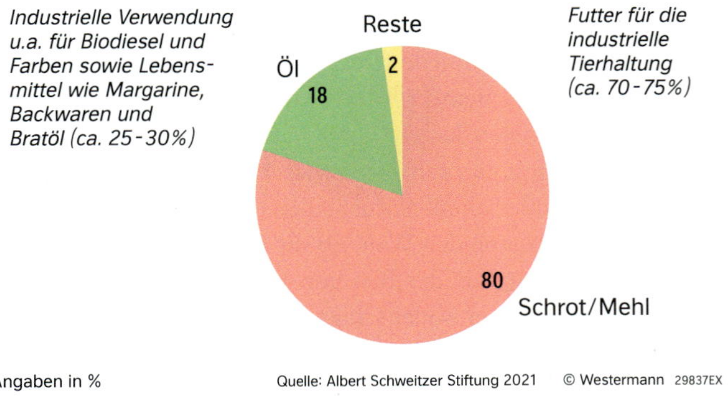

M 5 Verwendung von Soja

Link
WES-149983-082

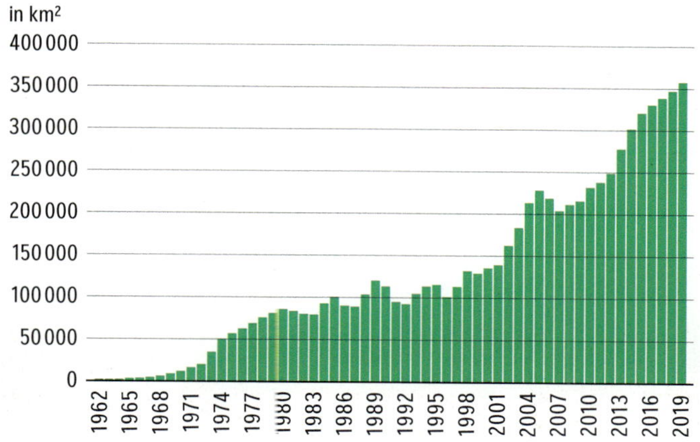

Quelle: Terra Brasilis 2022 © Westermann 29838EX

M 6 Soja-Anbaufläche Brasilien (1961 – 2019)

M 9 Sojafeld im Regenwald

Drei bis vier Hektar hat Numeriano de Castro in diesem Jahr bepflanzt. Dazu besitzt er ein paar Kühe, Schweine und Hühner. Für die zehnköpfige Familie reiche das aus. Und bis vor einigen Jahren sei er mit dem Leben hier zufrieden gewesen, so der 44jährige Bauer.

Das Problem sei die Plantage eines Großgrundbesitzers, die bis an den Rand des Tales heranreiche. Vor drei Jahren habe der rund um das Tal herum alles mit Soja bepflanzt. Nun erodiere der Boden. Bäche und Quellen seien mit Pestiziden belastet.

„Die Sojaplantagen belasten hier alles. Die herabfließende Erde verstopft unsere Bäche und zerstört unser Sumpfland. Das Wasser ist voller Gifte. Dadurch sterben unsere Tiere und auch unsere Gesundheit ist bedroht."

Tausende Hektar besitzt der Soja-Anbauer. Wo einst subtropische Wälder standen, erstrecken sich riesige Monokulturen. Nicht mehr mit dem Traktor, sondern mit dem Flugzeug werden Pestizide gesprüht. Mehrmals in der Saison. So oft, dass in vielen Flussläufen die Fische hoch belastet sind. Doch wer sich hier im Süden Maranhaos, rund um die Stadt Balsas herum, beschwert, lebt gefährlich. Die großen Soja-Produzenten bestimmen Wirtschaft, Politik, Verwaltung und Justiz, wie Joao Fonseca, ein Kleinbauernvertreter, deutlich macht.

„Ich streite mich mit einem holländischen Soja-Unternehmen um mein Land, das ich seit 20 Jahren besitze. Aber plötzlich kommt diese Firma und hat einen Besitztitel und vertreibt mich. So geht es vielen hier." […]

Balsas, Soja-Hauptstadt im Süden Maranhaos. Hier wird ein Großteil Soja verarbeitet und geht dann über den Küstenhafen Sao Luis nach Europa. Doch nur wenige der 60 000 Einwohner arbeiten in den Soja-Unternehmen. Viele sind land- und arbeitslos, so der Kleinbauer Joao Fonseca.

„Nehmen wir ein Beispiel: Durch ein großes Soja-Unternehmen hier wurden 200 Bauernfamilien enteignet. 800 Menschen haben dadurch ihr Land und ihre Arbeit verloren. Und das Unternehmen beschäftigt heute gerade einmal 94 Personen." […]

Und weil die Regierung große Wassertransportstraßen für Soja plant. Eine davon würde das größte und wohl schönste Feuchtgebiet der Erde, das Pantanal, bedrohen.

„Das Pantanal würde schnell viel Wasser verlieren. Bisher funktioniert das Gebiet wie ein Schwamm, der große Mengen Wasser aufnimmt und einen Lebensraum für eine Vielzahl von Tieren schafft. Die Wasserstraßen entziehen dem Pantanal das Wasser. Einige Gebiete würden austrocknen, andere zu wenig Wasser zurückbehalten." […]

Quelle: Uwe Pollmann: Soja-Boom in Brasilien. www.deutschlandfunk.de, Deutschlandradio, Köln, 28.12.2002

M 7 Radiofeature zum Soja-Anbau

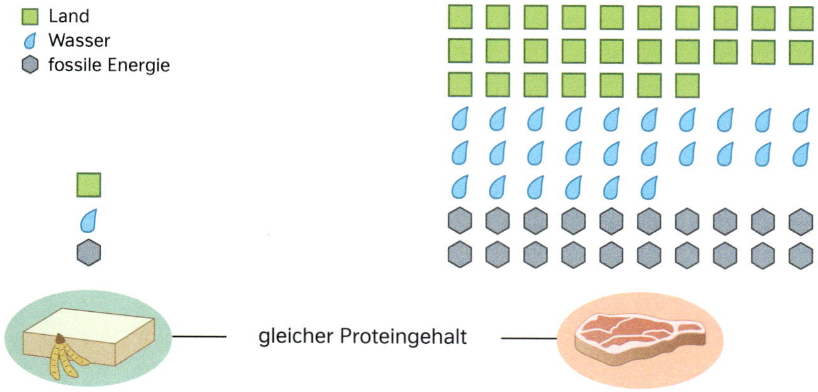

Quelle: Ecologic Institute 2019 © Westermann 29848EX

M 8 Soja- und Fleischproduktion im Vergleich

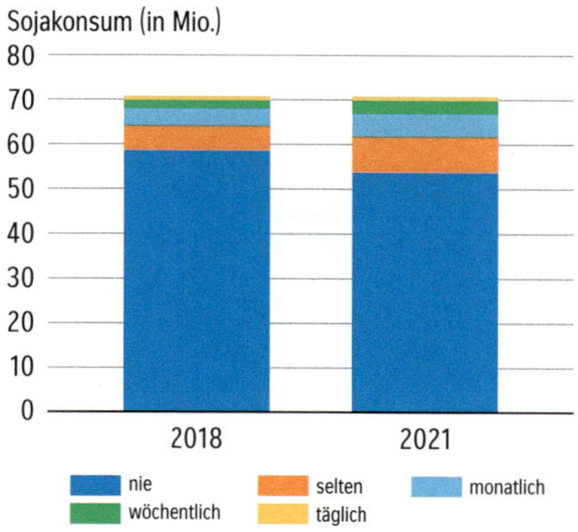

© Westermann 29843EX

M 10 Umfrage: Nutzung von Sojamilchprodukten in Deutschland

Agrarraum tropischer Regenwald – Perspektiven zum Soja-Highway

Der Großteil des in Brasilien produzierten Sojas wird auf dem Weltmarkt verkauft. Der Transport aus den Anbauregionen zu den Exporthäfen, wo das Soja mit großen Frachtschiffen zu den Verbrauchermärkten verschickt wird, erfolgt zum größten Teil per Lkw. Der Zustand der Infrastruktur ist unzureichend und die Kapazitäten mittlerweile erreicht. Der weitere Ausbau des Straßennetzes sowie der Bau einer Eisenbahnstrecke ist geplant. Wie reagieren verschiedene Akteure im Mato Grosso auf diese Pläne?

1 Beschreiben Sie die regionale Verteilung der Sojaproduktion sowie deren Transportwege zu den Exporthäfen (M1, M2, M4, M5).

2 **a)** Stellen Sie die geplanten Entwicklungen der Transportinfrastruktur in Mato Grosso aus verschiedenen Perspektiven dar. Ordnen Sie dazu die Materialien den vier Raumkonzepten – Raum als Container, Beziehungsraum, wahrgenommener Raum, konstruierter Raum – zu (M6 – M11).

b) Beurteilen Sie die Nachhaltigkeit des Ausbaus des Soja-Highways bzw. des Baus der Ferragrão.

M 1 **Der Soja-Highway BR-163 während der Regenzeit**

M 2 **Soja-Anbau nach Regionen 2019/2020**

Exporthäfen	Durchschnittliche Entfernung von Mato Grosso in km	Frachtpreis/Tonne pro 100 Meilen in US-$
nach Santos	1 190	3,30
nach Paranaguá	1 262	3,10
nach Rondonópolis	382	5,40
nach Itaituba	672	5,80
nach Porto Velho	632	6,20
nach Santarém	876	4,40

Durchschnittliche Transportpreise für Lkw in US-$ pro Tonne pro 100 Meilen		
2018	2019	2020
8	6	5

M 4 **Entfernung und Frachtpreise**

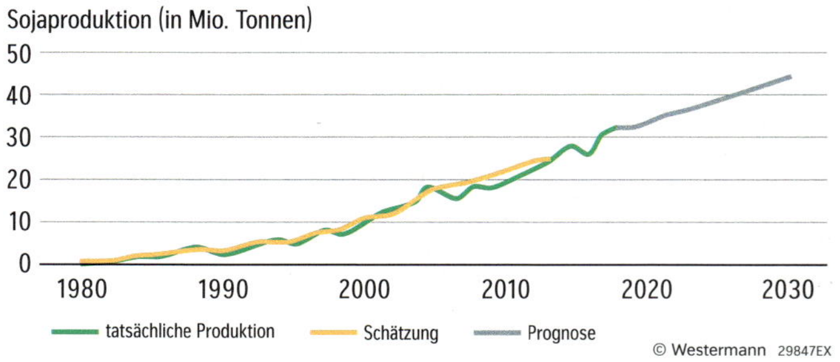

M 5 **Soja-Produtkion im Mato Grosso**

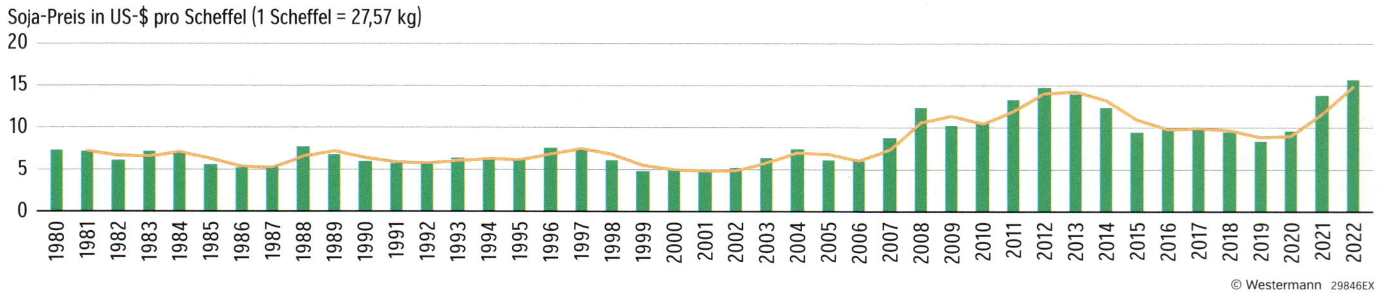

M 3 **Sojapreisentwicklung auf dem Weltmarkt (1980 – 2022)**

Der brasilianische Infrastrukturminister Tarcísio Gomes de Freitas würdigte im Juli 2021 die Entscheidung für den weiteren Ausbau der Autobahn BR-163: „Das ist ein historischer Meilenstein für das Wachstum und den Fortschritt des Landes und ein sehr wichtiger Schritt für unser schnell wachsendes Agrobusiness". Der „Soja-Highway" verbindet seit mehr als 40 Jahren auf mehr als 1500 km den Mittleren Westen und den Norden Brasiliens und ist der wichtigste Korridor für den Mais- und Sojatransport zu den Exporthäfen. Allerdings sind immer noch große Abschnitte nicht ausgebaut bzw. asphaltiert. Das führt zu geringen Transportgeschwindigkeiten und immer wieder auch zu kilometerlangen Staus, wenn durch starke Regenfälle der Untergrund völlig aufgeweicht ist. Aber das wird sich jetzt ändern.
Mit Unterstützung privater Investoren fließen ab dem Jahr 2022 zwei Mrd. R$ (brasilian. Real) in den Ausbau des Straßenabschnitts zwischen Sinop in Mato Grosso mit der Hafenstadt Miritituba am Rio Tapajós, zusätzlichen Seitenstraßen sowie den Zugängen zu den Hafenterminals. Das senkt die Transportkosten, denn die Getreideproduzenten müssen z. B. ihre Ernte nicht mehr über die längere und teurere Route zum Hafen Paranaguá am Atlantik fahren lassen. Logistikunternehmen rechnen darüber hinaus mit einem jährlichen höheren Transportvolumen von drei Millionen Tonnen mehr Sojabohnen und Mais. Die Arbeitsbedingungen für die Lkw-Fahrer werden sich deutlich verbessern. Die brasilianische Regierung plant in den kommenden Jahren mit weiteren Investitionen in Milliardenhöhe und zusätzlichen 29 000 Arbeitsplätzen.

M 6 Brasilianisches Infrastrukturministerium zur BR-163

Der Bau der 933 km langen Eisenbahnstrecke Ferrogrão zwischen Sinop im Herzen des Mato Grosso und dem Binnenhafen Miritatuba soll die Transport- und Wettbewerbsfähigkeit für den Sojaexport stärken. Die Ferrogrão soll zudem die Produktion von Soja und anderen Agrarrohstoffen fördern. Bis 2030 soll allein der Mato Grosso seine hauptsächlich für den Export bestimmte Getreideproduktion um 70 % steigern. Dieser Anbau wird sich entlang der geplanten Eisenbahnstrecke ausbreiten. Die geplanten Baukosten der Trasse sind mit über vier Milliarden US-Dollar veranschlagt. Direkt und indirekt können dabei etwa 385 828 Arbeitsplätze entstehen. Ein weiterer Vorteil dabei ist dass bis zu einer Million Tonnen CO_2-Emissionen eingespart werden können. Das Hauptproblem jedoch: Die Strecke führt direkt durch unberührten Regenwald, der auf etwa 2 000 km² gerodet werden muss. Diese Rodungen wiederum würden für den Bau der Eisenbahnstrecke die CO_2-Emissionen zunächst um 75 Millionen Tonnen steigern.

M 7 Untersuchungskommission über Ferragrão

Es ist ein schwerer Schlag für alle Befürworter:innen des Ferrogrão-Eisenbahntrassenprojektes in der Tapajós-Region. Der Richter Alexandre de Moraes vom Obersten Gerichtshof (STF) setzte die Wirksamkeit des Gesetzes 13.452/2017 vorläufig aus, das aus der Provisorischen Maßnahme (MP) 758/2016, einer Präsidialverordnung des damaligen Präsidenten Michel Temer aus dem Jahre 2016, hervorgegangen war und das die Grenzen des 2006 eingerichteten Nationalparkes Jamanxim in Pará um 862 Hektar einfach reduzierte. Diese geographische Reduzierung erfolgte, um im Nationalpark eine diesen durchschneidende Trasse zu ermöglichen, entlang derer dann die neue Eisenbahnlinie Ferrogrão gebaut werden sollte. Der Richter de Moraes wies in seiner Entscheidung darauf hin, dass die Gebietsänderung in einem Naturschutzgebiet höchster Kategorie nicht durch eine einfache vorläufige Maßnahme hätte vorgenommen werden können. Dazu hätte es, laut de Moraes, eines Gesetzes bedurft, eine einfache Präsidialverordnung im Form einer Medida Provisória reiche dazu nicht aus. […]

Quelle: Christian Russau: Schwerer Schlag für Sojaeisenbahnpläne Ferrogrão in der Tapajós-Region. www.kooperation-brasilien.org, Kooperation Brasilien, Freiburg, 16.03.2021

M 8 Schwerer Schlag gegen die Ferragrão

„Ich bin ist seit 19 Jahren einer von etwa 25 000 Berufskraftfahrern hier in Mato Grosso. Etwa zwanzig Tage im Monat bin ich auf Achse. Dann geht es mit 60 Tonnen Soja in Richtung Norden, zurück fahre ich leer. Die BR-163 bedeutet für meine Familie und mich das tägliche Brot. Unser Einkommen kommt zu 70 Prozent von meinem Lkw. Aber nicht nur wir, auch all die Geschäfte, Restaurants und Werkstätten entlang der Straße brauchen die Lkw zum Überleben. Das Problem ist die hohe Umweltverschmutzung. Der Straßenzustand ist an vielen Stellen schlecht. Normalerweise schaffe ich eine Strecke in drei Tagen. Während der Regenzeit habe ich schon mehrere Tage im Stau gestanden. Steckt erst einmal ein Lkw im Schlamm fest, dauert es, bis er wieder flott ist. Der Ausbau der Straße geht einfach zu langsam voran."

M 9 Salvatore – Berufskraftfahrer aus Sinop

„Pro Hektar ernte ich rund 5t Soja pro Jahr. Mein Betrieb gehört mit 20 000 ha zu den mittelgroßen Produzenten hier in der Region. Die BR-163 ist die einzige Verkehrsstraße, die in den Norden führt. Sie muss einfach komplett asphaltiert werden. Immerhin ist Soja unser wichtigstes Exportgut. Die Transportkosten sind mit rund 100 US-$/Tonne immens. Da können wir mit den rund 30 US-$ pro Tonne unserer großen Konkurrenten in den USA und Argentinien auf dem Weltmarkt nicht mithalten. Neben dem Straßenausbau sollten wir daher auch auf die parallel zur Autobahn geplante Eisenbahnstrecke setzen."

M 10 Gonzales – Sojaproduzent

Mitglieder des indigenen Volkes der Kayapó blockierten am 7.8.2020 die Autobahn BR-163. Ihr Protest richtete sich gegen die fehlende Fortschreibung eines Umweltplans und die mangelnde Gesprächsbereitschaft der Regierung zum Konzessionsverfahren für den Ausbau der Autobahn BR-163 und zur Planung von Ferrogrão.

M 11 Proteste der Kayapó

Bergbauregion borealer Nadelwald – herausfordernde Erschließung

Die nördlichen Gebiete Eurasiens und Nordamerikas sind großflächig mit borealem Nadelwald (griechisch „boreas", Norden, Nordwind) bedeckt. Aufgrund der peripheren Lage und der klimatischen Bedingungen sind sie bis heute nur gering besiedelt. Die indigene Bevölkerung lebt von der Jagd, dem Fischfang bzw. der Viehzucht. Aber der Raum rückt mit seinem Rohstoffreichtum immer mehr in den Fokus einer Nutzung. Vor welchen Herausforderungen steht die Erschließung der borealen Nadelwaldzone?

1 Erläutern Sie mögliche Ursachen für Entstehung der „drunken houses" (M1).
2 Erstellen Sie ein Wirkungsgefüge, das die Zusammenhänge zwischen Klima, Vegetation, Wasser und Boden in der borealen Zone aufzeigt (M2 – M6, M8). 126
3 Erklären Sie die Verbreitung der borealen Nadelwaldzone auf der Erde (M2 – M6).
4 Stellen Sie Herausforderungen dar, die sich bei der wirtschaftlichen Nutzung dieses Raumes ergeben (M3).
5 Beurteilen Sie die forstwirtschaftliche Nutzung der Taiga (M7, M9).

M 1 **Ein „drunken house"**

Nur noch wenige Baumarten kommen mit den kontinentalen Klimaverhältnissen zurecht. Fichten, Kiefern, Tannen und Lärchen bestimmen das Aussehen des borealen Nadelwaldes, wobei häufig über Tausende Quadratkilometer nur eine Baumart dominiert. Die immergrünen Nadelgehölze können im Frühjahr wesentlich schneller mit der Fotosynthese beginnen als Laubbäume und so die kurze Vegetationsperiode vollständig ausnutzen. Mit ihren wachsüberzogenen Nadeln widerstehen sie auch sommerliche Trockenperioden und die Frosttrocknisgefahr im Frühjahr. Die nadelabwerfenden Lärchen können auch bei extremen Wintertemperaturen überleben. Laubbäume, wie Pappeln und Birken, sind häufig Pionierpflanzen nach Feuerereignissen. Ein Fünftel der borealen Wälder wird durch Moore bestimmt.
Aufgrund der kurzen Vegetationsperiode ist der jährliche Holzzuwachs sehr gering und die Bäume erreichen kaum Höhen von über 20 m. Der vorherrschende Boden ist relativ nährstoffarm und Pflanzen können den verfestigten Unterboden kaum durchdringen. Totes organisches Material wird nur sehr langsam zersetzt. Daher sind mit zunehmendem Alter eines Waldbestandes fast alle Nährstoffe in der Vegetation oder in der Streu gebunden. Erst durch Feuer werden diese wieder in den Nährstoffkreislauf zurückgeführt. Die Gewässer in der borealen Zone sind während der Wintermonate zugefroren. Im Frühjahr tauen sie von Süden her auf. Das abfließende Wasser überschwemmt dann großflächig die nördlichen, vom Permafrost geprägten Regionen.

M 2 **Basisinformation**

M 4 **Verbreitung der borealen Nadelwälder**

Liegt die Boden- oder Gesteinstemperatur über mindestens zwei Jahre unter 0 °C, herrscht sogenannter Permafrost vor. Das Wasser in dieser auch als Dauerfrostboden bezeichneten Schicht ist gefroren. Seine Mächtigkeit kann zwischen einigen Dezimetern bis mehrere Hundert Meter liegen. Die oberste aktive Schicht des Permafrostes taut in der warmen Jahreszeit auf. Aufgrund der stauenden Wirkung des Bodeneises im Untergrund ist die Auftauschicht in den Sommermonaten stark versumpft. Der Oberboden ist sehr mobil und es kommt zu Hangrutschungen. Der Bau von Häusern, Straßen oder Pipelines ist mit besonderen Anforderungen verbunden, um eine dauerhafte Stabilität zu erreichen.

M 3 **Permafrost**

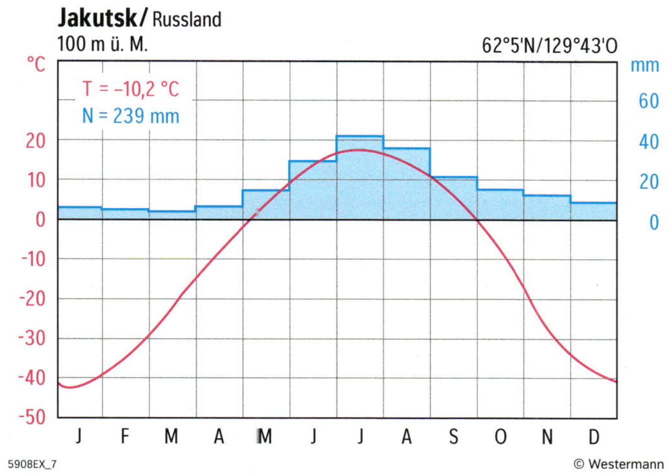

M 5 Klimadiagramm Jakutsk

M 8 Taiga in der Altai-Region

M 6 Temperaturen in der Taiga

M 9 Holzabbau in der Taiga

Die russische Taiga ist das größte Waldgebiet der Erde. Sie erstreckt sich von Osteuropa bis an den Pazifik auf einer Strecke von über 6000 Kilometern. Ein Waldgebiet, das wichtig ist für das globale Klima – und über dessen Zustand Wissenschaftler dennoch erschreckend wenig wissen. Eine umfassende Waldinventur, wie sie in deutschen Wäldern alle zehn Jahre gemacht wird, ist in Zentralsibirien völlig unmöglich. Und selbst viele der letzten groben Schätzungen stammen aus Sowjetzeiten und sind damit hoffnungslos veraltet.
Christian Hüttich: „Vor Ort nachzugucken ist schwierig, weil wir über Millionen von Hektar reden. Wir bearbeiten in unserem Projekt eine Fläche von zwei Millionen Hektar, auf denen Forstinventurdaten vorhanden sind. Das große Ziel des Projekts ist es, satellitenbasiertes Kartenmaterial – Biomasse vor allen Dingen – in das lokale und regionale Waldmanagement zu bringen."
Das deutsch-russische Projekt, an dem Christian Hüttich von der Universität Jena mitarbeitet, klingt ehrgeizig: Die Forscher haben mithilfe diverser Satelliten aufgezeichnet, wie sich die Taiga innerhalb von vier Jahren verändert hat. Bislang arbeiten die Geographen allerdings nur auf einem Ausschnitt des Riesenwaldes: Der umfasst eine Fläche Zentralsibiriens, die gerade ein Viertel der russischen Wälder überdeckt. Die darin ausgeführte Waldinventur aus dem All ist zudem noch relativ ungenau. Allerdings gibt sie bereits einen groben Überblick: über gerodete und abgebrannte Waldflächen – und neu sprießendes Gehölz. Denn auch das gibt es, so Hüttich: „Zu Sowjetzeiten wurden landwirtschaftlich sehr große Flächen bearbeitet und die Ressourcen sind momentan einfach nicht mehr verfügbar – das heißt, die Flächen wachsen so langsam zu. Und es gibt im Prinzip kein Management. Es gibt auf nationaler Ebene so richtig auch keine Zahlen beziehungsweise wissen wir die nicht."
Vielerorts gibt es einen gegenteiligen Effekt: Weil die Behörden auch den Einschlag kaum kontrollieren können, wird der Taiga dort schwer zugesetzt, sagt Christian Hüttich: „Es hängt auch von der Infrastruktur ab: Nahe an Flüssen habe ich verstärkt Entwaldungsprozesse, nahe an Ackerflächen habe ich verstärkt zuwachsende Flächen. Es ist sehr dynamisch und auch sehr komplex."
Schuld an dem zunehmenden Einschlag ist vor allem die Holzindustrie, in geringem Maße auch der Bedarf nach Brennholz. Ein besonders gewichtiger Faktor sind Brände, die in den letzten Jahren russlandweit wüteten und riesige Waldflächen vernichteten. Deshalb ist der Überblick aus dem All wertvoll: nicht nur für die Behörden, sondern auch für die Arbeit des Intergovernmental Panel on Climate Change, kurz IPCC. Klimaforscher vermuten seit Langem, dass sich die Taiga von einer Kohlenstoffsenke in eine Quelle für neue Treibhausgase verwandeln könnte.

Quelle: Karl Urban: Inventur in der Taiga. www.deutschlandfunk.de, Deutschlandradio, Köln, 25.9.2013

M 7 Radiofeature: Inventur in der Taiga

Bergbauregion borealer Nadelwald – Erdöl aus Kanada

Die schwedische Aktivistin Greta Thunberg trat bei einem Klimaprotest in Edmonton 2019 an das Mikrofon. Nach Angaben der Veranstalter nahmen mehrere Tausend Menschen an der Kundgebung in der kanadischen Provinz Alberta teil. Es gab aber auch eine Gegendemonstration, organisiert von Unterstützern der Ölindustrie. Weshalb ist die kanadische Ölindustrie umstritten?

1. Arbeiten Sie heraus, weshalb die kanadische Erdölwirtschaft kontrovers beurteilt wird (M1, M3, M4).
2. Beschreiben Sie den Unterschied zwischen konventionellem und unkonventionellem Erdöl (M2).
3. Vergleichen Sie die Fördertechnologien von Erdöl aus Ölsanden (M2, M5, M8 – M10).
4. Stellen Sie die Eingriffe der Ölsandförderung auf das natürliche Ökosystem dar (M6, M9).
5. Untersuchen Sie Veränderungen der Erdölförderung in der Region Alberta (Atlas, Internet).
6. „Besser Erdöl aus Ölsanden, als aus Konfliktregionen im Nahen Osten". Bewerten Sie die Aussage (M2, M7, M10).

M 1 Protestdemo Edmonton am 18. Oktober 2019

Mitte des 19. Jahrhunderts begann der Siegeszug des schwarzen Goldes in der Welt. Bis heute spielt das vielfältig nutzbare Erdöl eine entscheidende Rolle in der Weltwirtschaft: Als Rohstoff für die chemische Industrie und als Energiequelle, vor allem als Grundlage für Treibstoffe im Verkehr.
Mehr als 90 Prozent des weltweit geförderten Erdöls kommt aus konventionellen Lagerstätten. In ihnen lagert der Rohstoff mit einer geringen Zähigkeit in Gesteinsschichten, sodass er sich verhältnismäßig einfach und kostengünstig aus Bohrlöchern mittels Pumpen fördern lässt.
In den letzten Jahrzehnten wächst die Fördermenge sogenannten unkonventionellen Erdöls. Dazu gehören neben Lagerstätten in den Polargebieten und der Tiefsee auch die Ölschiefer und Ölsande. Deren Abbau lohnte sich lange nicht. Aber durch neue Verfahren und steigende Erdölpreise rentiert sich seit den 2000er-Jahren die Förderung an solchen Standorten.
Vor allem in den USA und Kanada baggern Unternehmen Ölsande im Tagebau ab. Anschließend muss das Erdöl mit mechanischen und chemischen Verfahren aus dem Sand-Wasser-Öl-Gemisch abgesondert werden. Der Ölsandabbau steht immer wieder durch seine große Flächeninanspruchnahme und Abwasserbelastung in der Kritik.
Liegen die Ölsande in tieferen Erdschichten, erfolgt die Gewinnung, wie auch bei den Ölschiefern, mit der In-Situ-Förderung bzw. dem Fracking-Verfahren. Zwar sind die Eingriffe im Bereich der Erdoberfläche im Vergleich zum Tagebau geringer, allerdings fallen auch hier riesige Mengen verunreinigtes Abwasser an. Außerdem wird die Verschmutzung des Grundwassers befürchtet.
Trotz aller Bemühungen um die Reduzierung fossiler Energierohstoffe als Maßnahme gegen die anthropogene globale Erwärmung gehen Prognosen von einer weiter steigenden Nachfrage nach Erdöl aus. Mit neuen Technologien zur Steigerung der Effizienz hofft man, dass dieser Bedarf im Einklang mit der ökologischen Nachhaltigkeit auch in Zukunft gedeckt werden kann.

M 2 Basisinformation

	Reserven	Produktion	Verbrauch
Venezuela	303,8	0,2	0,09
Saudi-Arabien	297,5	4,03	1,29
Kanada	168,1	1,87	0,85
Iran	157,8	1,13	0,63
Irak	145,0	1,5	0,23
Russland	107,8	3,89	1,18
Kuwait	101,5	0,98	0,15
VAE	97,8	1,33	0,29
USA	68,8	6,01	6,61
Libyen	48,4	0,14	k.A.
Nigeria	36,9	0,01	k.A.
Kasachstan	30,0	0,66	0,14
China	26,0	1,42	5,22
Katar	25,2	0,66	0,11
Algerien	12,2	0,49	0,13
Indien	4,5	0,0001	1,73

Alle Werte in Mrd. Barrel pro Jahr
Quelle: BP 2021

M 3 Erdöl: Reserven – Produktion – Verbrauch

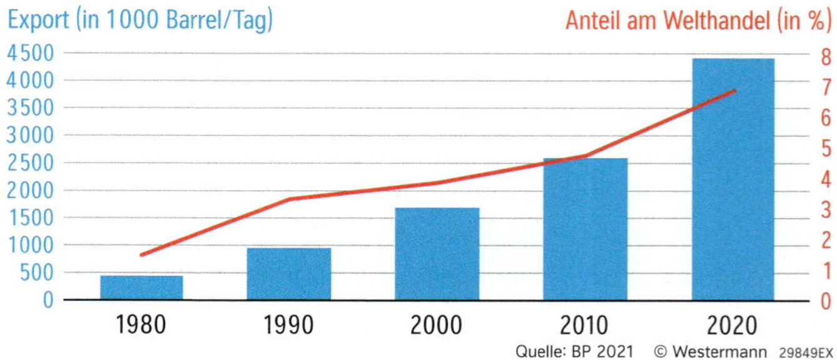

M 4 Kanadas Erdölwirtschaft 1980 - 2020

M 5 **Förderung von Ölsanden im Tagebau**

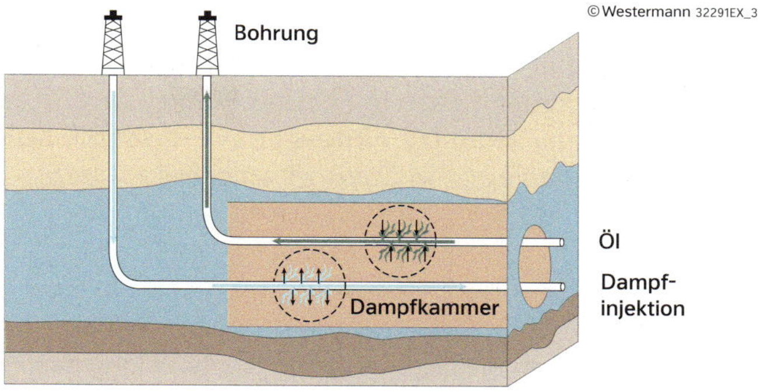

Heißer Dampf wird in die Lagerstätte gepresst. Der Dampf erwärmt das Öl. Das Gemsich aus erwärmtem Öl und kondensiertem Wasser wird an die Oberfläche gepumpt.

M 8 **In-Situ-Förderung von Ölsanden**

„Die Tagebaustätten für den Ölsand-Abbau befinden sich in der borealen Nadelwald-Zone. Als Landschaftstyp dominieren dort Moore. Sie nehmen rund 62 Prozent der gesamten Fläche ein. Das Besondere an ihren Torfböden ist, dass sie große Mengen organisches Material speichern, und zwar bis in mindestens 40 Zentimeter Tiefe." Die Ökologin Rebecca Rooney hat abgeschätzt, wie groß die Moorfläche ist, die Alberta am Ende durch den Ölsand-Abbau verloren gehen könnte. [...] „Die Betreiber müssen die Landschaft wieder renaturieren. Dabei sind sie aber nicht verpflichtet, Feuchtgebiete wiederherzustellen. Stattdessen wollen sie die Gruben mit Fichten und Zitterpappeln aufforsten. Wir schätzen, dass es am Ende 65 Prozent der ursprünglichen Moorfläche sein werden, die verloren gehen." Moorböden speichern enorme Mengen Kohlenstoff. [...] „Wie viel Kohlenstoff verloren geht, lässt sich nicht genau angeben. Denn die Torfschichten sind unterschiedlich dick. Das schwankt zwischen 40 Zentimetern und sechs Metern. In den Unterlagen der Industrie fehlen Angaben dazu. Deshalb kann man nur sagen: Die möglichen Kohlenstoff-Verluste liegen zwischen elf und 47 Millionen Tonnen. Doch wie auch immer – das ist eine ganze Menge!" [...] Die Ökologin verweist auch auf negative Folgen für die Tierwelt in Alberta: „Nehmen Sie zum Beispiel Karibus. Sie gelten als bedrohte Art in den meisten borealen Regionen Kanadas. Es ist nicht nur so, dass ihr Lebensraum durch die Tagebaustätten komplett zerstört wird. Drum herum entstehen auch neue Straßen, Wald wird gerodet. Deswegen geht es Karibus in Alberta besonders schlecht, wie eine neue Untersuchung gerade gezeigt hat."

Quelle: Volker Mrasek: Kanadas Moore vor dem Ende. www.deutschlandfunk.de, Deutschlandradio, Köln, 13.03.2012

M 6 **Ökologische Folgen des Ölsandabbaus**

M 9 **Aufbereitungsanlage für Ölsande**

	Tagebau	In-Situ-Förderung
Ölsand-Förderung am Tag 2019 (2005)[1]	265 200 m³ (99 600 m³)	279 300 m³ (69 700 m³)
Ölsand-Reserven (Gesamt) 2019[1]	26 284 Mio. m³ (165 Mrd. Barrel)	
Anteil Ölsandreserven bis dato gefördert	ca. 20 % 10 %	ca. 80 % 1 %
Entölungsgrad (Anteil des Erdöls, das aus einer Lagerstätte entnommen werden kann)	91 %	25 – 50 %
Energieverbrauch für die Förderung und Aufbereitung von 1 Barrel synth. Rohöl	20,5 l Erdöl	41,4 l Erdöl
Bereitstellungskosten (inkl. Erschließung)[1]	75 – 80 US-$/ Barrel	45 – 60 US-$/ Barrel

Quelle: [1]Alberta Energy, andere Daten: verschiedene Quellen

M 10 **Vergleich der Ölsandgewinnungen**

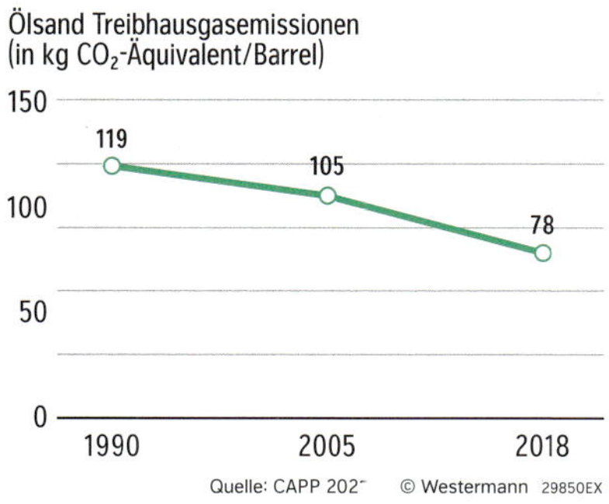

Experten sind sich einig, dass selbst mit dem aggressivsten Vorstoß für erneuerbare Energien der Übergang zu einer kohlenstoffarmen Wirtschaft noch Jahrzehnte entfernt ist. In der Zwischenzeit benötigen die Vereinigten Staaten weiterhin Öl, um die Nation mit Strom zu versorgen. Und wenn sich Amerika für kanadisches Öl entscheidet, trägt es dazu bei, zuverlässige, verantwortungsbewusste und erschwingliche Energie bereitzustellen, die sich der Umweltfreundlichkeit verschrieben hat. Kanadas Öl- und Gassektor investiert jährlich mehr als 1 Milliarde US-Dollar in Forschung und Entwicklung, um die Produktion umweltfreundlicher zu gestalten. Kanadas Investitionen in eine sauberere Ölproduktion übertreffen den Rest der Welt und haben in den letzten 10 Jahren die Emissionen pro Barrel (auch als „Emissionsintensität" bekannt) kontinuierlich reduziert.

M 7 **Auf dem Weg zum sauberen Öl?**

Bergbauregion borealer Nadelwald – Fort McMurray, Erdölstadt mit Zukunft?

„A lot of people don't want to leave because everyone still living here is making very good money. You cannot earn the wages you earn in Fort McMurray anywhere else. I cannot earn what I'm earning here anywhere else in Canada in my industry. I know I have it good.", äußert Jean-Marc Guillamot, Direktor der Fort McMurray Hotel Group. Wird das auch in Zukunft so sein?

1. Beschreiben Sie die Entwicklung der Einwohnerzahl der Stadt Fort McMurray (M1).
2. Analysieren Sie die Bevölkerungsentwicklung der Stadt Fort McMurray (M1 – M4).
3. Stellen Sie die Bedeutung des Erdölsektors in der Provinz Alberta dar (M5, M6).
4. Erläutern Sie das Projekt Keystone XL (M9, M10).
5. Stellen Sie die Herausforderungen dar, vor denen die Stadt Fort McMurray steht (M3, M7, M8).
6. Z Überprüfen Sie: „McMurray ist und bleibt eine Boomtown trotz immer neuer Narben in seiner Umgebung."

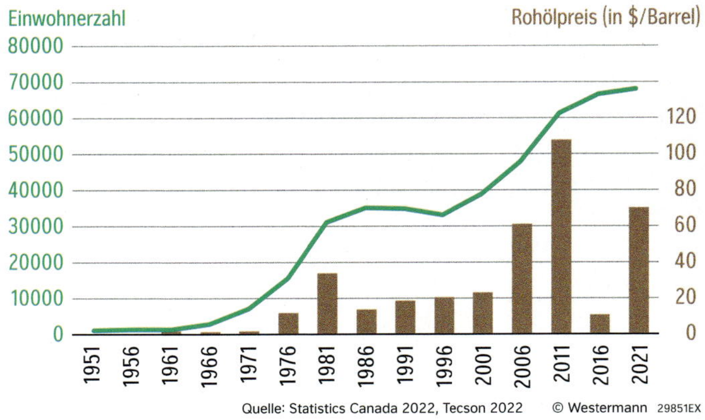

M 1 Einwohnerzahl Fort McMurray

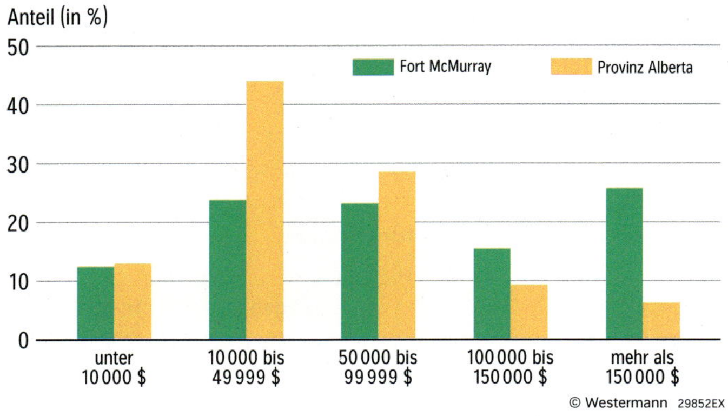

M 2 Einkommen in Fort McMurray und der Provinz Alberta

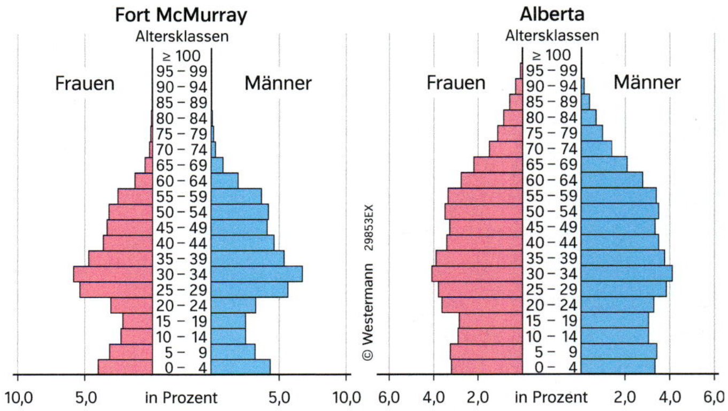

M 4 Altersstruktur Fort McMurray und Provinz Alberta (2020)

Melissa Blake, Bürgermeisterin, Fort McMurray: „Wir sind extrem gefordert. Uns fehlen Mitarbeiter, die Steuereinnahmen sind zu gering und alles passiert zur selben Zeit. Wir brauchen nicht eine Straße, sondern zehn. Wir brauchen kein normales Krankenhaus sondern eins für hunderttausend Menschen. Die Wasser- und Abwasserversorgung der Stadt muss funktionieren, sonst geht etwas schief."
Es gibt nicht genügend Raum für all die Glücksucher. Tausende Ölarbeiter führen ein provisorisches Leben auf dem Campingplatz. [...] Um die Wohnungsnot einigermaßen zu lindern, werden jährlich sechzehnhundert neue Häuser hochgezogen. Gebaut wird auch bei minus dreißig Grad. Wachstum kennt keine Pause. Erst recht nicht bei den Preisen: Binnen fünf Jahren stieg der Wert eines Einfamilienhauses von 100 000 auf über 600 000 Dollar. In Kanadas teuerstem Ort findet trotzdem jedes Haus sofort einen Käufer. Wer nicht bereit ist, so viel Geld für ein Haus auszugeben, findet vielleicht ein schuhschachtelgroßes Zimmer in den Camps der Ölfirmen. Bis zu 20 000 Menschen wohnen in diesen Containern. Doch das Wohnungsproblem wird sich noch verschärfen. Wenn es so weitergeht mit dem Ölrausch, fürchtet die Bürgermeisterin, sprengt die Einwohnerzahl von Fort McMurray in wenigen Jahren die 200 000-Marke. [...]
Im Multimilliarden-Business sind die Gehälter der Ölarbeiter astronomisch. 100 000 Euro pro Jahr – doppelt so viel wie im übrigen Kanada. Und keiner will mehr als Kellner, Elektriker oder Arzt arbeiten. Alle wollen nur das Eine, nämlich möglichst schnell zum großen Geld kommen. Und dafür stehen sie nun morgens und abends stundenlang im Stau. Doch das schnelle Geld hat noch andere Schattenseiten. Die Drogen- und Kriminalitätsrate in Fort McMurray zählt zu den höchsten in Kanada. Gegensteuern will die Stadtverwaltung mit dem Waterfront-Masterplan, der die Entwicklung der Uferbereiche der drei Flüsse, die Fort McMurray durchfließen, zu einem modernen Zentrum vorsieht. Öffentlich zugängliche Freiflächen entlang der Uferpromenaden werden zahlreiche Freizeitmöglichkeiten bieten und sollen den Impuls für den Aufbau eines modernen, nachhaltig gestalteten Stadtzentrums mit Wohn-, Arbeits- und Erholungsfunktionen geben.

Quelle: W. Hoppe: Alberta (Kanada) – Ölsandabbau. www.diercke.westermann.de, Westermann, Braunschweig, Zugriff: 01.09.2022

M 3 Fort McMurray – eine Erdölstadt

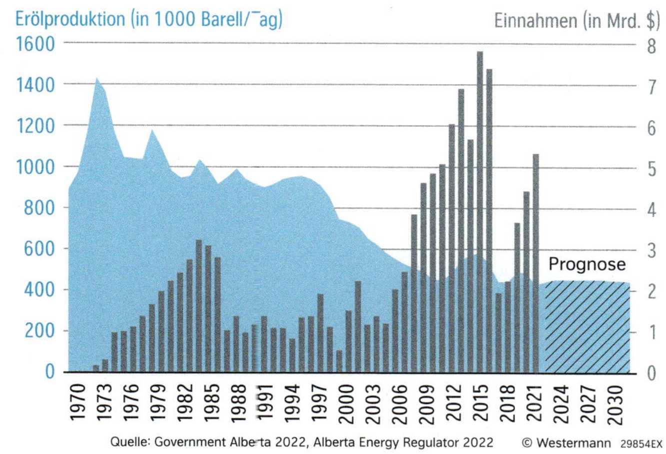

M 5 Erdölförderung in Alberta

M 9 Provinz Alberta und Öl-Pipeline Keystone XL

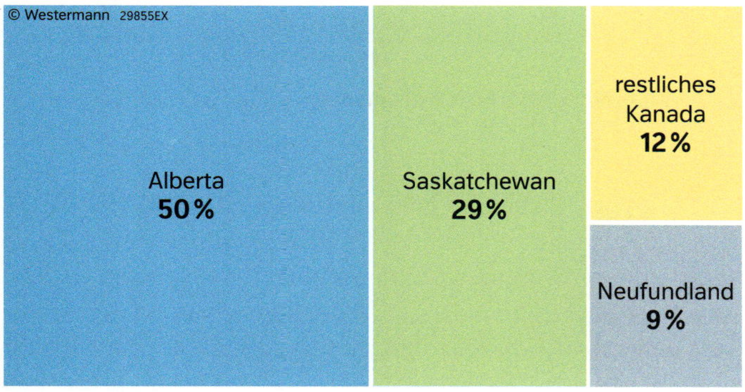

M 6 Erdölförderung nach Provinzen in Kanada 2020

Das Beschäftigungsniveau in der Ölsandproduktion ist im Vergleich zu 2014 deutlich gesunken, denn die technologischen Fortschritte und Umstrukturierungen der Produktionsprozesse haben zu einem deutlichen Anstieg der Arbeitsproduktivität geführt. Kanadische Experten gehen davon aus, dass selbst wenn in den nächsten Jahren die Förderung weiter steigen wird, die Mehrheit der 53 000 Arbeitsplätze, die zwischen 2014 und 2019 eingespart wurden, nicht wieder besetzt werden. Gegenwärtig arbeiten die Regierungen von Kanada und Alberta an Plänen, den Übergang des Landes zu einer Null-Emissions-Wirtschaft bis 2050 zu gestalten. Die zu erwartenden klimapolitischen Maßnahmen und Vorschriften werden zwangsläufig den kontrollierten Rückgang der Öl- und Gasförderung in den nächsten Jahrzehnten enthalten.

M 7 Prognosen zur Arbeitsplätzen im Erdölsektor

Der kanadische Konzern TC Energy hat auf Druck der USA den Bau der umstrittenen Öl-Pipeline „Keystone XL" eingestellt. Nach Prüfung der verbleibenden Optionen und Rücksprache mit der Regierung der Provinz Alberta sei das Vorhaben beendet worden, teilte die TC Energy Corporation in Calgary mit. Damit endet ein langer und zäher Konflikt zwischen der Ölindustrie und Umweltschützern. Er beschäftigte auch Gerichte und die Politik in den Vereinigten Staaten und Kanada intensiv. „Keystone XL" sollte ein bestehendes Pipeline-System ergänzen und eigentlich ab 2023 täglich rund 830 000 Barrel Rohöl aus Teersand-Vorkommen in Alberta zu Raffinerien im US-Bundesstaat Texas befördern. Die kanadische Regierung befürwortete das Projekt explizit, die Aufsichtsbehörden hatten bereits 2010 grünes Licht gegeben. Umweltschützer warnten allerdings immer wieder vor katastrophalen Folgen möglicher Lecks in der Pipeline und monierten grundsätzlich die Klimaschädlichkeit des komplizierten Verfahrens zur Ölgewinnung aus Teersand. Auch indigene Gruppen, deren Territorien die Pipeline durchqueren sollte, machten regelmäßig dagegen mobil.
Die Entscheidung von TC Energy kam letztlich wenig überraschend. US-Präsident Joe Biden hatte die von seinem Vorgänger Donald Trump erteilte Erlaubnis für den Pipeline-Bau unmittelbar nach Amtsantritt wieder zurückgenommen. Biden löste damit ein Wahlkampfversprechen ein und folgte der Linie von Ex-Präsident Barack Obama. Dieser hatte das Projekt, bevor Trump ins Amt kam, bereits wegen Umweltbedenken untersagt.

Quelle: Endgültiges Aus für „Keystone XL". www.dw.com, Deutsche Welle, Bonn, 10.06.2021

M 10 Yes – No – Yes – No: Die Öl-Pipeline Keystone XL

30 Grad Celsius und keine Abkühlung in Sicht. Das Wetter spielt den Feuerwehrleuten in der kanadischen Provinz Alberta definitiv nicht in die Karten. Durch die anhaltende Hitzewelle könnten sich die Waldbrände noch deutlich ausweiten. Trockene Winde sorgen dafür, dass sich die Flammen rasend schnell verbreiten. „Wenn es weiter in dem jetzigen Tempo wächst, könnte das Feuer heute noch doppelt so groß werden", erklärte Sicherheitsminister Ralph Goodale am Samstag.
Es bestehe aber offenbar keine Gefahr für weitere Ortschaften, zumindest nicht im Moment. Die vor einer Woche ausgebrochenen Waldbrände haben bislang eine Fläche von der Größe Londons vernichtet. Das Feuer war südlich von Fort McMurray ausgebrochen. Als die Flammen am Dienstag die Stadt erreichten, mussten rund 88 000 Menschen evakuiert werden. Am Freitag und Samstag mussten die Einwohner ihre Notunterkünfte wieder verlassen, weil auch das nördliche Umland der Stadt als nicht mehr sicher eingestuft wurde. Die Polizei begleitete Autokonvois mit den Evakuierten durch die brennende Geisterstadt.

Quelle: Winde in Alberta treiben Feuerwalze voran. www.dw.com, Deutsche Welle, Bonn, 08.05.2016

M 8 Großfeuer in Alberta – 2016

Globalisierung – wirtschaftlicher Wandel

Marktwirtschaftlicher Wettbewerb und internationale Arbeitsteilung sind die entscheidenden Auslöser wirtschaftlicher Veränderungsprozesse. Dieser auch als Strukturwandel bezeichnete Prozess wirkt in einzelnen Branchen oder Regionen ganz unterschiedlich. Weltweit lassen sich in den letzten zwei Jahrhunderten grundlegende Veränderungsphasen erkennen. Welche Auswirkungen habe sie auf das Leben des Einzelnen?

1 Nennen Sie Vermutungen, die zum Wandel der Wirtschaftssektoren geführt haben können (M1).
2 Erläutern Sie das Sektorenmodell nach Fourastié (M1, M4).
3 a) Erläutern Sie das Modell der Kondratjew-Zyklen (M3, M5, M6).
b) Begründen Sie, inwiefern die 6. Kondratjew-Welle bereits begonnen hat (M6).
4 Stellen Sie Zusammenhänge zwischen den Modellen von Forastié und Kondratjew dar.
5 Ordnen Sie die gegebenen Länder in das Dreieckdiagramm ein (M7).

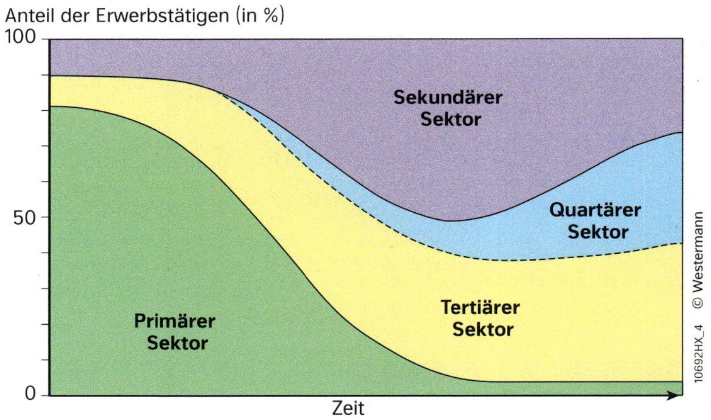

M 1 **Wandel der Wirtschaftssektoren – Fourastié-Modell**

Die jeweils letzten Drittel des 18. und 20. Jahrhunderts markierten historische Wendepunkte in der Entwicklung unserer Gesellschaft – den Übergang von der Agrar- zur Industriegesellschaft und nun zur Informationsgesellschaft.
In der vorindustriellen Agrargesellschaft waren die meisten Menschen im primären Sektor beschäftigt. Im Zeitalter des Merkantilismus war das vorrangige Ziel die staatliche Machtentfaltung. Sie ist gekennzeichnet durch ein Autarkiebestreben – jeder Staat versuchte, alle benötigten Waren selbst herzustellen.
Eine grundlegende Veränderung der wirtschaftlichen, sozialen und kulturellen Lebensbedingungen begann im 17. Jahrhundert in England und weitete sich in den folgenden Jahrzehnten auf andere europäische Länder aus. Die industrielle Revolution bewirkte eine vollständige Umorganisation der Gesellschaft. Die einst national oder regional begrenzten Wirtschaftsräume wuchsen zu einem heute weltumspannenden System zusammen. Die Erfindung des Computers leitete die bis heute prägende informationstechnische Periode ein. Ihre rasante Entwicklung verstärkte den Trend zu grenzüberschreitenden Aktivitäten und internationaler Arbeitsteilung und schuf den neuen **Wirtschaftssektor** der Informations- und Kommunikationstechniken.

M 2 **Basisinformation**

Fourastié entwickelte 1954 ein Sektorenmodell der Wirtschaft, um die langfristige Entwicklung der Gesellschaft zu erfassen. Dabei unterteilte er die Wirtschaft in drei Sektoren: primärer Sektor (Landwirtschaft, Forstwirtschaft, Fischerei), sekundärer Sektor (produzierendes Gewerbe bzw. Industrie) und tertiärer Sektor (Dienstleistungen). Heute geht man von vier Sektoren aus und hat den quartären Sektor mit den Bereichen Finanzen (Banken, Versicherungen), Forschung, Bildung, Informations- und Kommunikationstechnik und unternehmensorientierte Dienstleistungen aus dem ehemaligen tertiären Sektor als eigenständigen Bereich ausgegliedert.
Die wirtschaftlichen Hauptaktivitäten verschieben sich mit der Zeit vom primären (Agrargesellschaft) über den sekundären (Industriegesellschaft) zum tertiären Sektor (Dienstleistungsgesellschaft). Innerhalb der Dienstleistungen gewinnt der quartäre Sektor eine immer stärkere wirtschaftliche Bedeutung. Dabei wächst insbesondere der Finanzsektor, sodass man auch von einem Finanzmarkt-Kapitalismus (auch Finanzkapitalismus) spricht, um den wachsensen Einfluss globaler Finanzmärkte und ihrer Akteure auf die Realwirtschaft zu verdeutlichen.

M 4 **Das Sektorenmodell nach Fourastié**

M 3 **Beispiele aus verschiedenen Kondratjew-Zyklen**

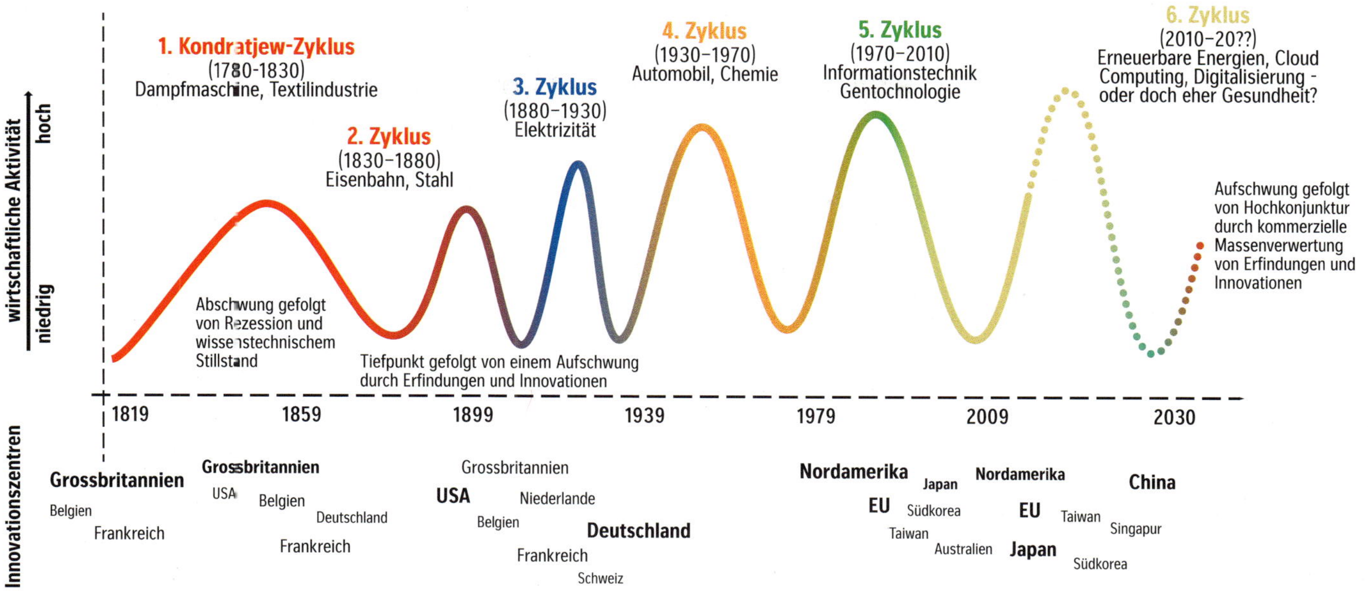

M 5 **Kondratjew-Zyklen im Modell**

Durch die industrielle Revolution wurde die erste der bisher fünf Langzeitwellen der Konjunktur ausgelöst, die nach dem russischen Konjunkturforscher Nikolai Kondratjew (1892 – 1938) auch Kondratjew-Zyklen genannt werden. Der Impuls für einen solchen Zyklus geht von sogenannten Basisinnovationen aus. Diese bestehen aus einem Bündel eng vernetzter Technologien, erschließen ein großes Knappheitsfeld der Gesellschaft und erreichen ein großes Absatzvolumen.
Die Basisinnovationen beeinflussen die Weltwirtschaft über Jahrzehnte. Die darauffolgenden Zyklen bauen auf den durch die vorherigen Zyklen geschaffenen Möglichkeiten und Veränderungen auf, sodass sich eine aufsteigende Basislinie ergibt. Die Entwicklung der weiteren Zyklen bedeutete immer wieder auch eine Veränderung der jeweils wirtschaftlich führenden Staaten sowie der gesellschaftlichen Strukturen.
Weil die Möglichkeiten der ersten beiden Kondratjew-Zyklen am besten von Großbritannien genutzt wurden, konnte das Land zur ersten Führungsmacht des 19. Jahrhunderts aufsteigen. Der dritte und vierte Kondratjew-Zyklus beruht auf den Veränderungen unterschiedlicher Energieformen, die z.B. zur Umstellung der Produktionsbereiche auf elektrische Energie sowie zum individuellen Massenverkehr führten.
In der zweiten Hälfte des 20. Jahrhunderts wuchs die Bedeutung des Dienstleistungssektors insbesondere für den Arbeitsmarkt. In der aktuellen fünften Phase entwickeln sich die Informations- und Kommunikationstechniken zu einem wichtigen Motor der Wirtschaft. Es verstärken sich Globalisierungsprozesse, Rationalisierungsprozesse im tertiären Wirtschaftssektor (Dienstleistungen) sowie die Entwicklung der Industrie 4.0. Diese fünfte industrielle Revolution steht international für die Digitalisierung der Industrie. Der zu Beginn des neuen Jahrtausends sich abzeichnende sechste Zyklus wird Impulse von Leitsektor Gesundheit, Umwelt- und Biotechnologie beziehen.

M 6 **Das Modell der Kondratjew-Zyklen**

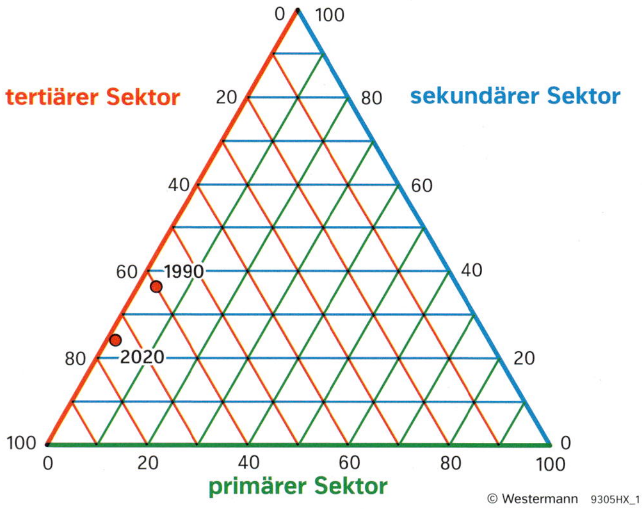

Dreieckdiagramme (Strukturdiagramme) sind für die Darstellung statistischer Werte, bei denen sich drei Summanden immer zu 100% ergänzen müssen, geeignet, z.B.: Altersstruktur von Ländern mit den Gruppen Kinder, Erwachsene und Rentner oder Wirtschaftssektoren.
Grundlage ist ein gleichseitiges Dreieck, dessen drei Seiten die Achsen mit einer einheitliche Skalierung bilden. Von jedem Punkt im Dreieck lassen sich drei Werte unter Verwendung der Hilfslinien an den entsprechenden Seiten ablesen. Im Beispiel betrugen die Anteile der Erwerbstätigen Deutschlands im Jahr 1990: 3,5% Primär-, 36,6% Sekundär- und 59,9% Tertiärsektor. Für das Jahr 2020 betrugen die Anteile: 1,3% Primär-, 24,0% Sekundär- und 74,7% Tertiärsektor. Mit dieser Diagrammform können also auch zeitliche Entwicklungen und Gruppierungen dargestellt werden.

	Primärer Sektor	Sekundärer Sektor	Tertiärer Sektor
Pakistan	36,9	25	38,1
Japan	3,4	24,2	72,4
Mexiko	12,5	25,5	62
Botswana	19,9	17,6	62,5

M 7 **Dreieckdiagramm**

Globalisierung – Standorte in Konkurrenz

Den optimalen Standort für ein Unternehmen zu finden ist ein komplexes Unterfangen. Vor dieser Frage stehen nicht nur Neugründende, sondern auch etablierte Unternehmen, denn die Standortbedingungen und Standortanforderungen sind einem ständigen Wandel unterworfen. Wo kann wie am kostengünstigsten produziert und verkauft werden?

1 Beschreiben Sie das Modell des Transportkostenminimalpunkts (M1).

2 a) Erläutern Sie den Begriff Standortfaktoren (M2).
b) Stellen Sie dar, welche Standortfaktoren für die Wahl der Chipfabrik in Magdeburg ausschlaggebend waren (M3, M4, M6).

3 a) Erläutern Sie das Modell des Produktlebenszyklus an einem Beispiel (z. B. Smartphone) (M5).
b) Stellen Sie Zusammenhänge zwischen dem Modell der Kondratjewzyklen und dem Modell des Produktlebenszyklus dar (S. 93 M5, M5).

4 Erläutern Sie Selbstverstärkungseffekte in der Theorie der Cluster (M7).

5 „Für die Ansiedlung eines Softwareunternehmen spielen Standortfaktoren eine geringere Rolle als für einen produzierenden Betrieb". Beurteilen Sie.

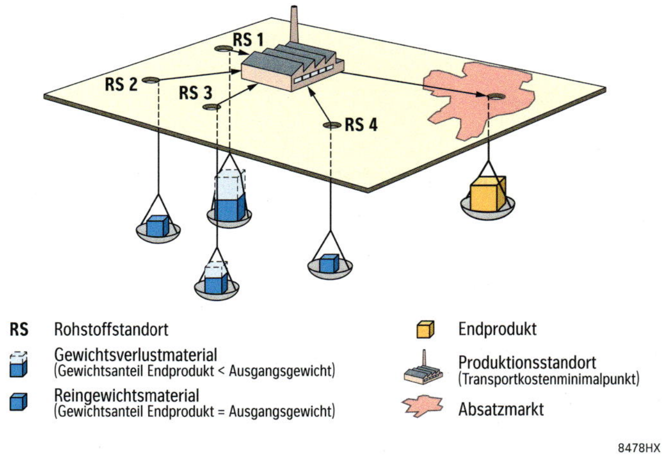

M1 **Transportkostenminimalpunkt nach Weber**

Standorte von Unternehmen werden auf der Grundlage branchenspezifischer Prioritäten aus einer Vielzahl von harten und weichen **Standortfaktoren** ermittelt. An jedem Standort gilt für Unternehmen, einen möglichst ausgewogenen Kompromiss zu finden. Harte Standortfaktoren sind meist quantifizierbare, direkt kostenwirksame Bedingungen für eine Unternehmensansiedlung. Sie entscheiden wesentlich über die wirtschaftliche Rentabilität eines Standorts. Weiche Standortfaktoren, wie z. B. der Wohn- und Freizeitwert einer Region, wirken dagegen indirekt. Sie sind schwer quantifizierbar, können jedoch z.B. bei der Anwerbung von Arbeitskräften entscheidend sein. Mithilfe von Standorttheorien untersuchen Wissenschaftler, wo Unternehmen ihren optimalen Standort finden. Sie setzen dafür Standortfaktoren zueinander in Beziehung. Standorttheorien zeigen häufig modellhaft Grundstrukturen auf. Sie müssen daher immer wieder überprüft und an sich ändernde Situationen angepasst werden.

M2 **Basisinformation**

Magdeburg erhielt im März 2022 den Zuschlag für die neue Chipfabrik des amerikanischen Halbleiterproduzenten Intel. Für den Bau der zwei Fabriken stehen 17 Milliarden Dollar bereit, mehr als der gesamt Landeshaushalt Sachsen-Anhalts. Es ist die größte Firmen-Ansiedlung in Deutschland in den vergangenen Jahrzehnten. Der Magdeburger Stadtrat hat für die Großansiedlung eine Gewerbefläche von 450 ha als Industriegebiet ausgewiesen. Im Standortwettbewerb hat sich die Stadt mit ihrer günstigen geographischen Lage sowie der Universität und Hochschule gegen die Mitbewerber aus Sachsen, Bayern und anderen Ländern durchgesetzt. Der Konzern gab bekannt, dass für die Standortentscheidung auch der European Chips Act im Februar 2022 eine wichtige Rolle spielte, welcher jetzt staatliche und private Subventionen erlaubt. Bei vollem Betrieb ab 2027 werden dann 3 000 Hightech-Arbeitsplätze entstehen. Dazu würden mehrere Tausend Arbeitsplätze bei Zulieferern kommen.

M4 **Standortentscheidung für Magdeburg**

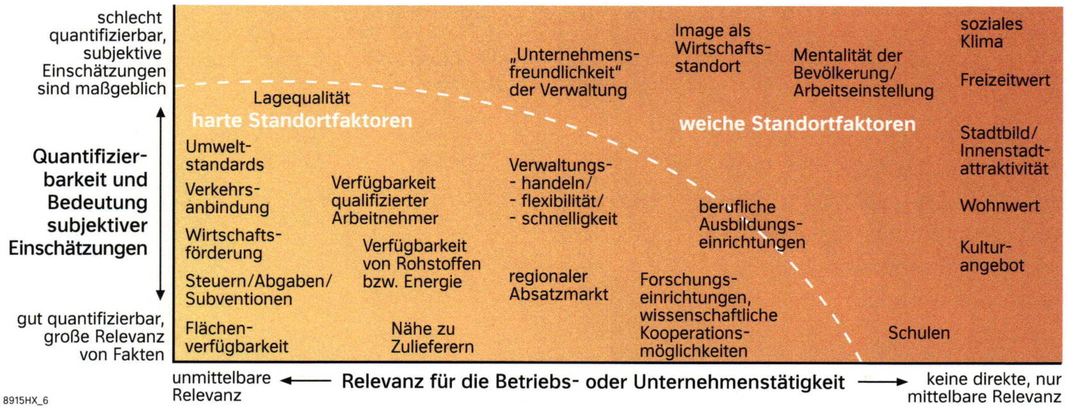

Standortfaktoren sind Gründe, weshalb sich ein Unternehmen an einem bestimmten Standort befindet oder ansiedelt. Eine Standortanalyse umfasst daher Untersuchungen der harten und weichen Standortfaktoren der Mikrostandorte mit lokalem Bezug bzw. der Makrostandorte innerhalb größerer Regionen (z. B. Rhein-Main-Gebiet, Bayern, Deutschland, EU).

M3 **Harte und weiche Standortfaktoren**

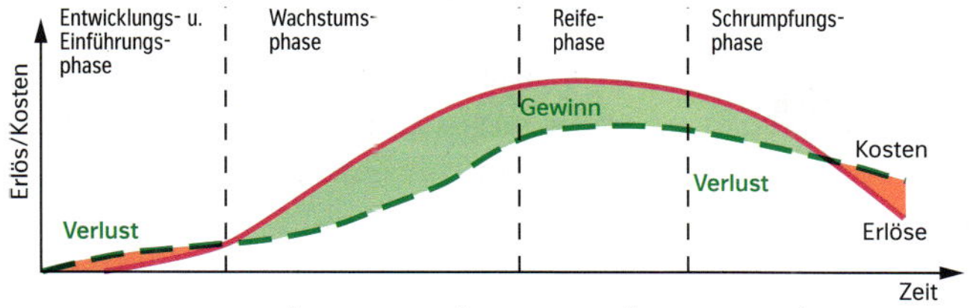

	Entwicklungs- und Einführungsphase	Wachstums-phase	Reifephase	Schrumpfungs-phase
qualifizierte Arbeitskräfte	++	+	o	o
hochwertige Infrastruktur	++	+	o	o
Agglomerationsvorteile (Zulieferer, Dienste)	+	++	o	o
Marktnähe	+	++	+	o
niedrige Arbeits-/Lohnstück-kosten	o	o	++	++
niedrige Standortkosten (Be-triebsgelände, Abgaben)	o	o	++	++

++ sehr wichtig + wichtig o weniger wichtig 8914HX_2

Mitte der 1960er-Jahre begründeten die Ökonomen Raymond Vernon und Seev Hirsch die Produktlebenszyklustheorie. Mit ihr führten sie eine zeitliche Dynamik in die Betrachtung von Standortfaktoren ein. Ausschlaggebend in ihrer Theorie ist, in welchem Stadium des Lebenszyklus das jeweilige Produkt ist.

- Entwicklungs- und Einführungsphase:
  Forschungs- und Entwicklungsaktivitäten sowie externe Dienstleister haben in dieser Phase eine besondere Bedeutung. Innovationen stehen am Beginn dieses Zyklus. Die hergestellten Produkte sind noch teuer, etwa wegen der niedrigen Stückzahlen und des geringen Absatzes.
- Wachstumsphase:
  Mit zunehmender Optimierung des Produkts, des Produktionsprozesses und der Marktposition kann bei anziehender Nachfrage immer kostengünstiger produziert werden. Dies führt zu sinkenden Preisen. Entwicklungsaktivitäten sind weniger wichtig. Kapital und geschicktes Management sind zentral.
- Reifephase:
  Die Unternehmen tendieren zur Standortwahl nach Kostenfaktoren. Niedrige Arbeitskosten, geringe Lohnstückkosten und niedrige Standortkosten (z. B. Transport, Energie, Steuern) werden nun besonders wichtig. Voraussetzung ist allerdings eine ausreichend hohe Produktivität. Günstige Arbeits- oder Standortkosten allein genügen nicht.

M 5 **Modell des Produktlebenszyklus**

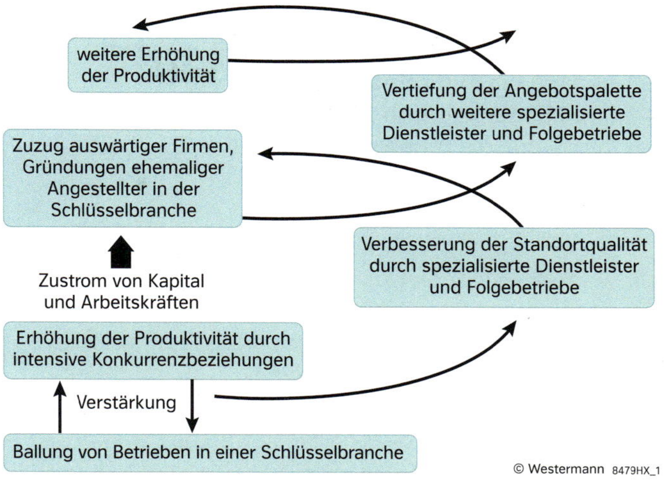

Amerikanische Wirtschaftswissenschaftler forderten Anfang der 1980er-Jahre eine grundlegende Umorientierung der Standortlehre. Sie sprachen sich dafür aus, dass insbesondere bei neuen Industriebranchen die Unternehmen ihre Standortumgebung selbst gestalten und somit die traditionelle Sichtweise, wonach grundsätzlich Regionen aufgrund ihrer Raumausstattung Industrien anziehen, aufzugeben ist.

Die schnell wachsenden Industriezweige sind in der Lage, Materialien und Arbeitskräfte aus anderen Regionen anzuziehen. Anfallende zusätzliche Kosten können durch hohe Gewinne ausgeglichen werden.

Günstige Gewerbeflächenangebote, niedrige Steuern und finanzielle Existenzgründerhilfen sowie die Ansiedlung wissenschaftlicher Einrichtungen erleichtern die Spin-offs (Neugründungen) und verstärken die Zuwanderung weiterer Startup-Unternehmen. Dienstleistungen entstehen und es bauen sich Netzwerke, sogenannte Cluster, auf. Hier werden Agglomerationsvorteile wirksam und eigendynamische Entwicklungsprozesse eingeleitet.

Die intensive Kommunikation und Kooperation zwischen allen Akteuren entlang der gesamten Wertschöpfungskette einer Branche oder eines Technologiebereichs, aber auch der Wettbewerbsdruck durch die eng benachbarte Konkurrenz sorgen für ein hohes Innovationspotenzial in den Clustern.

M 7 **Die Theorie der Cluster**

Standortfaktoren
nach Einflussbereich

Beschaffung	Arbeit	Produktion	Absatz
betreffen Räumlichkeiten, Versorgung des Betriebs mit Energie, Roh-, Hilfs- und Betriebsstoffen	beschäftigt sich mit den potenziellen Arbeitnehmern des Standortes	meint Einflüsse auf Produktion und Fertigung	betreffen den Absatz, den Verkauf und die Infrastruktur
▪ Stromkosten ▪ Ölpreise ▪ Transportkosten für Hilfsgüter ▪ Staatsleistungen	▪ Bildungsniveau ▪ Lohn- und Gehaltsniveau ▪ öffentliche Meinung ▪ Freizeit & Kultur	▪ Umweltschutz ▪ Expansion ▪ technische & natürliche Gegebenheiten ▪ politische Bedingungen	▪ Absatzmarkt ▪ Nähe der Mitbewerber ▪ Verkehrsanbindung ▪ staatliche Absatzhilfe

M 6 **Standortfaktoren aus Sicht eines Unternehmens**

Unternehmen BioNTech – durch SARS-CoV-2 zum globalen Biotechnologie-Standort

Die COVID19-Pandemie hat die Welt seit Ende 2019 verändert. Die Wirtschaftsräume der fragmentierten Welt haben sich seitdem noch ungleicher entwickelt und Verlierer und Gewinner hervorgebracht. Zu den Gewinnern wird das Unternehmen BioNTech aus Mainz gezählt. Welche beispielhaften Auswirkungen hat eine globale Krise auf Wirtschafts- und Raumstrukturen in Rheinland-Pfalz?

1. Begründen Sie die Entwicklung des Unternehmens BioNTech (M1 – M3).
2. Erklären Sie die Lieferkette eines Impfstoffs (M4).
3. Analysieren Sie die städtebauliche Strategie der Stadt Mainz:
   a) Arbeiten Sie die städtebauliche Strategie Biotechnologie-Standort Mainz heraus (M6).
   b) Analysieren Sie die Stadtstruktur der Stadt Mainz anhand des Stadtplans (Internet).
   c) Erläutern Sie die städtebauliche Strategie an der Karte (M5).
4. Erklären Sie Argumente gegen den geplanten Ausbau des Biotechnologiestandortes Mainz (M7).
5. Beurteilen Sie die städtebauliche Strategie der Stadt Mainz (M5 – M7).

M 1 Firmensitz BioNTech in Mainz

Das Mainzer Biotechnologieunternehmen BioNTech wurde im Jahr 2006 von den ehemaligen Mainzer Universitätsprofessoren Dr. Ugur Sahin, Dr. Özlem Türeci und Dr. Christoph Huber mit dem Ziel gegründet, individuelle Therapiebehandlungen für Krebspatienten grundlegend zu entwickeln und anschließend herzustellen. Dabei spielen mRNA-Impfstoffe und -Therapeutika, also Arzneistoffe auf Basis einer Art Arbeitskopie von Genen, eine zentrale Rolle. Durch die COVID 19-Pandemie arbeitete das Unternehmen seit Anfang 2020 in Kooperation mit der US-amerikanischen Firma Pfizer an einem Impfstoff auf mRNA-Basis gegen das Virus, der durch die EU-Kommission am 21.12.2020 als erster zugelassen wurde. Da die Unternehmensgründer an der Universität Mainz lehrten und zahlreiche Kooperationen bestehen, war die Festlegung der rheinland-pfälzischen Hauptstadt als Firmensitz ein logischer Schritt. Das Wachstum von BioNTech führte zu einem stetigen Ausbau des Unternehmens. Um ausreichende Mengen des Impfstoffs herstellen zu können, eröffnete BioNTech weltweit weitere Produktionsstätten und avancierte so zu einem Global Player. Um auch in Zukunft weitere Durchbrüche in der medizinischen Wissenschaft, therapeutische Innovationen und die Verbesserung des allgemeinen Behandlungsstandards voranzutreiben, arbeitet BioNTech eng mit weltweit renommierten Pharmaunternehmen und gemeinnützigen Organisationen zusammen. Die Stadt Mainz plant eine umfangreiche städtebauliche Strategie Biotechnologie-Standort Mainz mit dem Ziel, zu einer weltweit führenden Region in diesem Wirtschaftsbereich aufzusteigen. Um Mainz für Interessenten im Biotechnologie-Bereich, auch aus dem Ausland, interessant zu machen, braucht es zunächst ein langfristig gedachtes Flächenentwicklungs- und Vergabekonzept, aber auch die Förderung von Start-ups, also kleineren, jungen Unternehmen. Der Erfolg würde die Entwicklung des Biotechnologie-Clusters unterstützen, die geplante Stadtentwicklung ist jedoch umstritten.

M 2 Basisinformation

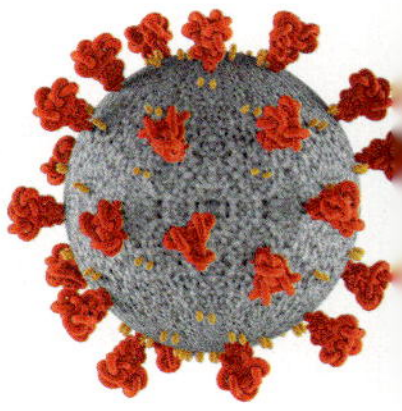

- Coronavirus: unter dem Mikroskop betrachtet, erinnern Coronaviren an eine Krone (lateinisch corona, deutsch Krone).
- Virus: SARS-CoV-2 (severe acute respiratory syndrome coronavirus type 2) Schweres Akutes Atemwegssyndrom Coronavirus Typ 2
  Erkrankung: COVID-19 (Corona Virus Disease 2019)
- Epidemie: zeitlich und örtlich begrenztes Vorkommen eine Infektionskrankheit
- Pandemie: länder- und kontinentübergreifende Ausbreitung einer Infektionskrankheit
- COVID-19 wurde am 11. März 2020 von der WHO zur Pandemie erklärt
- Im Februar 2023 wurde COVID-19 als endemisch eingestuft

M 3 Corona-Pandemie

Nachdem ein Impfstoff entwickelt wurde, muss er in ausreichend großer Menge produziert werden, was häufig an verschiedenen Standorten in unterschiedlichen Ländern oder Kontinenten passiert. Die Chemikalien stammen aus globalen Lieferketten. Die speziellen Glasfläschchen, in die der Impfstoff abgefüllt wird, sind zu einem großen Teil von der Firma Schott aus Rheinland-Pfalz, aber auch aus Nordrhein-Westfalen. Darüber hinaus sind Spritzen zum Impfen sowie Kühlboxen für den Transport notwendig, da die Impfstoffe teilweise bei -70 °C gelagert werden müssen. Dementsprechend sind auch Spezialkühlschränke in den Lagerhallen unabdingbar. Und schließlich gehört das Logistikunternehmen dazu, das das Produkt am Ende der **globalen Warenkette** an die jeweiligen Orte transportiert.

M 4 Lieferkette Impfstoff

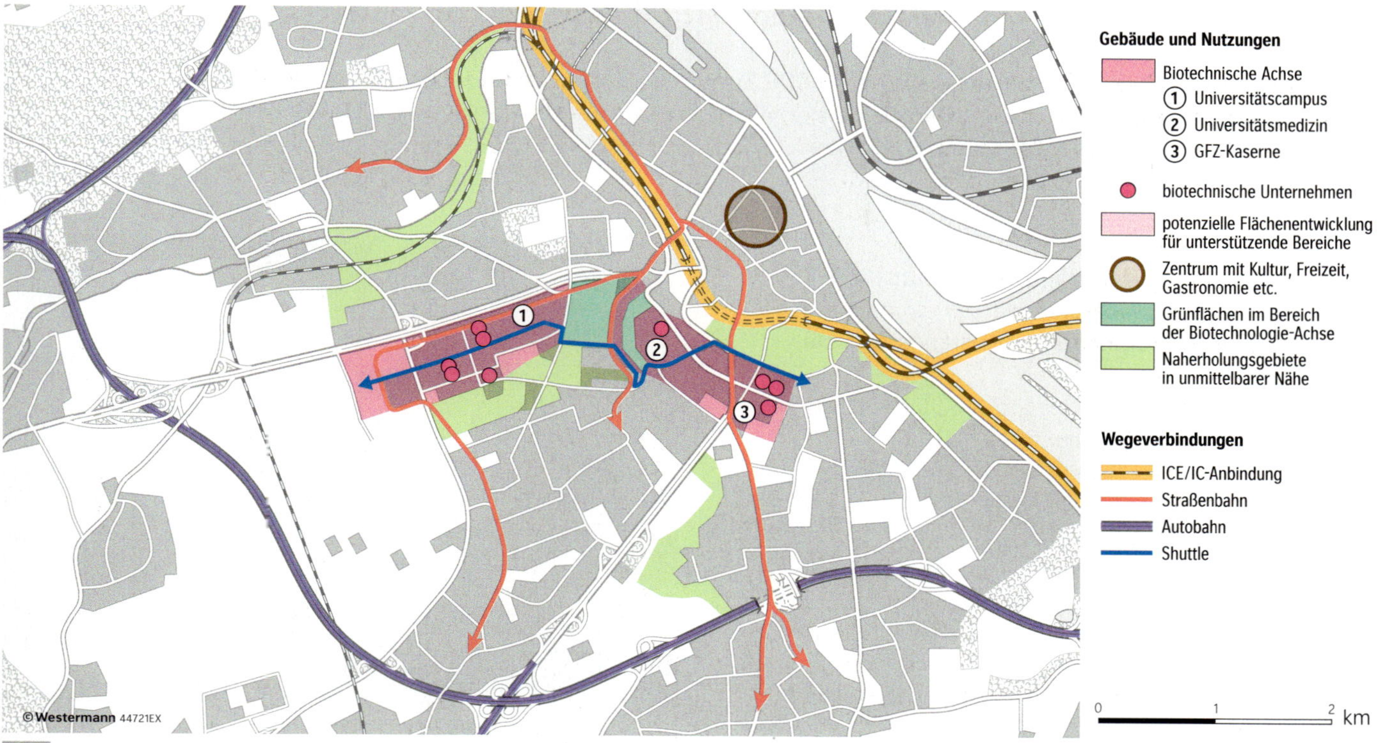

M 5 Städtebauliche Strategie für den Biotechnologie-Standort Mainz

Bei der Entwicklung einer städtebaulichen Strategie spielt die räumliche Vernetzung der unterschiedlichen Teilbereiche der Branche eine große Rolle: So ist die Nähe zwischen Forschung, Entwicklung und Anwendung (Nähe zum Patienten) essenziell für die Entstehung eines internationalen Biotechnologie-Standortes. Viele der Unternehmen sind bereits jetzt in einem räumlichen Zusammenhang verortet. [...]

Um die bereits bestehende Achse zu verstärken und fortzusetzen, bietet sich eine westliche Fortführung der Biotechnologie-Achse (GFZ-Kaserne – Universitätsmedizin – Universität) in Richtung A60 an. Dadurch entsteht eine Biotechnologie-Achse, die Forschung, Entwicklung und Anwendung eng miteinander verknüpft. Die Nähe zur Innenstadt mit deren Kultur- und Freizeitangebot, die sehr gute Verkehrsanbindung und die umgebenden Naherholungsgebiete tragen zur Attraktivität dieses Standorts bei. [...] Der Stadtrat hat am 01.06.2022 die städtebauliche Strategie „Biotechnologie-Standort Mainz“ zur Kenntnis genommen und die Vorbereitung einer Auslobung für den Wettbewerb beschlossen. [...]

In einem nächsten Schritt wird ein internationaler Wettbewerb für den Bereich westlich des Hochschulerweiterungsgeländes durchgeführt, um Ideen zu sammeln, wie der Biotechnologiestandort gestaltet werden kann. Ziel des Wettbewerbs wird es sein, zu zeigen, wie ein nachhaltiges und innovatives Quartier mit nur wenig Beeinträchtigung der Kaltluftbahnen gelingen kann. Die möglichst geringen Auswirkungen auf die Kaltluftbahnen werden über eine wettbewerbsbegleitende mikroklimatische Beurteilung geprüft. Darüber hinaus soll ein Quartier entstehen, das die verschiedenen Funktionen miteinander vernetzt und qualitätsvolle Freiräume für das Quartier und die Umgebung schafft.

Quelle: Landeshauptstadt Mainz: Städtebauliche Strategie „Biotechnologie-Standort Mainz“. www.mainz.de, Landeshauptstadt Mainz, Mainz, Zugriff 05.09.2022

M 6 Städtebauliche Strategie „Biotechnologie-Standort Mainz“

Nach dem durch Biontech ausgelösten Boom sucht Mainz nach Ausbauflächen für die Branche: Die ins Auge gefassten 70 Hektar Ackerland sind freilich arg umstritten. Sie sorgen für Kaltluft in der Stadt.

Die Flächen jenseits der Koblenzer Straße – dort wo längst schon das neue Fußballstadion, zwei Erweiterungsgebäude der Hochschule und etliche Aussiedlerhöfe stehen – werden frei gehalten und nicht bebaut! So jedenfalls lautete lange Zeit ein eherner Grundsatz, wenn es darum ging, das Konzept für eine behutsame Weiterentwicklung der Stadt Mainz zu beschreiben. Wie eine Hand mit gespreizten Fingern sollte sich die Bebauung auf fünf Korridore beschränken: auf die Achsen in Richtung Mombach, nach Finthen, hinauf zum Lerchenberg, nach Hechtsheim und Ebersheim sowie bis Laubenheim. Alles, was dazwischen lag, sollte als Ackerland respektive Erholungsareal unversiegelt bleiben. Von dieser Richtschnur hat die Stadt sich, weil die nur 100 Quadratkilometer große Kommune nicht mehr allzu viele Freiflächen besitzt, aber immer weiter entfernt.

Aktuell wird beabsichtigt, auf den Feldern zwischen Stadion und Europakreisel Platz für einen Biotech-Hub mit bis zu 5 000 Arbeitsplätzen in unmittelbarer Nähe zur Universität zu schaffen. Wofür innerhalb von gut zehn Jahren wohl weitere 50 Hektar Ackerfläche in Bauland umgewandelt werden müssten. Denn das bis dato priorisierte Prinzip „Innen- vor Außenentwicklung“ dürfte nicht funktionieren, wenn es darum geht, in großer Zahl internationale Unternehmen aus der Gesundheitswirtschaft und renommierte Forschungsinstitute anzulocken. Mit deren Hilfe möchte die Landeshauptstadt, die 2020 und 2021 extrem vom Erfolg des Impfstoffherstellers BioNTech SE profitierte, dauerhaft ihre Position als Biotechnologiestandort ausbauen.

Quelle: Markus Schug: Biotech statt Frischluftschneisen. www.faz.net, Frankfurter Allgemeine Zeitung, Frankfurt/Main, 11.08.2022

M 7 Kritik an Bebauungsplänen

Kleinstadt Montabaur – moderner Dienstleistungsstandort im ländlichen Raum

Montabaur im Westerwald hat nicht einmal 15 000 Einwohner, ist aber dennoch ein Beispiel für die Ansiedelung moderner Dienstleistungen. Warum hat sich der Wirtschaftsraum gerade in einer Kleinstadt in Rheinland-Pfalz so gewandelt und was macht diesen Raum aus?

1 Beschreiben Sie die Lage Montabaurs (M3).
2 Arbeiten Sie den Strukturwandel von der grünen Wiese zur modernen Dienstleistungsregion in Montabaur heraus (M2).
3 Erläutern Sie die Bedeutung von Standortfaktoren am Beispiel Montabaur (M1 – M7).
4 Erklären Sie die Bedeutung der angesiedelten Unternehmen für das Dienstleistungszentrum Montabaur (M4 – M6).
5 Bewerten Sie die Mitteilung aus dem Pressearchiv der Stadt Montabaur (M7).
6 Begründen Sie: „Ich wohne lieber im ländlichen Raum in Montabaur und pendele mit dem Zug nach Frankfurt zur Arbeit, als in der Großstadt Frankfurt zu wohnen."

M 1 ICE-Bahnhof von Montabaur mit angrenzendem Dienstleistungsviertel

Als anfangs der 1990er-Jahre die neue Hochgeschwindigkeitsbahnstrecke Frankfurt-Köln geplant wurde, erreichten es die Regionalpolitiker der angrenzenden Stadt Montabaur, dass ein ICE-Bahnhof unweit des Zentrums von Montabaur errichtet wurde. Was zunächst unspektakulär klingt und teilweise die Reisenden ärgert, die möglichst schnell die Distanz zwischen den Metropolen überbrücken wollen, brachte für die Kleinstadt im Westerwald eine massive Veränderung mit sich.
Nach dem stetigen Abbau der Keramikindustrie aufgrund der global gesehen günstigeren Konkurrenz wurde durch den ICE-Bahnhof ein **Strukturwandel** vor allem durch **Tertiärisierung** eingeläutet. Im Jahr 2002 wurde die Haltestelle in Betrieb genommen, die in ein städtebauliches Gesamtkonzept eingebettet war. So entstand auf der grünen Wiese das Gewerbe- und Dienstleistungsgebiet ICE-Park, in dem auf rund 30 Hektar über 2100 Arbeitsplätze entstanden. Die knapp 20 Millionen Euro an Fördermitteln von Stadt, Land und Bund wurden durch zehnmal höhere private Investitionen ergänzt. Inzwischen haben sich mehr als 80 Unternehmen angesiedelt, viele profitieren von den Standortvorteilen der Kreisstadt. Zusätzlich haben sich immer mehr Menschen in Montabaur niedergelassen und nutzen den Zug, um in knapp 40 Minuten zu ihren Arbeitsplätzen nach Köln oder Frankfurt zu pendeln, die beiden Flughäfen sind sogar in etwa 30 Minuten erreichbar. Es entstanden in der Nähe des ICE-Parks, aber auch im gesamten Stadtgebiet private Wohnungen und ein Fashion Outlet Center (FOC). In unmittelbarer Nachbarschaft wurde zwischenzeitlich ein Mischgebiet für Büros, Dienstleister und Wohnnutzungen geplant und bereits vollständig bebaut. Aktuell wurde ein Verfahren zur Erweiterung des FOC eingeleitet. Des Weiteren wurde die am südlichen Stadtrand von Montabaur bestehende Westerwaldkaserne mit über 40 ha Fläche in eine überwiegende Wohnnutzung überführt und nahezu vollständig bebaut (Konversionsgebiet).

M 2 Basisinformation

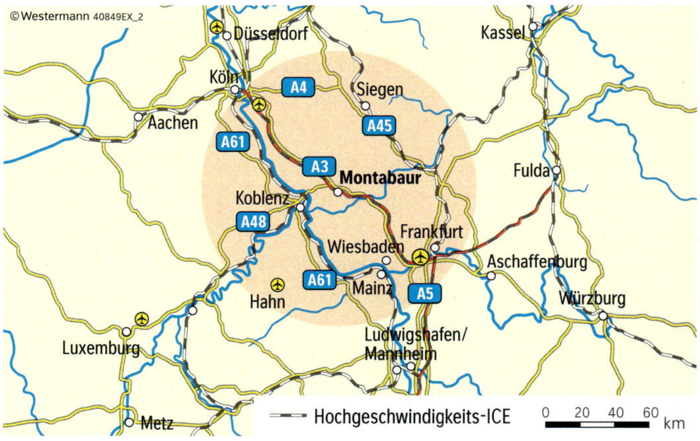

M 3 Geographische Lage Montabaurs

- rund 65 Läden auf einer Verkaufsfläche von 10 000 m².
- nur FOC-typische Waren sind zulässig (Vorsaison, 2. Wahl, Überproduktion etc.)
- Sortimentsstruktur:
  - Bekleidung: 66 %
  - Schuhe, Lederwaren: 14 %
  - Sportartikel: 8 %
  - Glas/Porzellan/Keramik: 4 %
  - Heim-/Haustextilien: 6 %
  - Uhren/Schmuck: 2 %
- Besucheraufkommen (jährlich) geschätzt: 1,3 – 2 Mio.
- Investitionskosten: ca. 72 Mio. €
- Gesamtumsatz geschätzt: 53 – 59 Mio. €
- Arbeitsplätze im FOC: ca. 350
- Kunden-Verkehrsaufkommen: mehr als 3 800 Kfz/Verkaufstag
- Betreiber: Fashion Outlet Montabaur Betreibergesellschaft mbH
- Baubeginn Oktober 2013 / Eröffnung Juli 2015

M 4 Fashion Outlet-City Montabaur (FOC)

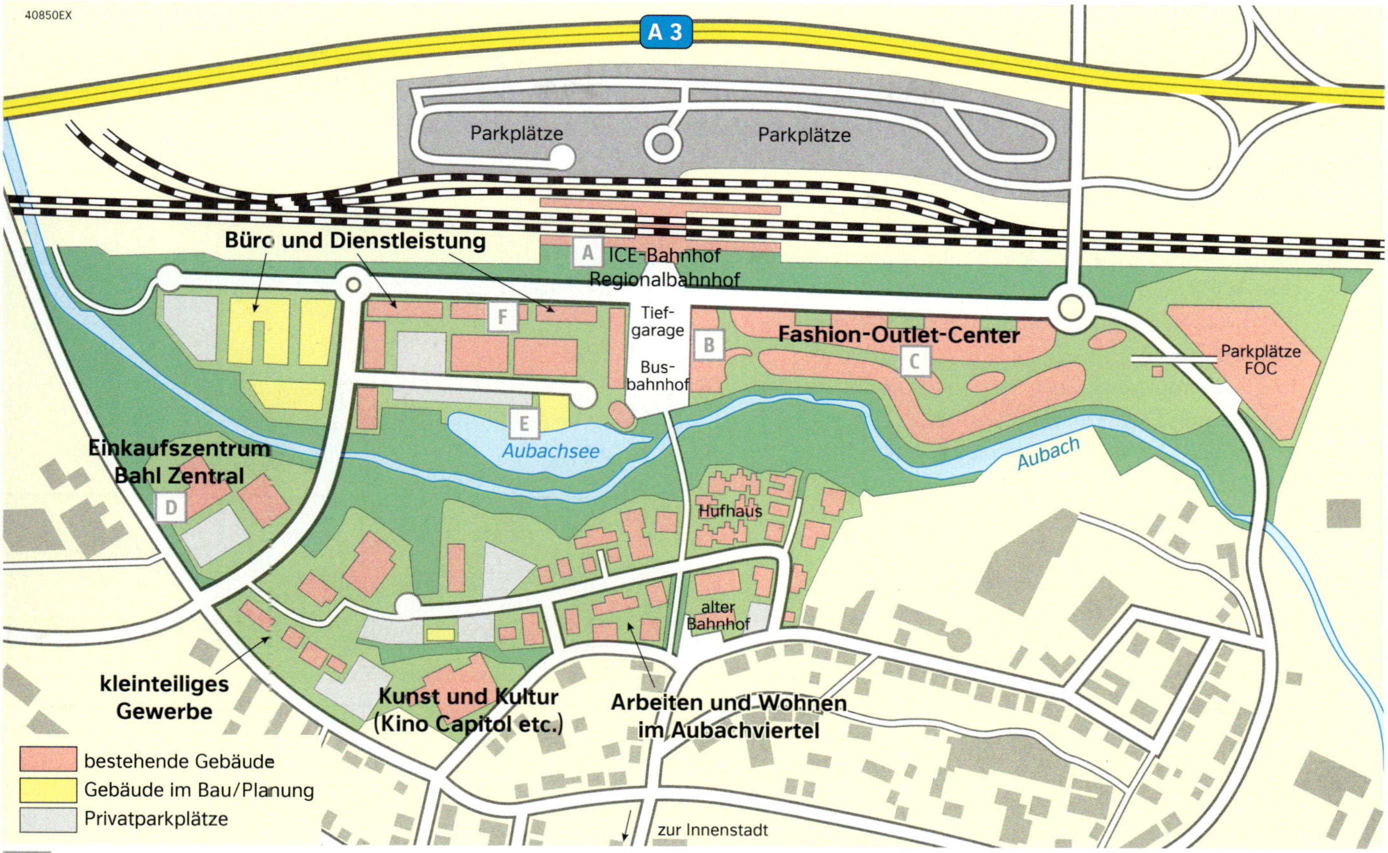

M 5 Dienstleistungsstandort Montabaur: **A Fahrkartenverkauf am Bahnhof, B Öffentliche Verwaltung, C Einzelhandel im Fashion-Outlet-Center, D Supermarkt, E Hotel und Gastronomie, F Hauptsitz United Internet**

Erst seit wenigen Jahrzehnten hat sich die Digitalisierung rasant entwickelt. 1988 erkannte der damals 24-jährige Ralph Dommermuth aus Montabaur im Westerwald die Zeichen der Zeit: Er ahnte, dass die digitale Technik sehr schnell bedeutsam und viele Lebensbereiche verändern würde. Daher gründete er in seiner Heimatstadt die Firma 1&1. Seine erste Geschäftsidee war die Software-Börse, eine Plattform für kooperative Werbung und Marketing, mit der kleine und mittlere Software-Anbieter mit kleinem Budget eine große Zielgruppe erreichen konnten. Über TV-Werbung erreichte das Unternehmen bald eine hohe Bekanntheit. Schnell erhält sein Unternehmen Aufträge von großen Firmen wie der Deutschen Telekom AG.
Bereits 1996 bietet 1&1 einen eigenen Internetdienst an und wird so zum direkten Konkurrenten der Telekom. Durch hohe Einkaufsvolumen wird die Hardware bei Abschluss eines Vertragsabonnements in der Regel zu vergleichsweise günstigeren Konditionen angeboten. Durch dieses Komplettangebot konnte 1&1 endgültig aus dem Schatten der Telekom heraustreten. Heute ist 1&1 als Teil von United Internet einer der größten Internetdienstleister Europas. Vom DSL-Anschluss über mobiles Telefonieren bis hin zu E-Mail-Diensten und Webhosting wird alles aus einer Hand angeboten. Auch wenn das börsennotierte Unternehmen mittlerweile mit Niederlassungen in insgesamt elf deutschen Städten vertreten ist und in vielen Ländern der Welt aktiv ist, liegt der Hauptsitz noch immer in Montabaur. Dort sind inzwischen rund 2000 Menschen beschäftigt. Ein Grund dafür ist die attraktive Lage der Kleinstadt mit vorteilhaften Standortfaktoren.

M 6 Das Telekommunikationsunternehmen 1&1

Es waren einmal rund 19 Mio. Euro Fördermittel von Stadt, Land und Bund, die – geschickt eingesetzt – private Investitionen von mehr 205 Mio. Euro auslösten. Auf einer Fläche von 30 Hektar entstanden das Büro-und Dienstleistungszentrum ICE-Park und der neue Stadtteil Aubachviertel. [...]
Inzwischen gilt die städtebauliche Entwicklungsmaßnahme „ICE-Bahnhof Montabaur" als abgeschlossen. Es sind beinah alle Flächen bebaut oder überplant und die öffentliche Infrastruktur ist fertiggestellt. Außerdem hat die Stadt Montabaur die Maßnahme mit den Fördergebern Land und Bund final abgerechnet. [...]
Innenminister Roger Lewentz lobte die lokalen Akteure für ihr Engagement und ihr Durchhaltevermögen bei diesem Projekt: „Montabaur ist ein wunderbares Beispiel dafür, dass eine Erfolgsstory geschrieben werden kann, wenn in der Kommunalpolitik Weitblick mit dem Willen und Mut zu weitreichenden Entscheidungen einhergehen."
Das Land wisse solche Städte wie Montabaur zu schätzen, weil sie Impulse geben für eine ganze Region und außerdem als Vorbild für andere dienen. Am Ende zog Bürgermeister Edmund Schaaf sein Fazit: „Der Aufwand hat sich gelohnt: Der ICE-Bahnhof hat sich dauerhaft etabliert, ebenso die städtebauliche Verbindung zwischen dem Bahnhof und der Innenstadt. Die Verantwortlichen haben die Chance ergriffen zum Wohl der Stadt, der Verbandsgemeinde und des Westerwaldkreises."

Quelle: Stadt Montabaur: Städtebauliche Entwicklungsmaßnahme ICE-Bahnhof formal beendet. www.montabaur.de, Stadt Montabaur Pressearchiv, Montabaur, Zugriff: 28.07.2022

M 7 Mitteilung aus dem Pressearchiv von Montabaur

Saarland – wirtschaftlicher Strukturwandel einer ganzen Region

Die Welt verändert sich kontinuierlich. Der Energie- und Rohstoffhunger wächst, die Nachfrage an verschiedenen Produkten variiert und Staaten verändern sich. Die globalisierte Welt befindet sich in stetem Wandel und das betrifft auch Deutschland und unser Nachbarbundesland. Welche Prozesse haben die Wirtschaftsstruktur des Saarlands gewandelt?

1. Beschreiben Sie die Geschichte der Völklinger Hütte (M1, M2, Atlas).
2. Beschreiben Sie den Herstellungsprozess von Stahl (M4, Internet).
3. Stellen Sie die Veränderungen der Standortwahl der Eisen- und Stahlindustrie dar (M3).
4. Analysieren Sie den Wandel der Wirtschaftsstruktur von Deutschland (M7).
5. Stellen Sie den Strukturwandel im Saarland dar (M2, M5, M6).
6. Beurteilen Sie: „Der Strukturwandel im Saarland setzt sich auch in Zukunft fort" (M6 – M8).

M 1 Die Völklinger Hütte heute

Die Völklinger Hütte gehörte mit mehreren Hochöfen seit Ende des 19. Jahrhunderts zu den größten Eisenträgerherstellern in Deutschland. Hier wurde Kohle gefördert, weshalb ideale Standortfaktoren für die Stahlproduktion vorherrschten. Nachdem im Zweiten Weltkrieg auch Zwangsarbeiter für die Produktion von Kriegsgeräten eingesetzt wurden, arbeiteten 1965 rund 17 000 Menschen dort. Seit 1970 stieg jedoch der Druck durch die internationale Konkurrenz. Insbesondere asiatische Länder produzierten Stahl sehr viel günstiger. In den 1980er-Jahren wurde das Stahlwerk auf die andere Saarseite verlegt. Im Jahr 1986 wurde die Roheisenwerk der Völklinger Hütte stillgelegt und zum Industriedenkmal erklärt. Ähnlich erging es auch anderen Werken im Saarland und den umliegenden Regionen. Dort kam es zu einem **Strukturwandel**: die Menschen, die ihre Anstellung im Stahlwerk verloren hatten, mussten in anderen Bereichen Arbeit finden. Während einige in anderen Schlüsselindustrien, wie der Automobilindustrie, z. B. in der nahen Stadt Saarlouis, einen Job finden konnten, wechselten die meisten in den tertiären Sektor. Aber auch heute noch arbeiten in dem Bundesland knapp 12 000 Beschäftigte in der Stahlindustrie, sodass diese **Massenproduktion** immer noch einen wichtigen Bestandteil der saarländischen Industrie darstellt.

M 2 Basisinformation

Heute ist die Völklinger Hütte ein Denkmal der Industriekultur. Weil sie für die wichtige Epoche der Industrialisierung steht und noch originalgetreu erhalten ist, wurde die Völklinger Hütte 1994 als UNESCO-Welterbe anerkannt.

Die Geschichte der Stahlerzeugung im Saarland kann in einem Museum und anhand der Produktionsanlagen anschaulich nachvollzogen werden: Die Skyline der sechs Hochöfen mit Erzschrägaufzug war das Herz der Anlage, da hier aus Eisenerz mithilfe von Schrott, Kalk und Sinter Roheisen erzeugt wurde.
Der Koks zum Beheizen der Hochöfen kam aus der Kokerei auf dem Gelände. Aus der Gebläsehalle wurde Druckluft in die Öfen gepumpt zur chemischen Reduktion des Eisens. Anfallender Erzstaub und Gichtgase wurden in der Sinterhalle und der Trockengasreinigungsanlage wieder aufbereitet.
Der Wasserhochbehälter, einst zum Kühlen der Hochöfen, ist heute der spektakuläre Eingangsbereich. Unter dem Motto „entdecken, erforschen, erfinden" können in einem Science-Center die vier Elemente Erde, Wasser, Feuer und Luft erfahren werden. Wechselnde Ausstellungen und Veranstaltungen prägen die Völklinger Hütte als Kunst- und Kulturzentrum.

M 4 Die Völklinger Hütte

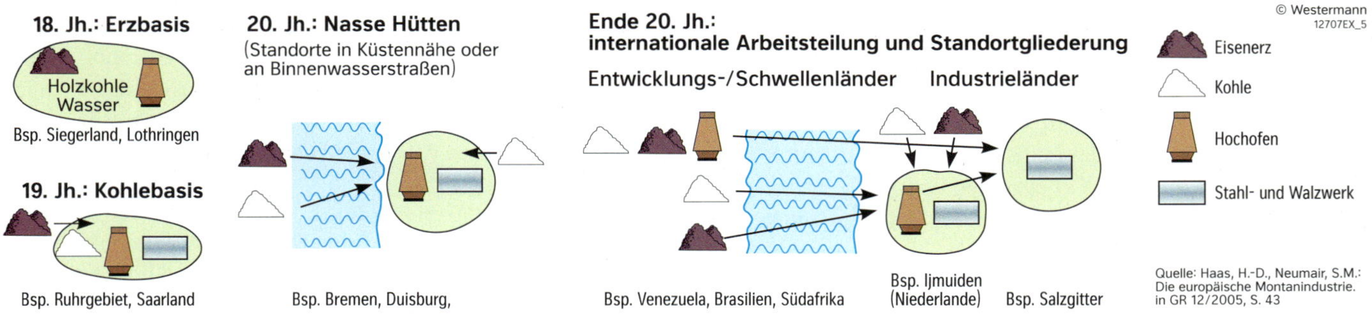

M 3 Beschäftigungsbereiche im Saarland

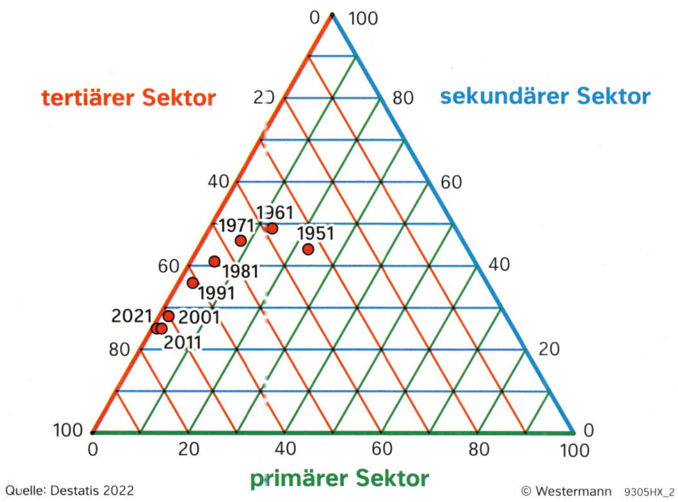

M 5 Wirtschaftsstruktur in Deutschland

M 7 Im Jahr 1970 waren im Saarland anteilig die meisten Beschäftigten in der Gießerei und Stahlproduktion tätig. Heute ist die größte Berufsgruppe im Gesundheits- und Sozialwesen.

Der Bergbau spielte im Saarland 250 Jahre lang eine tragende Rolle und hat dort eine längere Tradition als im Ruhrgebiet. Zu Spitzenzeiten waren im 20. Jahrhundert 60 000 Menschen im Bergbau und über 10 000 in der Stahlindustrie beschäftigt; mehr als die Hälfte der Industriearbeitsplätze entfielen damit auf die Schwerindustrie. 2012 wurde mit dem Bergwerk Saar die letzte Kohlegrube geschlossen. [...]
Dennoch hat das Saarland den Strukturwandel besser verarbeitet als das Ruhrgebiet, so die Experten. Diese Einschätzung lässt sich durch harte Zahlen stützen. Die Arbeitslosigkeit ist zwar höher als im Bundesgebiet, aber deutlich niedriger als im Ruhrgebiet. Die wirtschaftliche Zukunft des Saarlandes als industrieerfahrene Region sehen die Experten in industriellen Kernen und industrienahen Dienstleistungen. Die saarländische Wirtschaftspolitik ist in ihrer Ansiedelungsstrategie im Wesentlichen eine Industriepolitik. Dieser Ansatz wird von den Experten mehrheitlich befürwortet.
Dass das Saarland den Ausstieg aus der Schwerindustrie gut bewältigen konnte, liegt insbesondere an der bedeutenden Rolle der Automobilindustrie. Viele gut ausgebildete Fachkräfte aus dem Bergbau fanden nach der Schließung der Zechen Arbeit bei Ford in Saarlouis und bei einer Reihe von Automobilzulieferern. Die Automobilbranche im Saarland mit ihren mittlerweile 45 000 Arbeitsplätzen erreicht heute eine ähnliche Dominanz wie die Schwerindustrie in den 1960er-Jahren. Der neue Branchenschwerpunkt war im Strukturwandel sehr hilfreich, ist aber langfristig nicht ohne Risiko: Zum einen muss sich nach der Überzeugung der Experten die Automobilindustrie auf neue Mobilitätskonzepte einstellen, in deren Zentrum nicht mehr nur das Auto steht. Zum anderen steht die Automobilwirtschaft vor der Herausforderung, alternative Antriebe und Fahrassistenzsysteme bis hin zum autonomen Fahren zu entwickeln. [...] Trotz der guten Voraussetzungen des Saarlandes, den sich abzeichnenden Wandel der Automobilindustrie zu bewältigen, halten die Experten eine Diversifizierung der Wirtschaft für dringend geboten. [...] Förderlich auf dem Weg zur neuen Vielfalt ist für die Experten, dass es den Saarländern zum überwiegenden Teil gelungen ist, sich auch geistig von Kohle und Stahl zu verabschieden.

Quelle: Gestern Bergbau, heute Automobil, morgen ökonomische Vielfalt. www.glueckauf-zukunft.de, RAG-Stiftung, Essen, Zugriff: 22.08.2022

M 6 Strukturwandel im Saarland

M 8 Befragung von Saarländern nach den wichtigsten Problemen in ihrem Bundesland

An diesem Mittwoch nun verkündete Ford seine Entscheidung: Von 2025 an sollen zwei E-Auto-Modelle in Valencia gebaut werden. Was die Entscheidung aber für Saarlouis bedeutet – und damit für 4 500 Beschäftige im Werk und noch einmal 1 300 im Zulieferer-park – sagte das Unternehmen nicht. [...]
In den 1960er-Jahren wurde das Werk an der Saar gebaut, um den Strukturwandel zu bekämpfen. Kohle und Stahl waren in der Krise, Gruben wurden geschlossen. 15 Prozent Arbeitslosigkeit. Als 1970 der erste Escort vom Band rollte, sollte das Saarland nicht mehr Montanland sein, sondern Autoland, und das funktionierte auch, es funktioniert bis heute. Noch immer arbeiten 44 000 Menschen bei Zulieferern, Ausrüstern, Herstellern, bei Eberspächer, Bosch, Schaeffler. Das Land würde also auch einen Teil seiner Identität verlieren. [...]
Während die Belegschaft am Mittwoch auf dem Werksgelände demonstrierte, will sich der saarländische Landtag am Donnerstag zu einer Sondersitzung treffen. Sie wollen beraten, wie es weitergehen könnte, mit Ford, ohne Ford, vor allem aber im Sinne der Beschäftigten.

Quelle: Gianna Niewel: Ford entscheidet sich gegen das Saarland. www.sueddeutsche.de, Süddeutsche Zeitung, München, 22.06.2022

M 9 Die Automobilindustrie verlässt das Saarland

Räume unterschiedlichen Entwicklungsstandes

Mit dem Auto oder dem Flugzeug den Urlaubsort erreichen – für die meisten Deutschen ist das nichts Besonderes. Die Einkommen sind so hoch, dass sie neben den alltäglichen Ausgaben auch auf größere Anschaffungen wie ein Auto oder eine Flugreise sparen können. Dagegen bleibt für die meisten Einwohner Burundis selbst eine Kurzreise ein Traum. Auch bei anderen Grundbedürfnissen gibt es deutliche Unterschiede. Wie können diese gemessen und beurteilt werden?

1 Beschreiben Sie die Lage und die Lebensbedingungen von Burundi und vergleichen Sie diese mit Ihrem Lebensumfeld. (M1, Atlas).

2 Beurteilen Sie: „Der Abstand zwischen den Ärmsten und Reichsten ist gewachsen, aber die Mitte hat aufgeholt" (M5).

3 Erklären Sie: „Ein und derselbe Mensch kann in einem Land zu den Armen und in einem anderen Land zu den Reichen gehören" (M4).

4 Stellen Sie den Entwicklungsstand ausgewählter Staaten der Erde dar und ordnen Sie diese möglichen Kategorien zu (M3, M6, M7, M8).

5 **a)** Überprüfen Sie: „Mit wachsendem Wohlstand nehmen die Umweltschäden weiter zu" (M7).
b) Stellen Sie Möglichkeiten dar, eine nachhaltige Entwicklung ärmerer Länder der Erde zu initiieren.

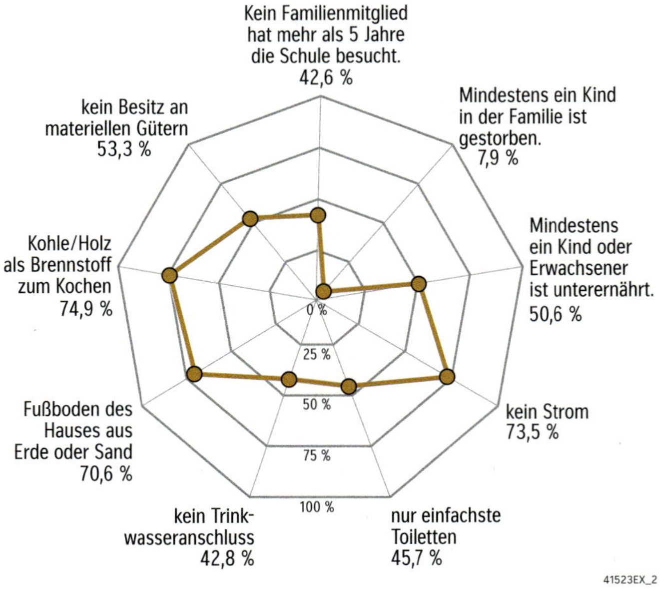

M1 Lebensbedingungen in Burundi 2020

Wir leben zwar in einer Welt, aber in ihr gibt es große wirtschaftliche, soziale, kulturelle und politische Unterschiede, sogenannte **Disparitäten**. Mithilfe von Entwicklungsindikatoren sollen Aussagen über den Entwicklungsstand eines Landes oder einer Region gemacht werden. Um Vergleiche zu ermöglichen, werden statistische Kennwerte herangezogen (z. B. Alphabetisierungsrate in %).
Die gängigste Maßzahl der wirtschaftlichen Stärke eines Landes ist das Bruttonationaleinkommen (BNE), das den Wert aller Produkte und Dienstleistungen, die von Bürgern und Firmen eines Landes innerhalb eines Jahres produziert wurden, zusammenfasst. Es wird in Dollar gemessen und bildet die Grundlage für das Pro-Kopf-Einkommen (BNE/Einwohner). Somit können Staaten unterschiedlicher Größe miteinander verglichen werden. Das BNE pro Einwohner bildet auch die Grundlage für die Länderklassifizierung durch die Weltbank. Dieser Wert ist dann als quantitativer Vergleichswert verwendbar, jedoch werden Einkommens- und Vermögensunterschiede innerhalb einer Gesellschaft nicht berücksichtigt.
Das Pro-Kopf-Einkommen spiegelt aber als statistisch ermittelter Durchschnittswert nicht die reale Haushalteinkommensverteilung der Menschen wider. Dennoch ermöglicht es Rückschlüsse auf die sozialen und kulturellen Lebensbedingungen in einem Land. Auch steht die Finanzierung z.B. von Gesundheitsvorsorge, Bildungseinrichtungen, Ernährungssicherung und weiteren Infrastruktureinrichtungen im engen Zusammenhang mit der Wirtschaftskraft eines Staates. Diese Korrelation liegt auch der vom schwedischen Statistiker Hans Rosling vorgenommenen Einteilung der Welt in vier Einkommensstufen zugrunde.

M2 Basisinformation

Nach dem 2. Weltkrieg wurden Länder nach ihren Wirtschafts- und Gesellschaftssystem bezeichnet:
Die westlichen-kapitalistischen Staaten bildeten die Erste Welt und die östlichen-sozialistischen Staaten die Zweite Welt. Alle anderen, meist wenig entwickelten Länder gehörten zur sogenannten Dritten Welt oder zu den **Entwicklungsländern**, dieser Begriff gilt seit langem als überholt, aber tritt bis heute immer noch im alltäglichen Sprachgebrauch auf. Es wird zunehmend der neutralere Begriff Länder des **globalen Südens** verwendet. Analog werden die Industrieländer als Länder des **globalen Nordens** bezeichnet. Sie zeichnen sich durch einen hohen Lebensstandard, ein leistungsfähiges und effizientes Wirtschaftssystem aus, in der der tertiäre Wirtschaftssektor meist die größte Bedeutung besitzt.

M3 Länder des globalen Südens und globalen Nordens

Mit absoluter Armut wird der Zustand eines Menschen beschrieben, dessen Versorgung der Grundbedürfnisse nicht gegeben ist. Dazu gehören nach Definition der Weltbank alle, deren verfügbares Einkommen unter 1,90 US-Dollar pro Tag liegt. Von extremer Armut wird gesprochen, wenn das Einkommen weniger als 1,25 US-Dollar pro Tag beträgt.
Von relativer Armut sind Personen betroffen, deren Einkommen unter der jeweiligen Armutsschwelle des Landes liegt. In Deutschland liegt diese Schwelle bei 60 Prozent des mittleren Einkommens.

M4 Absolute und relative Armut

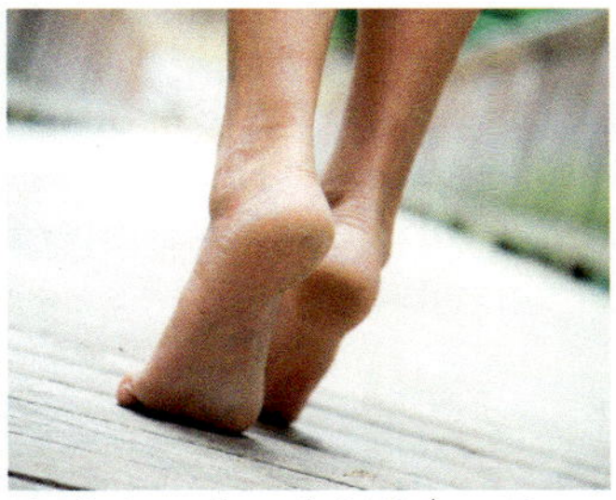

Stufe 1: weniger als 2 US-$ pro Tag

Stufe 2: 2 – 8 US-$ pro Tag

Stufe 3: 8 – 32 US-$ pro Tag

Stufe 4: mehr als 32 US-$ pro Tag

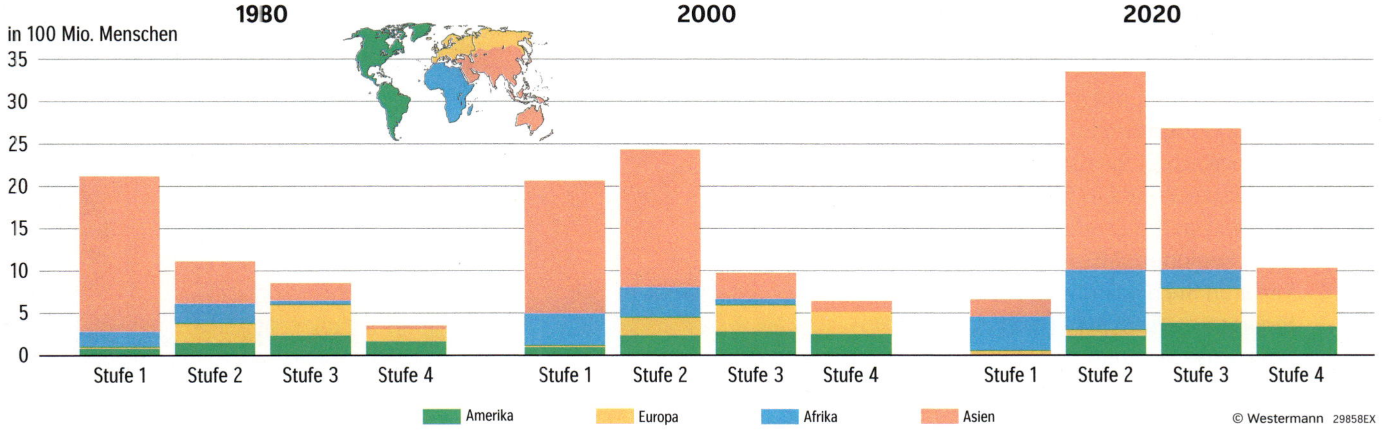

M 5 **Einkommensstufen nach Hans Rosling und vorherrschende Fortbewegungsmittel der Einwohner in diesen Stufen**

Schwellenländer oder Newly Industrialised Countries (NIC) konnten und können mit überdurchschnittlichen Wachstumsraten, einer hohen Arbeitsproduktivität, niedrigem Lohnniveau und einer auf Export ausgerichteten, nachholenden Industrialisierung den Ländern des globalen Nordens in vielen Branchen (z. B. Textilien, Elektronik) große Marktanteile abringen. Hilfreich waren bei dieser Entwicklung Investitionen in Bildung sowie die Förderung einzelner Branchen und ausgewählter Standorte, um dort vor allem ausländische Investitionen anzulocken.
Zu den aufstrebenden Volkswirtschaften gehören die BRICS-Staaten. Zu dieser Vereinigung gehören Brasilien, Russland, Indien, China und Südafrika. In diesen fünf Staaten leben etwa drei Milliarden Menschen.

M 6 **Schwellenländer (NIC)**

Zu den Least Developed Countries (LDC) zählen die am wenigsten entwickelten Länder. Die UN vergeben den LDC-Status nach sozioökonomischen Kriterien:

- Bruttonationaleinkommen weniger als 1025 $ pro Einwohner
- Index sozialer Merkmale (u. a. Anteil der unterernährten Menschen, Kindersterblichkeitsrate, Alphabetisierungsrate, Einschulungsquote)
- Index der Verwundbarkeit der Volkswirtschaft, in den u.a. die Zugänglichkeit des Landes, die Stabilität der Exporterlöse sowie die des Agrarsektors und der in tiefer gelegenen Küstenzonen lebende Bevölkerungsanteil eingehen.
- Einwohnerzahl unter 75 Millionen.

M 8 **Least Developed Countries (LDC)**

	Wirtschaft		Bevölkerung			Besitz	Umwelt
	BNE/Einwohner in US-$	Anteil der Landwirtschaft am BNE in %	Verstädterungsgrad in %	Lebenserwartung in Jahren	Kindersterblichkeit pro 1000 Geburten	Mobiltelefone pro 100 Einwohner	CO_2-Emissionen in t pro Einwohner
Portugal	22195	2,1	61,4	81	3,3	97	5
China	10435	7,7	66,3	77,1	7,3	119	7,4
Deutschland	46253	0,7	77,5	80,9	3,7	128	8,6
Mali	863	36,2	43,9	59,7	91	125	0,3
Brasilien	6797	5,9	87,1	76,1	14,7	97	2
Burundi	239	28,5	13,7	61,9	54,4	56	0,1
Türkei	8336	6,7	76,1	77,9	9,5	97	5
Indien	1928	18,3	34,9	69,9	32,6	84	1,8

Quelle: Weltbank

M 7 **Strukturdaten ausgwählter Staaten der Erde (2020)**

Klassifizierung von Entwicklungsständen

Seit 2008 ist das Glück der Bewohner im Staat Bhutan als Ziel in der Verfassung festgeschrieben. In landesweiten Umfragen werden individuelle Einschätzungen zum seelischen und gesundheitlichen Wohlbefinden, zur persönlichen Bildung, zum Lebensstandard und zur Regierungsführung erfragt. Diese bilden die Grundlage für weitere Entwicklungsziele. Welche internationalen Indikatoren für den Entwicklungsstand einer Gesellschaft gibt es?

1 Charakterisieren Sie den Begriff Glück aus Ihrer Sicht und vor dem Hintergrund des Fotos in M1.
2 **a)** Vergleichen Sie die Einteilung der Erde in Industrie-, Entwicklungs- und Schwellenländer (M3).
b) Ordnen Sie Deutschland und Burundi begründet einer der Kategorien Industrie-, Schwellen- oder Entwicklungsland zu (M3, M4).
3 **a)** Vergleichen Sie die Entwicklungsindikatoren HDI, GDI und MPI (M2, M5).
b) Analysieren Sie den Entwicklungsstand der Erde nach Regionen (M6, M7).
4 Erklären Sie die Grenzen der Aussagekraft von Indikatoren für ganze Staaten (M8, M9).
5 Beurteilen Sie die Aussagekraft alternativer Indikatoren (M9, World Happiness Report).

M1 **Kinder in Bhutan**

Um Länder nach ihren Entwicklungsständen vergleichen zu können, kommen ausschließlich ökonomische Indikatoren an ihre Grenzen, vor allem, weil der **informelle Sektor** nicht berücksichtigt wird. Mehrdimensionale Indikatoren ergeben ein differenzierteres Bild. Der 1990 vom Entwicklungsprogramm der Vereinten Nationen (UNDP) entwickelte Index für menschliche Entwicklung (**Human Development Index, HDI**) verbindet wirtschaftliche und soziale Dimensionen, die wesentliche Grundbedürfnisse des Menschen erfassen. Parallel zum HDI entstanden weitere komplexe Indikatoren wie z.B. der Index für mehrdimensionale Armut (**Multidimensional Poverty Index, MPI**) oder der Index der geschlechtsspezifischen Entwicklung (**Gender Development Index, GDI**). Der GDI misst geschlechtsspezifische Ungleichheiten in Gesundheit, Bildung und wirtschaftlichen Ressourcen, gemessen am geschätzten Erwerbseinkommen von Frauen und Männern. Je kleiner der GDI, desto höher die Ungleichheit.

M2 **Basisinformation**

Indikatoren	Burundi	Deutschland
Zugang zu sauberem Trinkwasser (in %)	62,2	100
Anzahl Ärzt/-innen pro 1 000 Einwohner/-innen	0,05	4,33
Säuglingssterblichkeit pro 1 000 Geburten[1]	39,9	3,2
Anteil am BIP (in %)		
▪ Landwirtschaft	28,7	0,8
▪ Produktion	10,6	26,2
▪ Dienstleistungssektor	44,8	63,0
Exporte/Importe in Mrd. US-$	0,2/1,1	1 632/1 420
CO_2-Emissionen pro Einw. in Tonnen[1]	0,03	8,52
Internetnutzer/-innen pro 100 Einw.	9,4	89,8
Gesundheitsausgaben pro Einw. in US-$	20,6	5 440[1]

[1] 2019
Quelle: Länderprofil WKO 2021

M4 **Burundi und Deutschland – Indikatorenvergleich**

Industrieländer
- sehr hohe Wirtschaftskraft
- hoher Anteil des Dienstleistungssektors und hochtechnologischer Industrie
- moderne, gut ausgebaute Infrastruktur
- hoher Bildungsstandard und gute medizinische Versorgung
- hohe Lebenserwartung
- stabile politische Verhältnisse

Beispiele: Australien, Europa, Japan, USA

Schwellenländer
- überdurchschnittliches, hohes jährliches Wirtschaftswachstum
- industrielle Entwicklung
- Investitionen in den Ausbau der Infrastruktur (Verkehr, Gesundheit, Bildung)
- hohe Arbeitsproduktivität bei geringen Lohnkosten
- hohe Exportquote von Fertigwaren
- steigende Lebenserwartung

Beispiele: Brasilien, Chile, Indien, Malaysia, Südafrika

Entwicklungsländer
- geringe Wirtschaftskraft mit hohem Anteil der Landwirtschaft und Rohstoffindustrie
- hohe Staatsverschuldung
- geringes Pro-Kopf-Einkommen
- fehlende oder mangelhafte Infrastruktur
- oftmals extrem ungleiche Verteilung von vorhandenen Gütern
- niedrige Lebenserwartung

Beispiele: Subsahara-Afrika

M3 **Merkmale von Industrie-, Schwellen- und Entwicklungsländern**

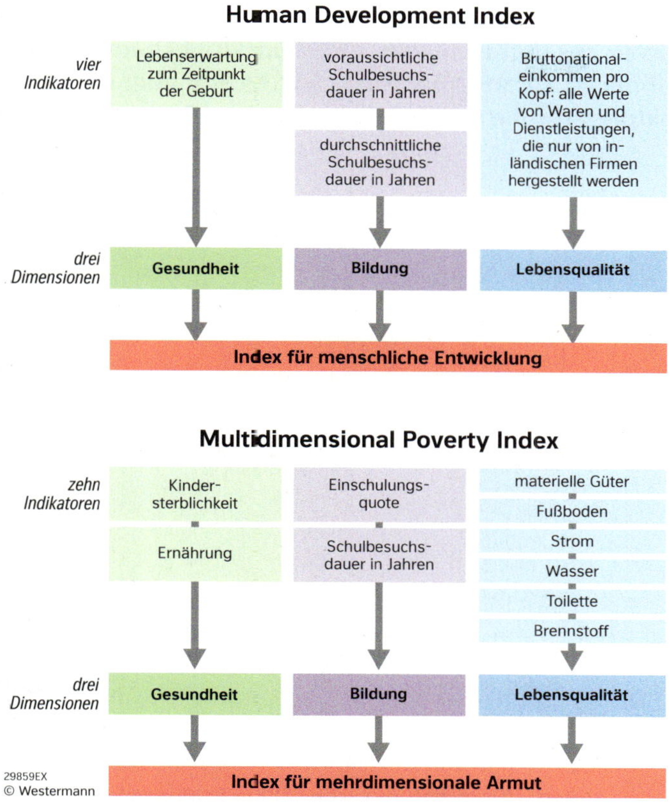

M 5 **HDI und MPI im Vergleich**

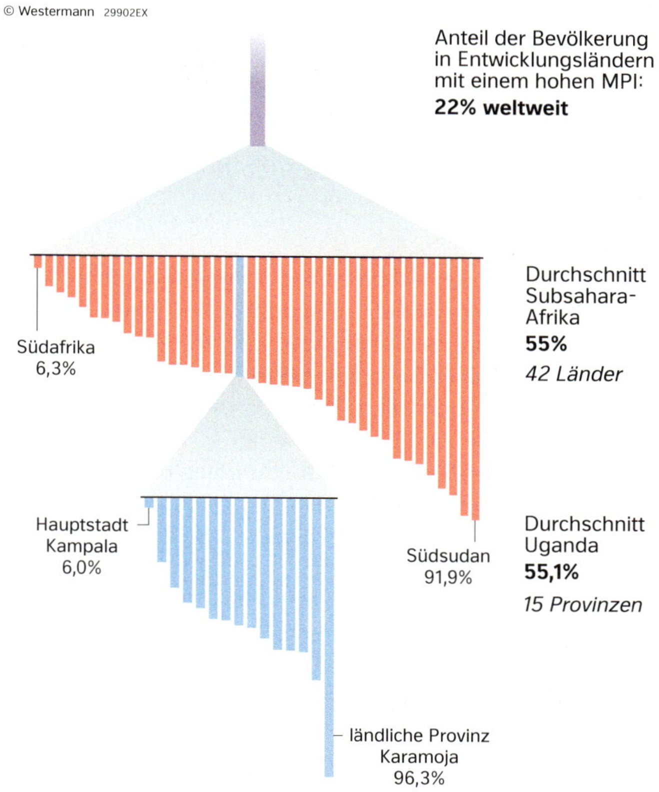

M 8 **MPI in unterschiedlich regionalen Dimensionen**

	HDI	Lebenserwartung bei Geburt	voraussichtliche Schulbesuchsdauer	durchschnittliche Schulbesuchsdauer in Jahren	BIP/Einw. in US-$	GDI	HDI weiblich	HDI männlich	Anteil der Bevölkerung, die von mehrdimensionaler Armut betroffen sind
Arabische Staaten	0,705	72,1	12,1	7,3	14 869	0,856	0,636	0,743	15,8
Ostasien	0,747	75,4	13,6	8,1	14 710	0,961	0,731	0,76	5,4
Europa/Zentralasien	0,791	74,4	14,7	10,4	17 939	0,953	0,768	0,806	1
Lateinamerika/Karibik	0,766	75,6	14,6	8,7	14 812	0,979	0,755	0,772	7,2
Südasien	0,641	69,9	11,7	6,5	6 532	0,824	0,57	0,692	29,2
Afrika südlich der Sahara	0,547	61,5	10,1	5,8	3 686	0,894	0,516	0,577	55

M 6 **HDI, GDI und MPI im Vergleich (2020)**

Aktuelle, relevante und letztlich leicht zugängliche Daten bilden die Basis für die Einschätzung des Entwicklungsstandes sowie daraus resultierender Zukunftsentscheidungen. Sie werden bei Volkszählungen, Umfragen sowie statistischen Erhebungen von staatlichen Institutionen, Instituten und Nichtregierungsorganisationen ermittelt. In den letzten Jahren hat sich die Datenerhebung und -qualität durch den Einsatz der Informationstechnologien und Standardisierung verbessert. Aber es gibt immer noch Lücken in der Erfassung; vor allem in ärmeren Ländern sind Zählungen aufgrund fehlender finanzieller Mittel lückenhaft bzw. können nicht kontinuierlich durchgeführt werden. Häufig verbergen Durchschnittswerte große Unterschiede zwischen Bevölkerungsgruppen oder Regionen. Im Rahmen des Weltdatenforums unterstützt die UNO finanziell und organisatorisch die Datenerfassung.

M 7 **Problemfeld Datenerhebung**

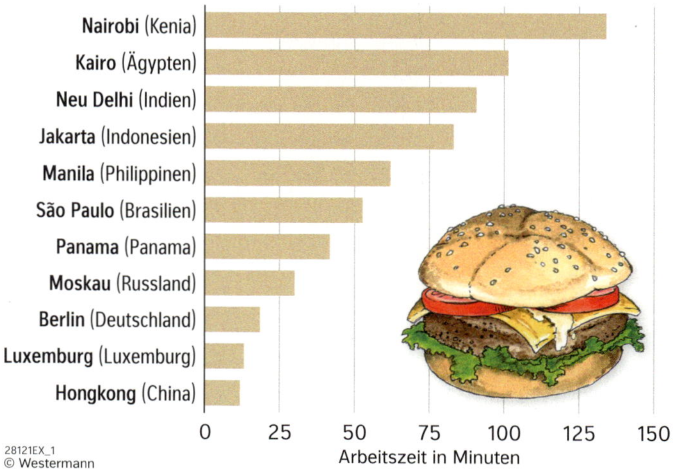

M 9 **Der Big-Mac-Index**

Ursachen disparitärer Entwicklungen

Globale Disparitäten haben vielfältige Ursachen. Sie resultieren aus unterschiedlichen Entwicklungsbedingungen von Ländern. So weisen die Länder des globalen Südens ähnliche Strukturmerkmale auf, es gibt aber entscheidende nationale und regionale Besonderheiten. Welche Faktoren fördern die Entwicklung eines Raumes, welche hemmen sie?

1 Analysieren Sie M1.
2 Erläutern Sie, weshalb Länder mit vergleichbaren Strukturmerkmalen einen unterschiedlichen Entwicklungsstand besitzen können (M2, M3).
3 **a)** Vergleichen Sie mit dem Programm Gapminder die Korrelation zweier von Ihnen ausgewählter Indikatoren und Länder (M4).
b) Arbeiten Sie weitere Strukturdaten dieser Länder heraus und ordnen sie den Staaten ihren jeweiligen Entwicklungsstand begründet zu.
4 **a)** Nennen Sie Hypothesen, weshalb sich die Lebenserwartung und das BIP pro Kopf in Botsuana und Mosambik so unterschiedlich entwickelten (M4, M6, Atlas).
b) Überprüfen Sie Ihre Ergebnisse aus Aufgabe 5a (M2, M4 – M7).

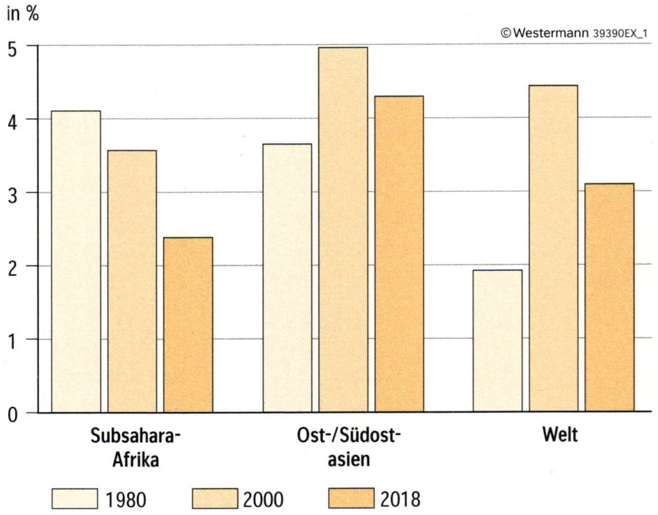

M1 **Wirtschaftswachstum ausgewählter Regionen auf der Welt**

Der Entwicklungsstand eines Landes hängt von verschiedenen sozialen, ökonomischen, politischen und ökologischen Faktoren ab. Zum einen sind es endogene, also im Land angelegte Faktoren wie die naturräumliche Ausstattung oder die Demographie. Zum anderen haben exogene (externe) Faktoren wie die Weltmarktpreise oder die Veränderung der globalen Nachfragestrukturen Einfluss auf den Entwicklungsstand. Wie stark die einzelnen Faktoren die Entwicklung beeinflussen, ist häufig länderspezifisch.
Aber auch unter vergleichbaren Rahmenbedingungen und Voraussetzungen können sich Länder unterschiedlich entwickeln. Große Ölvorkommen haben beispielsweise in Katar oder den Vereinigten Arabischen Emiraten zu gesamtgesellschaftlichen Fortschritten geführt, während in Venezuela oder Nigeria nur ein kleiner Teil der Gesellschaft vom Rohstoffreichtum profitiert. Südkorea, Singapur, Taiwan und Hongkong ist es in den vergangenen Jahrzehnten gelungen, große Fortschritte zu erzielen, während besonders in den Ländern südlich der Sahara noch zum Teil großer Entwicklungsbedarf besteht. 33 der 47 am wenigsten entwickelten Länder (Least Developed Countries, LDC) liegen in Afrika. Der Kontinent wird trotz einiger positiver Entwicklungen in der Vergangenheit von Kritikern immer wieder als abgehängter Kontinent bezeichnet. Nach dem Ende der Kolonialzeit und der Dekolonisation gelang es wenigen Ländern Afrikas, vor allem südlich der Sahara, nach ihrer Eigenständigkeit politisch, wirtschaftlich und sozial zu prosperieren. Trotz Rohstoffreichtum und Fortschritten im Bereich der Krankheits- und Armutsbekämpfung ist ihr Anteil am Welthandel gering. Zu den dafür verantwortlichen Entwicklungshemmnissen zählen unter anderem das hohe Bevölkerungswachstum, die ungünstigen Handelsstrukturen, zahlreiche Konflikte und Kriege sowie eine teilweise korrupte Staatsführung.

M2 **Basisinformation**

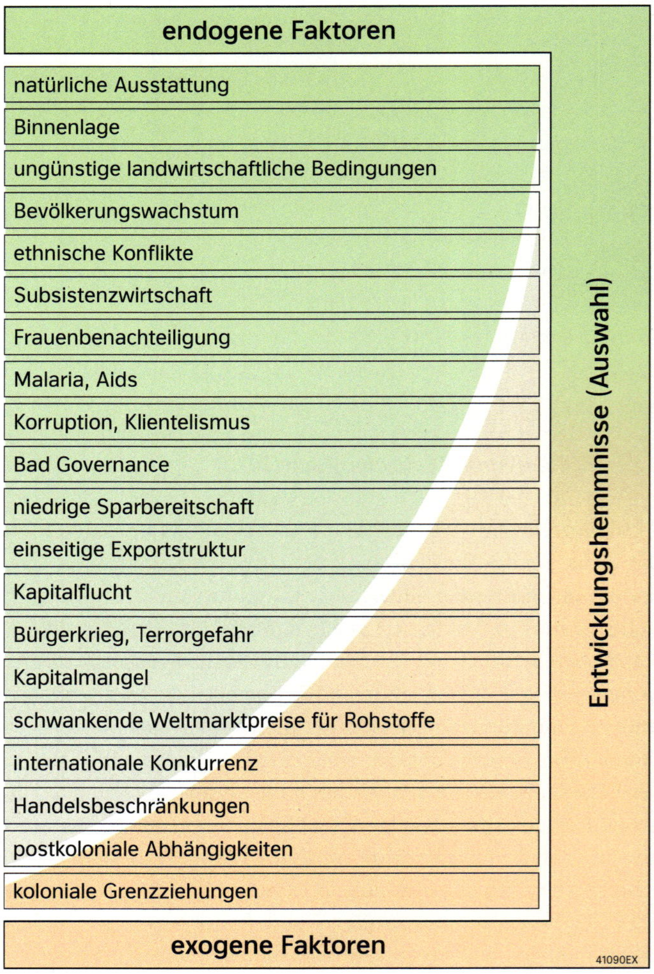

M3 **Entwicklungshemmnisse im Überblick**

Link
WES-149983-106

	Botsuana	Mosambik	Deutschland
Einwohner	2,2 Mio.	28,6 Mio.	83,0 Mio.
Fläche (in km²)	581 730	801 590	357 582
Lebenserwartung	69 Jahre	60 Jahre	81 Jahre
Fertilitätsrate*	2,9	4,9	1,6
Verstädterungsgrad	69 %	36 %	77 %
Säuglingssterblichkeit	25 ‰	28 ‰	2 ‰
Alphabetisierungsrate	77 %[1]	61 %	99 %
BNE pro Einw. (in US-$)	7750	460	47 110
BNE-Wachstum	0,5 %	3,4 %	1,0 %
Anteil Landw. am BIP	31,7 %	42,8 %	0,7 %
HDI-Wert (Rang)	0,717 (101.)	0,437 (180.)	0,939 (4.)

*Fruchtbarkeitsrate (Kinder pro Frau), [1]2013,
Quelle: Weltbank

M 4 Strukturdaten ausgewählter Länder im Jahr 2018

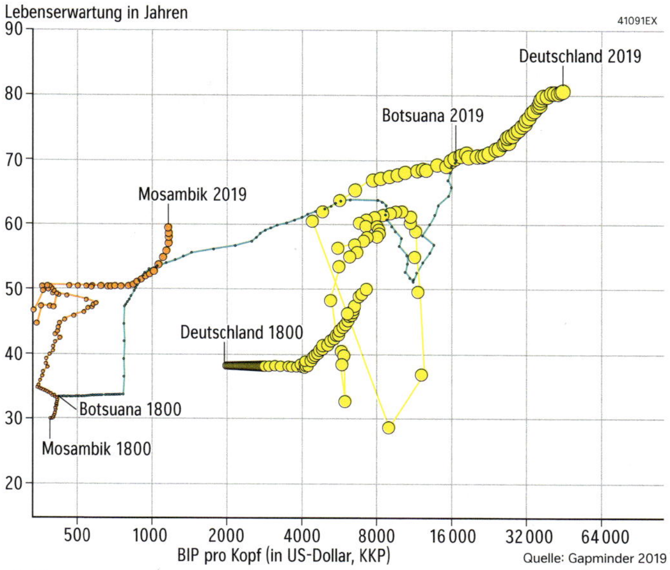

M 6 Entwicklung der Lebenserwartung und des Bruttoinlandsprodukts (BIP) pro Kopf im Vergleich (1800 bis 2019)

Ein Jahr nach der Unabhängigkeit brach 1976 ein Bürgerkrieg in Mosambik aus. Dieser 16 Jahre währende Konflikt hat das Land verwüstet und eine Million Menschenleben gekostet. Als 1992 die Bürgerkriegsfraktionen einen Friedensvertrag unterschrieben, war der Staat ausgeblutet und das Land eines der ärmsten der Welt. Seitdem hat Mosambik hart an seinem Wiederaufbau gearbeitet. Mit kontinuierlichen Wachstumsraten zwischen sieben und acht Prozent hatte Mosambik eine der am schnellsten wachsenden Wirtschaften Afrikas. Seit Ende 2015 befindet sich das Land jedoch erneut in einer Krise. Zum einen ist im Zentrum des Landes der militärische Konflikt wieder ausgebrochen; zum anderen befindet sich die Wirtschaft durch den Rohstoffpreisverfall, die herrschende Dürre und durch die sogenannten Skandalkredite in einer Krise. Insbesondere die Skandalkredite, für die ohne Genehmigung durch das Parlament Staatsgarantien gewährt wurden, haben zu einem tiefgehenden Vertrauensverlust geführt, so stellte der IWF sein Programm für Mosambik ein. Alles in allem führte dies zu einer hohen Inflation. Die durch die unterbrochenen Friedensgespräche [zwischen den Konfliktparteien] gekennzeichnete politische Unsicherheit im Land, Korruption und Bürokratie machen Mosambik zu einem unsicheren Partner für ausländische Investoren. Jedoch profitierte bereits vor der Krise ein Großteil der Bevölkerung nicht vom Wirtschaftswachstum. Die Zahlen sprechen für sich: Mehr als die Hälfte der Bevölkerung lebt unter der nationalen Armutsgrenze, 38 Prozent der Bevölkerung gelten als unterernährt. Die Lebenserwartung von 60 Jahren ist eine der niedrigsten der Welt. Mosambik gehört zu den 10 ärmsten Ländern der Welt. Naturkatastrophen haben das Land in seiner Entwicklung immer wieder zurückgeworfen. Während in Teilen des Landes Überflutungen jedes Jahr große Schäden an der Infrastruktur anrichten, sind andere Landesteile von Dürren betroffen. Andererseits bieten Rohstoffe wie Erdgas, Kohle und seltene Erden große Chancen für wirtschaftliches Wachstum. Die Rohstoffreserven des Landes sind so groß, dass Mosambik mittelfristig unabhängig von ausländischen Finanzierungen werden und Armutsbekämpfungsprogramme selbst finanzieren könnte.

Quelle: Deutsche Botschaft Maputo: Mosambik heute und sein Potenzial für Entwicklung.www.maputo.diplo.de, 02/2020, verändert

M 5 Mosambik – ein Land ohne Hoffnung?

Als Botsuana am 30. September 1966 unabhängig wurde, waren die Ausgangsbedingungen alles andere als optimal. Das Binnenland, das überwiegend aus Grasland und wüstenartiger Steppe besteht, zählte damals zu den ärmsten Ländern Afrikas. Heute wird Botsuana als die „Schweiz Afrikas“ bezeichnet. Mit einem kaufkraftbereinigten Pro-Kopf-Einkommen von rund 18 000 US-Dollar (2018) nimmt es nicht nur eine Spitzenstellung auf dem Kontinent ein. Die Lebenserwartung ist hoch, das Gesundheitssystem gut ausgebaut. Bei den Bildungsausgaben liegt es an der Weltspitze. Im Korruptionsindex 2019 von Transparency International wird das Land auf Rang 34 gelistet – und damit vor Südkorea und Italien. Die Liste ließe sich weiter fortsetzen. Während in vielen afrikanischen Staaten Stammesfehden, ethnische Konflikte und Bürgerkriege die Fortschritte über Jahre und Jahrzehnte behinderten, entwickelte sich Botsuana friedlich zu einer stabilen Demokratie mit einem funktionierenden Rechtsstaat.

Wie war diese Erfolgsgeschichte möglich? 1967, ein Jahr nach der Staatsgründung, wurden zwei riesige Diamantenfelder entdeckt. Botsuana ereilte aber nicht der Fluch der Rohstoffe. Anders als beispielsweise in Sierra Leone oder Nigeria erwiesen sich die Ressourcen nicht als Entwicklungshemmnisse. Die Regierung sorgte von Anfang an dafür, dass die Einnahmen aus dem Diamantenexport breiten Bevölkerungsschichten zugute kamen. Keine Region oder Bevölkerungsgruppe wurde bevorzugt. Mit den Exporterlösen wurden Investitionen in Bildung, Gesundheit und Infrastruktur getätigt. Lange waren die Schulbildung und die Gesundheitsversorgung kostenfrei. Aber auch das Erfolgsmodell Botsuana hat Schattenseiten: Das Land weist eine hohe Zahl an HIV-Infizierten auf. Jeder fünfte Einwohner ist betroffen. Die Arbeitslosigkeit, besonders unter Jugendlichen, ist hoch. Der Staatshaushalt hängt im Wesentlichen von den Weltmarktpreisen von Diamanten ab. Und den Verantwortlichen ist bewusst: Die Edelsteinvorkommen werden eines Tages erschöpft sein. Deshalb müssen neue Wirtschaftszweige gefördert werden. So hat der Tourismus in den letzten Jahren immer mehr an Bedeutung gewonnen. Am Rande der Hauptstadt soll ein neues Technologie- und Innovationszentrum etabliert werden – bislang aber mit überschaubarem Erfolg.

M 7 Botsuana – eine afrikanische Erfolgsgeschichte?

Entwicklungstheorien – Erklärungen für unterschiedliche Entwicklungsstände

So verschieden die einzelnen Länder und Regionen sind, so unterschiedlich ist ihre Geschichte und sind ihre Entwicklungsverläufe. Auch wenn es Fortschritte gab, haben sich in den letzten Jahrzehnten vielfach die Entwicklungsunterschiede zwischen den Industriestaaten und den Ländern des globalen Südens eher verstärkt. Welche Erklärungsansätze und Theorien für die disparitäre Entwicklung werden diskutiert?

1 Beschreiben Sie das Foto M1.
2 Erläutern Sie das Modell des Wirtschaftswachstums nach Rostow (M4), indem Sie
   a) die Entwicklung selbst gewählter Raumbeispiele anhand des Modells nachvollziehen (S. 107, Internet).
   b) den Entwicklungsstand ausgewählter Länder in das Modell einordnen.
3 Erläutern Sie die Fragmentierungstheorie (M3, M6).
4 Stellen Sie dar, welche Rolle die Globalisierung in den jeweiligen Erklärungsansätzen spielt (M3 – M6).
5 Beurteilen Sie die Aussage: „Transnationale Unternehmen haben einen großen Anteil an den derzeit herrschenden globalen Disparitäten" (M2 – M6).
Z 6 Gestalten Sie einen Dialog zwischen einem Vertreter der Modernisierungstheorie und der Dependenztheorie über eine geeignete Strategie zur Verringerung globaler Disparitäten (M2, M4, M5).

M1 **Fragmentierung innerhalb einer Stadt – Luanda (Angola)**

Die Frage nach den Ursachen für ungleiche Entwicklungsstände zwischen dem globalen Norden und dem globalen Süden beschäftigt die Wissenschaft schon lange. Zu den ältesten Erklärungsansätzen zählen die geodeterministischen Theorien. Danach können zum Beispiel ungünstige Klima- und Bodenbedingungen, häufige Naturkatastrophen oder fehlende Rohstoffe Entwicklung verhindern oder bremsen. Viele Jahre wurde aber der wissenschaftliche Diskurs durch zwei Lager bestimmt, die Modernisierungstheorie und die Dependenztheorie. Modernisierungs- oder Wachstumstheoretiker gehen davon aus, dass sich alle Länder allmählich von einer Agrar- zu einer Industriegesellschaft entwickeln. Die Entwicklung durchläuft dabei modellhaft einige Entwicklungsstufen. Modernisierungstheoretiker begründen die Unterentwicklung mit Problemen in den jeweiligen Ländern (endogene Ursachen). Die Dependenztheorien sehen dagegen die Ursachen in einer fehlgeleiteten Entwicklung von außen (exogene Ursachen). Anhänger dieser Theorien verweisen auf koloniale oder nachkoloniale Ausbeutung und die dadurch zum Teil bis heute bestehende Fremdbestimmungen und Abhängigkeiten einzelner Länder. Diese beiden Entwicklungstheorien werden seit Längerem als zu einseitig kritisiert. Eine wichtige Rolle spielen mittlerweile Ansätze, die besondere Ereignisse in den Mittelpunkt rücken und sich unter dem Begriff Vulnerabilitätsforschung zusammenfassen lassen. Der Geograph Fred Scholz verweist mit seiner Fragmentierungstheorie auf die Einflüsse der Globalisierung. Nach seinem beschreibenden Ansatz profitieren von möglichen Entwicklungsimpulsen nicht ganze Länder, sondern nur Teilräume davon (Fragmente). Erhoffte Entwicklungen für die breite Bevölkerung (Trickle-Down-Effekte) bleiben oft aus. Nicht Staaten, sondern transnationale Unternehmen sind Hauptakteure der Weltwirtschaft.

M2 **Basisinformation**

Viele Industrieländer haben zum Teil mit ähnlichen Problemen zu kämpfen wie die Entwicklungsländer (z. B. Armut, regionale Disparitäten, Strukturschwäche). Vor dem Hintergrund der Globalisierung versucht die Theorie der fragmentierenden Entwicklung daher, die Entwicklung unabhängig von Nationalstaaten darzustellen. Sie ist eine erklärende Analyse der Entwicklungsrealität, liefert im Gegensatz zu den älteren Theorien aber keine Strategien zur Überwindung von Entwicklungsdefiziten.
Sie geht dabei von einer global agierenden Wirtschaft aus, bei der die Nationalstaaten an Bedeutung verlieren. Transnationale Unternehmen und Institutionen haben ihren Sitz in den globalen Orten des Nordens und bestimmen von dort aus das Geschehen in den globalisierten Orten des Südens. Diese können nur reagieren und werden daher auch als Scheingewinner der Globalisierung beschrieben. Die globalisierten Orte und Regionen umfassen vor allem die Metropolen Lateinamerikas, Afrikas und Asiens sowie einzelne, oft küstennahe Regionen. Dort befinden sich auch Hightechdienstleistungen und Steuerparadiese, dort finden die Billiglohn- und Massenkonsumgüterproduktion statt, dort werden Bergbauprodukte und Agrarrohstoffe umgeschlagen. Alle diese Orte stehen in ständiger Standortkonkurrenz, nur sie sind in den globalen Wettbewerb eingebunden. Der Rest der Weltbevölkerung kann von der Globalisierung nicht profitieren. Die Menschen in dieser neuen Peripherie spielen weder als Arbeitskräfte noch als Konsumenten oder Produzenten eine Rolle. Einzelne Regionen, Orte oder Stadtteile bilden daher Fragmente der Armut (Gettos, Hölle, No-go-Areas) oder des Reichtums (Zitadelle, Paradiese, No-Entrance-Areas). Es treten demnach an die Stelle armer oder reicher Länder Fragmente massenhafter und flächenhafter Armut sowie lokal begrenzter Inseln des Reichtums.

M3 **Theorie der fragmentierenden Entwicklung nach Fred Scholz**

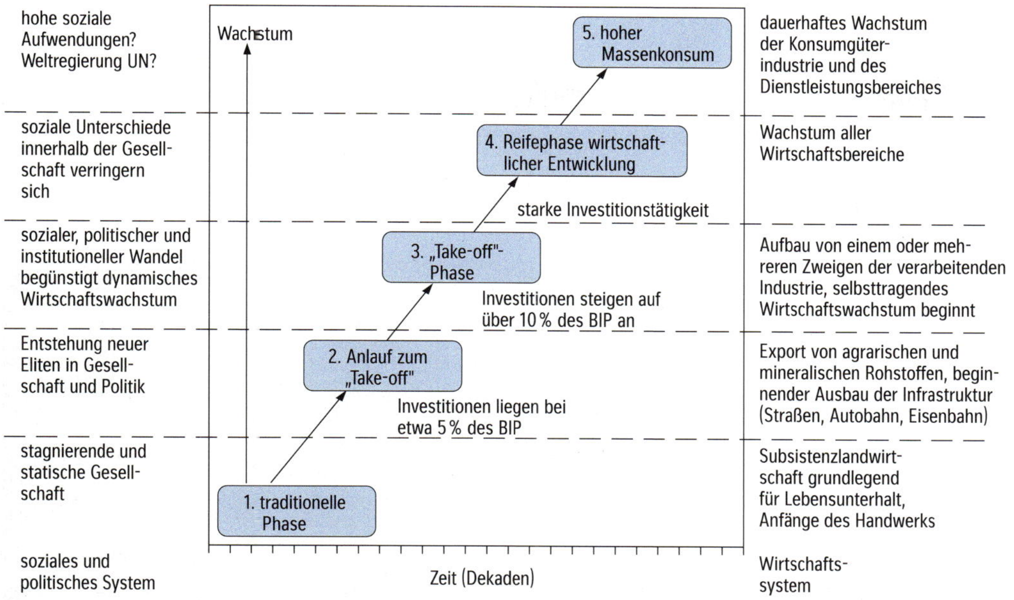

Das Wirtschaftsstufenmodell geht auf den US-amerikanischen Ökonom Walt W. Rostow (1916–2003) zurück und besteht aus fünf Stadien. Nach Rostow kann kontinuierliche Entwicklung eines Landes aber nur mit wirtschaftlichem Wachstum entstehen. Das Wachstumsmodell ist ein Klassiker der Modernisierungstheoretiker. Kritiker verweisen auf die zu große Ausrichtung auf westliche Gesellschaften. Darüber hinaus wird bezweifelt, dass ein solch modellhafter Entwicklungsverlauf in der modernen Welt realistisch ist.

M 4 Modernisierungstheorie im Modell: Stufen wirtschaftlichen Wachstums nach Walt W. Rostow (Wirtschaftsstufenmodell)

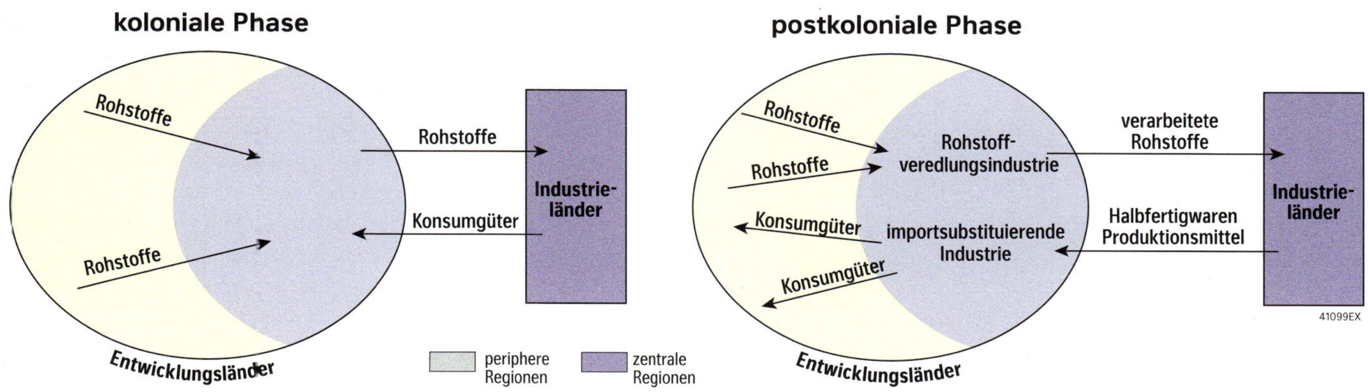

M 5 Dependenztheorie im Modell: Zentrum-Peripherie-Modell nach J. Friedmann

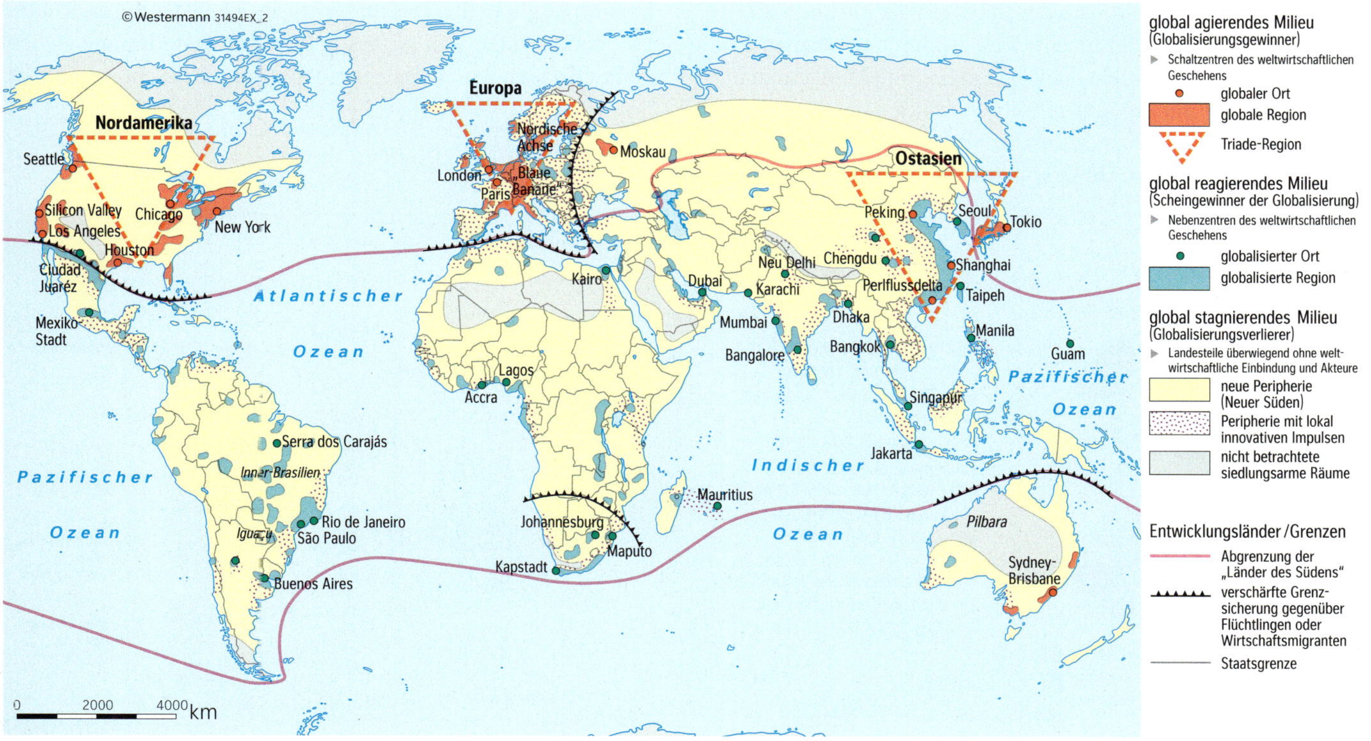

M 6 Theorie der fragmentierenden Entwicklung nach F. Scholz

Nairobi – sozialräumliche Fragmentierung als Entwicklungshemmnis

In Ländern des globalen Südens gibt es viele Millionenstädte und weltweit wächst die Stadtbevölkerung jedes Jahr. Stetig steigend ist dabei eine Polarisierung sowie die Fragmentierung zu beobachten, die sich in ausufernden innerstädtischen und peripheren Slums der Armen und in Gated Communities der Reichen zeigt. Ein Beispiel für eine Megastadt mit diesen Gegebenheiten ist Kenias Hauptstadt Nairobi. Warum sind Städte fragmentiert und was kennzeichnet diese?

1 Beschreiben Sie das Foto in M1.
2 Arbeiten Sie die Merkmale einer fragmentierten Stadt heraus (M2 – M4).
3 Erklären Sie die Antriebskräfte der Fragmentierung (M5).
4 **a)** Erläutern Sie die Entstehung und Kennzeichen von informellen Siedlungen (M6, Internet).
b) Charakterisieren Sie Gated Communities (M7, M9).
5 Analysieren Sie die Stadtstruktur von Nairobi (M8).
6 Beurteilen Sie, weshalb die Polarisierung und Fragmentierung einer Stadt wie Nairobi ein Entwicklungshemmnis darstellt.

M1 Township in Nairobi neben einer geplanten Wohnsiedlung

Der Anteil der Menschen, die in Städten leben, liegt schon seit einigen Jahren über 50% und wächst stetig weiter. Prognosen der UN gehen davon aus, dass im Jahr 2050 80% der Weltbevölkerung in Städten leben. Es bilden sich – teils geplant, oft ungeplant – unterschiedliche Stadtviertel mit Bewohnern verschiedener sozialer Gruppen heraus.
In Nairobi mit seinen offiziell mehr als vier Millionen Einwohnern entstehen dabei immer wieder Armensiedlungen, weil viele Menschen kein Geld für den zur Verfügung stehenden Wohnraum haben und die Stadtverwaltung mit den vielen Land-Stadt-Migrierenden überfordert ist. Ein ausgeprägter **informeller Sektor** sowie eine hohe Kriminalitätsrate sind Folgen der dort herrschenden Armut. Demgegenüber möchte sich die durchaus vorhandene Mittelschicht, aber vor allem die Oberschicht und Elite, die in der Landeshauptstadt mit ihren vielen UN-Institutionen lebt, von den ärmeren Bevölkerungsgruppen durch Gated Communities abschirmen. Räumliche und **soziale Disparitäten** entstehen.

M2 Basisinformation

- Fred Scholz, deutscher Geograph (2012): Megastädte sind nicht nur bevölkerungsreich, sondern zeichnen sich auch durch große Horizontalerstreckung, Verkehrschaos, infrastrukturelle Unter- oder Nichtversorgung aus. Sozialräumlich sind sie punkthaft fragmentiert: Einerseits die Wohlstandsinseln (Paradiese), die isolierten Gated Communities, wie Hochhaus- (vertikale Paradiese) und Villenkomplexe (No-Entrance-Areas). Andererseits die flächenweiten Armutsviertel (Höllen), die ausgedehnten Hütten- und Slumareale (No-Go-Areas).
- Jürgen Bähr, Ullrich Jürgens, deutsche Geographen (2009): Die Polarisierung zwischen den Gewinnern und Verlierern der **Globalisierung** schreitet fort und spiegelt sich in der Raumstruktur der Städte wider. Von Armut gekennzeichnete Räume stehen mehr oder weniger ausgedehnte Wohlstandsbereiche gegenüber.

Quelle: zitiert nach Klaus Claaßen, Thilo Girndt: Stadt und Stadtentwicklung. Westermann, Braunschweig, 2019, S. 118, verändert

M4 Definitionen

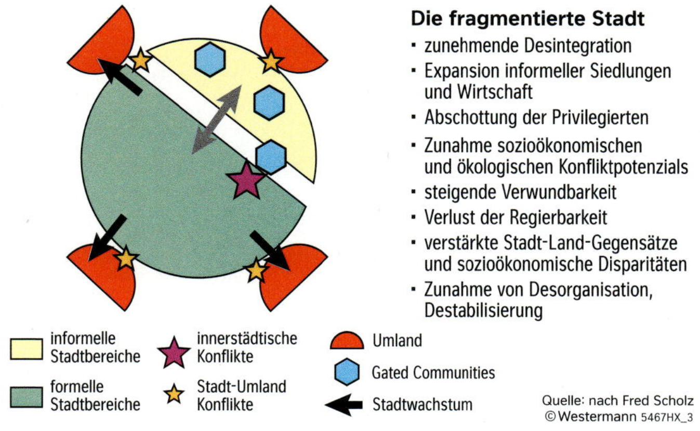

M3 Modell der fragmentierten Stadt

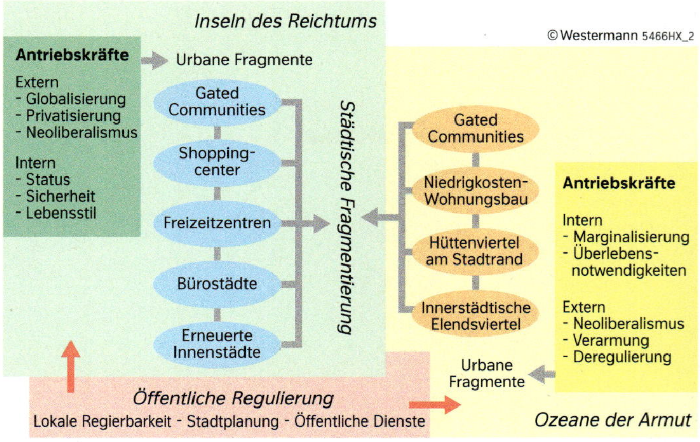

M5 Städtefragmentierung in Ländern des globalen Südens

Das Leben in Armut zeigt sich in Städten vor allem in der Wohnsituation. Dabei reicht die Palette vom Bürgersteigbewohner (Pavement Dweller) über den Besitzer einer illegalen Wellblechhütte am Stadtrand bis zum Mieter eines heruntergekommenen Hauses in der Innenstadt. Neben der unzureichenden Ausstattung der Bleibe liegt ein weiteres Problem in der fehlenden Rechtssicherheit von Land und Unterkunft.
Im Jahr 2014 - dem Zeitpunkt der letzten UN-Erhebung - lebten 881 Mio. Menschen in den weniger entwickelten Ländern in Slums. Das ist knapp ein Drittel der gesamten städtischen Bevölkerung (30%). Dabei besteht allerdings ein erheblicher Unterschied zwischen den Großregionen. Während die absolute Zahl der Slumbewohner seit 1990 zugenommen hat, ist ihr relativer Anteil aufgrund der schneller steigenden Gesamtstadtbevölkerung gefallen (1990: 39%).

M 6 Slums und informelle Siedlungen

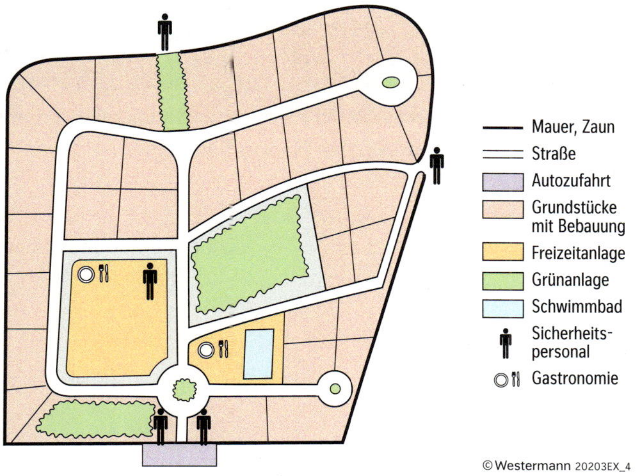

M 7 Aufbauschema einer Gated Community

Geschlossene Wohnkomplexe oder -quartiere mit unterschiedlichen Zugangsbeschränkungen – zunächst eine Erfindung der US-Immobilienwirtschaft – finden sich mittlerweile auch in vielen Ländern des Südens. Gated Communities [...] werden meist wie Shoppingmalls von privaten Immobilienentwicklern geplant, gebaut und betrieben. Trotz nationaler Unterschiede haben Gated Communities eine Reihe gemeinsamer Merkmale. Dazu gehören gemeinschaftlich genutzte Grünanlagen, Sporteinrichtungen und Ver- und Entsorgungsinfrastruktur sowie Dienstleistungen, Selbstverwaltung der Anlagen durch Eigentümer, Zugangsbeschränkung durch einen Sicherheitsdienst, aber auch Umzäunung und -mauerung, Videoüberwachung, Verhaltensauflagen, Auflagen zur Sozial- und Altersstruktur. Neben horizontalen Gated Communities mit Einzel- und Reihenhäusern in landschaftlich schönen, suburbanen Umlandlagen gibt es vertikale Gated Communities in der Innenstadt (Hochhauskomplexe und Apartmentblocks). Hinzu kommen kleinstadtähnliche Wohnkomplexe mit mehr als 50 000 Einwohnern. Die Verbreitung dieser Wohnform war auf die Zunahme städtischer Gewalt zurückzuführen. Die Gewährleistung von Sicherheit als eigentlich zentrale Staatsaufgabe wurde privatisiert. Aus Sicherheitsgründen haben auch Wohnviertel der Mittel- und Unterschicht begonnen, sich nachträglich abzuschotten (Umzäunung, Absperrung öffentlicher Straßen). Gated Communities dienen also zum einen dazu, die wirkliche oder auch nur die gefühlte Gewalt der Stadt durch Mauern und Sicherheitsdienste auszuschließen. Neben dem Sicherheitsaspekt gibt es aber einen weiteren Grund, warum bewachte Wohnkomplexe für die Ober- und Mittelschicht attraktiv sind: Die Bewohner bleiben unter ihresgleichen (Exklusion) und leben in einer sauberen, grünen Umgebung fernab innerstädtischer Umweltbelastungen (zumindest in den suburbanen Anlagen).

Quelle: Klaus Claaßen, Thilo Girndt: Stadt und Stadtentwicklung. Westermann, Braunschweig, 2019, S. 123, verändert

M 9 Gated Communities

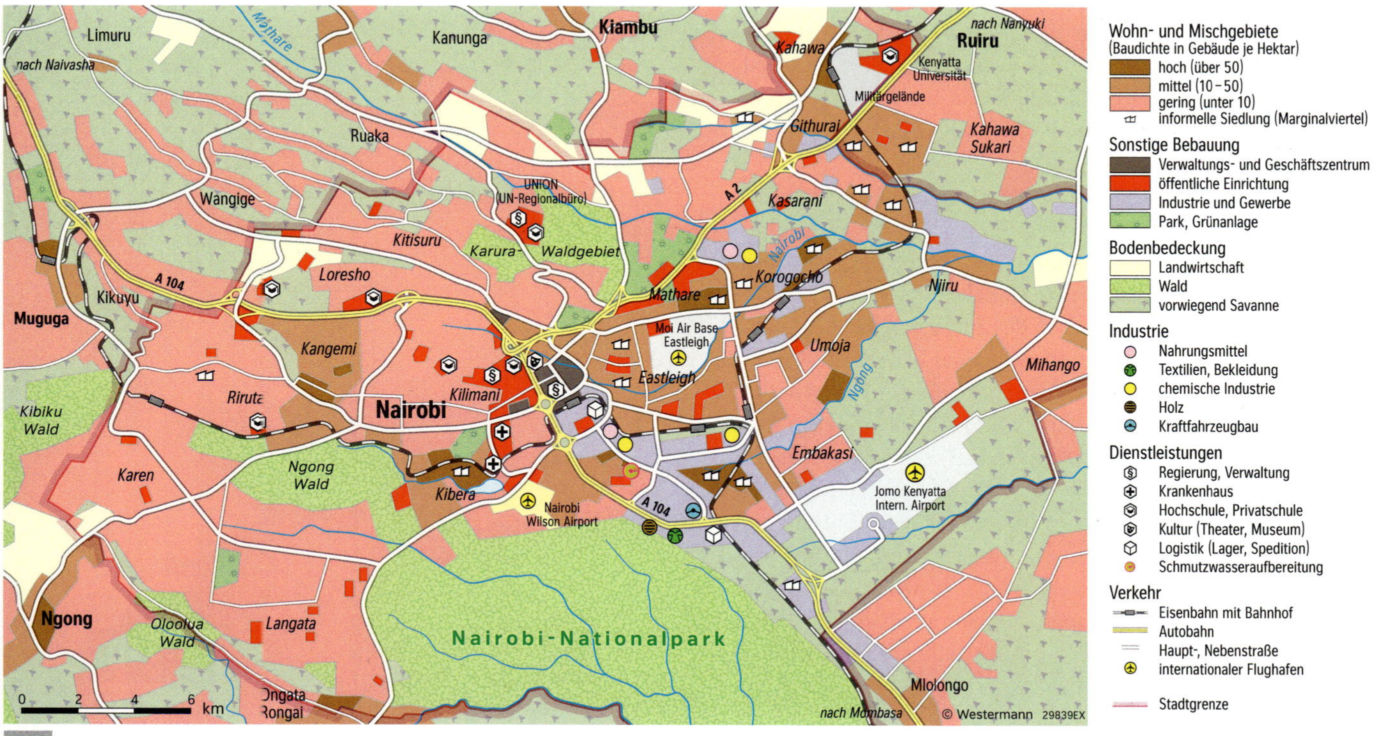

M 8 Stadtstruktur von Nairobi

Ruanda – Entwicklungszusammenarbeit mit Rheinland-Pfalz

Ruanda, das Partnerland von Rheinland-Pfalz, liegt im zentralafrikanischen Hochland auf durchschnittlich 1500 m über dem Meeresspiegel und ist in etwa so groß wie Rheinland-Pfalz und das Saarland zusammen. Noch in den 1990er-Jahren herrschte in Ruanda Bürgerkrieg, bei dem über eine Million Menschen starben. Dies beeinflusst den Staat noch heute. Welchen Entwicklungsweg hat Ruanda eingeschlagen?

1 Beschreiben Sie das Stadtbild Kigalis (M1).
2 Analysieren Sie Ruanda im Atlas.
3 Begründen Sie aus der Geschichte Ruandas Entwicklungshemmnisse (M3).
4 a) Charakterisieren Sie die Wirtschaft Ruandas (M4).
b) Analysieren Sie die Bevölkerungspyramide Ruandas (M5).
c) Erläutern Sie aktuelle Entwicklungshemmnisse Ruandas (M4, M5).
5 Erläutern Sie die Gründe und Folgen für das Plastikverbot in Ruanda (M6).
6 Bewerten Sie die Entwicklung Ruandas (M1 – M9).
Z 7 Erörtern Sie: „Ruanda ist ein Land zwischen Rückstand und Moderne"

M 1 Stadtbild der ruandischen Hauptstadt Kigali

In der Hauptstadt Kigali leben ca. 1,17 Millionen der insgesamt 12,2 Millionen Einwohner. Das Land wird auch Land der tausend Hügel genannt und ist das am dichtesten bevölkerte Land Afrikas. Seit 1982 verbindet Ruanda und Rheinland-Pfalz eine freundschaftliche Partnerschaft.
Kigali gilt als die bedeutendste Konferenzstadt auf dem afrikanischen Kontinent. Dort treffen sich Vertreter internationaler Unternehmen und der Politik. Aus Umweltschutzgründen sind Plastiktüten in Ruanda schon seit 2008 verboten. Man muss sogar Strafen zahlen, wenn man welche benutzt. Kigali gilt als die sauberste Stadt Afrikas. Vor Kurzem wurde auch eine Schulpflicht von 12 Jahren umgesetzt. Mehr als die Hälfte der Einwohner lebt allerdings von einem Einkommen unter 1,90 US-$ pro Tag. 78 Prozent haben keinen Zugang zu sauberem Trinkwasser und 65 Prozent keinen Zugang zu sanitären Anlagen.

M 2 Basisinformation

	Ruanda	Deutschland
Bevölkerung (in Mio.)	13,3	83,1
Bevölkerung jünger als 15 Jahre (in %)	40,0	12,9
Geburten je 1000 Einwohner	26,4[3]	9,1[3]
Lebenserwartung (in Jahren)	69	81
Säuglingssterblichkeit (pro 1000 Lebendgeburten)	26,4	3,2
Anteil Menschen in extremer Armut	38,2[1]	14,8[2]
Anteil der Landbevölkerung (in %)	82,0[2]	22,0[2]
Anteil der Analphabeten (in %)	73,2	k.A.
HDI-Rang	160	4

[1] Schätzung 2016 [2] Schätzung 2018 [3] Schätzung 2022
Quelle: Weltbank

M 4 Basisdaten von Ruanda

Ruanda wird, wie andere ostafrikanische Staaten, bereits seit Jahrtausenden besiedelt. Ende des 20.Jahrhunderts wurde Ruanda zunächst Teil der Kolonie Ostafrika des deutschen Reiches, ehe Belgien die Kontrolle übernahm. Immer wieder kam es im Anschluss zu Konflikten zwischen den rivalisierenden Volksgruppen der Hutu und Tutsi, nicht zuletzt auch durch kolonial etablierte Strukturen wie ein undurchlässiges Schichtensystem. Die Auseinandersetzungen und Probleme stauten sich auf und mündeten im Jahr 1994 zu einem Völkermord an der Tutsi-Minderheit, bei dem Schätzungen zufolge etwa eine Million Menschen starben; innerhalb von nur 100 Tagen. Infolge dieses Genozids kam es neben massenhaften Vertreibungen und Fluchtbewegungen vor allem zu körperlichen und seelischen Traumatisierung großer Teile der Bevölkerung.

M 3 Ausschnitt aus der Geschichte Ruandas

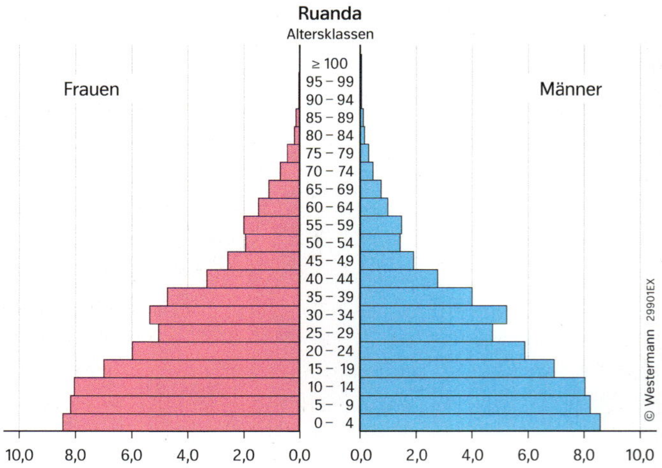

M 5 Bevölkerungspyramide Ruandas

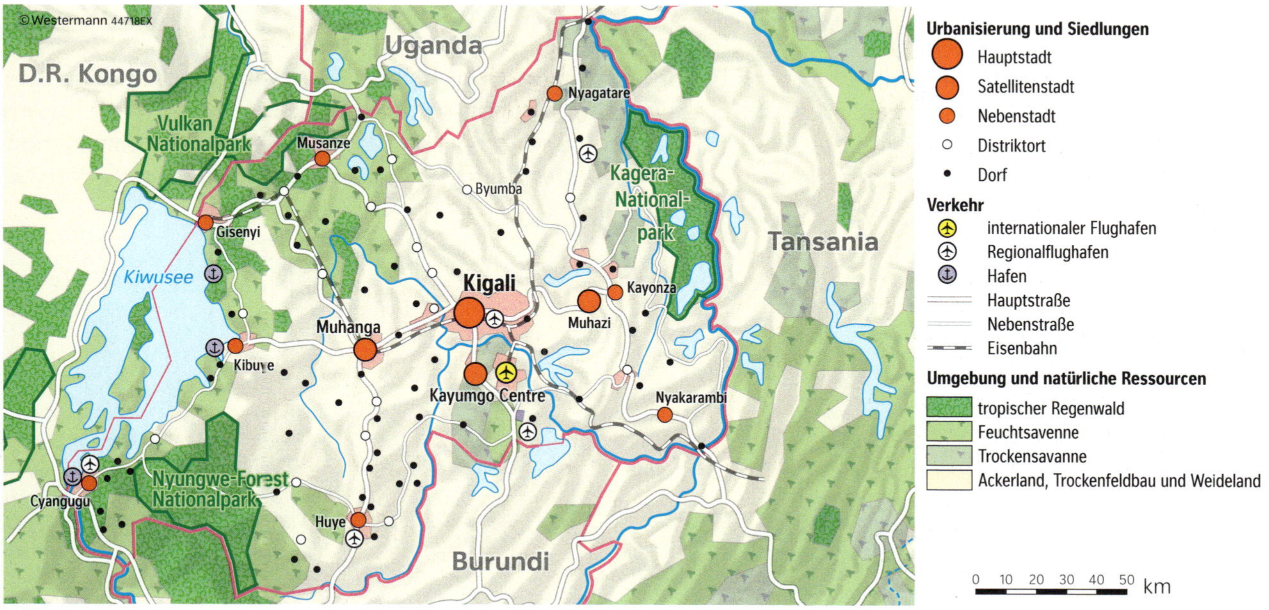

M 6 Masterplan Ruanda

Wer auf dem Flughafen in Ruandas Hauptstadt Kigali ankommt, sollte besser keine Plastiktüte dabei haben. Das wird im Flieger durchgesagt. Das ostafrikanische Land hat die Tüten bereits vor elf Jahren verboten. Es war nicht einfach, das Gesetz damals durchzusetzen, erinnert sich Rose Mukankomeje, die frühere Vorsitzende der Umweltschutzbehörde: Jeder hat gesagt, soll das ein Witz sein? Wie willst du denn gegen Plastiktüten ankämpfen? Schließlich nutzen alle auf der ganzen Welt Plastik.
Erst belächelt, wurde Ruanda dann schnell zum Vorreiter. Andere ostafrikanische Länder wollten nachziehen. Kenia versuchte sich mehrmals an einem Verbot und führte es endgültig vor zwei Jahren ein: das strengste Anti-Plastiktütengesetz der Welt. Wer die Tüten weiterhin in größerem Umfang vertreibt, muss mit hohen Geldstrafen oder bis zu vier Jahren Gefängnis rechnen. Die Gemüseverkäufer entlang der Straßen in der Hauptstadt Nairobi mussten sich umstellen. Sie haben sonst die meisten Tüten unter die Leute gebracht, als Service für die Kunden, erklärt eine Obstverkäuferin. „Wir haben normalerweise alles, jede Frucht, in eine Plastiktüte gepackt." Die dünnen Tüten waren danach überall. Am Straßenrand, in den Flüssen und sogar in den Bäumen. „African Flowers" – „afrikanische Blüten" - wurde der eher stinkende als duftende Schmuck spöttisch genannt.Jetzt werden die Plastiktüten in der Landschaft langsam weniger. Aber es wird noch dauern, bis sie verschwinden, sagt Sam Barratt von der Umweltbehörde der Vereinten Nationen in Nairobi:
Die Hinterlassenschaft eines Gegenstands, den sie fünf Minuten lang benutzen, kann 500 Jahre überdauern. Plastik ist überall im Ökosystem Kenias. Deshalb haben sie das Verbot erlassen. Das war ein phantastischer Moment für das Land.
Auch in der Bevölkerung setzt sich langsam ein Umweltbewusstsein durch. Selbst die Gemüseverkäuferinnen haben sich mit dem Aus für Plastiktüten abgefunden und wickeln ihre Ware stattdessen in alte Zeitungen, wie eine Verkäuferin bestätigt: „Jetzt sieht es hier sehr nett aus. Die Plastiktüten haben unsere ganze Umgebung zerstört." Das Verbot zieht in Ostafrika noch weitere Kreise – seit einem Vierteljahr sind auch in Tansania die Tüten verboten.

Quelle: Antje Diekhans: Ruanda macht's vor. www.tagesschau.de, NDR, Hamburg, 06.09.2019

M 7 Verbot von Plastiktüten in Ruanda

M 8 Konferenzzentrum in Kigali

Das deutsche Unternehmen BioNTech wird bald Impfstoff in Ruanda produzieren. Neben Corona-Vakzinen könnten bald auch Mittel gegen Malaria oder Tuberkulose hergestellt werden. Weitere Standorte in Afrika sind bereits geplant. Mit dem Spatenstich in der ruandischen Hauptstadt Kigali hat das Biopharma-Unternehmen BioNTech am Donnerstag mit dem Bau der ersten Produktionsstätte für mRNA-basierte Impfstoffe in Afrika begonnen. Die ersten Container für die Produktion, sogenannte „BioNTainer", sollen Ende 2022 an den Standort geliefert werden, berichtete eine Unternehmenssprecherin. Die Produktion von Impfstoffen soll etwa 12 bis 18 Monate nach der Installation beginnen, hieß es.
„Das Ziel, das wir gemeinsam mit Regierungen und Zulassungsbehörden verfolgen, ist es, hier mit hochqualifizierten Fachkräften aus Afrika Impfstoffe für Afrika herzustellen", sagte BioNTech-CEO und Mitbegründer Ugur Sahin. BioNTech plant weitere Produktionsstätten im Senegal und in Südafrika. Alle Impfstoffe, die in diesem Netzwerk hergestellt werden, sind den Angaben zufolge für die Menschen in den Ländern der Afrikanischen Union bestimmt.

Quelle: RND: In Ruanda beginnt der Bau der ersten afrikanischen BioNTech-Fabrik. www.rnd.de, RedaktionsNetzwerk Deutschland, Hannover, 23.06.2022

M 9 Investitionen in moderne Technologien

Indien – ein Schwellenland als globales Schwergewicht?

Indien hat eine jahrtausendealte Geschichte. Nach fast 100 Jahren unter britischer Kolonialherrschaft erlangte das Land im Jahr 1947 die Unabhängigkeit, woraufhin es sich selbst als eigenständiger Staat in der Welt finden musste. Große Armut erforderte zu Beginn der 1990er-Jahre umfassende wirtschaftliche Reformen. Inzwischen steht der „Elefant Indien" im Wettrennen mit den Tigerstaaten oder dem „Wirtschaftsdrachen China". Welche Gründe gibt es dafür?

1 Beschreiben Sie die Bevölkerungsentwicklung und das BIP/Kopf in Indien (M1).
2 a) Analysieren Sie die Bevölkerungsstruktur Indiens 2020 und 2050 (M3).
b) Erklären Sie den Fachbegriff „demographische Dividende" (M3).
c) Charakterisieren Sie die demographische Dividende Indiens und leiten Sie daraus Folgen ab.
3 Vergleichen Sie die Anteile des BIP mit denen der Beschäftigten nach Wirtschaftssektoren (M4).
4 a) Erläutern Sie die Wirtschaftsstruktur der TATA-Group (M5).
b) Begründen Sie den Erfolg der TATA-Group (M5).
5 Erklären Sie, wie das Kastenwesen die wirtschaftliche Entwicklung Indiens beeinflusst (M7).
6 Erörtern Sie die Zukunftsfähigkeit Indiens (M8).

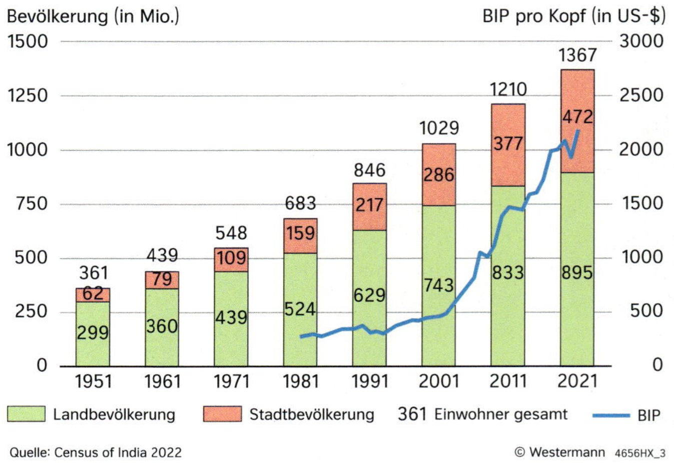

M1 Bevölkerungsentwicklung und BIP/Kopf in Indien

Indien ist mit einer Fläche von rund 3,3 Millionen Quadratkilometern der siebtgrößte Staat der Erde. Zurzeit leben auf dem Subkontinent fast 1,4 Milliarden Menschen. Von 2000 bis 2020 ist die Bevölkerungszahl um etwa 300 Millionen Menschen angestiegen. Im Jahr 2023 wird Indien laut dem neuesten UN-Bericht China als bevölkerungsreichstes Land der Erde überholt haben. Beinahe jede Sekunde wird ein Inder geboren. Dieses enorme Bevölkerungswachstum ist Ursache und Folge der in Indien weit verbreiteten Massenarmut. Zwar hat Indien mehr Milliardäre als die Vereinigten Staaten, aber auch mehr Hungernde als jedes andere Land der Erde. Viele Inder können nicht einmal ihre **Grundbedürfnisse** (z.B. Essen, sauberes Wasser, Unterkunft) befriedigen. Der Staat versucht durch geförderte Maßnahmen der Geburtenkontrolle das Bevölkerungswachstum einzudämmen. Dennoch ist Indiens Milliardenbevölkerung ein gewaltiges Potenzial für die Wirtschaft des Landes. Jährlich verlassen vier Millionen Universitätsabsolventen die Hochschulen.
Seit den Wirtschaftsreformen von 1991 und durch die neuen internationalen Konstellationen nach dem Zusammenbruch der Sowjetunion hat Indien einen wirtschaftlichen Aufschwung und internationalen Aufstieg erlebt und sich von einem landwirtschaftlich orientieren Staat zu einem globalen Schwergewicht gewandelt. Von dieser wirtschaftlichen Entwicklung profitiert jedoch nur rund ein Viertel der Bevölkerung. Vor allem in den Städten entwickelt sich eine neue Mittelschicht. Die Mehrzahl ist und bleibt jedoch ausgegrenzt und lebt nach wie vor in extremer Armut, was die wachsenden Elendsviertel der Millionenstädte zeigen. Die Herausforderungen der Regierung für den Abbau der sozioökonomischen Disparitäten sind groß, denn das indische Kastenwesen sowie die traditionelle Rolle indischer Frauen sind ein weiterhin existierendes Entwicklungshemmnis.

M2 Basisinformation

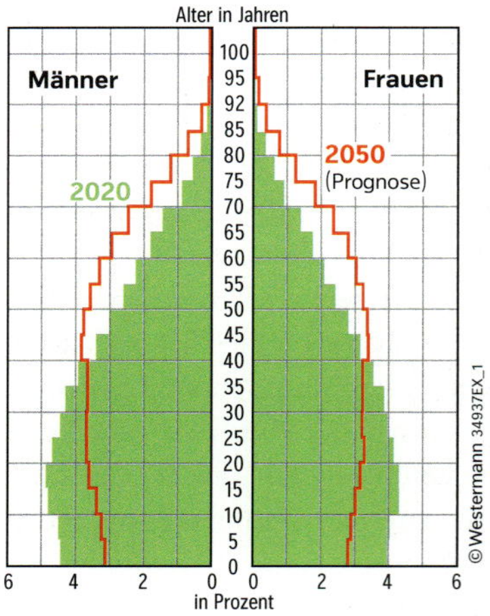

Nicht nur die Größe und das Wachstum beziehungsweise das Schrumpfen einer Bevölkerung beeinflussen die Entwicklung eines Landes, sondern auch ihre Altersstruktur. Staaten mit einem hohen Anteil an jungen oder alten wirtschaftlich Abhängigen, etwa Kinder und Senioren, widmen diesen Gruppen in der Regel einen relativ großen Anteil ihrer Ressourcen. Das hemmt oft die Wirtschaftskraft des Landes. Staaten hingegen, in denen ein großer Anteil der Bevölkerung in einem Alter steht, in dem sie arbeitet und spart, profitieren von einem sprunghaften Anstieg des nationalen Einkommens. Dieses Phänomen ist als demographische Dividende bekannt. Der produktive Teil der Bevölkerung muss dann deutlich weniger wirtschaftlich Abhängige wie Kinder und alte Menschen mit versorgen. Die Bürger können mehr konsumieren, sparen und investieren. Weil Eltern mehr Geld für Ernährung und Ausbildung ihres Nachwuchses aufbringen, eröffnen sich den Kindern neue Chancen.
Daraus resultiert ein sich selbst beschleunigender Prozess der wirtschaftlichen Belebung. Für die demographische Dividende gibt es allerdings keine Garantie: Denn die Grundbedingung für den Aufschwung sind Arbeitsplätze. Hierfür muss der Staat die Voraussetzungen schaffen - vor allem in Form von Bildung, einem flächendeckenden Gesundheitssystem, freiem Handel und stabilen rechtlichen und politischen Rahmenbedingungen.

M3 Bevölkerungsstruktur Indiens

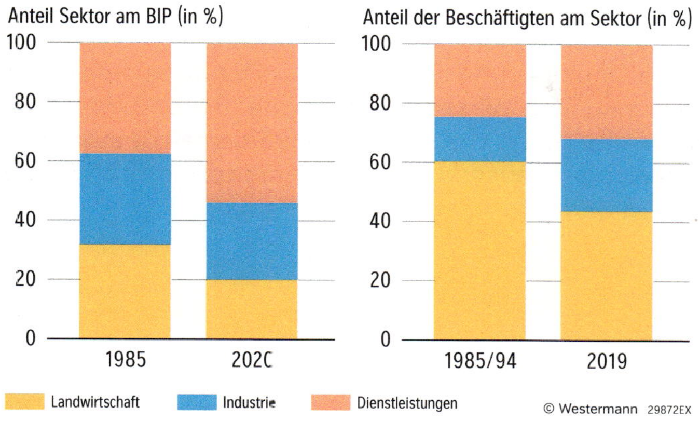

M 4 Bruttoinlandsprodukt und Wirtschaftssektoren

M 6 Delhi – Wasserversorgung in Slums

Kein geringerer als Fußball-Superstar Lionel Messi macht Werbung für Tata Motors. Tata, das ist nicht nur einfach eine Firma. Eigentlich vergeht kein Tag im Leben eines Inders, an dem er nicht mit Tata in Berührung käme, sagt Jayanta Roy Chowdhury, Wirtschaftschef einer indischen Tageszeitung: "Tata hängt überall mit drin, von der einfachen Nadel bis zur Luftfahrtindustrie", sagt Chowdhury. "Tata ist in so vielen Bereichen aktiv: bei Computern, Robotern, Stahl, Telekommunikation, Tee, Parfum und Waschmitteln. Der Konzern ist unglaublich breit aufgestellt."

Über 100 Unternehmen gehören zum Tata-Konzern, die meist unabhängig voneinander arbeiten. Nur die großen strategischen Entscheidungen werden in der Zentrale in Mumbai getroffen. Weltweit beschäftigt Tata mehr als 600 000 Mitarbeiter. Angefangen hat alles mit Jamsetji Tata im Jahr 1868, der aus einer Ölmühle eine Spinnerei machte und damit erfolgreich indisches Garn verkaufte. Anfang des 20. Jahrhunderts gründete Tata das erste indische Stahlwerk. Jahrzehntelang war Tata ausschließlich auf dem indischen Markt aktiv. Mit der wirtschaftlichen Öffnung des Landes in den Neunzigerjahren expandierte der Konzern auf den globalen Markt, aber man wolle keine Heuschrecke sein, sagt der ehemalige Geschäftsführer Ratan Tata: "Die Führer globaler Wirtschaftsunternehmen dürfen die Sorgen und Nöte des kleinen Mannes nicht vergessen. In einer Zeit, in der die Schere zwischen Arm und Reich immer weiter auseinandergeht, dürfen wir nicht unsensibel und verächtlich agieren." [...]

Diese Loyalität den Arbeitern gegenüber habe sogar die britischen Gewerkschaften überzeugt [...]. Tata Steel ist eines der weltgrößten Stahlunternehmen, mit einer Kapazität von 29 Millionen Tonnen und rund 80 000 Mitarbeitern auf fünf Kontinenten. Mit dem Kauf europäischer Stahlwerke allerdings habe das zuvor durchaus profitable Unternehmen Tata Steel viele Verluste eingefahren, sagt Wirtschaftsjournalist Chowdhury. Eine Fusion mit thyssenkrupp sei ein Risiko, könnte sich allerdings für Tata rentieren: "Tata Steel könnte die hohen Kosten, die die Stahlerzeugung mit sich führt, reduzieren. Und thyssenkrupp ist ganz weit vorne, was neue Technologien in der Stahlbranche angeht. Die könnte Tata dann übernehmen, statt sie für teures Geld von thyssen abzukaufen", sagt er. Der Tata-Konzern scheut sich nicht vor Risiken. Vor neun Jahren hat Tata-Motors den damals stark angeschlagenen britischen Autohersteller Jaguar und Land Rover aufgekauft. Heute fährt er damit große Gewinne ein.

Quelle: Silke Diettrich: Breit aufgestellter Kümmer-Konzern. www.tagesschau.de, NDR, Hamburg, 20.09.2017

M 5 TATA Group – Beispiel für ein erfolgreiches indisches Unternehmen

Der Hindu glaubt, dass er nach dem Tod so oft wiedergeboren wird, bis er sich über die vielen Leben zur Vollkommenheit entwickelt hat. Den Grad dieses Fortschritts kann er am Rang seiner Kaste erkennen. Die zumeist vier Hauptkasten sind in unzählige sogenannte Jatis untergliedert. Mit der Geburt ist die Zughörigkeit zu einer Kaste bis zu seinem Tod festgelegt und damit zum Beispiel auch die für die Kaste festgelegten Berufe. Hat ein Hindu noch keine dieser Stufen erreicht, ist er ein Dalit, ein Unberührbarer. Sie dürfen nur niederste Arbeiten verrichten. Verstößt ein Hindu gegen die Regeln seiner Jati, wird er im nächsten Leben zurückgestuft.

Obwohl das Kastensystem mit der Verfassung von 1950 offiziell abgeschafft wurde und Gewalt gegen die Schicht der kastenlosen Dalits unter Strafe gestellt wurde, sind diese Hierarchien vor allem auf dem Land noch immer tief in der Gesellschaft verankert. So sitzen die Kinder der Kastenlosen in der Schule abseits, sie dürfen nicht aus dem gleichen Brunnen Wasser schöpfen und es kommt immer wieder zu gewalttätigen Verbrechen wie Vergewaltigungen oder Steinigungen gegen die Dalits.

M 7 Das Kastensystem und seine Auswirkungen

Niedrige Produktivität, fehlende Fachkräfte und mangelnde Wettbewerbsfähigkeit kennzeichnen das verarbeitende Gewerbe. Ferner hatte der Sektor bereits vor der Coronapandemie mit schwierigem Zugang zu Krediten zu kämpfen. Regierungsprogramme wie Skill India sollen helfen, das Problem des Fachkräftemangels zu lösen. Die deutsche Regierung möchte Indien hierbei unterstützen. [...]

Trotz aller Hemmnisse wird sich Indiens Industrie künftig stärker (teil-) automatisieren und digitalisieren. Die Fahrzeugbaucluster nehmen hier eine Vorreiterrolle ein. Auch die Luft- und Raumfahrtindustrie wird in der Fertigung mehr auf moderne Verfahren setzen. Sie hat sich weltweit einen Ruf als guter und kostengünstiger Fertigungsstandort erworben. Die Bauindustrie darf mit positiven Entwicklungen rechnen. Der anhaltende Trend zur Urbanisierung wird Bedarf für Wohn- und Gewerbeimmobilien schaffen. Laut Vereinten Nationen wird die in Städten lebende Bevölkerung zwischen 2020 und 2040 um 54 Prozent auf dann mehr als 740 Millionen Menschen zunehmen. Die Städte sollen gleichzeitig lebenswerter werden. Die 2015 gestartete Smart City Mission war ein erster Schritt der Regierung auf dem Weg, sie in moderne und vernetzte Metropolen zu verwandeln. Bis 2023 sollen Projekte in 100 Städten abgeschlossen sein.

Quelle: Florian Wenke: Der Riese wandelt sich nur langsam. www.gtai.de, Germany Trade & Invest, 10.07.2020

M 8 Entwicklungen mit Zukunft?

BK

9 INDUSTRIE, INNOVATION UND INFRASTRUKTUR

Indien – Erfolgsstory der IT-Industrie?

In den letzten Jahrzehnten entwickelte sich die Informationstechnologie und die damit in Verbindung stehenden Dienstleistungen weltweit zu einem der am rasantesten wachsenden Wirtschaftsbereiche. Besonders Indien beansprucht einen der führenden Plätze als Standort für weltweite IT-Aktivitäten. Noch profitieren die indischen IT-Unternehmen von bestimmten Wettbewerbsvorteilen. Doch sie müssen sich zunehmend internationaler Konkurrenz erwehren. Warum ist Indien eine der am stärksten global verflochtenen IT-Nationen?

1 **a)** Beschreiben Sie die Entwicklung der indischen IT-Branche (M1).
b) Arbeiten Sie die räumlichen Schwerpunkte der indischen IT-Industrie heraus (M4).
c) Begründen Sie die Entwicklung der IT-Branche in Indien (M1, M3, M4, M6, M7)

2 **a)** Analysieren Sie die regionale Verteilung der indischen IT-ITeS-Exporte.
b) Begründen Sie den hohen Exportanteil des IT-ITeS-Sektors (M2, M5, M8).

3 Beurteilen Sie die Zukunftsfähigkeit der indischen IT-Branche im Rahmen der globalen Verflechtungen (M2, M9, M10).

4 Bewerten Sie: „Die IT-Branche ist eine Erfolgsstory für Indien."

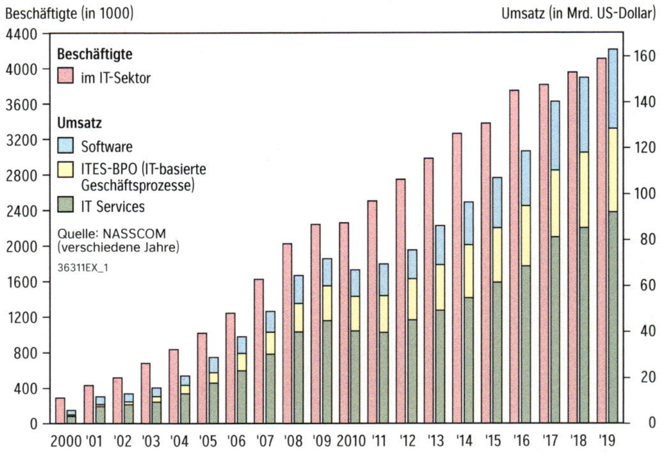

M 1 **Entwicklung des indischen IT-Sektors**

Die indische IT-Industrie sieht wie ein Erfolgsmodell aus. Nachdem erste arbeitsintensive Tätigkeiten für Auftraggeber aus Europa oder Amerika bereits seit den 1980er-Jahren übernommen wurden, fand ein Outsourcing von Aufträgen und Entwicklungszentren der großen amerikanischen Konzerne durch indische Unternehmen statt.

Gelockt hat der Standort Indien vor allem durch die sehr geringen Lohnkosten und ab den 1990er-Jahren durch die Errichtung indischer Software-Fabriken sowie die zunehmende Globalisierung, die sich in stetig weiterentwickelten Telekommunikationsverbindungen und durch die Initialisierung internationaler Qualitätsstandards widerspiegelt. Dass jährlich etwa vier Millionen Menschen einen Universitätsabschluss absolvieren, zeigt das riesige Potenzial an verfügbaren Arbeitskräften, das globale Unternehmen ab den 2000er-Jahren dazu bewegte, Backroom Operations, also Teile ihrer Dienstleistungen und Entwicklungen, nach Indien auszusiedeln. Insbesondere Dienstleistungen für Unternehmen und Kunden sowie die arbeitsintensiven Geschäftsprozesse werden zahlreich in Indien betreut, während bei der eigenständigen Entwicklung noch Entwicklungspotenzial besteht. In der jüngeren Vergangenheit hat Indien zudem immer mehr Konkurrenz durch andere Länder und Regionen wie die Philippinen, Vietnam, Mexiko oder Ägypten erhalten, in denen ebenfalls ein niedriges Lohnniveau vorhanden ist und wo teilweise die Firmen mit Steuervergünstigungen angelockt werden. Auch die Wettbewerbsvorteile der guten Englischkenntnisse werden in der zunehmend globalisierten Welt mit steigendem Bildungsniveau stetig weniger. Negative Wechselkurseffekte bremsen den wirtschaftlichen Erfolg und eine teilweise miserable Corporate Governance von IT-Firmen, denen Datenmissbrauch nachgesagt wird, sorgt dafür, dass der Ruf von Indiens IT-Dienstleistern an Ansehen verliert. Einige internationale Auftraggeber haben ihre Geschäftsverträge gekündigt.

M 2 **Basisinformation**

	Export (in Mrd. US-$)	inländ. Markt (in Mrd. US-$)	Gesamt (in Mrd. US-$)
IT-Dienstleistungen	61,0	13,4	74,4
ITeS/BPO	24,4	3,5	27,9
Software	22,4	4,2	26,6
Gesamt-IT	107,8	21,1	128,9
Computer-Hardware	0,4	3,0	3,4

M 3 **Produktion der IT-ITeS-Branche**

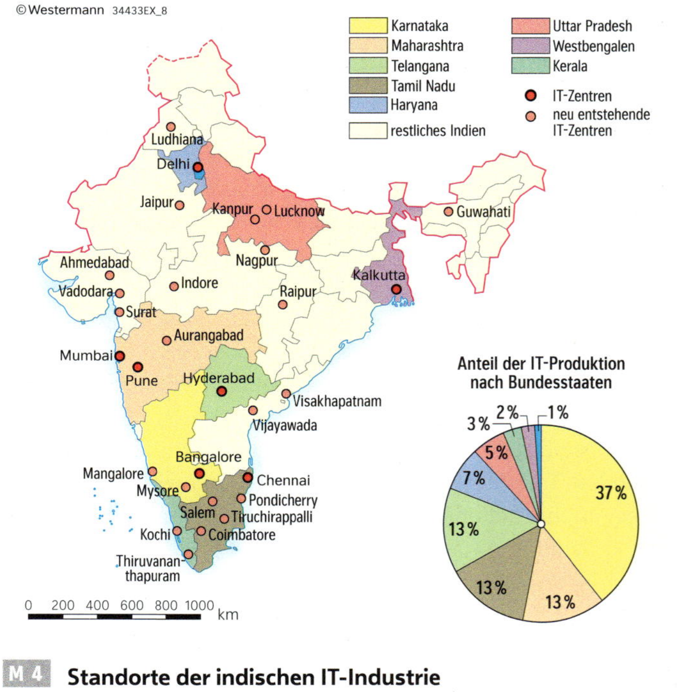

M 4 **Standorte der indischen IT-Industrie**

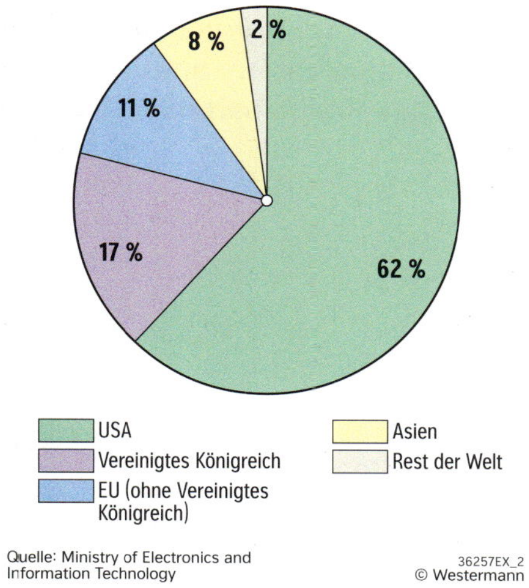

M 5 **regionale Verteilung der indischen IT-ITeS-Exporte**

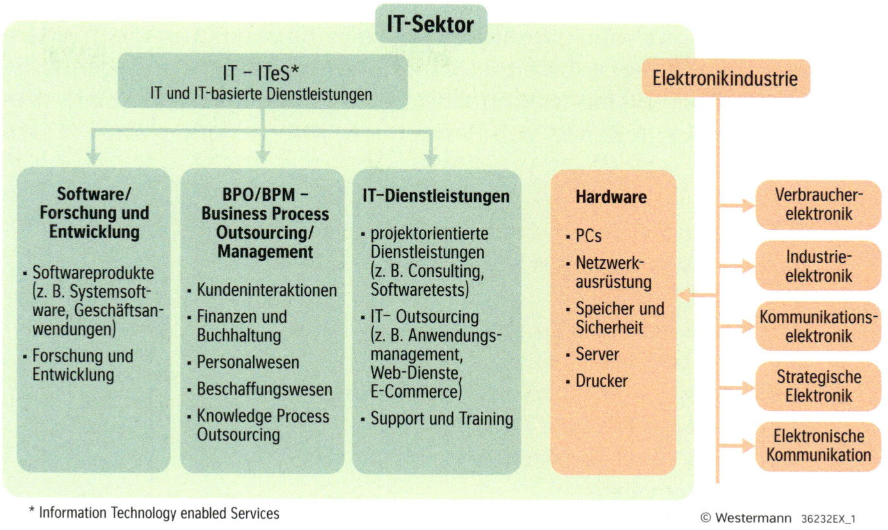

M 8 **regionale Verteilung der indischen IT-ITeS-Exporte**

- Wirtschaftliche Liberalisierung in den 1990er-Jahren,
- große Anzahl gut ausgebildeter Arbeitskräfte mit guten Englischkenntnissen,
- niedriges Lohnniveau,
- Gründung von Elitehochschulen (z.B. Indian Institute of Technology),
- Förderung der IT- und Elektronindustrie als Schlüsselbranchen mit zahlreichen Projekten, staatlich geförderten Technologieparks mit Steuerermäßigungen,
- Fachkräftemangel in Industrieländern,
- technische Entwicklungen wie Internet und Mobiltelefonie,
- Initialzündung durch Behebung des Millennium-Bugs und der Euro-Umstellung

M 6 **Faktoren bei der Entwicklung der IT-Industrie in Indien**

M 9 **Großraumbüro in einem indischen IT-Unternehmen**

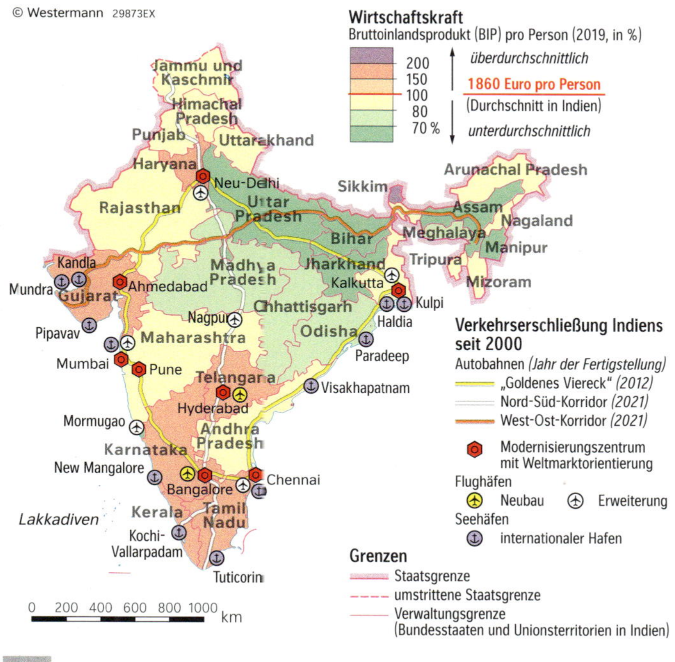

M 7 **BIP Indiens in Südasien**

Die IT-Branche in Indien befindet sich im Umbruch. Weltweit wächst der Bedarf an Cloud-Lösungen, Software, künstlicher Intelligenz sowie Datenanalyse. Zunehmende Automatisierung verursacht für IT-Betriebe in Indien sinkenden Absatz. Die Firmen mussten 2018 schon 56 000 Mitarbeitende entlassen, hauptsächlich gering qualifizierte Mitarbeitende. Dieser Trend gilt weltweit und setzt sich fort. Um konkurrenzfähig zu bleiben, müssen indische IT-Firmen in Neuentwicklungen und Innovation investieren. Dabei ist der IT-Sektor auch auf Unterstützung der Regierung angewiesen. Die Ausgaben für Forschung und Entwicklung in Indien waren noch 2018 mit einem Anteil von 0,7 Prozent am Bruttoinlandsprodukt, im Vergleich zu beispielsweise Deutschland (3 Prozent) oder China (2,1 Prozent), sehr niedrig. Ein Umdenken ist dabei seitens der Regierung zurzeit nicht zu erkennen. Indien verfügt zwar über einige hervorragend Eliteuniversitäten, die auch international einen ausgezeichneten Ruf genießen, wie beispielsweise die Indian Institutes of Technology (IIT) und die Indian Institutes of Management (IIM). Doch die meisten indischen Universitäten bleiben hinter diesem Niveau weit zurück.

M 10 **Indiens IT-Sektor im Umbruch**

Dienstleistungssektor Tourismus – Chance oder Risiko für die Entwicklung von Räumen?

Für abgelegene und meist wenig entwickelte Räume kann die Tourismusbranche zu einem Wirtschaftsmotor werden und durch mehr Arbeitsplätze, höhere Einnahmen, bessere Infrastruktur Disparitäten abbauen. Doch neben vielen Risiken steht besonders die Zuverlässigkeit im Vordergrund: Wie sicher sind Arbeitsplätze in der Tourismusbranche in Zeiten von Pandemien, Kriegen und Naturkatastrophen?

1 **a)** Erläutern Sie die verschiedenen Tourismusformen und -arten an selbst gewählten Beispielen (M1, M4).
b) Begründen Sie den Zusammenhang zwischen M1, M4 und M5.
2 Beschreiben Sie die Entwicklung der Touristenankünfte weltweit (M6).
3 Begründen Sie die wirtschaftlichen Effekte des Tourismus (M3) mithilfe M8.
4 Beurteilen Sie die Krisenanfälligkeit der Tourismusbranche an ausgewählten Beispielen (M4, M7, M9, M10).

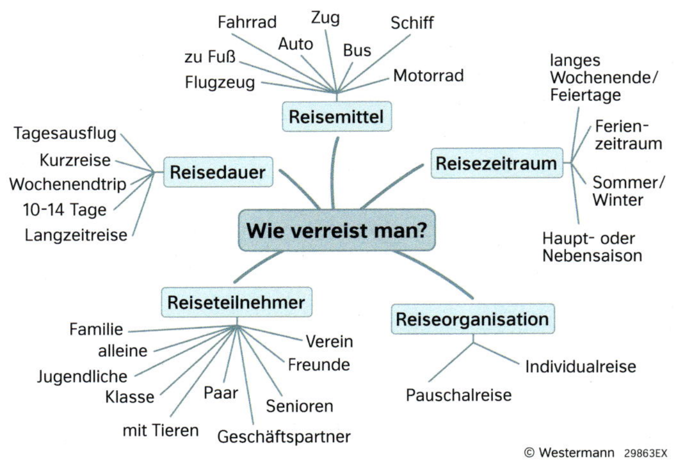

M 1 **Tourismusformen**

Tourismus umfasst alle Ereignisse, die mit dem Verlassen des üblichen Lebensmittelpunktes und dem Aufenthalt an einer anderen Destination verbunden sind. Dies führt zu einer Vielzahl von Tourismusformen sowie -arten. Ökonomische, ökologische, interkulturelle sowie infrastrukturelle Ziele bilden den Kern der Tourismuspolitik. Die Tourismuswirtschaft zählt aufgrund ihrer positiven Einkommens-, Arbeitsplatz- und Deviseneffekte in vielen Regionen und Ländern zu den wichtigsten Wirtschaftszweigen. Durch wachsenden Wohlstand und die zunehmende Bedeutung der Freizeit wird das Wachstum im Tourismus weltweit anhalten, sich jedoch destinationsabhängig zwischen Stagnation und Expansion bewegen. Gleichzeitig ist die Tourismusbranche krisenanfällig und kann durch Wirtschaftskrisen, Kriege, Naturkatastrophen und Pandemien stark beeinflusst werden. Je höher also die Abhängigkeit einer Region oder eines Landes vom Tourismus ist, desto höher ist auch die Gefahr, wirtschaftliche Einbrüche zu erleiden.

M 2 **Basisinformation**

M 4 **Tourismusarten**

Der Tourismus wirkt sich auf die jeweilige Region besonders wirtschaftlich aus und kann somit zum Aufschwung dieser beitragen. Man unterscheidet dabei direkte, indirekte, induzierte und katalytische Effekte.

- Direkte Effekte beziehen sich auf die Güter und Dienstleistungen, die unmittelbar touristisch konsumiert bzw. genutzt werden.
- Indirekte Effekte liegen in der Herstellung der Güter für den Tourismus und in der Vorleistung für die benötigten Dienstleistungen, z. B. Verkauf von Dünger an Bauern, Betreiben einer Waschstraße für Mietwagen.
- Induzierte Effekte ergeben sich dadurch, dass die im Tourismus erwirtschafteten Einkommen – direkt und indirekt – wieder in andere Wirtschaftsbereiche investiert werden.
- Katalytische Effekte entstehen, da z. B. der Bekanntheitsgrad und die aufgebauten Verkehrsanbindungen weitere touristische und unternehmerische Investitionen fördern.

M 3 **Effekte des Tourismus**

Das touristische Potenzial umfasst alle Besonderheiten einer Destination. Man bestimmt es, um herauszufinden, welche Tourismusformen und -arten für die Region infrage kommen. Dabei ist es wichtig, Daten und Fakten zu nennen, diese aber auch in den Kontext einzuordnen. Mögliche Parameter:

- Klima (Luft-, Wassertemperatur, Niederschlag, Sonnenscheindauer)
- Naturraum (Besonderheiten wie z. B. Nationalparks, Strände, Tierwelt, Berge, Unterwasserwelt)
- Kulturraum (z. B. Weltkulturerbestätten, religiöse Orte, Bevölkerung, Essen, Sprache)
- Touristische Infrastruktur (u. a. Grad der touristischen Erschließung, Hotels, Restaurants, Transport, Aktivitäten)

Darüber hinaus ist es auch möglich, die Verwundbarkeit (Vulnerabilität) der Region zu analysieren und so Risiken zu bestimmen.

M 5 **Einflussfaktoren auf das touristische Potenzial**

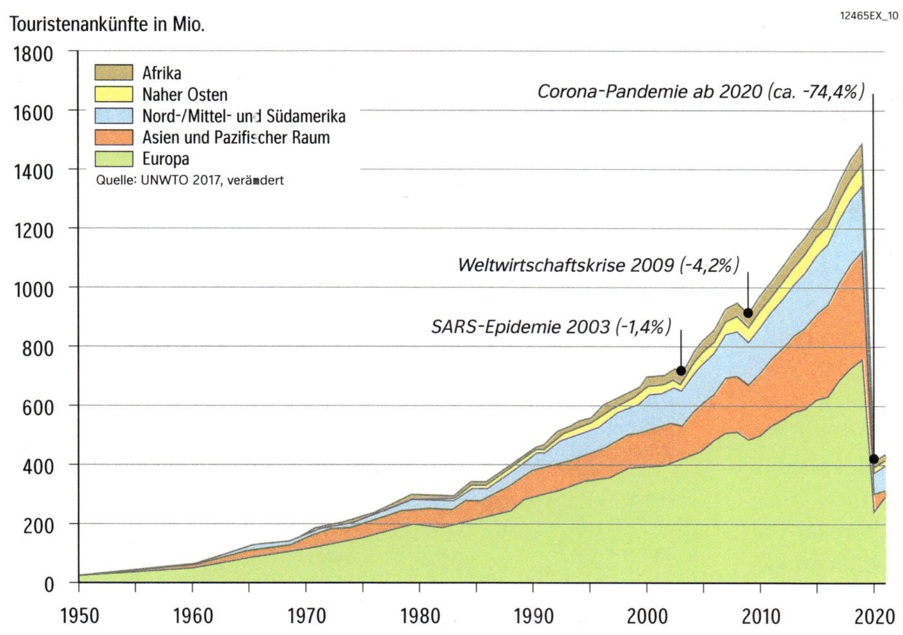

M 6 **Entwicklung der Tourismusankünfte weltweit**

Sickerrate: Fachbegriff aus der Tourismuswirtschaft, der angibt, welcher Anteil an den Deviseneinnahmen durch Ausländertourismus infolge von Zahlungen für touristische Zwecke (z.B. Importe von Lebensmitteln für die Versorgung der Touristen, Gehaltsszahlungen an ausländische Arbeitskräfte) wieder in das Ausland abfließt. Insbesondere in Entwicklungsländern mit gering ausgebauter touristischer Infrastruktur ist die Sickerrate sehr hoch.
Quelle: Gabriele Broll et al.: Diercke Wörterbuch Geographie. Westermann, Braunschweig 2017, S. 837, verändert

Für die Entwicklung einer touristischen Destination ist eine hohe Sickerrate nachteilig. Die Umsätze aus dem Tourismus fließen ohne Wirkung aus der lokalen Wirtschaft ab.

M 9 **Stichwort Sickerrate**

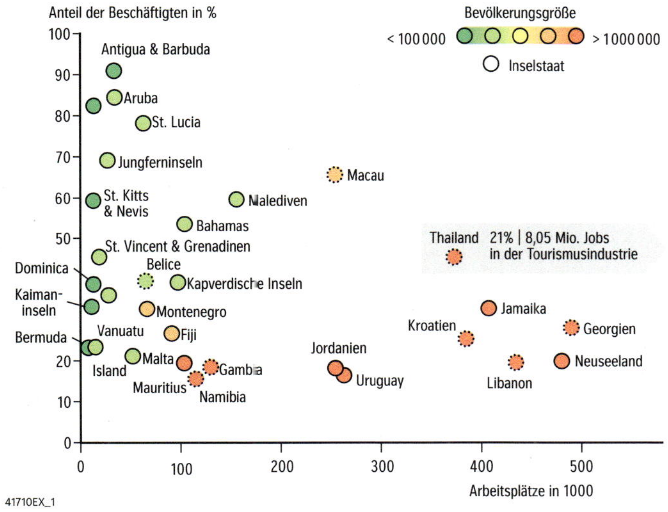

M 7 **Wirtschaftsfaktor Tourismus (Auswahl)**

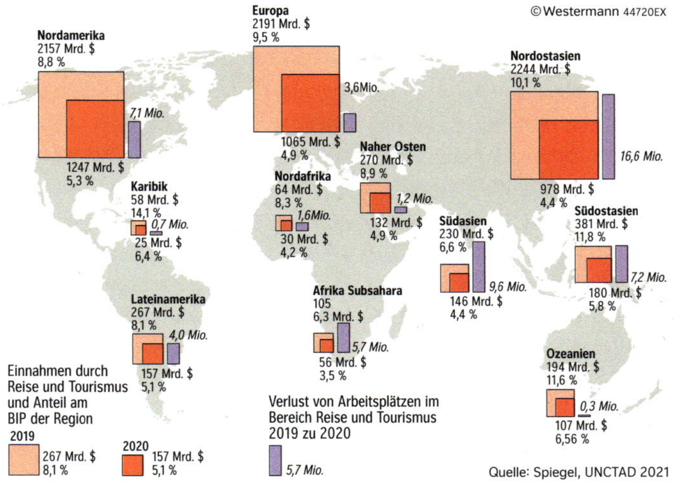

M 10 **Auswirkungen der Corona-Pandemie und die Abhängigkeit einzelner Regionen vom Tourismus**

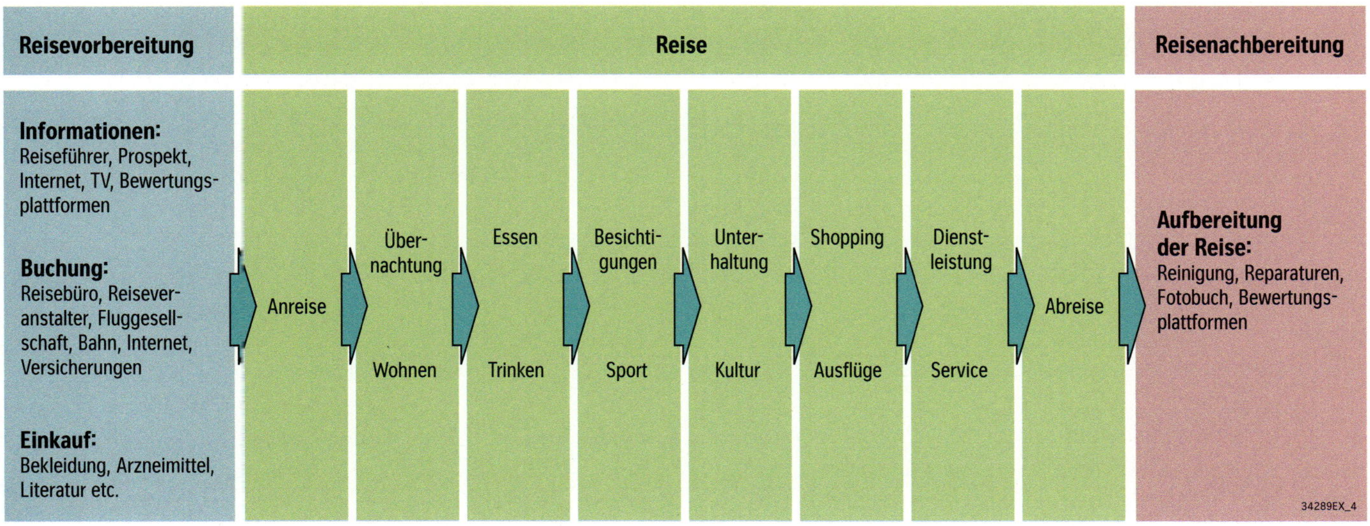

M 8 **Wertschöpfungskette des Tourismus**

Bali – Traumziel vieler Reisender

Als „Insel der Götter" ist Bali heute bei Surfern, Badegästen und Yogis aus aller Welt bekannt. Aus der seit Jahrhunderten umkämpften Insel ist heute ein Touristenparadies entstanden. Doch wie kam es dazu? Worin liegt das Potenzial der Insel? Und wie wird sich die Destination weiterentwickeln?

1 Beschreiben Sie die Art des Tourismus (M1).
2 Arbeiten Sie das touristische Potenzial der Insel heraus (M1 – M4, M7, M8).
3 Erläutern Sie die Entwicklung und die Bedeutung des Tourismus auf Bali (M2, M3, M5, M7, M8).
4 a) Beschreiben Sie das Wachstumszyklusmodell nach Butler (M6).
b) Ordnen Sie das Raumbeispiel begründet in das Modell ein (M1 – M8).
5 Erörtern Sie die ökologischen, soziokulturellen und ökonomischen Folgen touristischer Erschließung.
6 Überprüfen Sie: „Nachhaltiger Tourismus ist der Schlüssel zu dauerhaftem Erfolg".

M1 **Kuta/Seminyak – touristischer Hot-Spot (2018)**

Bali gilt als das Traumziel vieler Reisenden: weiße Strände, Palmen, Reisfelder, Wasserfälle und Korallenriffe. Besonders bei europäischen Hochzeitsreisenden und Backpackern gehört die mit Abstand bekannteste indonesische Insel zu den beliebtesten Destinationen. Die meisten Touristen kommen aus Indonesien, Australien, Japan, Deutschland und den Niederlanden. Bali gilt als die westlichste der Kleinen Sundainseln und ist vom westlich gelegenen Java durch die 2,5 km breite Bali-Straße getrennt. Die Nord-Süd-Ausdehnung beträgt 95 km, von der Westspitze bis zur Ostspitze sind es 145 km. Vor der Küste Balis gibt es ausgedehnte Korallenriffe. Nach Meinung von vielen Tauchexperten zählt Bali zu den zehn weltweit besten Tauchgebieten.

M2 **Basisinformation**

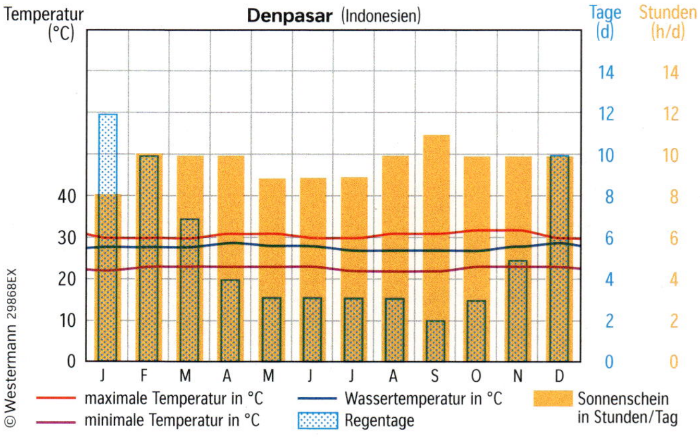

M4 **Klimadiadaten Denpasar/Bali**

M3 **Tourismus auf Bali**

Die touristische Erschließung der Insel Bali kann in verschiedene Zeitabschnitte eingeteilt werden:

- 1920er und 1930er
  Kunstschaffende entdecken die Insel als Ort der Inspiration
- 1945
  Proklamation Indonesiens, zuvor war Bali lange unter niederländischer und kurz unter japanischer Besatzung
- 1963
  Ausbruch des Vulkans Gunung Agung, humanitäres und wirtschaftliches Chaos, fast 1600 Todesopfer, große Abwanderungswelle
- 1969
  Bau des internationalen Flughafens Ngurah Rai in Denpasar; gemessen an der Passagieranzahl ist er mittlerweile nach dem Jakarta/Soekarno-Hatta der zweitgrößte Flughafen Indonesiens
- 1970er
  großer Anstieg der Touristenzahlen, Entstehung der ungeplanten Touristenzentren Kuta und Sanur
- 2002 und 2005
  Terroranschläge radikal-islamistischer Organisationen, fast 250 Todesopfer
- 2007
  Ausbruch der Vogelgrippe
- 2017 – 2018
  Ausbruch des Gunung Agung, Warnstufe rot, Behinderung des Flugverkehrs und Evakuierungen
- 2020 – 2022:
  coronabedingte Abschottung der Insel

M 5 Meilensteine der Entwicklung Balis

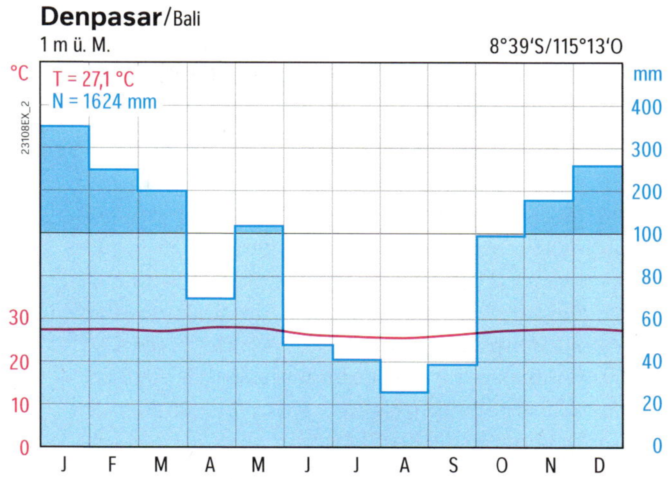

M 7 Klimadiagramm Denpasar/Bali

Sprache: Balinesisch, Indonesisch
Religion: 86,8 % Hinduismus, 10,1 % Islam
Bevölkerung: 89 % Balinesen, kleinere javanesische und chinesische Gemeinden
Bevölkerungsentw.: 2 777 356 (1990) 4 317 404 (2020)
Menschen in Armut: 3,78 % (Indonesien: 9,2 %) (2020)
4,57 % (Indonesien: 9,5 %) (2022)
Fläche: 5 590,21 km²
– für den Reisanbau genutzt: 150 283 ha (2009) 105 201 ha (2021)
HDI: 0,75 vgl. Indonesien 0,718 (2020)
Export: 591 676 973 US-$ (2019) 508 361 687 US-$ (2021)
Import: 267 555 767 US-$ (2019) 35 913 626 US-$ (2021)

M 8 Steckbrief: Bali

Richard W. Butler veröffentlichte 1980 das Wachstumszyklusmodell touristischer Destinationen. Angelehnt an das Modell des Produktlebenszyklus beschreibt Butlers Modell die Entwicklung einer Tourismusdestination in sechs Phasen. In der ersten Phase erkunden Pioniertouristen die Region. Anziehungspunkte können die (unerschlossene) Naturlandschaft oder Attraktionen sein. Umfunktionierte Hütten oder mitgebrachte Zelte bieten Unterkunft. Sie lassen sich vor Ort führen und kaufen Handwerksprodukte als Mitbringsel. Es entwickelt sich ein nur touristisch informeller Sektor.
In der zweiten Phase professionalisieren sich die Dienstleistungen und die touristische Infrastruktur wird ausgebaut. Durch das vorhandene Angebot steigert sich auch die Nachfrage und es kommt zu einem exponentiellen Anstieg des Tourismus, verbunden mit zunehmender Belastung der Ressourcen und der Umwelt.
In der vierten Phase übernehmen weltweit vernetzte Reiseveranstalter zunehmend die Vermarktung und etablieren spezifische Angebote für die Zielmärkte. Die TIS-Betriebe werden zum touristisch **formellen Sektor** und teilweise von internationalen Akteuren verdrängt. Die Zuwachsrate verringert sich.
In der fünften Phase findet kein Wachstum mehr statt, die Destination ist überlaufen und touristisch voll erschlossen. Es kommt zu einer zunehmenden Konkurrenz der Betriebe. Im Wachstumszyklusmodell folgen darauf unterschiedliche Szenarien: Erneuerung, Stagnation oder Niedergang.

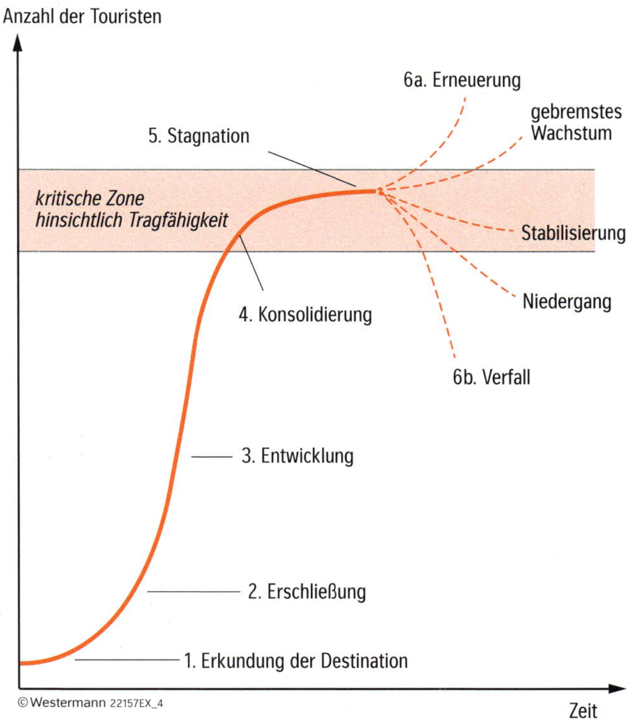

Quelle: Jebbink, K.: Butler konkret. Das Wachstumszyklenmodell von Tourismusregionen als lebendiges Diagramm. In: Praxis Geographie 10/2011, S. 10.

M 6 Wachstumszyklusmodell nach Richard W. Butler

BK

12 NACHHALTIGE/R KONSUM UND PRODUKTION

Bali – COVID-19-Pandemie als Fluch oder Segen für die Insel?

Die Tourismusbranche war weltweit von der COVID-Pandemie hart getroffen. Seit der Aufhebung der Reisewarnungen nach fast zwei Jahren Corona-Krise, Lockdowns und wechselhaftem Infektionsgeschehen erholt sich der Tourismus im Jahr 2022 auf Bali auch nur langsam. Weshalb sind die Folgen der Corona-Pandemie für einige Inselbewohner ein Fluch, für andere ein Segen?

1 Beschreiben Sie den Tourismus auf Bali vor und während der Corona-Pandemie (M1, S. 120 M1). Beschreiben Sie die aktuelle Situation (Internet).

2 **a)** Stellen Sie die Auswirkungen der Corona-Pandemie auf die Destination dar (M1 – M8).
b) Erörtern Sie mögliche Zukunftsszenarien der Destination (M9 – M11).

3 Beurteilen Sie, weshalb der Tourismus auf Bali kontrovers zu betrachten ist (M1 – M11).

4 Erstellen Sie ein Wirkungsgefüge zu den sozialen, ökonomischen und ökologischen Auswirkungen des Tourismus. 126

M 1 In der Nähe von Kuta Beach 2020

Normalerweise scheint es, als gehöre Bali in erster Linie den Touristen. Kuta Beach, der Ballermann Asiens, lockt vor allem die Massen aus Australien an. Doch während der COVID-Pandemie war auf der Insel alles anders: Die sonnenhungrigen Touristen blieben aus und die Strände, Straßen und Touristenorte schienen wie leer gefegt. Die meisten Geschäfte hatten geschlossen. Die in der Tourismusindustrie Beschäftigten verloren ihre Arbeit, als die Ströme von Urlaubern versandeten.
Viele Balinesen hatten kaum noch Geld und zogen zurück zu den Familien in ihre Dörfer, um wenigstens etwas Gemüse und Obst anzubauen. Doch auch im Inselinneren waren längst viele Reisterrassen der touristischen Infrastruktur gewichen. Eine bescheidene Landwirtschaft dient der Selbstversorgung, davon können Kredite jedoch nicht zurückbezahlt werden.
Die Pandemie hat die Abhängigkeit der Insel vom Tourismus nachdrücklich aufgedeckt, sodass bei einigen Einheimischen ein Umdenken begonnen hat. Sie stehen dem Tourismus inzwischen kritisch gegenüber und wünschen sich eine nachhaltige Lösung für Mensch und Natur.

M 2 Basisinformation

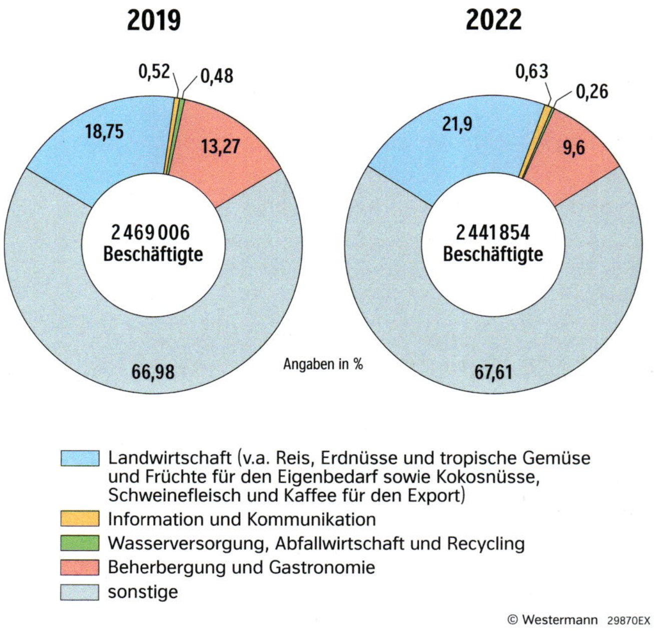

M 4 Ausgewählte Bereiche der Beschäftigung

	Anteil am Bruttoregionaleinkommen in %		
	2019	2020	2021
Land- und Forstwirtschaft, Fischerei	13,5	15,1	15,7
Fertigungsindustrie	6,0	6,4	6,7
Bau	9,5	10,6	11,0
Groß- und Einzelhandel	8,6	9,1	9,3
Transport und Lagerung	9,8	7,0	5,7
Beherbergung und Gastronomie	23,3	18,4	16,7

Quelle: Bali Statistik 2022

M 3 Bereiche des Bruttoregionaleinkommens der Provinz Bali

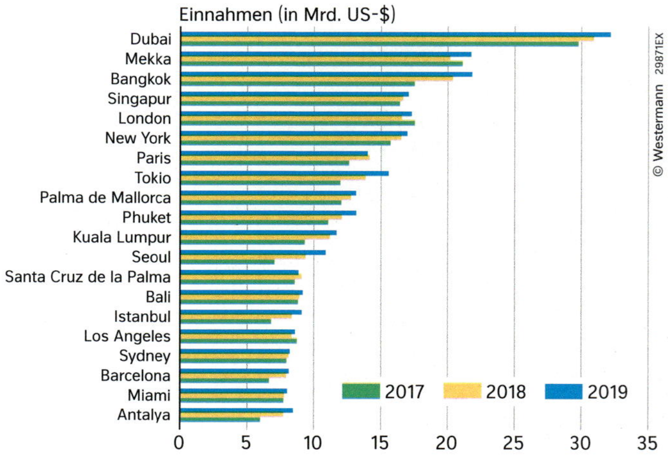

M 5 Einnahmen durch Tourismus

M 6 **Jimbaran Bay/Bali 2019**

2020 wurden schnell die Forderungen laut, dass Bali unabhängiger vom Tourismus werden müsse. Das wäre auch eine Chance für einen nachhaltigeren Neubeginn. Viele haben sich daher der Landwirtschaft neu zugewandt oder ihren Nebenerwerb zum Vollzeitjob erklärt. So etwa in Tegeh Sari, einer Gemeinde in der Hauptstadt Denpasar, wo Anwohnern eine 1000 Quadratmeter große frühere Müllhalde in blühendes Farmland verwandelt haben. Tomaten, Paprika, Auberginen und Malabarspinat bauen sie hier an und nutzen die Produkte für den Eigenbedarf oder zum Verkauf auf dem Markt.
Aus der Not heraus ist auch das Projekt „Bali Plastic Exchange" („Plastik für Reis") entstanden. Menschen sammeln Plastikmüll und können ihn gegen Reis eintauschen. Der Müll wird dann an ein Recycling-Unternehmen auf der Insel Java verkauft. So ist nicht nur die Ernährung gesichert sondern auch ein positiver ökologischer Effekt entstanden. Das Projekt richtet sich besonders an Menschen, die im informellen Sektor touristische Leistungen angeboten haben und keine Rücklagen bilden konnten. Eine staatliche Absicherung gibt es auf Bali nicht.
Daneben stehen auch viele private Spendenaktionen durch ehemalige Touristen. Internationale Tauchschulen, Hotels und Bildungseinrichtungen riefen über soziale Netzwerke zu Spenden für besonders betroffene Mitarbeiter*innen auf. Zu sozialen Unruhen kam es im Lockdown nicht. Das liegt vermutlich auch an den engen sozialen Absicherungen innerhalb der Gemeinden, der sogenannten Banjar.

M 7 **Bali in Zeiten von Corona**

M 8 **Bali Plastic Exchange – Plastik wird gegen Reis getauscht.**

M 9 **Mobiles Arbeiten aus Tourismusgebieten**

Bali ist für viele eines der Urlaubs-Traumziele. Doch neuerdings kommen mehr und mehr Leute zum Arbeiten auf die Insel: digitale Nomaden aus aller Welt und Teilnehmer von internationalen Kongressen. Ortsunabhängiges Arbeiten gehört für viele nicht erst seit den Corona Lockdowns zum Alltag. Wichtig ist dabei nur eine stabile digitale Infrastruktur. Auf der Insel Bali kommen noch günstige Unterkünfte, ein großes Freizeitangebot, ganzjährig konstante Temperaturen und ein großes gastronomisches Angebot dazu. Digitale Nomaden rechnen mit einem monatlichen Budget zwischen 700 – 1800€. Dadurch, dass viele von ihnen europäische oder US-amerikanische Löhne erhalten, sind die Lebenshaltungskosten gering.

M 10 **Bali – Arbeitsplatz für digitale Nomaden**

Außerhalb der Touristenhochburgen rund um die Hauptstadt Denpasar leben im Hinterland der Insel die meisten Einheimischen ein noch traditionelles Leben, das geprägt ist von Kultur und Religion. Doch droht auch dieses durch westliche Modernisierung immer weiter verdrängt zu werden. Gemäß der Erkenntnis von Hans Magnus Enzensberger „Der Tourist zerstört das, was er sucht, indem er es findet", besteht auch auf Bali dringender Handlungsbedarf.
Erste Ansätze eines nachhaltigen Tourismus bieten Gästen alternative Unterkünfte in Bungalows im typisch balinesischen Stil. Zudem sind sie während ihres Aufenthalts Teil der Dorfgemeinschaft. So haben die Besucher die Möglichkeit, am Alltag der Balinesen teilzunehmen. Ein Sprachkurs dient der Verständigung mit den Einheimischen, Kochkurse der indonesischen Küche und handwerkliche Aktivitäten, wie Batik, Holzarbeiten oder das Herstellen von Naturmedizin, schaffen Arbeitsplätze und fördern bzw. erhalten die balinesische Kultur und Tradition. Die Touristen lernen Bali von seiner traditionellen und ursprünglichen Seite kennen. Das Konzept ist geprägt von Respekt gegenüber den Menschen und ist vereinbar mit dem Schutz der Umwelt.
Die Balinesen sind sehr resilient, wenn sie mit Herausforderungen konfrontiert sind. Nach jeder Bedrohung durch Terrorismus, Erdbeben und Vulkane hat die Tourismuswirtschaft der Insel dadurch an Kraft gewonnen. Vielleicht gelingt der Fokus auf ein nachhaltigeres, statt einfach nur geschäftiges Bali als Silberstreifen am Horizont.

M 11 **Bali – nachhaltiger Tourismus als neue Chance?**

Das Wichtigste in Kürze

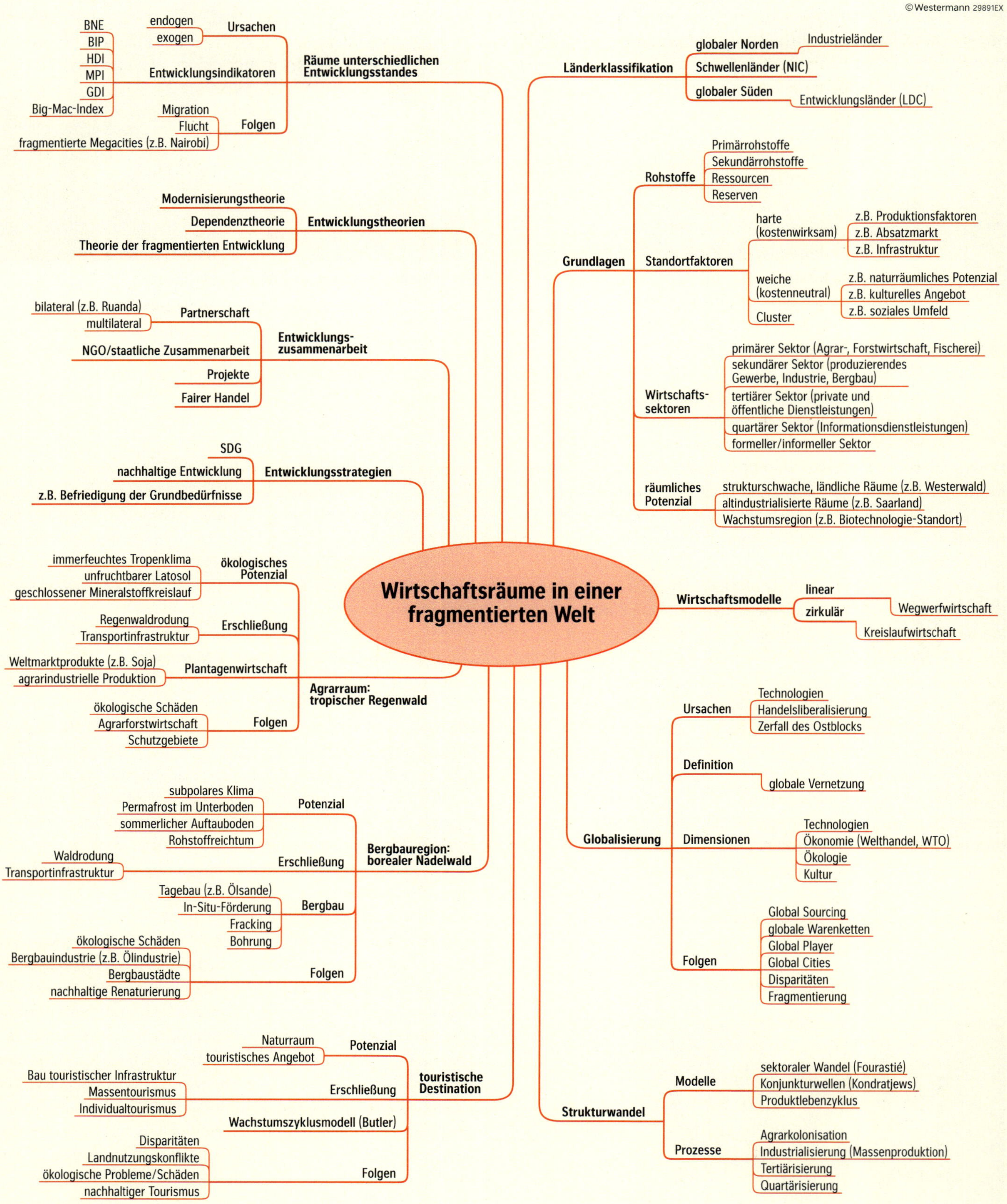

M 1 Mindmap

Grundbegriffe Wirtschaftsräume

Disparitäten, Entwicklungsland, formeller Sektor, Freihandel, Global Sourcing, globale Warenkette, globaler Süden / globaler Norden, Globalisierung, Grundbedürfnisse, Industrialisierung, informeller Sektor, Massenproduktion, Recycling, Rohstoff, Schwellenland, Standortfaktor, Strukturwandel, Tertiärisierung, Welthandelsorganisation (WTO), Weltmarkt, Wirtschaftssektor

Training mündliche Abiturprüfung: Eine Welt – unterschiedliche Wirtschaftsräume?

Auch in Europa werden die Folgen der globalen Erwärmung zunehmend spürbar. Änderungen eines oder weniger Parameter im Klimasystem haben aufgrund ihrer Wechselwirkungen oft großräumige Auswirkungen. Nur durch internationale Kooperation können wirksame Strategien und Maßnahmen zum Schutz des Klimas unternommen werden.

1 Charakterisieren Sie die Produktion einer Jeans (M1) und begründen Sie eine derartige Produktionsweise.

2 **a)** Analysieren Sie die Karte M2 hinsichtlich ihrer Aussagekraft, den Entwicklungsstand der Staaten bestimmen zu können.
b) Überprüfen Sie die Aussagekraft der Analysespinne (M3) für den Entwicklungsstand Deutschlands und Bangladeschs.
c) Ordnen Sie Deutschland und Bangladesch einer Länderkategorie begründet zu (M3).

3 **a)** Erläuterna) Vergleichen Sie die Außenhandelsstrukturen von Deutschland und Bangladesch (M4).
b) Beurteilen Sie, ob in Bangladesch Ansätze einer nachhaltigen Entwicklung gegeben sind (M5).

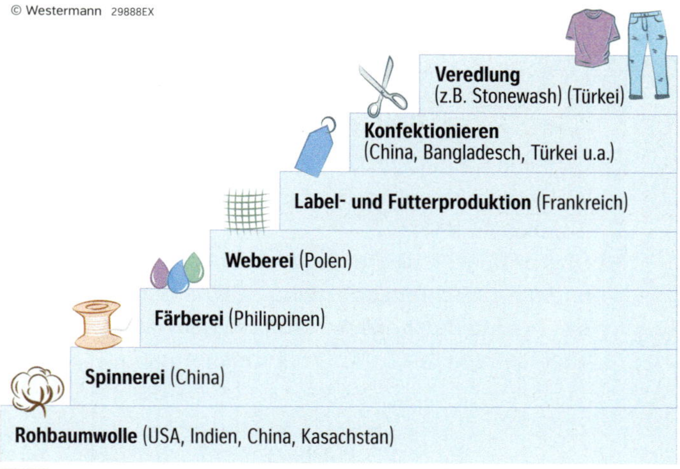

M 1 Produktionsstufen einer Jeans

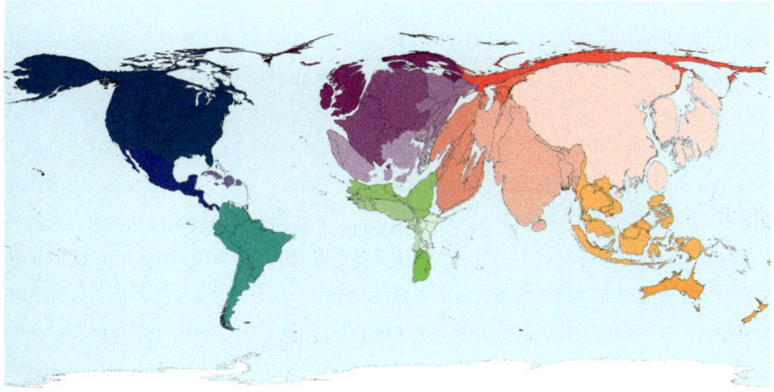

M 2 Bruttonationaleinkommen global (KKP-US$)

Indikator	Deutschland	Bangladesh
Import (in Mrd. US-$)	1 420,1	67,3
Export (in Mrd. US-$)	1 631,9	39,2
Top-Importprodukte (in % an der Wareneinfuhr)	Maschinen 12,6 Zugmaschinen/Kfz 4,8 Min. Brennstoffe 4,5 Pharm. Produkte 2,8	Maschinen 17,4 Baumwolle 11,0 Min. Brennstoffe 7,7 Eisen/Stahl 5,0
Top-Exportprodukte (in % an der Wareneinfuhr)	Maschinen 13,8 Zugmaschinen/Kfz 7,9 Pharm. Produkte 3,6 fotograf. Apparate/Prüfinstrumente 2,6	Bekleidung 85,6 Spinnstoffe/Altwaren 2,8 Schuhe u. Teile 2,4 Pflanzl. Spinnstoffe 1,7

M 4 Außenhandel im Vergleich (2020/2021)

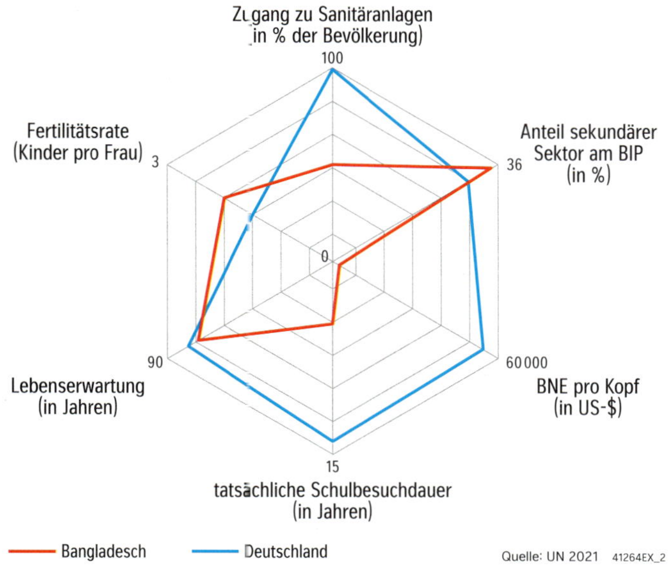

M 3 Analysespinne (Datengrundlage 2021)

Mehr als viereinhalb Millionen Menschen, meist Frauen, in Bangladesch arbeiten in der Textilbranche. Deren Arbeitsbedingungen sind in den letzten Jahren wiederholt in die Kritik geraten. Die Gesetzgebung und -durchsetzung hat sich zwar weiterentwickelt (z. B. Mindestlohn), doch werden einige der Standards der Internationalen Arbeitsorganisation (ILO) in vielen Fabriken nach wie vor nicht erreicht (z. B. die unzureichende Absicherung der Arbeitnehmenden bei berufsbedingten Erkrankungen oder Arbeitsunfällen). Durch das 2021 von der Bundesregierung beschlossene Lieferkettengesetz tragen jetzt auch Unternehmen in Deutschland die Verantwortung zur Einhaltung grundlegender Menschenrechtstandards. Die Deutsche Gesellschaft für Internationale Zusammenarbeit (GIZ) unterstützt neben der Verbesserung der Sozial- auch die Verbesserung der Umweltstandards in der Textilindustrie in Bangladesch. Die Herstellung von Textilien (z. B. Färben, Drucken) ist mit sehr hohem Verbrauch von Wasser, Chemikalien und Energie verbunden. Neue Konzepte orientieren sich an einer ressourcenschonenderen Produktion.

M 5 Bangladesch – zukunftsfähiger Standort?

Ein Wirkungsgefüge erstellen

Ein Wirkungsgefüge im geographischen Sinn ist eine Strukturskizze sachlogischer, in der Regel komplexer Zusammenhänge zwischen verschiedenen Elementen eines Systems oder Einzelaspekten eines Prozesses. Die funktionalen Beziehungen der einzelnen Einflussgrößen zeigen Ursache-Folge-Wirkungen auf und somit Entwicklungen oder ergeben Rückkopplungen und decken Wechselwirkungen auf. Auf diesem Wege kann die Struktur und Dynamik geographischer Systeme erfasst und vernetzendes Denken geschult werden.

Aufgabenbeispiel

Mit einer Fläche von 6,7 Mio. km² ist der Amazonasregenwald etwa so groß wie die USA. Seit Jahrzehnten schreitet die Zerstörung dieses Ökosystems voran.

1. Beschreiben Sie die Waldentwicklung in Amazonien (M1).
2. Erstellen Sie ein Wirkungsgefüge zu den durch die Waldentwicklung induzierten Veränderungen in Amazonien (M1, M2).
3. Überprüfen Sie die Aussage: „Durch den Raubbau und die fortschreitende globale Erwärmung könnte der Tipping Point des Amazonasregenwaldes bald überschritten sein" (M2, Wirkungsgefüge).

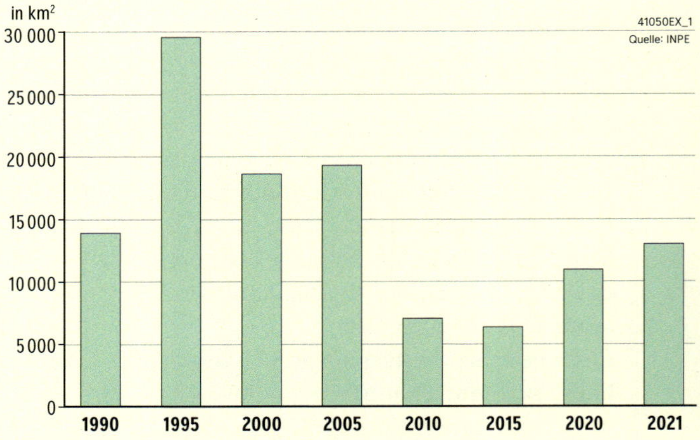

M 1 Waldverluste im Amazonasgebiet von 1990 – 2021

Arbeitsschritte

1. Orientierung
- Analysieren Sie die Materialien hinsichtlich der Struktur und Komplexität des Themas.

2. Schlüsselbegriffe herausarbeiten
- Analysieren Sie den Inhalt und markieren Sie Schlüsselbegriffe.
- Notieren Sie die Schlüsselbegriffe auf Kärtchen oder Haftnotizzetteln bzw. legen Sie digitale Textfelder an.
- Ordnen Sie die Schlüsselbegriffe nach Themenfeldern (Sach-/Problemfelder) und markieren Sie diese evtl. unterschiedlich. Ergänzen bzw. konkretisieren Sie weitere Schlüsselbegriffe mithilfe Ihres Vorwissens.
- Arbeiten Sie zentrale Schlüsselbegriffe heraus.

3. Struktur anlegen bzw. Strukturansatz ergänzen
- Platzieren Sie zentrale Schlüsselbegriffe an exponierten Stellen digital oder auf einem großen Bogen Papier.
- Ordnen Sie die zugehörigen Begriffe den zentralen Schlüsselbegriffen zu.
- Im Falle eines vorgegebenen Strukturansatzes vervollständigen Sie diesen sachlogisch.

4. Wirkungszusammenhänge entwickeln
- Klären Sie die Wechselbeziehungen zwischen den einzelnen Einflussgrößen.
- Stellen Sie die Wechselbeziehungen wie folgt dar:
  – einfacher Pfeil (→) bei Ursache-Folge-Wirkung beantwortet Fragen „Was wirkt worauf ein?" bzw. „Was führt wozu?"
  – Doppelpfeil (⇄) bei Rückkopplungen.

5. Wirkungsgefüge fertigstellen
- Heben Sie wesentliche Inhalte durch Markierungen im Wirkungsgefüge hervor. Achten Sie auf eine klare, übersichtliche Darstellung.
- Entwickeln Sie eine passende Überschrift.

6. Wirkungszusammenhänge erklären
- Ausgewählte Zusammenhänge begründen.

Der Amazonasregenwald ist von Natur aus kein abgeschlossenes Ökosystem. Gigantische Mengen von Wasser, Sauerstoff und Kohlenstoff werden in diesem Raum umgesetzt. Niederschläge von den vom Atlantik landeinwärts strömenden Passatluftmassen gelangen teilweise ins Grundwasser oder in die Flüsse, der größte Teil wird jedoch vom Wald wieder an die Atmosphäre zurückgegeben und mit der Luftströmung westwärts transportiert. Durch 14 Prozent der globalen Kohlenstoffdioxidsenke stellt das Amazonasgebiet einen der wichtigsten Puffer gegen die Erderwärmung dar.
Durch fortgesetzten Holzeinschlag, Brandrodungen, Dürren und das Fehlen des hausgemachten Regens haben sich die Niederschläge in Amazonien bereits um 20 – 30 Prozent reduziert. Der zunehmend trockene, sonnenexponierte Boden begünstigt Brände und Dürreperioden sowie den oberflächlichen Abfluss tropischer Starkregen mit großflächigen Überflutungen und intensiver Bodenerosion. Zur Austrocknung Amazoniens tragen zudem die höheren Meerwassertemperaturen bei, welche die Wolkenbildung in Amazonien vermindern. Die Entwicklungen in Amazonien bedrohen zunehmend die traditionell lebenden indigenen Völker in ihrem Lebensraum, sodass sie oft kurzfristig gezwungen sind, ihren Wanderfeldbau und ihre Siedlungen zu verlegen. Mit dem Verlust der Waldflächen schwindet auch die Biodiversität der Tier- und Pflanzenarten und damit ein unersetzlicher Genpool.
Der Kipppunkt, ab dem das Ökosystem Amazonasregenwald kollabieren könnte, wird von den Wissenschaftlern bei 20 bis 25 Prozent Verlust der Gesamtfläche eingeordnet. Satellitenaufnahmen zeigen, dass etwa 17 Prozent der ursprünglichen Waldfläche bereits verschwunden sind und sich an einigen Stellen ein Wandel zur Savanne ankündigt.. Prognosen befürchten, dass der Amazonasregenwald schon 2050 zu 40 Prozent fehlen werde und die Folgen in vielerlei Hinsicht dramatisch werden: eine Degradierung des Waldes zur Savanne bzw. Wüste und der Zusammenbruch der Weltklimamaschine, die zur bedeutendsten Quelle von Treibhausgasen würde.

M 2 Amazonasregenwald – ein Kippelement

Ein Wirkungsgefüge nach dem Syndromansatz erstellen und analysieren

Für das Aufzeigen der systemischen Mensch-Umwelt-Beziehungen im Rahmen des globalen Wandels eignet sich die grafische Darstellung eines Wirkungsgefüges nach dem Syndromansatz. Syndrome verstehen sich als nicht-nachhaltige globale Krankheitsbilder, d.h. große globale Umweltveränderungen (z.B. der Klimawandel, der Verlust an Biodiversität), deren Symptome, d.h. Merkmale, untereinander durch Wechselwirkungen aus naturräumlichen und gesellschaftlichen Faktoren vernetzt sind.

Aufgabenbeispiel

Das Raubbausyndrom betrifft alle Sphären bzw. Bereiche des Syndromansatzes und hat sowohl regionale als auch globale Ausmaße erreicht.

1. Erläutern Sie den allgemeinen Sydromansatz (Text).
2. a) Charakterisieren Sie das Raubbausyndrom (M1).
   b) Analysieren Sie das Beziehungsgeflecht des Raubbausyndroms (M2).
   c) Überprüfen Sie anhand M2: „Durch nachhaltiges Handeln könnte der Mensch Raubbau vermeiden."
3. Erstellen Sie in Anlehnung an M2 ein Wirkungsgefüge zur Überfischung.

Das Raubbausyndrom aus der Gruppe der Übernutzungssyndrome beschreibt die Überbeanspruchung nachwachsender Ressourcen terrestrischer als auch mariner Ökosysteme. Die Nutzungsinteressen des Menschen nehmen keine Rücksicht auf die natürliche Regenerationsfähigkeit, oft mit schwerwiegenden Folgen für den Naturhaushalt. Die Verletzung des Nachhaltigkeitsgebots führt zu Degradation, bis hin zur Vernichtung von natürlichen Ökosystemen, z.B. durch großflächigen Kahlschlag, durch Überweidung oder durch Überfischung. Folgen sind u.a. der Verlust biologischer Vielfalt, die Freisetzung von CO_2 aus Biomasse und Böden bzw. der Verlust der Lebensgrundlage der Bevölkerung. Durch Strategien nachhaltiger Nutzung und durch Schutzgebiete kann Einhalt geboten werden.

M1 Beispiel Raubbausyndrom

Arbeitsschritte

1. Orientierung und Vorbereitung
- Analysieren Sie die Materialien hinsichtlich der Komplexität der Inhalte.
- Arbeiten Sie das betroffene Syndrom sowie die zugehörigen Sphären (z.B. Biosphäre) bzw. Bereiche (z.B. Wirtschaft) heraus.
- Erstellen Sie die Matrix der 9 Sphären/Bereiche, wobei die für das Syndrom relevanteste Sphäre zentral angeordnet wird.

2. Symptome herausarbeiten und zuordnen
- Arbeiten Sie die Symptome, d.h. die nicht-nachhaltigen Kernprobleme, aus den Materialien heraus.
- Ordnen Sie die Symptome den Sphären/Bereichen zu.

3. Beziehungsgeflecht erstellen
- Visualisieren Sie die Wechselwirkungen zweier Symptome verstärkend (→), abschwächend (—●) oder unbestimmt (—?). Die Wechselwirkung dreier Symptome wirkt synergetisch.

4. Beziehungsgeflecht analysieren
- Arbeiten Sie die syndromauslösenden Faktoren hinsichtlich ihrer Intensität im Wirkungszusammenhang heraus. Achten Sie dabei auf Wechselwirkungen und Rückkopplungseffekte.
- Entwickeln Sie eine Syndromprognose und stellen Sie Handlungsempfehlungen zur Linderung von Fehlentwicklungen bzw. für geeignete Vorsorgemaßnahmen dar.

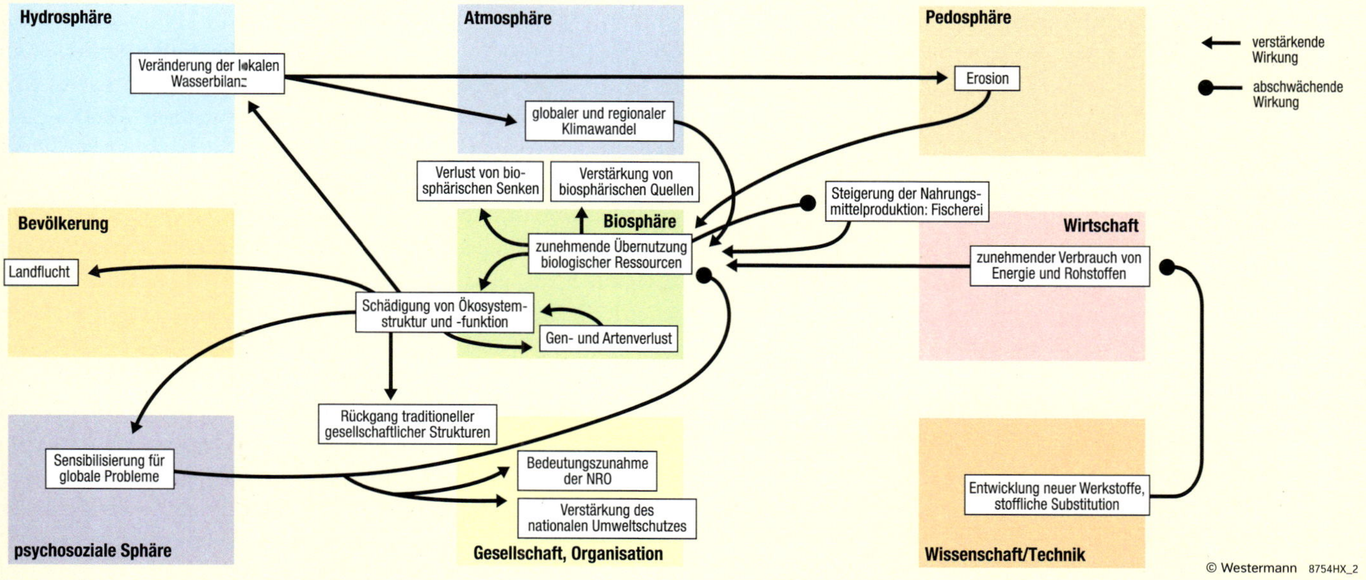

M2 Beziehungsgeflecht des Raubbausyndroms

Eine thematische Karte analysieren

Thematische Karten beinhalten oft Gegebenheiten aus Bereichen des Natur-, Wirtschafts-, Sozial- oder Kulturraumes. Grundlage der Karte ist meist eine vereinfachte topographische Basiskarte. Der abgebildete Sachverhalt wird in geeignetem Maßstab räumlich differenziert dargestellt und gilt für einen bestimmten Zeitpunkt oder Zeitraum. Somit haben thematische Karten immer einen Sach-, Raum- und Zeitbezug. Komplexe thematische Karten beinhalten mehrere Themenbereiche und verdeutlichen kausale Zusammenhänge.

Aufgabenbeispiel

Botsuana und Simbabwe im südlichen Afrika haben sich trotz naturgeographischer Gemeinsamkeiten unterschiedlich entwickelt.

1. a) Beschreiben Sie die Lebens- und Wirtschaftsbedingungen in Botsuana und Simbabwe (M1).
   b) Erklären Sie den unterschiedlichen Entwicklungsstand von Botsuana und Simbabwe (M1 – M4).
2. Beurteilen Sie die Chancen und Risiken der wirtschaftlichen Entwicklung der beiden Staaten (M1 – M4).
3. Bewerten Sie den Informationsgehalt, den Aussagewert und die Darstellung der Karteninhalte von M1.

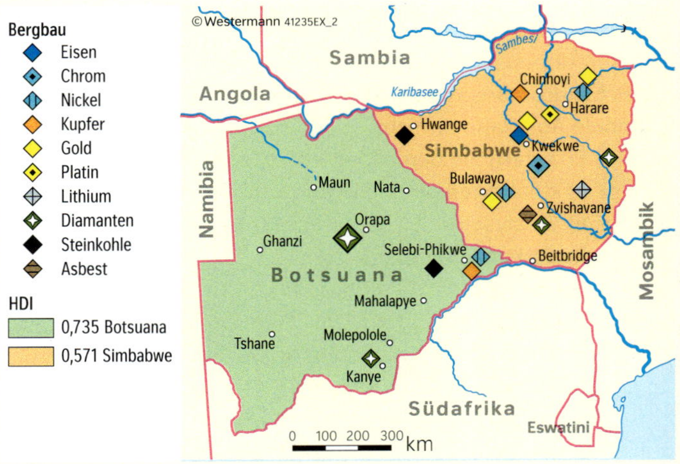

M1 Botsuana und Simbabwe

Arbeitsschritte

1. Orientierung
- Analysieren Sie das Thema der Karte, den dargestellten Raumausschnitt, den Maßstab sowie die Legende.

2. Karte analysieren
- Beschreiben Sie die räumliche Verteilung/Häufigkeit von Signaturen, Schraffuren, Raster bzw. Farbflächen.
- Arbeiten Sie Strukturen und Prozesse heraus, indem Sie Elemente kausal und funktional in Beziehung setzen.

3. Karteninhalt erklären
- Erklären Sie die räumliche Verteilung von Elementen und deren Ursachen mit Hintergrundinformationen.

4. Karteninhalt bewerten
- Beurteilen Sie dargestellte Entwicklungen und Prozesse.
- Entwickeln Sie mögliche Prognosen.
- Bewerten Sie den Informationsgehalt, Aussagewert und die Darstellung der Karteninhalte (z. B. Quellen, Aktualität).

Indikatoren	Botsuana	Simbabwe
Beschäftigte (in % der > 15-Jährigen an der Gesamtbevölkerung)	59,3	83,7
Bruttowertschöpfung (in % des BIP)		
– primärer Sektor	2,2	9,0
– sekundärer Sektor	31,2	23,7
– tertiärer Sektor	66,6	67,3
Erwerbstätige (in %)		
– primärer Sektor	20,4	66,3
– sekundärer Sektor	18,1	6,5
– tertiärer Sektor	61,5	27,2
Hauptexportprodukte (in %, 2020)		
– Edelsteine, Edelmetalle	89,3	30,7
– elektronische Erzeugnisse	2,3	
– Nickel, Nickelprodukte		22,5
Zugang zu sauberem Wasser (in % der Gesamtbevölkerung, 2020)	92,2	62,7
Stadtbevölkerung (in % der Gesamtbevölkerung)	70,2	32,2

Quelle: HD-Report, Weltbank, UNData

M3 Strukturdaten von Botsuana und Simbabwe (2021)

Strategien zur Reduktion der Komplexität:

- **Lupenmethode**

Analysieren Sie die Einzelinhalte über ausgewählte Signaturen.

- **Schichtenmethode**

Analysieren Sie die Themenfelder über thematische Schichten. Für die Fragestellung unnötige Schichten sind auszublenden.

- **Fenstermethode**

Analysieren Sie einen Raumausschnitt über einen Kartenausschnitt. Das Auflegen eines Blatt Papiers mit einem Fenster hilft.

- **Zoommethode**

Analysieren Sie ein Fallbeispiel über einen vergrößerten Kartenausschnitt (Detailkarte).

M2 Analysemethoden bei komplexen Karten

Botsuana und Simbabwe sind zwei Binnenstaaten im südlichen Afrika. Dornstrauch- bzw. Trockensavannen prägen den Naturraum beider Staaten. Der Reichtum an Bodenschätzen ist in beiden Regionen eine gute Voraussetzung für eine florierende Wirtschaft. Doch die Entwicklung der Staaten verlief seit der Unabhängigkeit unterschiedlich. Botsuana, das seinen Reichtum in erster Linie den Diamanten verdankt, investierte vor allem in Verkehrsinfrastruktur, Wasserversorgung und Bildung. Wegen seiner politischen Stabilität und des erfolgreichen Kampfes gegen Armut gilt das Land als Vorbild in Afrika. Simbabwe hat wegen seines diktatorischen politischen Umfelds, Unruhen und Kriegsverwicklungen seine ehemals blühende Wirtschaft eingebüßt und steckt in einer tiefen Krise.

M4 Länderkurzinformationen Botsuana und Simbabwe

Eine Statistik analysieren

Eine Sammlung quantitativ erfasster Daten gleicher oder unterschiedlicher Sachverhalte wird in einer Statistik zusammengefasst. Eine häufig genutzte Darstellungsform ist die Tabelle, deren Informationen mithilfe ausgewählter Indikatoren für einen bestimmten Zeitpunkt bzw. Zeitraum ein Thema verdeutlichen. Die Zahlenwerte beschreiben einen Zustand oder eine Entwicklung in einem bzw. mehreren Räumen. Statistiken können durch die Auswahl der Daten und Zeiträume sowie die Skalierung der Werte manipulativ wirken.

Aufgabenbeispiel

Die Inselgruppe der Kapverden steht vor enormen gesellschaftlichen und wirtschaftsgeographischen Herausforderungen.

1 a) Arbeiten Sie die formalen und wesentlichen inhaltlichen Aussagen der Tabellen heraus (M1).
b) Beschreiben Sie die Lebens- und Wirtschaftsbedingungen auf den kapverdischen Inseln (M1).

2 Beurteilen Sie das wirtschaftliche Entwicklungspotenzial der Kapverden anhand von sechs Kriterien ausgehend von M1 a und b.

3 Bewerten Sie den Informationsgehalt, den Aussagewert und die Darstellung der Tabelleninhalte (M1).

Arbeitsschritte

1. Orientierung
- Überprüfen Sie die Statistik auf formale Kriterien wie Überschrift (Thema, geographischer Raum), Quellen (Verlässlichkeit) und Aktualität (Erhebungsjahr/e).
- Arbeiten Sie die inhaltlichen Kriterien und Indikatoren der Spalten und Zeilen heraus. Achten Sie dabei auf:
  - Maßeinheiten,
  - Zahlenarten (absolute Zahlen, relative Zahlen, Beziehungszahlen z. B. zwischen unterschiedlichen Größen wie BNE pro Kopf, Indexzahlen),
  - gemessene Ist-Werte oder geschätzte Werte,
  - Zeitreihen.

2. Statistik beschreiben
- Analysieren Sie den Inhalt der dargestellten Statistik durch eine systematische Auswertung der Zahlenreihen.
- Arbeiten Sie Maxima- bzw. Minima-Werte, regelhafte Verläufe der Werte, Sprünge in den Wertereihen heraus, um Entwicklungen bzw. Trends oder Veränderungen zu erkennen.
- Rechnen Sie ggf. absolute Zahlen in Prozentwerte um, um Entwicklungen zu verdeutlichen bzw. um besser mit Durchschnittswerten vergleichen zu können.
- Stellen Sie die zentralen Aussagen zum Thema dar.

3. Inhalt der Statistik erklären
- Stellen Sie Beziehungen zwischen den Daten dar.
- Erklären und begründen Sie mithilfe Ihrer Vorkenntnisse die Ursachen des Dargestellten.
- Entwickeln Sie in Bezug auf die Fragestellung eine abschließende Gesamtaussage.

4. Statistik bewerten
- Bewerten Sie die Aktualität, Vollständigkeit, Verlässlichkeit und Darstellungsform der Daten.
- Bewerten Sie zum Schluss die Sicherheit der Gesamtaussage.

a

Fläche	4 033 km²
Einwohner	563 000
Kapverdier im Ausland	ca. 700 000, v. a. in den USA, in Portugal, in den Niederlanden

b

Indikatoren	2000	2010	2021
BNE/Kopf (kaufkraftparitätisch, in US-$)	3 020	5 570	6 890
%-Anteil am BIP: – primärer Sektor – sekundärer Sektor – tertiärer Sektor	 15,9 25,6 58,5	 9,1 20,8 70,1	 5,4 22,9 71,7
Einkünfte aus dem Tourismus (in % am BIP)	10,9	23,3	9,9[2]
Export (in Mio. US-$)	51	115	53,0
Import (in Mio. US-$)	387	654	727,0
Rücküberweisungen aus dem Ausland (in Mio. US-$)	85,7	130,4	245,8
Jugendarbeitslosenquote (in % der 15 – 24 Jährigen)	16,8	16,7	34,3
Armut (< 1,90 US-Dollar/Tag/Pers., in % der Gesamtbevölkerung)	16,2	8,1	3,4
Fertilitätsrate (Geburten pro Frau)	3,5	2,6	2,3
Säuglingssterblichkeit (pro 1 000 Lebendgeborene)	29,1	23,3	16,9
Zugang zu sauberem Wasser (in % der Bev.)	82,4	88,9	88,8[2]
HDI (Wert/Rang)	0,523/117	0,632/125	0,665/126[1]

[1]2019, [2]2020
Quelle: FWA, HD-Report, Weltbank, UNData

M1 Strukturdaten der Kapverden

Beim Umgang mit Statistiken ist Vorsicht geboten. Zahlen als vermeintlich objektive Größen müssen stets kritisch hinterfragt werden. Denn Daten sind:
- teilweise nur geschätzt, weil es exakte Zählungen nur selten gibt.
- oft sehr präzise und täuschen damit eine überzeugende Scheingenauigkeit vor, die nur selten objektiv ist.
- nicht selten veraltet, weil aus Mangel an aktuellen Daten auf Zahlen vergangener Jahre zurückgegriffen wird.
- manipuliert, weil sie auf unaufrichtigen Stichproben basieren bzw. in grafischen Darstellungen irreführende Maßstäbe verwendet werden und sich somit ein verzerrtes Bild ergibt.
- aus unterschiedlichen bzw. verschiedenen Quellen, wobei es sich um Primärquellen, d. h. Originalquellen bzw. Sekundärquellen, d. h. bereits interpretierte und bewertete Primärquellen oder Tertiärquellen, d. h. Zusammenfassungen der erstgenannten Quellentypen, handeln kann.

M2 Statistik – der Trick mit den Zahlen

Experimente durchführen

Ein Experiment ist eine planmäßige, wiederholbare und somit überprüfbare Beobachtung von natürlichen Vorgängen unter künstlich hergestellten, möglichst veränderbaren Bedingungen, sodass sich Regelmäßigkeiten und allgemeine Gesetzmäßigkeiten ableiten lassen. Ausgangspunkt jedes Experiments ist eine geographische Fragestellung, die durch entdeckendes, forschendes, problemlösendes und kausal vernetzendes Denken gelöst wird. Modellexperimente veranschaulichen die Realität besonders vereinfacht.

Aufgabenbeispiel

Komplexe atmosphärische Prozesse und Phänomene werden durch folgende Modellexperimente besser verständlich. Erklären Sie Ihre Beobachtungen.

1 Die Papierröhre eines Teebeutels wird auf einer ebenen Unterlage zu sicherem Stand gebracht und vorsichtig ohne Wackeln von oben entzündet (M1, S. 34 M2, M3).

2 Durch Einleiten von Luft in den horizontalen Kunststoffschlauch verhält sich die Watte an den vertikalen Schlauchenden unterschiedlich (M2, S. 37 M9).

3 Überprüfen Sie: „Eis ist nicht gleich Eis!" Diese Erkenntnis ergibt sich nach einiger Zeit im Laufe des Experiments (M3, S. 51 M7).

M 1 **Teebeutel-Experiment**

Arbeitsschritte

1. Problemfindung
- Arbeiten Sie aus Material ein geographisches Phänomen bzw. Problem heraus.
- Entwickeln Sie eine experimentelle Fragestellung.

2. Planung des Experiments
- Entwickeln Sie eine Hypothese (und evtl. Gegenhypothese) als möglichst naturwissenschaftliche Kausalbeziehung („Wenn..., dann ...", „Je..., desto...").
- Planen Sie das Experiment (Material, Aufbau, Ablauf).

3. Durchführung des Experiments
- Führen Sie das Experiment sorgfältig praktisch durch.
- Beobachten Sie den Ablauf, führen Sie evtl. Messungen und Kontrollversuche durch.
- Dokumentieren Sie die Beobachtungen und skizzieren Sie den Versuchsaufbau.

4. Auswertung der Ergebnisse
- Arbeiten Sie die Ergebnisse aus den protokollierten Daten rechnerisch bzw. grafisch heraus.
- Überprüfen Sie die Hypothesen und bestätigen Sie diese. Bei Widerlegen der Hypothesen entwickeln Sie Alternativen sowie ein angepasstes Forschungsdesign.

5. Anwendung der Erkenntnisse
- Bewerten Sie die Vertrauenswürdigkeit der erhobenen Daten.
- Leiten Sie Regel- bzw. Gesetzmäßigkeiten aus den Ergebnissen ab.
- Vergleichen Sie Ihre Erkenntnisse mit der Realität.

6. Reflexion
- Hinterfragen Sie ihr eigenes Vorgehen.

7. Präsentation des Experiments
- Stellen Sie ihrer Lerngruppe die Hintergründe, den Aufbau, den Ablauf sowie die Erkenntnisse vor und erklären Sie die Zusammenhänge von Modellsituation und Realität.

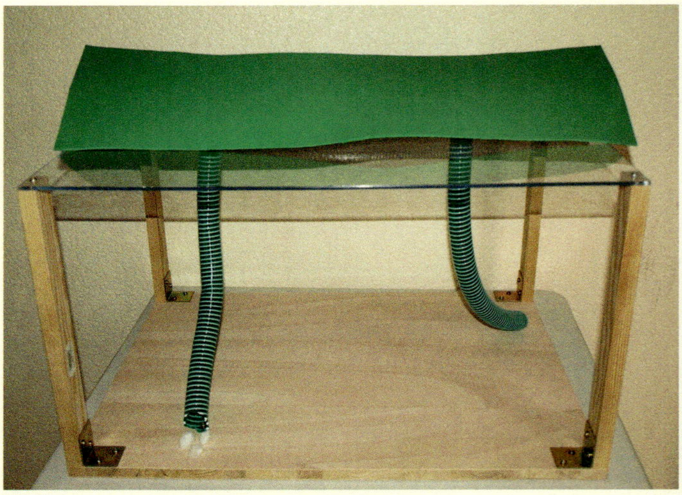

M 2 **Jetstream-Modell**

M 3 **Modell zur Eisschmelze**

Eine Podiumsdiskussion gestalten

Bei einer Podiumsdiskussion wird ein aspektreiches, kontrovers debattiertes und im Ergebnis noch offenes Thema aus unterschiedlichen bzw. gegenteiligen Positionen diskutiert. Auf dem Podium stellen Vertreterinnen und Vertreter unterschiedlicher Ansichten und Interessen ihre Standpunkte in einer Gegenüberstellung dar, während das Plenum zuhört bzw. sich zu bestimmten Punkten oder am Ende der Diskussion einbringen kann. Die Gesprächsleitung achtet auf die Einhaltung der Diskussionsregeln und die Weiterentwicklung der Diskussion.

Aufgabenbeispiel

Im Rahmen der sogenannten neuen Seidenstraße verstärkt China sein Engagement auch in Kenia. Auf der Insel Lamu sowie im Hinterland investiert China in ein riesiges Infrastrukturprojekt.

1 **a)** Beschreiben Sie die geplante Infrastruktur in Lamu und dessen Hinterland (M1, Atlas).
b) Arbeiten Sie die zentrale Fragestellung sowie die Rollen für die diskutierenden Experten heraus (M1, M2).

2 **a)** Führen Sie die Podiumsdiskussion durch.
b) Beurteilen Sie, ob das Projekt zu Lamus nachhaltiger Entwicklung beiträgt.

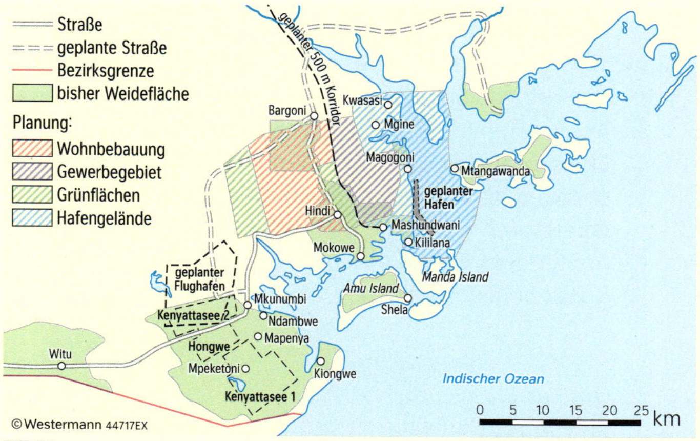

M 1 **Lamu – Teil des LAPSSET*-Infrastrukturprojekts (*Lamu Port South Sudan-Ethiopia Transport-Initiative)**

Arbeitsschritte

1. Organisations- und Vorbereitungsphase (ca. 15 Min.)
- Problematisieren Sie das Fallbeispiel und entwickeln Sie eine genaue Formulierung des Konfliktthemas.
- Analysieren Sie die Materialien, arbeiten Sie die spezifischen Rollen, wesentliche Argumente dafür und dagegen heraus.
- Ordnen Sie die Rollen der moderierenden Person, den diskutierenden Experten sowie dem Publikum zu.
- Bereiten Sie die Räumlichkeiten vor (Sitzordnung, Tischkarten, evtl. Projektion).

2. Diskussionsphase (ca. 30-60 Min.)
- Erläutern Sie als Moderatorin oder Moderator die Problemstellung des Themas, stellen Sie die Vertreterinnen und Vertreter auf dem Podium vor und klären Sie den (Zeit-)Ablauf sowie die Diskussionsregeln.
- Stellen Sie als Expertinnen und Experten ihren Standpunkt vor (max. 3 Min.).
- Erörtern Sie als Expertinnen und Experten die Aspekte des Themas, arbeiten Sie Gemeinsamkeiten und Möglichkeiten zur Klärung und Entwicklung einer Problemlösung heraus.
- Beachten Sie Publikumsreaktionen wie Murmeln, Gespräche, Zeichen der Zustimmung/Ablehnung usw.
- Bringen Sie sich als Plenum in die Diskussion ein, geben Sie möglichst ihre Äußerungen gebündelt an das Podium weiter
- Vermeiden Sie grundsätzlich längere Dialoge zwischen Einzelpersonen.

3. Schlussphase (ca. 10 Min.)
- Stellen Sie als Moderatorin oder Moderator ein präzises Fazit der Diskussion auf, das die Ergebnisse zusammenfasst:
  – erläutern Sie mögliche Problemlösungen oder
  – begründen Sie die Unmöglichkeit einer Lösung.

4. Nachbereitung (ca. 10 Min.)
- Reflektieren Sie persönlich die Diskussionsergebnisse und fällen Sie ein begründetes Urteil.

Die kleine Sandinsel Lamu ist normalerweise ein ruhiges Örtchen. In der Inselhauptstadt Lamu Town leben etwa 26 000 Einwohner, im Großraum etwa 150 000. Die Altstadt ist UNESCO-Weltkulturerbe und gilt als die älteste und am besten erhaltene Suaheli-Siedlung in ganz Ostafrika. Esel und Boote sind die traditionellen Verkehrsmittel. Im Jahr 2021 wurden die ersten Liegeplätze des neuen Tiefseehafens von Port Lamu eröffnet. Insgesamt sollen 32 Ankerplätze für Containerschiffe und Öltanker entstehen, um den Export kenianischer Rohstoffe sowie den Import chinesischer Produkte zu erleichtern. Etwa 24 Millionen Tonnen Fracht pro Jahr sollen dadurch perspektivisch abgewickelt werden. Die kenianischen Politiker glauben, dass der neue Hafen ein wichtiger Meilenstein sei und den abgelegenen Norden des Landes stärken sowie ganz Kenia enger mit seinen nördlichen Nachbarstaaten vernetzen werde. Zudem werde Lamu ins Handelsnetz der gesamten Welt eingebunden. Somit soll Kenia bis zum Jahr 2030 ein Industrieland mit mittlerem Einkommen werden.
Chinesische Firmen haben die Bauleitung des gesamten Projekts, nur etwa 100 Arbeitsplätze sind beim Hafenbau an Jugendliche aus Lamu vergeben worden. Insgesamt ist das Projekt in der lokalen Bevölkerung sehr umstritten. Die kenianische Regierung hat den Anwohnern für den Bau Land weggenommen und sie nicht angemessen entschädigt. Auch die Fischgründe sind für die ansässigen Fischer durch den neuen Hafen kleiner geworden. Wie sich der neue Hafen auf den Tourismus in der Region auswirken wird, ist unsicher. Die Menschen in Lamu wünschen sich dringend mehr Jobs, zudem einen Supermarkt und bessere Schulen für ihre Kinder, damit sie einmal bessere Chancen im Leben haben als sie selbst.
Die gesetzlich vorgeschriebenen Umweltverträglichkeitsprüfungen sind durchgeführt worden, jedoch bezweifeln Umweltschützer, ob die chinesischen Investoren sich dafür interessieren, ob das Meer um Lamu sauber bleibt. Zudem existieren viele der ambitionierten Pläne von LAPSSET bisher nur auf dem Papier.

M 2 **Lamu – umstrittene Entwicklungen**

Eine Kursarbeit vorbereiten und erfolgreich bestehen

Kursarbeiten dienen der Überprüfung inhaltlicher und methodischer Kompetenzen. Die operationalisierten Aufgaben orientieren sich an den drei Anforderungsbereichen des Operatorenkatalogs (S. 136/137). Jeder Operator gibt an, was wie verlangt wird. Jede Aufgabe gibt Auskunft über den thematischen Hintergrund und enthält Zusatzinformationen wie Materialhinweise. Welche Strategien in der Vorbereitung und während der Bearbeitung schriftlicher Aufgaben unterstützen ein erfolgreiches Ergebnis?

Ein systematisches Training gibt Hilfestellung, die anspruchsvollen Anforderungen an Kursarbeiten zu erfüllen und diese gezielt vorzubereiten.

1 Analysieren Sie M1 und stellen Sie die Inhalte der Themen als Mindmaps dar.

2 Arbeiten Sie die wesentlichen Anforderungen der Operatoren heraus (S.136/137).

3 Analysieren Sie die Arbeitsschritte im Umgang mit Kursarbeiten sowie M2.

Arbeitsschritte

1. Kursarbeit vorbereiten

- Überprüfen Sie Ihre inhaltlichen Kenntnisse mithilfe der Fachbegriffe (z. B. Glossar am Kapitelende).
- Nutzen Sie Ihre Mitschriften, die Unterrichtsmaterialien, den Seydlitz und den Atlas zur Wiederholung.
- Stellen Sie die inhaltlichen Zusammenhänge der Fachbegriffe als Mindmap dar. Vergleichen Sie jeweils diese mit den Seiten am Ende der Kapitel.
- Trainieren Sie die Methoden mit dem Seydlitz.

2. Kursarbeit bearbeiten

- Überprüfen Sie den Einleitungstext bzw. die Problemstellung zur Aufgabe hinsichtlich Thema, Schwerpunkt und Raumbezug.
- Lesen Sie die Aufgaben und markieren Sie Operatoren, thematische und methodische Begriffe mit Farben.
- Ordnen Sie das Beispiel mithilfe des Atlas räumlich ein.
- Erstellen Sie eine Stichwortliste zu den Teilaufgaben.
- Analysieren Sie das Material. Behalten Sie dabei die Aufgabenstellung der Teilaufgaben und den Zeitplan im Auge.

3. Kursarbeit schriftlich ausarbeiten

- Gliedern Sie Ihre Ausführungen formal (Zwischenüberschriften, Absätze, nummerierte Aufzählungen, Leerzeilen, Seitenzahlen, Quellen verwendeter Atlaskarten).
- Entwickeln Sie eine Einleitung zur Gesamtaufgabe (z. B. topographische Einordnung) sowie zu jeder Teilaufgabe.
- Stellen Sie im Hauptteil den Zusammenhang zwischen Vorwissen, Untersuchungsraum und Material her. Geben Sie Materialverweise an.
- Kennzeichnen Sie direkte Zitate und Übernahmen aus Quellen im Text und einem Quellenverzeichnis.
- Schließen Sie jede Teilaufgabe mit einem kurzen Fazit ab.
- Kontrollieren Sie Ihre Arbeit, z. B. auf Rechtschreibung.

4. Nachbereitung der Klausur:

- Arbeiten Sie inhaltliche und methodische Defizite auf.

M1 Mögliche Inhalte für Kursarbeiten

1. Planen Sie für Wiederholungen und Übungen mehrere Tage ein.
2. Bereiten Sie sich zeitweise in Kleingruppen vor.
3. Bringen Sie die notwendigen Hilfsmittel mit: Bleistift, Radiergummi, Lineal, Farbstifte, Textmarker, Taschenrechner (WTR), Uhr.
4. Verschaffen Sie sich einen Überblick über die Anforderungen und Materialien. Markieren Sie Auffälligkeiten.
5. Legen Sie einen groben Zeitplan fest. Pro Verrechnungspunkt können Sie zur Bearbeitung etwa vier Minuten Zeit investieren.
6. Lesen Sie die Aufgaben sorgfältig durch. Wählen Sie gegebenenfalls die Ihnen passend erscheinende Aufgabe aus. Notieren Sie spontane Anmerkungen.
7. Überprüfen Sie den Atlas nach geeigneten Karten.
8. Geben Sie den Namen des Atlas und sein Erscheinungsjahr über den Aufgabenlösungen an.
9. Bearbeiten Sie die Teilaufgaben möglichst in der vorgegebenen Reihenfolge, da sie in der Regel aufeinander Bezug nehmen.
10. Achten Sie beim Formulieren Ihrer Lösung auf das Anforderungsniveau der Operatoren.
11. Entwickeln Sie sachlogisch strukturierte Lösungen ausschließlich in ganzen Sätzen, um die Zusammenhänge darzustellen.
12. Verlieren Sie bei der schriftlichen Ausarbeitung niemals die Aufgabenstellung aus dem Auge.
13. Verwenden Sie gezielt die korrekte Fachsprache.
14. Vermeiden Sie stets unspezifische, pauschale Aussagen.
15. Verwenden Sie beim Erstellen von Zeichnungen, Diagrammen bzw. Tabellen Lineal und Farbstifte. Arbeiten Sie exakt, beschriften Sie hinreichend und entwickeln Sie eine Überschrift.
16. Streichen Sie Falsches deutlich durch.
17. Erklären Sie nicht gebräuchliche Abkürzungen einmalig.

M2 Tipps zur Klausur

In den Aufgaben z.B. Inhalte mit grüner Farbe markieren, Operatoren mit Gelb, ggf. Methoden markieren.

Operator **charakterisieren**: Sachverhalte [...] mit ihren typischen Merkmalen beschreiben und in ihren Grundzügen bestimmen.

Operator **überprüfen**: [...] an konkreten Sachverhalten und innerer Stimmigkeit messen.

Operator **beurteilen**: [...] Behauptungen im Zusammenhang auf ihre Stichhaltigkeit bzw. Angemessenheit prüfen und dabei die angewandten Kriterien nennen.

Punktezahlen geben Hinweise auf die Bearbeitungsintensität:
6 VP → 24 Minuten
9 VP → 36 Minuten
7 VP → 28 Minuten.

Kriterien der Nachhaltigkeit:
- Ökologie
- Ökonomie
- Soziales
- Politik

Vietnam – ein neuer Tiger?

Vietnam gilt als eine der dynamischsten Volkswirtschaften Asiens. Das Land ist als Produktionsstandort, Absatz- und Bezugsmarkt immer erfolgreicher geworden. Trotz Entwicklung steht Vietnam vor großen Herausforderungen.

1. Charakterisieren Sie die Wirtschaftsregionen Vietnams (M1). — 6 VP
2. Überprüfen Sie: „Vietnam ist als Tiger noch auf dem Sprung“ (M2, M3). — 9 VP
3. Beurteilen Sie, ob das wirtschaftliche Handeln Vietnams einer nachhaltigen Entwicklung entspricht (M4). — 7 VP

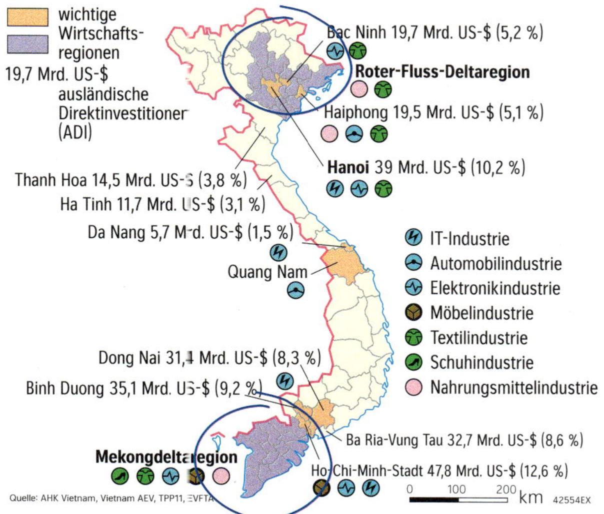

M1 Wirtschaftsregionen und Auslandsinvestitionen (2019)

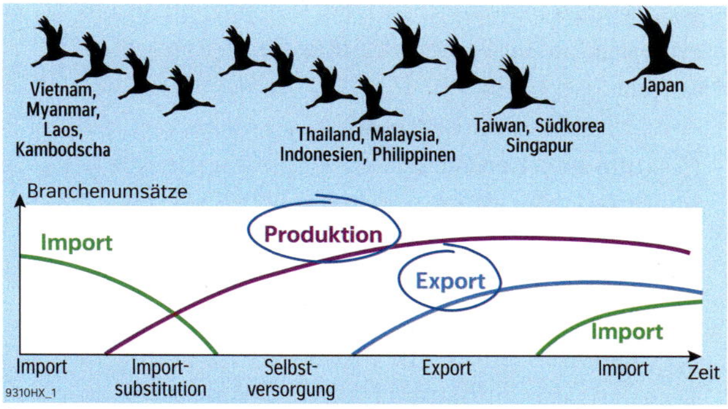

Als Reaktion auf Hemmnisse sind wiederholt Strategiewechsel notwendig: Importsubstitution durch die Einführung von Konsumgüterindustrie, Exportförderung durch arbeitsintensive Produktion, Kopplung der Importsubstitution und Exportförderung durch kapital- und humankapital-intensive Produktion, Intensivierung der Forschung und Entwicklung bis zur Wettbewerbsfähigkeit mit den anderen Industrieländern.

M3 Strategie „Modell der Fluggänse“

Indikatoren	2010	2021
BNE/Kopf (kaufkraftparitätisch, in US-$)	2 790	8 200[2]
%-Anteil am BIP: – primärer Sektor – sekundärer Sektor – tertiärer Sektor	 21,0 36,7 42,2	 15,5 38,3 46,2
%-Anteil der Erwerbstätigen: – primärer Sektor – sekundärer Sektor – tertiärer Sektor	 48,7 21,7 29,6	 36,2 28,4 35,4
Konsumausgaben (in % am BIP)	71,0	74,6
Export (in Mio. US-$) Hauptausfuhrprodukte	72,2 Textilien, Schuhe, Rohöl, Meeresfrüchte	282,8 Elektr. Maschinen, Maschinen, Schuhe, Bekleidung
Import (in Mio. US-$) Haupteinfuhrprodukte	84,8 Maschinen, Elektrotechnik, Erdölprodukte, Stoffe u. Garne	262,0 Elektr. Maschinen, Maschinen, Kunststoffe, Mineral. Brennstoffe
Kohlenstoffdioxidemissionen (Tonnen je Einw.)	1,4	2,4
HDI (Wert/Rang)	0,661/120	0,704/117[1]

[1]2019, [2]2020

Quelle: FWA, HD-Report, Weltbank, UNData

M2 Strukturdaten Vietnams

In den letzten 30 Jahren hat sich die Bereitstellung von Strom, Wasser und Gesundheitsfürsorge in Vietnam erheblich verbessert, auch wenn es in vielen ländlichen Regionen noch Defizite gibt. Viele Gewässer sind stark belastet, lokal treten Landsenkungen infolge übermäßiger Grundwasserentnahme auf und die dicht besiedelten Deltaregionen entlang der Küste sind infolge des Klimawandels zunehmend gefährdet. Die Privatisierung teurer und ineffizienter Staatsbetriebe kommt nur langsam voran. Ausländische Investoren dürfen inzwischen jedoch Mehrheitsbeteiligungen an nicht strategischen vietnamesischen Unternehmen erwerben. An qualifizierten Fachkräften herrscht nach wie vor großer Mangel, weil das Bildungswesen mit der schnellen wirtschaftlichen Entwicklung nicht Schritt halten konnte. Auch die technische Infrastruktur ist vielerorts noch unzureichend. Dagegen ist die Korruption weit verbreitet. Mit einem Korruptionswahrnehmungsindex von 39 belegt Vietnam Rang 87 (Deutschland Wert 80/Rang 10). Regierung, Parlament und Rechtsprechung werden von der Parteiführung kontrolliert. Rechte wie die Meinungs- und Versammlungsfreiheit können nicht frei ausgeübt werden. Auch die Pressefreiheit ist stark eingeschränkt. Auf der Rangliste der Pressefreiheit steht Vietnam 2021 auf Platz 176 von 180 bewerteten Staaten. Auch gegen Internetnutzer wird streng vorgegangen, kritische Meinungsäußerungen in Blogs oder sozialen Medien werden nicht selten strafrechtlich verfolgt.

M4 Folgen wirtschaftlichen Handelns in Vietnam

Hinweise:

- Aufgabe 1 - M1:
Im Norden viele Branchen
→ Industrieschwerpunkt in / um Hanoi, 20% ADI.
Im Süden viele Branchen
→ Industrieschwerpunkt in Ho-Chi-Minh-Stadt u. im Mekong-Delta, 40% ADI!
- Aufgabe 2 – M2:
Theoretisches Modell mit Strategiewechseln
- Aufgabe 2 – M4:
Indikatoren, die wirtschaftliche Entwicklung zeigen → positive Handelsbilanz und solche, die nur Anzeichen moderater Entwicklung sind (vgl. Markierungen).
- Aufgabe 3 – M3:
Kriterien für Nachhaltigkeit herausarbeiten:
  - ökologisch: z. B. Umweltbelastungen,
  - ökonomisch: wirtschaftliche Entwicklung mit Hemmnissen (Fachkräfte, Infrastruktur, Korruption),
  - sozial: verbesserte Infrastruktur nur in städtischen Räumen,
  - politisch: Festhalten an undemokratischen Praktiken.
  → Fazit: keine nachhaltige Entwicklung!

Eine Besondere Lernleistung (BLL) erarbeiten

Die Besondere Lernleistung ist eine Jahresarbeit. Sie erfordert selbstständiges wissenschaftliches Arbeiten und kann zusätzlich, somit freiwillig von Schülerinnen und Schülern erbracht werden. Die fertige Arbeit kann benotet und in die Qualifikation eingebracht werden. Die BLL kann einem oder mehreren Unterrichtsfächern zugeordnet sein, beispielsweise dem Grundfach Erdkunde. Neben der Ausarbeitung der Arbeit, die durch die jeweilige Lehrkraft betreut wird, muss eine schriftliche Dokumentation des Arbeitsprozesses erfolgen.

Aufgabenbeispiel

Eine Besondere Lernleistung kann aus dem Unterricht hervorgehen, fächerverbindend sein oder aus einem außerunterrichtlichen Zusammenhang erwachsen und von maximal drei Schülerinnen und Schülern zu einem Rahmenthema mit klar abgrenzbaren Unterthemen erstellt werden.

1. Arbeiten Sie Inhalte zu einem Thema heraus (evtl. M1) und bereiten Sie diese beispielsweise in einer Mindmap oder einem Exposé strukturiert auf.
2. Stellen Sie das Zwischenergebnis der Lerngruppe vor und erörtern Sie dieses.
3. Erstellen Sie eine Stichwortliste zu dem Thema: „Für eine erfolgreiche BLL muss ich folgende Kriterien unbedingt beachten ..." (Arbeitsschritte).

- Emissionsunterschiede im Verkehr zwischen (Ort) und (anderer Ort) – Messungen und Folgerungen
- Skitourismus in den Alpen – zukunftssicher trotz Klimawandel? Das Beispiel (ausgewähltes Skigebiet) in (konkreter Ort)
- Regenerative Energien – ein Beitrag zur regionalen Stromversorgung? Das Beispiel des Windparks (Name) in (Ort)
- Stadt/Gemeinde (konkreter Ort) – auf dem Weg zur Zukunftsfähigkeit? Beispiele von Projekten bzw. Maßnahmen im Rahmen einer nachhaltigen Stadtentwicklung
- Ökonomie und Ökologie – Fluch oder Chance durch Strukturwandel? Das Beispiel einer Betriebsansiedlung (Name) in ihren Auswirkungen auf (konkreten Ort/Region)
- Fairer Handel – ein Weg zur Überwindung globaler Ungleichheiten? Das Beispiel eines Handelsprodukts aus (konkrete Region)

M 1 Themenbeispiele für eine Besondere Lernleistung

Arbeitsschritte

1. Themensuche
- Entwickeln Sie Vorüberlegungen zum Thema: Welcher Sachverhalt interessiert mich? Welche Fragestellung verbinde ich mit dem Sachverhalt? Wo finde ich zugängliches Material? Lässt sich das Thema sinnvoll abgrenzen?
- Erörtern Sie das Thema mit der Fachlehrerin/dem Fachlehrer und treffen Sie gemeinsame Vereinbarungen.
- Entwickeln Sie die Formulierung des Themas bzw. einer interessanten Problemstellung.

2. Arbeitsplanung und -vorbereitung
- Entwickeln Sie einen Zeit- bzw. Arbeitsplan und legen Sie ein Arbeitsprotokoll (z.B. Ordner mit Register) an.

3. Materialrecherche, -sammlung, -ordnung
- Recherchieren Sie in Bibliotheken (ggf. Universitätsbibliotheken), in Büchern, Zeitschriften etc. sowie im Internet (Speichern Sie interessante Seiten ab.).
- Nehmen Sie ggf. Kontakt mit Expertinnen und Experten, Ansprechpartnerinnen und -partnern in Behörden auf.

4. Erstellung einer Gliederung
- Arbeiten Sie die sachlogischen Inhalte des Themas heraus.
- Entwickeln Sie eine Gliederung (Grob-, Feingliederung) z. B. als Mindmap bzw. Exposé (Kurzdarstellung des roten Fadens der Arbeit).
- Stellen Sie die Gliederung und Ihr Vorhaben dem Fachlehrer/der Fachlehrerin vor.

5. Arbeitsphase
- Werten Sie die Materialinformationen aus und ordnen Sie diese (ggf. Modifikation der Gliederung).
- Recherchieren Sie ggf. weitere Informationen, um die Fragestellung zu beantworten.
- Führen Sie (möglichst) eigene empirische Untersuchungen durch (Befragungen, Kartierungen, Messungen etc.).

6. Schriftliches Verfassen der Arbeit (20 – 25 Druckseiten ohne Anhang)
- Entwickeln Sie eine klare Struktur mit Einleitung, Problematisierung, Erörterung im Hauptteil und schlüssigem Fazit am Ende.
- Achten Sie stets auf geographische Fachsprache und inhaltliche Klarheit (Vermeiden Sie Gedankensprünge, Wiederholungen etc.).
- Kennzeichnen Sie alle Übernahmen und Quellenangaben.
- Visualisieren Sie mit Bildern, Karten, Grafiken, Tabellen (ggf. selbst erstellten Materialien).
- Erstellen Sie ein Inhalts-, Abbildungs-, Literatur- und Quellenverzeichnis.

7. Textüberarbeitung und Endkorrektur
- Überprüfen Sie alle inhaltlichen und formalen Aspekte (korrekte Sprache, Zitierweise, Fußnoten, Layout, Umfang).

8. Abgabe der Arbeit (bis Ende des Kurshalbjahres 12/2)

9. Vorbereitung des Kolloquiums (ggf. mit Präsentation)

- Gestalten Sie ein kreatives Titelblatt mit Angaben zum Thema, Angaben zur Schule und Angaben zur Person.
- Legen Sie ein klares Layout fest: gut lesbare Schriftart (z. B. Times New Roman), geeignete Schriftgrößen (z.B. 12 Pt für den Fließtext, 14 für Unterüberschriften, 16 für Überschriften, Zeilenabstand 1,5-fach, Blocksatz mit Silbentrennung, Rand 2,5 cm an allen Seiten, Nummerierung, Inhaltsverzeichnis.
- Vermeiden Sie sprachlich-stilistische Unebenheiten.

M 2 Tipps für die schriftliche Ausarbeitung

Die mündliche Abiturprüfung erfolgreich bestehen

Das Grundfach Erdkunde kann als mündliches Prüfungsfach gewählt werden. Die 20-minütige Prüfung geht von einer schriftlich vorgelegten Aufgabe aus, deren operationalisierte Teilaufgaben Leistungen aus allen drei Anforderungsbereichen einfordern. Dabei werden Inhalte aus unterschiedlichen Kurshalbjahren und unterschiedlichen Kompetenzbereichen thematisiert. Wie können derartige Prüfungsanforderungen zielführend vorbereitet werden?

Aufgabenbeispiel

Angola – Armut trotz Reichtum?

Mit einer Fläche von 1,25 Millionen Quadratkilometern ist Angola etwa dreimal so groß wie Deutschland.

1 **a)** Arbeiten Sie die Indikatoren des HDI heraus (M1) und beurteilen Sie dessen Aussagekraft.
b) Charakterisieren Sie den Entwicklungsstand Angolas (M1).

2 **a)** Erörtern Sie Chancen und Risiken der wirtschaftlichen Entwicklung Angolas (M1, M2).
b) Stellen Sie mögliche räumliche, wirtschaftliche und soziale Auswirkungen einer Wirtschaftsentwicklung dar.

3 Beurteilen Sie, ob die ländliche Entwicklung in Angola aus ökonomischer, ökologischer und sozialer Sicht einer nachhaltigen Entwicklung entspricht (M3).

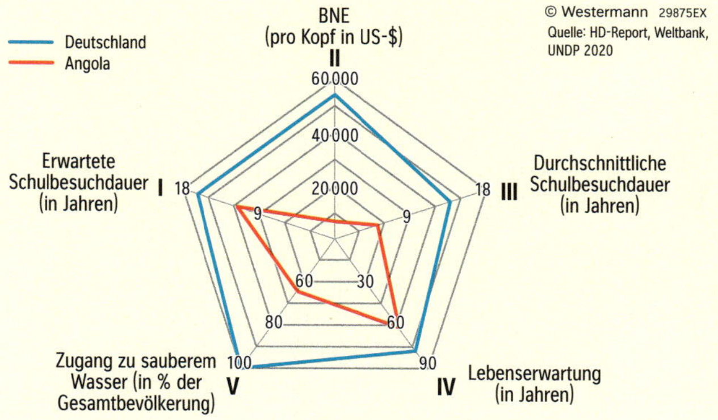

M 1 Entwicklungsindikatoren im Vergleich

Indikatoren	Angola	Deutschland
Export (in Mrd. US-$)	keine Daten	1 631,7
Import (in Mrd. US-$)	keine Daten	1 419,5
Wirtschaftswachstum (in % BIP zum Vorjahr)	0,7	2,8
Bruttowertschöpfung (in % des BIP)/ Erwerbstätige (in %) – primärer Sektor – sekundärer Sektor – tertiärer Sektor	 10,0 / 50,7 48,3 / 6,8 41,7 / 42,5	 0,8 / 1,2 29,3 / 27,2 69,9 / 71,6
Jugendarbeitslosenquote (in % der 15-24 Jährigen)	18,5	6,9
Kindersterblichkeit (unter 5 Jahre je 1 000 Lebendgeb., 2019)	74,2	3,7
Ausgaben für Bildung (Anteil in % am BIP)	2,5	4,9
Internetnutzer (in % der Bevölkerung)	36	90

Quelle: Statistisches Bundesamt, Weltbank, UNData, ILO, 2021

M 2 Strukturdaten im Vergleich

Der Welthunger-Index belegt für Angola mit dem WHI-Wert 26 (2021) noch immer eine ernste Ernährungssituation. Die meisten der Hungernden sind Kleinbauern und genau ihre Bewirtschaftungsmethoden sind heute der Schatz für die Agrarzukunft. Im Huila-Bergland erhalten die Kleinbauern im Rahmen eines Entwicklungsprojekts technische Beratung, um von der Anzucht über den Anbau bis zur Erstverarbeitung des Kaffees selbstständig wirtschaften zu können. Durch standortgerechten, wenn auch arbeitsintensiven Mischanbau erzielen die Bauern gute Erträge. Der Kaffee findet auf dem Binnenmarkt reißenden Absatz. Die neuen Einnahmen regen die lokale Wirtschaft an und es gibt Anreiz, den Maisanbau, das Rückgrat der Nahrungsproduktion, anzukurbeln. Der Mais wird von den Kaffeebauern nachgefragt, sodass sich der lokale Maispreis normalisiert und sich der Anbau wieder lohnt. Die Familie eines Kaffeebauern erhält eine dreijährige Projektunterstützung, die deutlich kostengünstiger ist als eine Nahrungsmittelhilfe.

M 3 Ländliche Entwicklung in Angola

Arbeitsschritte

1. Mündliche Prüfung vorbereiten

- Wiederholen Sie die Inhalte aller Lernfelder. Ziel ist es, neben fachlichem Wissen auch die Fähigkeit nachzuweisen, dieses angemessen darzustellen. Dies bedeutet unmittelbar und situationsbezogen auf vorgelegte Problemstellungen zu reagieren und dabei über die Kompetenzbereiche wie Methoden-, Kommunikations- und Urteilskompetenzen zu verfügen.
- Trainieren Sie die Kommunikationsfähigkeit und die freie Rede eines Vortrags nach den Grundsätzen des kompetenten Präsentierens.
- Nutzen Sie angemessene Basiskonzepte als Analyseinstrumente, um ein geographisches Problem oder Phänomen systematisch zu erfassen, zu strukturieren und zu beurteilen bzw. zu bewerten.

2. Vorbereitung der eigentlichen Prüfung in 20 Minuten

- Analysieren Sie die Aufgaben und Materialien und markieren Sie wesentliche Inhalte bzw. Operatoren.
- Nutzen Sie eventuell einen Atlas.
- Entwickeln Sie die Lösungen der Aufgaben und den roten Faden des Kurzvortrags. Achten Sie dabei auf Operatorenanforderungen und korrekte Fachsprache.
- Machen Sie sich stichwortartige Notizen bzw. streichen Sie sich wesentliche Inhalte an.

3. Prüfung ablegen

- Begrüßen Sie die Prüfungskommission.
- Beschreiben Sie kurz den zentralen Inhalt der Aufgabenstellung.
- Präsentieren Sie die Aufgabenlösungen im Kontext der Thematik in einem Vortrag, evtl. mithilfe ausgewählter Inhalte in den Materialien der Aufgaben.
- Beantworten Sie im Prüfungsgespräch die Rückfragen sowie eventuelle Fragen einer neuen Prüfungsaufgabe.

Anforderungsbereich I

umfasst das Wiedergeben und Beschreiben von fachspezifischen Sachverhalten im gelernten Zusammenhang mithilfe geübter Arbeitstechniken.

nennen
Entweder Informationen aus vorgegebenem Material entnehmen oder Kenntnisse ohne Materialvorgabe anführen.

herausarbeiten
Informationen und Sachverhalte unter bestimmten Gesichtspunkten aus vorgegebenem Material entnehmen, wiedergeben und/oder gegebenenfalls berechnen.

beschreiben
Wesentliche Informationen aus vorgegebenem Material oder aus Kenntnissen zusammenhängend und schlüssig wiedergeben.

charakterisieren
Sachverhalte und Vorgänge mit ihren typischen Merkmalen beschreiben und in ihren Grundzügen bestimmen.

Anforderungsbereich II

umfasst das selbstständige Erklären, Bearbeiten und Ordnen bekannter Sachverhalte sowie das angemessene Anwenden gelernter Inhalte und Methoden auf andere Sachverhalte.

erstellen
Sachverhalte inhaltlich und methodisch angemessen grafisch darstellen und mit fachsprachlichen Begriffen beschriften (z.B. Fließschema, Diagramm, Mindmap, Wirkungsgefüge).

darstellen
Strukturen und Zusammenhänge beschreiben und verdeutlichen.

analysieren
Materialien oder Sachverhalte systematisch und gezielt untersuchen und auswerten.

ein-, zuordnen
Sachverhalte, Vorgänge begründet in einen vorgegebenen Zusammenhang stellen.

begründen
Komplexe Grundgedanken argumentativ schlüssig entwickeln und im Zusammenhang darstellen.

erklären
Informationen durch eigenes Wissen und eigene Einsichten begründet in einen Zusammenhang stellen (z.B. Theorie, Modell, Gesetz, Regel, Funktionszusammenhang).

erläutern
Sachverhalte im Zusammenhang beschreiben und anschaulich mit Beispielen oder Belegen erklären.

vergleichen
Gemeinsamkeiten und Unterschiede gewichtend einander gegenüberstellen und ein Ergebnis formulieren.

Arbeitsanweisungen im Seydlitz

Der Seydlitz möchte Sie bei Ihrer Arbeit im Geographieunterricht unterstützen. Deshalb gibt es im Buch ausschließlich operationalisierte, d. h. mit Arbeitsanweisungen versehene Aufgaben. Damit Sie genau wissen, was Sie zu tun haben, werden die Operatoren hier erklärt.

Arbeitsanweisungen gibt es zu drei Anforderungsbereichen:

Anforderungsbereich I:	Reproduktionsleistungen
Anforderungsbereich II:	Reorganisations- und Transferleistungen
Anforderungsbereich III:	Reflexion und Problemlösung.

Die Anforderungsbereiche sind voneinander wechselseitig abhängig. Das bedeutet, dass der Anforderungsbereich III die Anforderungsbereiche I und II, der Anforderungsbereich II den Anforderungsbereich I einschließt.

Die Operatoren können sowohl mit als auch ohne Materialvorgabe angewendet werden. Sollte ein Operator nur mit oder nur ohne Materialvorgabe angewendet werden, wird dies in der Definition des Operators (vgl. Anforderungskästen I bis III) explizit angeführt.

Und jetzt viel Erfolg beim Lösen der Aufgaben!

Anforderungsbereich III

umfasst den reflexiven Umgang mit neuen Problemstellungen, den eingesetzten Methoden und gewonnenen Erkenntnissen, um zu Begründungen, Folgerungen, Beurteilungen und Handlungsoptionen zu gelangen.

überprüfen
Vorgegebene Aussagen bzw. Behauptungen an konkreten Sachverhalten und innerer Stimmigkeit messen.

beurteilen
Aussagen, Behauptungen, Vorschläge oder Maßnahmen im Zusammenhang auf ihre Stichhaltigkeit bzw. Angemessenheit prüfen und dabei die angewandten Kriterien nennen.

bewerten
Aussagen, Behauptungen, Vorschläge oder Maßnahmen beurteilen, eine persönliche Stellungnahme abgeben und dabei die eigenen Wertmaßstäbe offenlegen.

erörtern
Zu einer vorgegebenen Problemstellung durch Abwägen von Für- und Wider-Argumenten ein begründetes Urteil fällen.

gestalten
Sich produkt-, rollen- bzw. adressatenorientiert mit einem Problem durch Entwerfen z. B. von Reden, Streitgesprächen, Strategien, Beratungsskizzen, Szenarien oder Modellen auseinandersetzen.

Absorption
(S. 33)
Aufnahme von kurzwelliger Lichtstrahlung und Umwandlung in langwellige Wärmestrahlung. Dunkle Oberflächen haben ein höheres Absorptionsvermögen als hellere.

***Adaption**
(S. 18, 62)
Anpassungsprozess an sich verändernde Klimabedingungen. Im Gegensatz zur Mitigation werden aber keine aktiven Maßnahmen zur Bekämpfung des Klimawandels durchgeführt.

***Aerosole**
(S. 33)
Feste und flüssige in der Luft schwebende Partikel mit Größen von einem Nanometer bis zu mehreren Hundert Mikrometern.

***Agenda 2030**
(S. 20)

Agrarkolonisation
(S. 80)
Erschließung bisher ungenutzter Naturlandschaften für die Landwirtschaft, oft in Verbindung mit Siedlungsneugründungen, die entweder vom Staat finanziell unterstützt oder privat vollzogen wird.

***Albedo**
(S. 33)
Verhältnis von reflektierter zu absorbierter Strahlung in Prozent. Die Albedo ist ein Maß für den Reflexionsgrad. Eine höhere Albedo bedeutet, dass weniger Absorption erfolgt. Eine niedrigere Albedo bedeutet, dass weniger Reflexion erfolgt.

***anthropogener Treibauseffekt**
(S. 48)
Durch menschliche Aktivitäten verursachte Verstärkung des natürlichen Treibhauseffektes, der auf den Anstieg von Emission der Treibhausgase zurück geht.

***Anthroposphäre**
(S. 7)

Anthropozän
(S. 8)
Vorschlag zur Benennung eines neuen geologischen Zeitalters, in dem die Menschheit einen dominanten Einfluss auf die Geosphäre besitzt, aus der sich die Verantwortung für die Verminderung der weiteren Umweltzerstörung ableitet.

Antizyklone
(S. 37, 39)
Hochdruckgebiet; Gebiet mit hohem Luftdruck und absinkender Luftbewegung.

***Aridität**
(S. 41)

Armut
(S. 102)
Mangelnde Befriedigung von Grundbedürfnissen wie Kleidung, Nahrung, Wohnung und Gesundheit. Armut kann in absolute und relative Armut unterteilt werden.

***Atmosphäre**
(S. 7)

ausländische Direktinvestitionen
(S. 74)
Finanzielle Beteiligung eines Investors an einem Unternehmen in einem anderen Land.

Azorenhoch
(S. 37)

***Basiskonzepte**
(S. 10)

Berg-Tal-Windsystem
(S. 35)

Big-Mac-Index
(S. 105)

Biokapazität
(S. 19)
Durchschnittswert, der sich aus der biologischen Produktivität verschiedener Flächenkategorien in Hektar in einem Jahr ergibt. Die Angabe erfolgt in Global-Hektar (gha).

***Biosphäre**
(S. 7)

borealer Nadelwald
(S. 86)
In den Mittelbreiten der Nordhalbkugel auftretende Vegetationszone mit ausgedehnten Nadelwäldern aus Tannen, Lärchen, Kiefern und Fichten. In Russland als Taiga bezeichnet.

Brache
(S. 79)
Ackerbaulich genutzte Fläche, die ein oder mehrere Jahre nicht mehr bearbeitet wird. Während dieser Zeit kann sich der Boden regenerieren.

Brandrodungswanderfeldbau
(S. 79)
Form der Bodenbewirtschaftung des Wanderfeldbaus im tropischen Regenwald, wobei die Vegetation durch Abbrennen gerodet wird. Nach wenigen Anbaujahren ist der Boden ausgelaugt und es muss eine neue Fläche brandgerodet werden. Auf der verlassenen Fläche wächst langsam ein Sekundärwald nach.

Bruttonationaleinkommen (BNE)
(S. 102)
Gesamtwert aller Waren und Dienstleistungen, die von den ständigen Bewohnern eines Staates in einem Jahr produziert werden (im In- und Ausland).

Cluster
(S. 95)
Im wirtschaftlichen Sinne ein Unternehmensnetzwerk als Konzentration von Produzenten, die von gemeinsamen Informations- und Wissensflüssen profitieren.

***Corioliseffekt**
(S. 36)
Ablenkung von Winden und Meeresströmungen auf der Nordhalbkugel nach rechts und auf der Südhalbkugel nach links. Sie ist eine aus der Erdrotation resultierende Scheinkraft. Die Stärke der Ablenkung nimmt vom Äquator zu den Polen hin zu.

demographische Dividende
(S. 114)
Wirtschaftliche Potenziale, die aus dem hohen Anteil an jungen Arbeitskräften

im Verhältnis zur restlichen Bevölkerung resulieren.

Depedenztheorie
(S. 108)
Theorie für Entwicklungsrückstände, die auf externen Ursachen beruhen.

digitale Nomaden
(S. 115)
Unternehmer, die ihrer Arbeit weitestehend im Internet nachgehen und dadurch nahezu ortsunabhängig ihren Arbeitsort wählen können.

***Dispariäten**
(S. 102)
Unterschiede in der Entwicklung von Staaten bzw. Regionen u.a. hinsichtlich Lebenserwartung, Lebenschancen, Lebensstandard, Lebensqualität und Lebensstil ihrer Bevölkerung.

Emissionen
(S. 46)
Ausstoß von festen, flüssigen oder gasförmigen Stoffen, die die Luft und die Umwelt verunreinigen.

Emissionshandel
(S. 63)
Handel mit Emissionszertifikaten nach Art. 17 des Kyoto-Protokolls. Staaten oder Firmen ist es seit 2005 erlaubt, ihre Emissionsrechte (Mengen der erlaubten Treibhausgasproduktion) weiterzuverkaufen. Reduziert ein Staat oder Unternehmen seine Emissionen mehr als erforderlich, kann dieser Überschuss an Staaten oder Unternehmen verkauft werden, die zu viele Treibhausgase produzieren.

***Entwicklungsland**
(S. 102)

Erdüberlastungstag
(S. 18)

Ferrel-Zelle
(S. 43)
Zirkulationszelle, die in der globalen atmosphärischen Zirkulation zwischen der Hadleyzelle und der Polarzelle bei etwa 30° bis 60° Breite auftritt.

feuchtadiabatisch
(S. 35)
Zustandsänderung einer auf- oder absteigenden Luftmasse unter Einfluss der Kondensation. Durch die Kondensation wird Energie in Form von Wärme frei, sodass die Luft sich um 0,5 °C pro 100 m abkühlt.

Föhn
(S. 35)
Trockener und warmer Fallwind, der im Lee hoher Gebirge auftritt.

***formeller Sektor**
(S. 121)
Teil einer Volkswirtschaft, der durch formalisierte Beschäftigungsverhältnisse geprägt ist, also statistisch (im Bruttoinlandsprodukt) und steuermäßig erfasst wird und in den Geldkreislauf eingebunden ist.

***fossiler Brennstoff**
(S. 48)

Fourastié-Modell
(S. 92)

Fracking
(S. 88)
Technisches Verfahren zur Förderung von Erdgas- und Erdölvorkommen durch Einpressen chemischer Flüssigkeiten mit Quarzsand in Gesteinsschichten unter hohem Druck.

fragmentierte Stadt
(S. 118)

***Freihandel**
(S. 74)
Grundsatz des Liberalismus, nach dem der Wohlstand aller Länder am größten ist, wenn staatliche Beschränkungen des internationalen Handels beseitigt sind (Gegenteil: Protektionismus). Der weltweite Austausch von Gütern und Dienstleistungen ist frei von Zöllen, nichttarifären Handelshemmnissen und Devisenbewirtschaftung.

Gated Communities
(S. 119)
Geschlossene Wohnanlage der Ober- oder Mittelschicht, die durch zahlreiche Maßnahmen (z.B. Sperrzäune, Wachdienste) vom Rest der Siedlung und der Gesellschaft abgetrennt ist.

Gegenstrahlung
(S. 46)

Gender Development Index (GDI)
(S. 104)
Index der geschlechtsspezifischen Entwicklung.

***Geosphäre**
(S. 7)
Der dreidimensionale Landschaftsraum der Erdoberfläche mit seinen Funktionsbeziehungen zur Atmosphäre, Hydrosphäre, Lithosphäre, Reliefsphäre, Biosphäre, Pedosphäre und Anthroposphäre

Global Player
(S. 74, 96)
Weltweit agierendes multinationales Unternehmen, das Produktionsstandorte in der ganzen Welt hat und den Weltmarkt beliefert

***Global Sourcing**
(S. 75)

***globale Warenkette**
(S. 76)

globaler Hektar
(S. 19)

***globaler Norden/globaler Süden**
(S. 102)

***globaler Wandel**
(S. 18)

***Globalisierung**
(S. 74)

Globalstrahlung
(S. 46)
Gesamtmenge der direkten Sonnenstrahlung und der diffusen Himmelsstrahlung, die eine horizontale Flächeneinheit erhält.

***Grundbedürfnisse**
(S. 114)

Hadley-Zelle
(S. 43)
System des meridionalen kreislaufähnlichen Luftmassenaustausches zwischen der innertropischen Konvergenzzone und dem subtropisch-randtropischen Hochdruckgürtel. Neben der Hadleyzelle bestehen noch zwei globale Zirkulationszellen, die Polarzelle und die Ferrelzelle.

Human Development Index HDI
(S. 104)
Vergleichsindex der menschlichen Entwicklung, mit dem die Vereinten Nationen den Entwicklungsstand eines Landes bewerten. Er besteht aus drei Bestandteilen: dem BIP pro Kopf, der durchschnittlichen Lebenserwartung und dem Bildungsstand (ermittelt aus Alphabetisierungs- und Einschulungsrate).

***Humidität**
(S. 41)

***Hydrosphäre**
(S. 7)

Idealkontinent
(S. 42)
Modell der Land-Meer-Verteilung. Entlang der Breitenkreise werden jeweils die Landflächen summiert, sodass ein theoretischer Großkontinent entsteht.

Industriegesellschaft
(S. 92)

***Industrialisierung**
(S. 100)

Industrieland
(S. 104)

***informeller Sektor**
(S. 104)
Teil einer Volkswirtschaft, dessen wirtschaftliche Tätigkeit nicht staatlich erfasst, reguliert und kontrolliert wird.

innertropische Konvergenzzone (ITC)
(S. 40)
Zone im äquatornahen Bereich, in der die Nordostpassate und die Südostpassate zusammenlaufen (konvergieren) und dann in die Höhe aufsteigen.

***Intergovernmental Panel on Climate Change (IPCC)/Weltklimarat**
(S. 44, 54)

Islandtief
(S. 37)

Isobare
(S. 34)
Linien, die Orte mit gleichem Luftdruck verbinden.

IT-Industrie
(S. 122)
Umfasst sämtliche Sektoren der Informations-, Kommunikations- und Datenverarbeitung.

Jahreszeitenklima
(S. 41)
Klima, in dem sich warme und kalte Jahreszeiten deutlich voneinander unterscheiden und die Tageslänge sich über die Dauer eines Jahres verändert.

***Jetstream**
(S. 36)
Zone orkanartiger Winde in der oberen Troposphäre im Bereich der planetarischen Frontalzone, wo sie durch starke Luftdruckgefälle hervorgerufen werden.

Kaltfront
(S. 36)

Kastensystem
(S. 121)

Kaufkraftparität (KKP engl.: "purchasing power parity" PPP)
(S. 125)
Kaufkraft unterschiedlicher Währungen, um eine bestimmte Menge von Waren und Dienstleistungen in unterschiedlichen Staaten zu erwerben.

***Kipppunkt**
(S. 56)
Schwellenwert, bis zum dem externe Störungen vom Klimasystem toleriert werden.

***Klima**
(S. 30)
Durchschnittlicher Ablauf des Wetters in einem Gebiet über einen längeren Zeitraum. Die Mittelwerte werden aus Messungen über mindestens 30 Jahre ermittelt.

***Klimaelemente**
(S. 30)
Messbare meteorologische Erscheinungen in der unteren Atmosphäre (Troposphäre): Temperatur, Niederschlag, Verdunstung, Bewölkung, Luftfeuchte, Luftdruck, Wind, Strahlung u.a.

***Klimafaktoren**
(S. 30)
Eigenschaft eines Raumes, die das Klima beeinflusst z.B. Breitenlage, Höhenlage, Talverlauf, Lage zum Meer, Hauptwindrichtung, Sonnenexposition u.a.

***Klimaneutralität**
(S. 62)
Konzept eines Zustands, in dem menschliche Aktivitäten keine Nettoauswirkung auf das Klimasystem haben.

Klimaschutzindex
(S. 59)

***Klimawandel**
(S. 44)
Begriff, der die Veränderungen des globalen Klimas seit der Industrialisierung zusammenfasst.

***Klimazonen**
(S. 32)
Zonen mit ähnlichen Klimabedingungen, die durch die unterschiedlichen Einstrahlungsverhältnisse der Sonne sowie die Klimafaktoren bedingt sind.

komparativer Kostenvorteil
(S. 74)

Kondensation
(S. 33)
Übergang des Wasserdampfes in der Luft vom gasförmigen in den flüssigen Zustand, wobei sich in der Atmosphäre Wolken bilden.

Kondratjewzyklen
(S. 93)

Kontinentalität
(S. 39)

Konvektion
(S. 35)
Durch Erwärmung verursachter vertikaler Teilchen- und Wärmetransport in der Luft oder im Gestein.

kurzgeschlossener Mineralstoffkreislauf
(S. 78)

Lagerstätte
(S. 73)
Anreicherung von nutzbaren Mineralien oder Gesteinen, die einen wirtschaftlichen Abbau ermöglichen.

Land-See-Windsystem
(S. 34)

Least Developed Countries (LDC)
(S. 103)

***Lithosphäre**
(S. 7)
Lateinischer Name für die äußere, feste Schale der Erde. Diese Gesteinsschicht setzt sich aus Erdkruste und dem oberem Erdmantel zusammen.

Luftdruck
(S. 34)
Das Gewicht, das eine Luftsäule vom Erdboden bis zur Obergrenze der Atmosphäre auf eine bestimmte Fläche ausübt. Er wird mit dem Barometer in der Einheit Hektopascal (hPa) gemessen. Der „Normaldruck" beträgt im Meeresniveau durchschnittlich 1013 hPa.

***Maritimität**
(S. 39)

Meeresspiegelanstieg
(S. 57)

Milanković-Zyklen
(S. 47)

***Mitigation**
(S. 18, 62)
Maßnahmen, die aktiv zur Verringerung der Treibhausgasemissionen beitragen, um so die Auswirkungen auf den Klimawandel zu beeinflussen.

Modell des ökologischen Fußabdrucks
(S. 19)
Messgröße, um den Verbrauch an natürlichen Ressourcen (Nahrungsmittel, Energie, Wasser usw.) durch den Menschen zu berechnen. Die Angabe erfolgt in Global-Hektar (gha) pro Person. Dies ist dann die Fläche, die nötig ist, um einen einzelnen Menschen in einem bestimmten Raum ein Jahr lang mit allen Gütern und Dienstleistungen zu versorgen.

Modernisierungstheorie
(S. 108)
Theorie, um Entwicklungsrückstände zu erklären, die auf internen Ursachen beruhen.

Monsun
(S. 41)
Ein beständig wehender Wind, der im jahreszeitlichen Wechsel seine Richtung um ca. 180° ändert.

Multidimensional Poverty Index (MPI)
(S. 104)
Index für mehrdimensionale Armut.

nachhaltige Entwicklung
(S. 16)
Bezeichnet eine Entwicklung, die den Bedürfnissen der jetzigen Generation entspricht, ohne die Möglichkeiten künftiger Generationen zu gefährden, ihre eigenen Bedürfnisse zu befriedigen. Sie umfasst ökologische, soziale und ökonomische Aspekte, die durch politische, kulturelle und individuelle ergänzt werden können. Englische Bezeichnung: Sustainable Development.

***Nachhaltigkeit**
(S. 16)

***natürlicher Treibhauseffekt**
(S. 33, 46)
Die Rolle, die z.B. CO_2, Wasserdampf und Wolken spielen, indem sie einen Teil der kurzwelligen Strahlung durchlassen, die langwellige terrestrische Ausstrahlung aber absorbieren und einen Teil davon als Wärmestrahlung wieder zum Erdboden zurückstrahlen (Gegenstrahlung).

Newly Industrialised Countries (NIC)
(S. 103)

Okklusion
(S. 36)
Zusammenschluss der Kalt- und der Warmfront einer Zyklone. Die Warmluft hebt dabei vollkommen vom Boden ab.

Ölsande
(S. 89)
Mischung aus Ton, Sand, Wasser und Bitumen, aus dem Rohöl gewonnen werden kann.

Passat
(S. 41)
Großräumige Windströmung in der Tropenzone, die durch das Luftdruckgefälle von den subtropischen Hochdruckgürteln zum Äquator hin entsteht.

Passatinversion
(S. 41)
Temperatumkehr von niedrigeren zu höheren Lufttermperarturen in den höheren Schichten der Passatzirkulation.

***Passatzirkulation**
(S. 40)

***Pedosphäre**
(S. 7)

planetarische Frontalzone
(S. 36)
Übergangszone zwischen tropischer Warmluft und polarer Kaltluft bei etwa 30° bis 50° nördlicher und südlicher Breite.

Produktionsfaktoren
(S. 94)
Einsatzmengen, die für die Herstellung von Waren und Dienstleistungen erforderlich sind (volkswirtschaftlich: Boden, Arbeit und Kapital; betriebswirtschaftlich: menschliche Arbeit, Werkstoffe und Betriebsmittel).

Produktlebenszyklus
(S. 95)
Zeitliche Veränderungen von Standortfaktoren in Abhängigkeit vom Lebenszyklus eines Produkts.

räumliche Dispariäten
(S. 60)
Unausgeglichenheit der räumlichen Ausstattung in einem Gebiet, die in unterschiedlichen Lebensbedingungen und ungleichen Entwicklungsmöglichkeiten zum Ausdruck kommt.

***Recycling**
(S. 72)
Englisch: Rückführung. Verfahren, um die Rest- und Abfallstoffe in den Produktionsprozess zurückzuführen und damit wiederzuverwerten.

Reflexion
(S. 31)
Direktes Zurückstreuen kurzwelliger Einstrahlung ohne Umwandlung. Hellere Oberflächen haben ein höheres Reflexionsvermögen als dunklere.

***Reliefsphäre**
(S. 7)

Reserve
(S. 73)
Teil der Gesamtmenge eines Rohstoffs, der mit den heutigen technischen Möglichkeiten wirtschaftlich abgebaut werden kann.

Ressource
(S. 73)
Geschätzte oder vermutete Gesamtvoratsmenge eines Rohstoffs, einschließlich des Anteils, der unter heutigen technischen Voraussetzungen nicht ökonomisch gewinnbringend gefördert werden kann.

***Rohstoff**
(S. 73)

***Schwellenland**
(S. 103)

SDG-Index
(S. 20)

***Sustainable Development Goals (SDG)**
(S. 20)
deutsch: Ziele für die nachhaltige Entwicklung

Segregation
(S. 27)
Räumliche Trennung von ethnischen oder sozialen Bevölkerungsgruppen in Städten.

Shifting-Cultivation
(S. 79)
Siehe Brandrodungswanderfeldbau.

Sickerrate
(S. 111)

Slum
(S. 119)
Städtisches Elendsviertel mit mangelhaften Wohnverhältnissen, schlechter Schulausstattung, fehlender Krankenversorgung, ungünstigen hygienischen Verhältnissen.

Spin-Off-Effekt
(S. 95)
Von einer Person ausgehende Unternehmensgründung, die zuvor bei einem Unternehmen oder einer Universität tätig war, um eigene Ideen zu verwirklichen.

***Standortfaktoren**
(S. 94)
Faktoren, die einen Betrieb dazu veranlassen, sich an einem bestimmten Standort niederzulassen, z.B. Infrastruktur, Subventionen, Steuern, vorhandene Arbeitskräfte. Es werden harte (zumeist quantitativ erfassbare) Faktoren von weichen (qualitativen) Faktoren unterschieden.

Steigungsregen
(S. 35)
Niederschläge an Gebirgen, die durch aufsteigende feuchte Luftmassen verursacht werden. Die im Luv von Gebirgen zum Aufsteigen gezwungenen Luftmassen kühlen ab, der Wasserdampf kondensiert und geht als Regen oder Schnee nieder.

***Strahlungs- und Wärmehaushalt**
(S. 32)

***Strukturwandel**
(S. 98, 100)
Längerfristige und meistens nicht mehr umkehrbare Veränderung der Wirtschaftsstruktur, wie der Bedeutungsverlust der Landwirtschaft oder der Niedergang der Eisen- und Stahlindustrie. Der Wandel hängt von wirtschaftlichen Faktoren ab, kann aber auch durch gezielte politische Maßnahmen eingeleitet werden, um neue, zukunftsfähige Wirtschaftsstrukturen zu schaffen.

Tageszeitenklima
(S. 41)

Taupunkt
(S. 35)
Temperatur, an der eine feuchte Luftmasse komplett gesättigt ist, also eine relative Luftfeuchte von 100 % aufweist.

Terms of Trades
(S. 75)
Verhältnis zwischen Exportpreisen und Importpreisen. Das Verhältnis verschlechtert sich z.B. für ein Land, wenn die Exportpreise fallen und die Importpreise steigen oder die Exportpreise langsamer steigen als die Importpreise.

***Tertiärisierung**
(S. 98)
Zunehmende Tendenz der Verlagerung von Arbeitsplätzen in den tertiären Sektor (Dienstleistungssektor).

Theorie der fragmentierten Entwicklung
(S. 109)

Tourismus
(S. 110)
Reiseverkehr zu Zwecken der Erholung und Bildung in Gebiete und Länder, die dafür landschaftlich und kulturell geeignet und mit entsprechenden Einrichtungen ausgestattet sind.

***Treibhausgase**
(S. 33)
Spurengase in der Erdatmosphäre, die die Wärmestrahlung der Erde aufnehmen und wieder Richtung Erdoberfläche abstrahlen, anstatt sie in den Weltraum entweichen zu lassen, z.B. Kohlenstoffdioxid (CO_2), Methan (CH_4) u.a.

trockenadiabatisch
(S. 35)
Zustandsänderung einer auf- oder absteigenden Luftmasse. Sie kühlt sich um 1°C pro 100 m ab (trockadiabatischer Temperaturgradient).

Wachstumszyklusmodell nach Butler
(S. 113)

Wanderungssaldo
(S. 53)
Wert für den Bevölkerungszuwachs bzw. die Bevölkerungsabnahme in einem Land oder einer Region.

***Wärmehaushalt**
(S. 33)
Beschreibt den Umsatz und Austausch von Wärmeenergie. Der Wärmehaushalt der Erde ist eng mit dem Strahlungshaushalt verknüpft. Die Erdoberfläche gibt Energieströme in Form von Verdunstungswärme und Konvektionswärme (latente Wärme) an die Atmosphäre ab.

Wärmeinsel
(S. 42)
Gebiet, das im Vergleich zur weiteren Umgebung höhere Temperaturen aufweist (z.B. besonders stark aufgeheizte Flächen aus Stein oder Beton in einer Stadt).

Warmfront
(S. 36)

***Weltklimakonferenz**
(S. 58)
Von der UNO organisiertes Zusammentreffen der Staaten mit dem Ziel, ein Nachfolgepapier für das Kyoto-Protokoll zu entwerfen und zu unterschreiben. Jährlich sollen COP (Conference of the Parties) stattfinden, um konkrete Maßnahmen zum Klimaschutz zu beschließen und deren Umsetzung zu überrpüfen.

***Weltmarkt**
(S. 75)

Wertschöpfungskette
(S. 95)
Tätigkeiten und Prozesse, um ein Produkt herzustellen und dabei Mehrwert zu schaffen.

Westwindzone
(S. 36)
Globale atmosphärische Windströmung, die durch Boden- und Höhenwinde aus Westen besteht (Westwindzirkulation). Diese kommt in den Mittelbreiten zwischen 30° bis 60° auf der Nord- und der Südhalbkugel vor.

***Wetter**
(S. 30)

Wildnis
(S. 23)
Naturlandschaft, die vom Menschen weitgehend unbeeinflusst ist.

***Wirtschaftssektor**
(S. 92)
Einzelne Wirtschaftsbereiche werden mithilfe der Wirtschaftssektoren unterschieden. Die Einteilung gründet auf dem Sektorenmodell von Fourastiè. Die Wirtschaftsbranchen werden dem primären (Urproduktion mit Agrar-, Forst-, Fischereiwirtschaft, Bergbau, Energieerzeugung), sekundären (produzierendes Gewerbe mit Handwerk und Industrie) und tertiären Sektor (Dienstleistungen wie Verwaltung, Handel, Bildungs-, Rechts-, Gesundheitswesen, Tourismus usw.) zugeordnet. Hoch qualifizierte Tätigkeitsbereiche wie Forschung und Entwicklung, Management- und Beratungstätigkeiten sowie Informationsdienstleistungen werden oft im quartären Sektor zusammengefasst.

Wolkengattungen
(S. 31)

***World Trade Organisation (WTO)**
(S. 74)
deutsch: Welthandelsorganisation

Zentrum-Peripherie-Modell
(S. 109)

Zyklone
(S. 36)
Tiefdruckgebiet, das an der Polarfront entsteht und mit der Westwinddrift nach Osten zieht.

Bildquellenverzeichnis

|Alamy Stock Photo, Abingdon/Oxfordshire: All Canada Photos 89.1; BrazilPhotos 83.1; domonabike / Stockimo 123.1; Guy Bell 16.1; Jarretera 120.1; Krasilnikov, Yura 123.2; SOPA Images Limited 123.3; The Canadian Press 88.1; Weinmann, Claudia 3.1, 4.1. |Alamy Stock Photo (RMB), Abingdon/Oxfordshire: Armyagov, Andrey 3.2, 70.1; Bocek, Eva 7.7; Boethling, Joerg 113.1, 115.1; Combre Stephane 36.2; Doering, Ulrich 110.1; Pictorial Press Ltd 6.1; Plock, Fabian 108.1; Tadevosian, David 92.1; Taylor, Bradley 18.1; Zoonar GmbH/Schoop, Matthias 23.1. |Alfred-Wegener-Institut (AWI), Bremerhaven: Horvath, Esther 50.1; Künsting, Martin 54.3. |Climate Central, Princeton, NJ: 56.1. |DER SPIEGEL, Hamburg: © DER SPIEGEL 33/1986 54.1. |ENGAGEMENT GLOBAL gGmbH, Bonn: © Engagement Global/www.17ziele.de 20.1. |fotolia.com, New York: Allen.G 40.1; Marsh, Dan 42.1; oberfrank-list, doris 7.1; StudioLaMagica 101.1; Volodymyr, Goinyk 7.4. |Getty Images, München: Bloomberg 10.1; MANJUNATH KIRAN 117.1. |Helmholtz-Zentrum für Umweltforschung GmbH - UFZ, Leipzig: UFZ-Dürremonitor/ Helmholtz-Zentrum für Umweltforschung 45.3. |Imago, Berlin: NurPhoto/Zarzycka, Dominika 80.1. |iStockphoto.com, Calgary: cnicbc 86.1; dan_prat 89.2; leolintang 3.3, 28.1; ollo 96.1; Paralaxis 81.1; pashapixel 87.2; Schnaider, Tarcisio 84.1; subman Titel; Vadim_Orlov 87.1; wilpunt Titel. |Kartografik Heidolph, Dachau: 31.1, 32.1, 33.1, 33.2, 34.1, 36.1, 36.3, 37.1, 37.2, 39.1, 41.1, 41.2, 42.2, 47.2, 74.1, 78.1, 79.2, 94.1, 102.2, 119.2, 133.1. |Kartographie Michael Hermes, Hardegsen Hevensen: 7.3, 9.2, 14.1, 17.1, 17.2, 17.3, 19.1, 19.2, 19.3, 21.1, 21.8, 24.2, 26.1, 26.2, 27.2, 41.3, 43.1, 47.1, 48.1, 48.2, 49.1, 51.1, 53.1, 55.1, 56.2, 58.2, 63.1, 63.2, 66.1, 66.2, 67.1, 68.1, 68.2, 76.1, 99.1, 107.1, 109.1, 116.2, 119.1, 124.1, 125.2, 126.1, 131.1, 132.1. |Landesamt für Vermessung und Geobasisinformation Rheinland-Pfalz, Koblenz: ©GeoBasis-DE / LVermGeoRP<Jahr des Datenbezugs>, dl-de/by-2-0, www.lvermgeo.rlp.de [Daten bearbeitet] 65.1. |Mithoff, Stephanie, Egestorf: 9.1, 50.2. |Müller, Bodo, Bartensleben: 105.1. |NASA - Earth Observatory: NASA Earth Observatory image by Lauren Dauphin, using VIIRS data from the Suomi National Polar-orbiting Partnership. Caption by Kasha Patel. 38.1. |Picture-Alliance GmbH, Frankfurt a.M.: AP Photo 51.2; AP/Penner, Andre 85.1; dieKLEINERT.de/Erl, Martin 27.1; dpa-infografik 59.1; imageBROKER 137.2; kpa 54.2; REUTERS/Carlos Vera 14.2; REUTERS/Hanschke, Hannibal 44.1; Spata, Ole 92.2; TNN/Reichwein, Christoph 52.1; ZUMA Press/Youchang, Liang 8.1. |Schmidt, Marianne, Teningen: 7.6, 30.1, 45.1, 45.2, 65.2, 122.2, 130.1, 130.2, 130.3. |Shutterstock.com, New York: Dozier, Mark 104.1; Drop of Light 60.3; GEMINI PRO STUDIO 96.2; Taner, Kemal 23.2; wavebreakmedia 92.3. |stock.adobe.com, Dublin: Animaflora PicsStock 103.2; Becke, Jan Christopher 7.2; Bergwitz, Uwe 82.1; Bidouze, Stéphane 22.2; fotoak80 103.1; guentermanaus 79.1; jk-rostov.ru 103.4; penofoto.de 103.3; Roel 112.1; Sanders, Gina 101.2; Schwier, Christian 137.1; studio023 7.5. |UNESCO-Welterbe Völklinger Hütte, Völklingen: Günther Bayerl / Weltkulturerbe Völklinger Hütte 100.1. |United Nations, New York, NY: https://www.un.org/sustainabledevelopment/ "The content of this publication has not been approved by the United Nations and does not reflect the views of the United Nations or its officials or Member States" 21.2, 21.3, 21.4, 21.5, 21.6, 21.7, 21.9, 21.10, 21.11, 21.12, 21.13, 21.14, 21.15, 21.16, 21.17, 21.18, 21.19, 21.20, 22.1, 24.1, 58.1, 60.1, 60.2, 62.1, 64.1, 102.1, 116.1, 122.1, 152.1, 152.2, 152.3, 152.4, 152.5, 152.6, 152.7, 152.8, 152.9, 153.1, 153.2, 153.3, 153.4, 153.5, 153.6, 153.7, 153.8, 153.9. |Verbandsgemeindeverwaltung Montabaur, Montabaur: Verbandsgemeinde Montabaur/Frey 98.1. |Visum Foto GmbH, München: Steinmetz, Marc 47.3. |Worldmapper.org, Oxford: 125.1.

1
KEINE
ARMUT

2
KEIN
HUNGER

3

6
SAUBERES WASSER
UND SANITÄR-
EINRICHTUNGEN

7
BEZAHLBARE UND
SAUBERE ENERGIE

8

11
NACHHALTIGE
STÄDTE UND
GEMEINDEN

12
NACHHALTIGE/R
KONSUM UND
PRODUKTION

13

16
FRIEDEN,
GERECHTIGKEIT
UND STARKE
INSTITUTIONEN

17
PARTNER-
SCHAFTEN
ZUR ERREICHUNG
DER ZIELE